热带气旋年鉴

2019

中国气象局　编

气象出版社
China Meteorological Press

图书在版编目（C I P）数据

热带气旋年鉴. 2019 / 中国气象局编. -- 北京 : 气象出版社, 2021.8
ISBN 978-7-5029-7501-2

Ⅰ. ①热… Ⅱ. ①中… Ⅲ. ①北太平洋－低压(气象)－2019－年鉴 Ⅳ. ①P732.3-54

中国版本图书馆CIP数据核字(2021)第139733号

审图号：GS（2021）3814 号

热带气旋年鉴 2019
Redai Qixuan Nianjian 2019

出版发行：气象出版社
地　　址：北京市海淀区中关村南大街 46 号　　邮政编码：100081
电　　话：010－68407112（总编室）　010－68408042（发行部）
网　　址：http://www.qxcbs.com　　E-mail：qxcbs@cma.gov.cn
责任编辑：隋珂珂　　终　　审：吴晓鹏
责任校对：张硕杰　　责任技编：赵相宁
封面设计：地大彩印设计中心
印　　刷：北京中科印刷有限公司
开　　本：889mm × 1194mm　1/16　　印　　张：15.75
字　　数：403 千字
版　　次：2021 年 8 月第 1 版　　印　　次：2021 年 8 月第 1 次印刷
定　　价：300.00 元

本书编委会

前 言

热带气旋是热带或副热带洋面上出现并可能移向陆地的急速旋转的大气涡旋系统,也是影响我国的主要灾害性天气系统之一。在其活动的过程中,伴随有狂风、暴雨、巨浪和风暴潮。热带气旋影响陆地时,虽有解除部分地区干旱的作用,但也会给人民生命财产造成巨大损失。

我国北起辽宁,南至海南、广东、广西沿海一带,每年都有可能遭受热带气旋的袭击,其中又以登陆海南、广东、福建、浙江、台湾五省的热带气旋次数为最多。

自新中国成立以来,我国探测热带气旋的手段逐渐增多,热带气旋科研工作也取得了一定的成绩,热带气旋预报水平不断提高。为了适应农业、工业、国防和科学技术现代化的需要,满足各级气象业务及科研、国防、经济建设等要求,中国气象局上海台风研究所受中国气象局委托具体负责整编出版《热带气旋年鉴》。《热带气旋年鉴》(原名《台风年鉴》)自1949年起,每年出版一册,一直持续至今。

承蒙中国气象局国家气象中心、国家卫星气象中心、各有关省(区、市)气象局及有关气象台(站)、应急管理部国家减灾中心的大力支持和协助,使得本年鉴中的热带气旋路径、降水、大风、卫星云图、灾情等资料的整编得以顺利完成,在此一并表示感谢。

《热带气旋年鉴2019》编撰工作由中国气象局上海台风研究所白莉娜、万日金和郭蓉完成,图幅由鲁小琴、白莉娜和郭蓉完成。2019年热带气旋最佳路径定位定强由白莉娜、郭蓉、鲁小琴(上海台风研究所)、许映龙(国家气象中心)、郑艳(海南省气象台)、林良勋(广东省气象台)、潘宁(福建省气象台）、赵金彪（广西壮族自治区气象台）和潘劲松（浙江省气象台）等完成。2019 年热带气旋在我国影响时的降水、大风分布由万日金（上海台风研究所）、姚建群（上海市气象台）和高晓梅（潍坊市气象台）完成。

《热带气旋年鉴 2019》的内容包括热带气旋概况、路径、大风区域演变、卫星云图，以及热带气旋影响我国时的降水、大风分布和引发的灾情，还包括热带气旋的相关资料和图表等。

说　明

1. 基本说明

本年鉴主要整编西北太平洋和南海的热带气旋概况、热带气旋路径、卫星云图、大风区域演变情况，热带气旋影响我国时的降水量和大风的分布图以及灾情等基本资料。根据《热带气旋等级》国家标准（GB/T 19201 – 2006），热带气旋分为以下六个等级：

（1）热带低压（Tropical depression）

底层中心附近最大平均风速达到 10.8 ～ 17.1 m/s（相当于风力 6 ～ 7 级）。

（2）热带风暴（Tropical storm）

底层中心附近最大平均风速达到 17.2 ～ 24.4 m/s（相当于风力 8 ～ 9 级）。

（3）强热带风暴（Severe tropical storm）

底层中心附近最大平均风速达到 24.5 ～ 32.6 m/s（相当于风力 10 ～ 11 级）。

（4）台风（Typhoon）

底层中心附近最大平均风速达到 32.7 ～ 41.4 m/s（相当于风力 12 ～ 13 级）。

（5）强台风（Severe typhoon）

底层中心附近最大平均风速达到 41.5 ～ 50.9 m/s（相当于风力 14 ～ 15 级）。

（6）超强台风（Super typhoon）

底层中心附近最大平均风速达到≥ 51.0 m/s（相当于风力 16 级或以上）。

本年鉴所用时间一律为北京时（特别标注除外）。

2. 热带气旋的概述及特点

西北太平洋台风（台风、强台风、超强台风简称台风）、强热带风暴和热带风暴出现次数等统计表（表 1.1.1 ～表 1.1.7）中的“常年平均”均指 1951—2010 年 60 年的气候平均值。

3. 热带气旋中心位置资料表

（1）“中心气压”指热带气旋中心海平面最低气压。

（2）“最大风速”指热带气旋中心附近最大 2 分钟平均风速。

（3）“△”表示热带气旋已转变为温带气旋。

4. 热带气旋纪要表

（1）“发现点”指热带气旋路径的起始点。

（2）热带气旋在我国的登陆地点，一般精确到县或市，如广东徐闻，即广东省徐闻县。登陆地点也可跨县或市，如台湾新港花莲。自 2018 年起，经第八届全国台风及海洋气象专家工作组会议审议决定，除台湾、舟山、香港、海南以外，新增福建省平潭市东山县和广东省汕头市南澳岛（县）为台风登陆点。热带气旋在我国登陆后越过海面，再次在我国登陆，则依次列出登陆地点。

（3）“转向”指路径总的趋向由偏西方向转为向偏东方向移动。

东转向：东经 140° 以东转向。中转向：东经 125° ～ 140° 之间转向。西转向：东经 120° ～ 125° 之间转向。南海转向：在南海海面或台湾海峡转向。登陆转向：在我国登陆后转向。

5. 热带气旋降水

（1）热带气旋和其他天气系统共同造成的降水，仍列入整编。

（2）“日降水量图”指前一日 20 时—当日 20 时的降水总量分布。

“总降水量图”指一次热带气旋过程在我国引起的降水总量分布。按 10 mm、25 mm、50 mm、100 mm、200 mm……等级分析等雨量线，如等值线很密时可跨级分析。大的降水中心，一般标注其最大的总降水量数值。

（3）“降水日数图”指一次热带气旋过程中在我国引起的降水总量≥ 10 mm 的降水日数分布图。

（4）我国沿海岛屿的总降水量和降水日数，由于距离陆地较远，不进行分析，用数字标注。

6. 热带气旋大风

（1）热带气旋与其他天气系统共同造成的大风，仍列入整编。

（2）“大风区域演变图”指一次热带气旋过程中逐日的风区演变。根据卫星微波遥感洋面风信息 ASCAT 资料分析而成。图中标注的是日期，时间为每一天 08 时；点线表示 6 级风以上区域，点短划线表示 8 级风以上区域，实线表示 10 级风以上区域。

7. 灾情

由应急管理部国家减灾中心提供。

8. 云图

根据中国气象局国家卫星气象中心提供的云图资料绘制。

9. 地面气象观测站资料

由中国气象局国家气象信息中心提供。

10. 500 hPa 高度场

采用 NCEP/NCAR 再分析格点（2.5° × 2.5°）资料绘制。

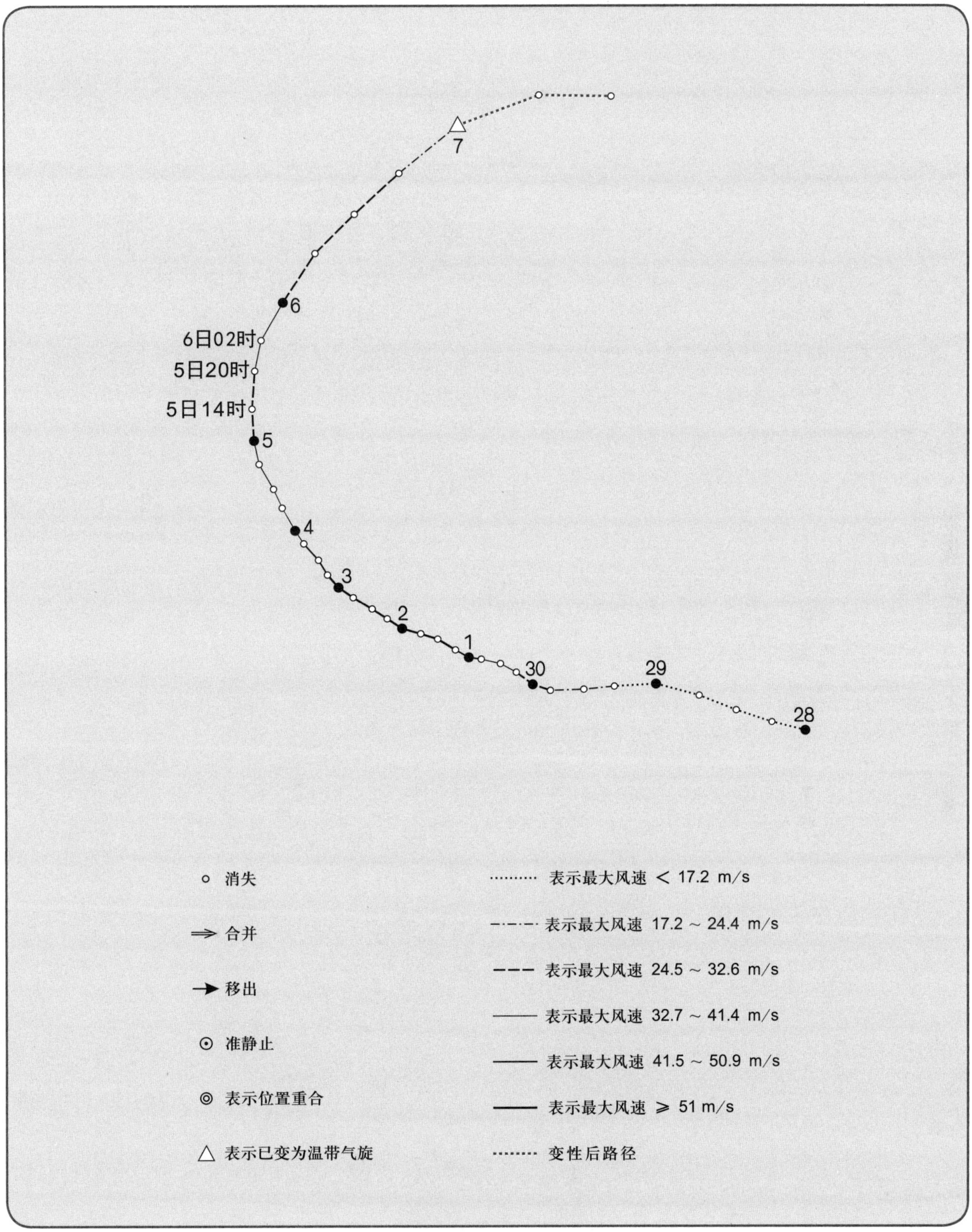

7
6
6日02时
5日20时
5日14时
5
4
3
2
1
30
29
28
消失
合并
移出
准静止
表示位置重合
表示已变为温带气旋
表示最大风速 < 17.2 m/s
表示最大风速 17.2 ~ 24.4 m/s
表示最大风速 24.5 ~ 32.6 m/s
表示最大风速 32.7 ~ 41.4 m/s
表示最大风速 41.5 ~ 50.9 m/s
表示最大风速 ⩾ 51 m/s
变性后路径

热带气旋路径图例

目　录

1　2019 年热带气旋概述

1.1 2019 年热带气旋活动特点及影响

1.1.1 2019 年热带气旋活动特点

(1)热带气旋生成频数偏多，秋季台风活动频繁

2019 年西北太平洋和南海的热带气旋共有 33 个，其中超强台风 6 个，强台风 6 个，台风 5 个，强热带风暴 4 个，热带风暴 8 个，热带低压 4 个(图 1.1.1、表 1.1.1)。达到热带风暴级别以上的热带气旋为 29 个，较常年平均(约 27 个)偏多 2 个。

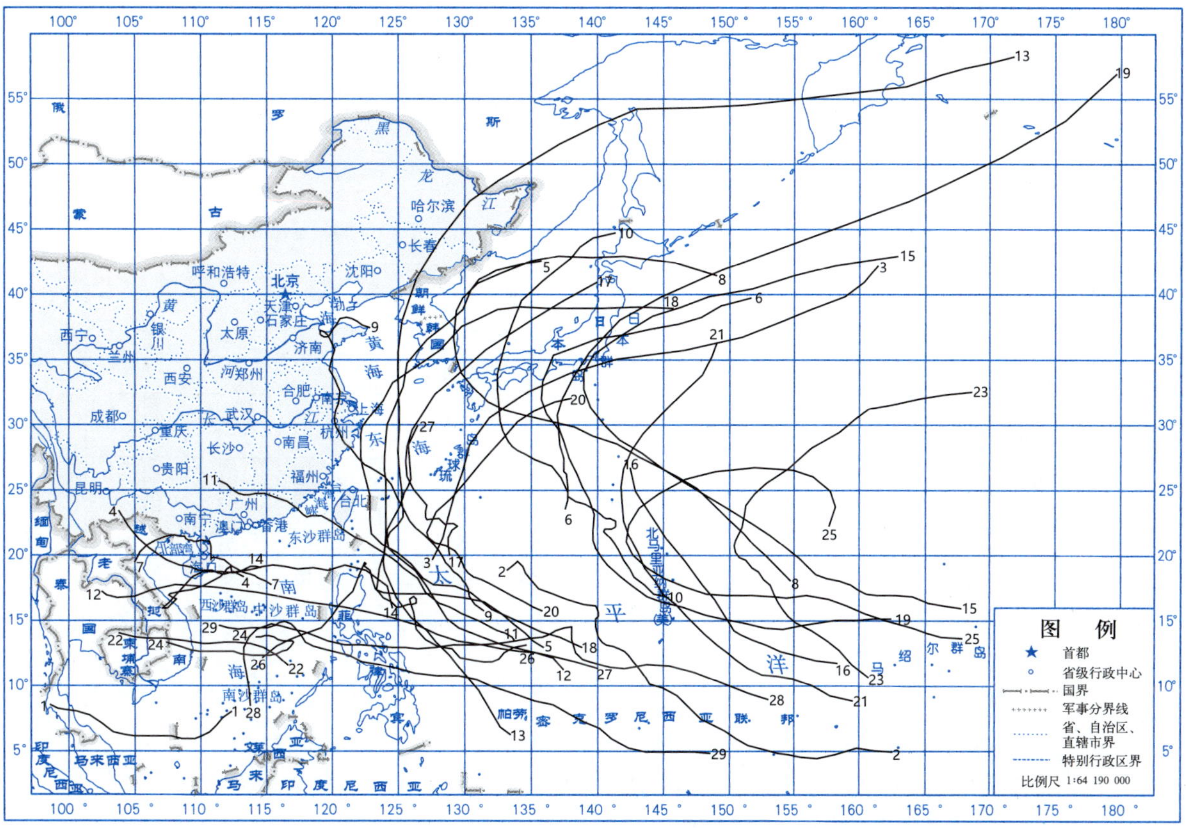

图 1.1.1 2019 年热带气旋路径图

从 2019 年西北太平洋和南海的热带气旋(除热带低压外)生成月际分布看(图 1.1.2)，3—5 月没有热带气旋生成，6 月、8 月和 12 月较常年偏少，7 月与常年平均持平，其他月份都较常年偏多。夏季(6—8 月)有 10 个热带气旋生成，较常年平均偏少 1.5 个。秋季(9—11 月)热带气旋最为活跃，共有 16 个热带气旋生成，比常年平均偏多 4.7 个，占全年 55.2%，且出现 6 次多热带气旋共存的现象；其中 11 月有 6 个热带气旋生成，是常年平均的 2.4 倍。

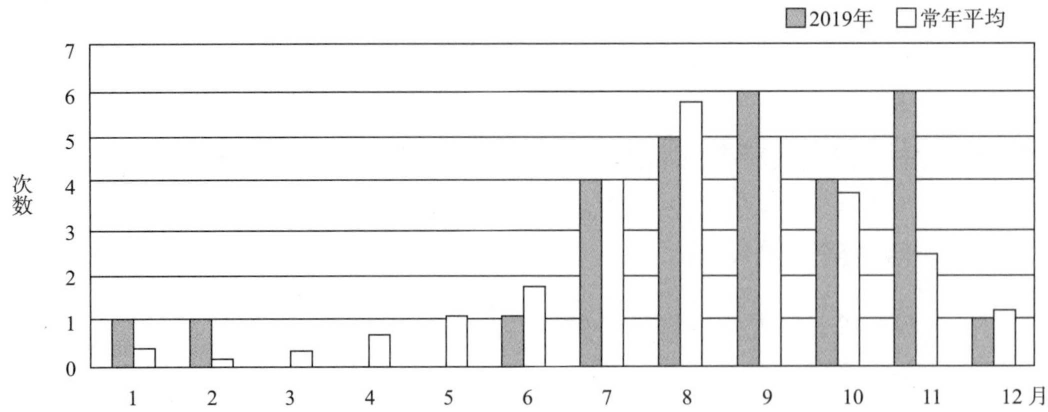

图 1.1.2　西北太平洋和南海台风、强热带风暴、热带风暴出现次数

2019 年南海海域共有 9 个热带气旋（除热带低压外）活动，略少于常年平均。在南海海域生成为热带风暴级以上的热带气旋有 7 个，另有 2 个由西北太平洋移入南海海域。月际分布与常年相比，南海海域 2—6 月没有热带气旋活动，1 月、7 月和 12 月较常年平均偏多，其他月份较常年平均偏少（图 1.1.3、表 1.1.2）。

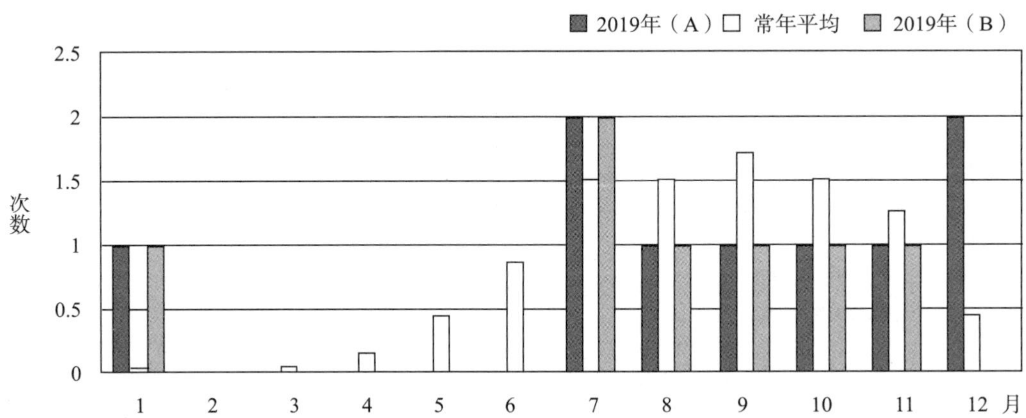

图 1.1.3　南海台风、强热带风暴、热带风暴出现次数

注：（A）西北太平洋进入南海和南海产生的台风、强热带风暴、热带风暴出现次数；
（B）南海产生的台风、强热带风暴、热带风暴或由西北太平洋产生的热带低压移入南海后加强为热带风暴级的出现次数。

（2）西北太平洋中部热带气旋生成偏少

2019 年西北太平洋热带气旋（除热带低压外）生成源地平均位置为 139.8° E，13.5° N，较常年平均略偏南偏西。其中 150° E 以东生成热带气旋 9 个，占了全年总数的 31.0%，较常年平均值偏多；南海海域生成的热带气旋为 5 个，占全年总数的 17.2%，与常年相当；120° ~ 150° E 之间生成的热带气旋为 15 个，占全年总数的 51.7%，较常年平均偏少（图 1.1.4）。

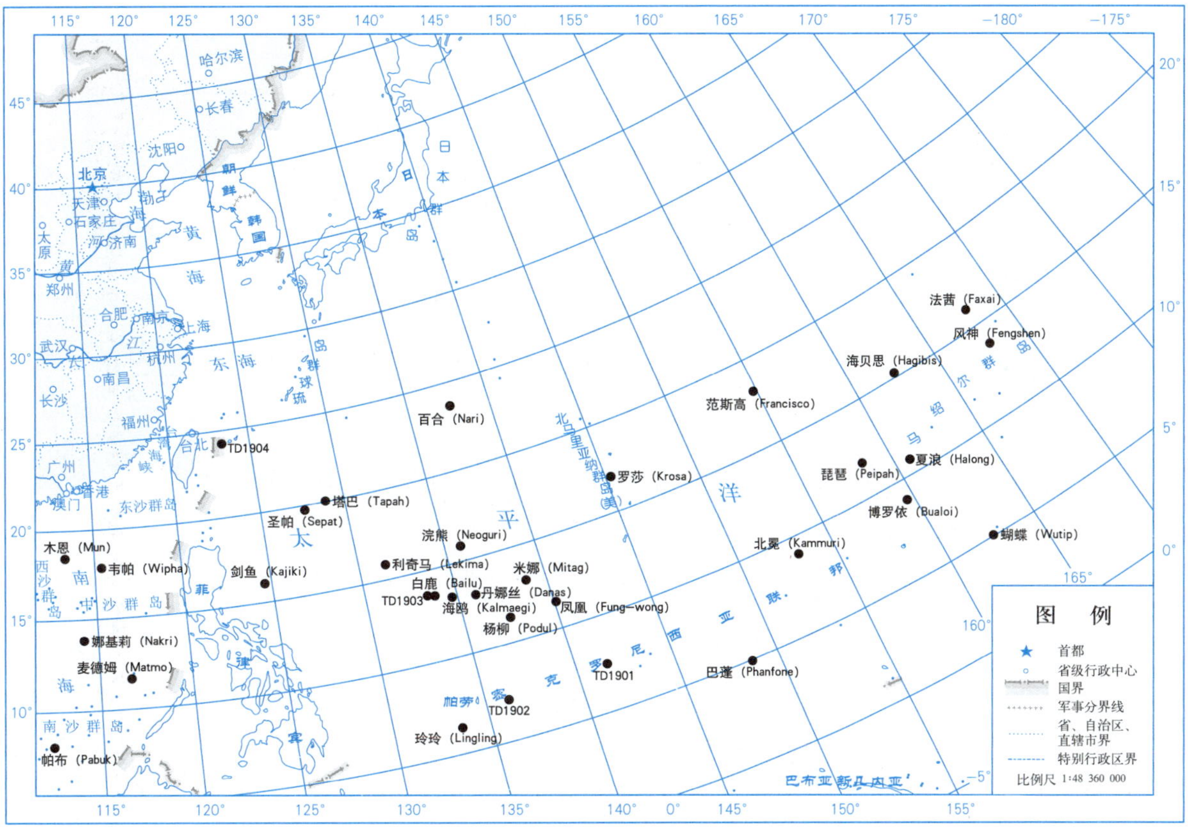

图 1.1.4 2018 年热带气旋生成源地位置图

2019 年热带气旋（除热带低压外）在西北太平洋海域生成源地最南的是第 1929 号强台风“巴蓬”（Phanfone），生成位置为（148.6° E，4.9° N）；生成源地最北的是第 1906 号热带风暴“百合”（Nari），生成位置为（137.6° E，23.6° N）；生成源地最西的是第 1901 号强热带风暴“帕布”（Pabuk），生成位置为（112.4° E，8.1° N）；生成源地最东的是第 1925 号强台风“风神”（Fengshen），生成位置为（168.0° E，13.7° N）。

（3）热带气旋路径趋势以西行为主

2019 年生成的热带气旋路径趋势以西行路径为主（11 个），占全年热带气旋的 1/3。其次分别为中转向 7 个、西北行 6 个、东转向和西转向各 3 个、北行 2 个，东北行 1 个。其中转向路径的热带气旋为 13 个，与常年平均相当。从转向路径的月际分布来看，9—11 月转向路径多于常年平均，尤其是 10 月转向路径为 4 个，较常年平均多了 1.8 个；7—8 月少于常年平均，其余月份转向路径均未出现（图 1.1.5、表 1.1.3）。

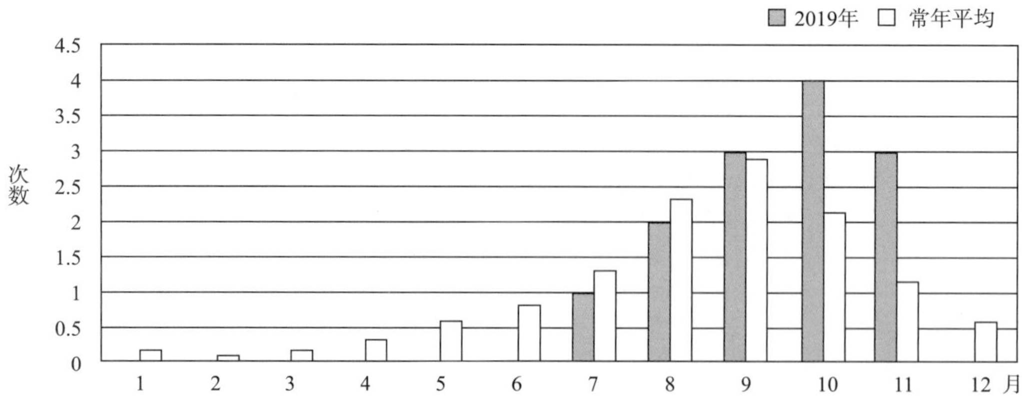

图 1.1.5 台风、强热带风暴、热带风暴转向次数（以转向点的时间统计）

（4）热带气旋平均强度偏弱

2019 年热带气旋（不包括热带低压）强度偏弱，平均强度为 37.7 m/s（13 级），低于常年平均。热带风暴两风级（近中心最大风速为 17.2 ～ 32.6 m/s）有 12 个，占全年总数的 41.4%，较常年平均（37.7%）偏多。强台风级（近中心最大风速 42 ～ 50 m/s）的热带气旋出现频率较常年平均偏多，而台风级（近中心最大风速 33 ～ 40 m/s）和超强台风（近中心最大风速为≥ 52 m/s）出现频率较常年平均偏少（图 1.16）。

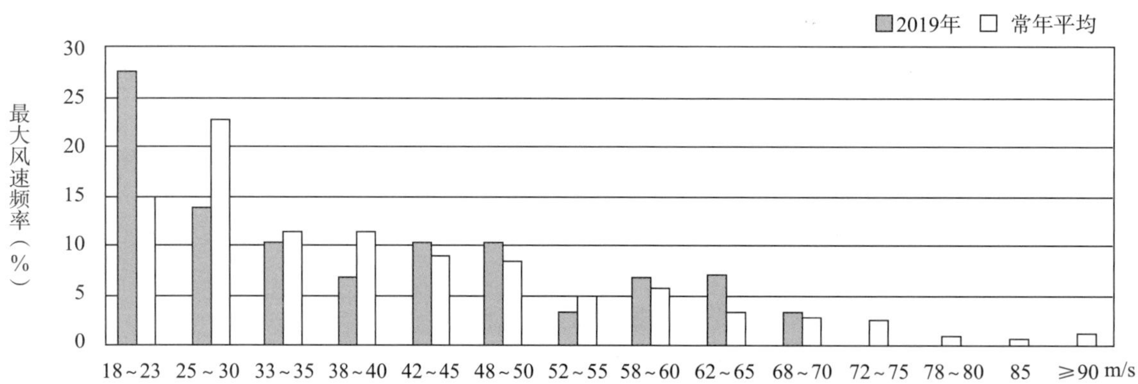

图 1.1.6 台风、强热带风暴、热带风暴最大风速极值频率分布

近中心最低气压极值以 990 ～ 999 hPa 的频率最多，占全年频率总数的 27.6%，较常年平均（20.8%）偏多；近中心最低气压极值在 900 ～ 929 hPa 的频率高于常年平均值；没有出现高于 1000 hPa 和低于 900 hPa 的极值（图 1.1.7、表 1.1.5）。

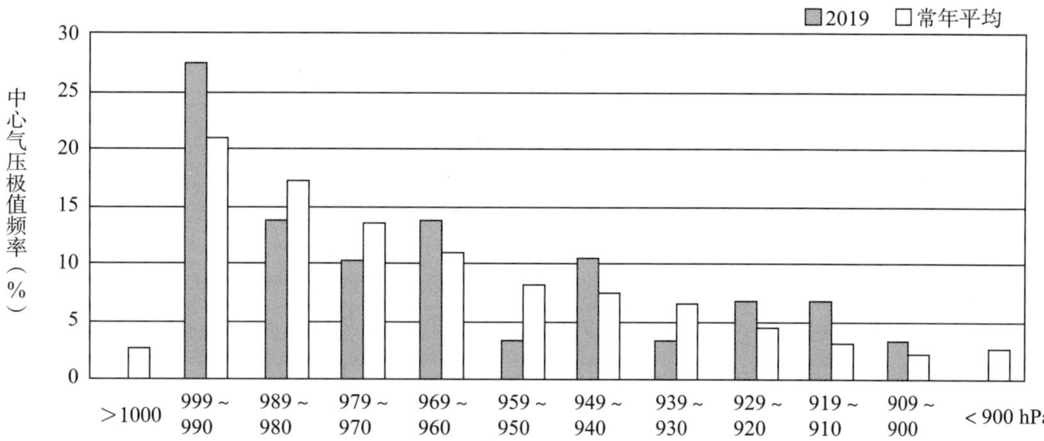

图 1.1.7　台风、强热带风暴、热带风暴中心气压极值频率分布

（5）登陆个数偏少、登陆时间集中、登陆强度偏弱

2019 年登陆我国的热带气旋有 6 个，共有 11 次登陆，登陆个数和次数较常年平均（9 个 /12 次）偏少。热带气旋登陆时间集中，均发生在 7—10 月，其中 7 月、9 月和 10 月各有 1 个登陆，其余 8 次集中在 8 月登陆我国。从热带气旋登陆地区分布看，海南 3 次、浙江和山东各 2 次、广东、台湾、福建和广西各 1 次；本年度，无热带气旋直接登陆广东、广西和福建，仅为二次登陆；登陆海南、浙江和山东的次数较常年偏多。

从热带气旋登陆强度来看，平均登陆强度为 26.3 m/s、979.3 hPa，弱于常年平均登陆强度值。其中，登陆强度为热带风暴级的有 8 次，占总数的 73%；强热带风暴、台风和超强台风级登陆的各 1 次（图 1.1.8、表 1.1.6 和表 1.1.7）。第 1909 号超强台风“利奇马”登陆浙江温岭时中心风速达 52 m/s（16 级），为本年度登陆我国最强和 1949 年以来登陆浙江第三强的热带气旋。

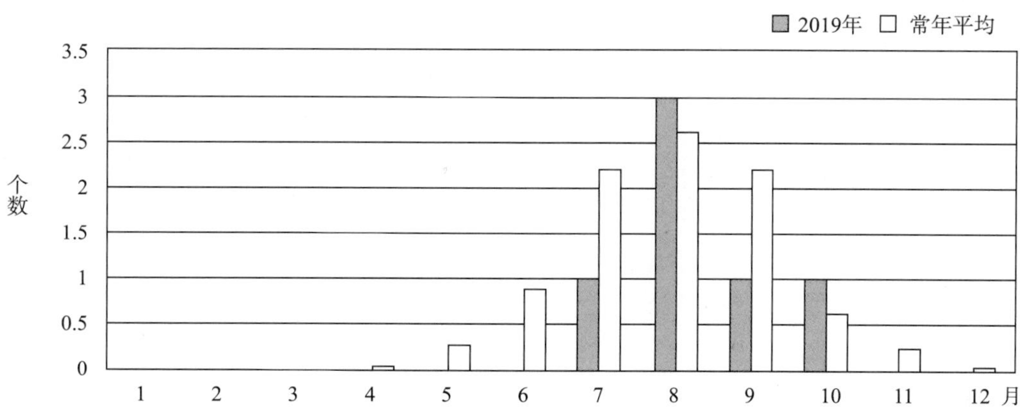

图 1.1.8　热带气旋登陆中国的个数

1.1.2 2019 年严重影响我国的热带气旋概况

2019 年共有 17 个热带气旋给我国带来了风雨影响，其中有 6 个热带气旋在海南、广东、广西、湖南、江西、安徽、福建、浙江、上海、江苏、山东、河北、辽宁、吉林、黑龙江 15 个省（区、市）引发了不同程度的灾情和经济损失，总计受灾人数达到 1659.2 万人，死亡人口 69 人，失踪人口 5 人，紧急转移人口 246.9 万人，农作物受灾面积达到 1924.4 千公顷，农作物绝收面积 159.3 千公顷，倒塌房屋 1.59 万间，直接经济损失达到 588.7 亿元。其中第 1909 号超强台风"利奇马"是 2019 年影响我国时造成的灾情和经济损失最为严重的台风。

第 1909 号超强台风"利奇马"是由 8 月 4 日早晨位于菲律宾吕宋岛偏东约 1000 km 的西北太平洋洋面上一个热带低压发展形成。形成后低压中心受副热带高压南侧的西南气流引导，稳定地向西北方向移动，并迅速增强。8 日凌晨"利奇马"进一步增强至超强台风，于 8 日 20 时在距离冲绳岛约 80 km 处到达其生命史最大强度，近中心最大风速 62 m/s（17 级以上），中心最低气压 915 hPa。随后，超强台风"利奇马"进入东海南部海域，逐渐向华东沿海靠近，强度缓慢减弱，9 日下午减弱为强台风，夜间又再次增强，于 10 日凌晨 01 时 45 分登陆浙江温岭沿海，登陆时达到超强台风级，近中心最大风速 52 m/s（16 级），中心最低气压 930 hPa。登陆后，"利奇马"快速减弱并转向北上，10 日夜间继续减弱至热带风暴，途经浙江和江苏，11 日下午进入黄海海域，于夜间 20 时 50 分二次登陆山东青岛沿海，登陆时近中心最大风速 23 m/s（9 级），中心最低气压 980 hPa。尔后，"利奇马"向北偏西方向移动，进入莱州湾，随即沿逆时针方向打转，移速缓慢，12 日 11 时三次登陆山东昌邑沿海，登陆时强度继续维持，之后逐渐减弱为热带低压，于次日早晨再次进入渤海，移速略有加快，折向东偏南方向，穿过渤海海峡，14 日夜间在黄海北部海域消散。

受超强台风"利奇马"影响，8 月 7—14 日，湖南东南局部、江西局部、福建沿海大部、浙江大部、上海金山和奉贤、江苏部分、安徽部分、湖北广水、山东大部、河北局部、北京佛爷顶、辽宁西部局部、内蒙古青龙山出现最大风力 6 ~ 7 级、阵风 7 ~ 10 级；浙江沿海大部、安徽黄山、江苏西连岛、山东崂山出现最大风力 8 ~ 9 级、阵风 9 ~ 13 级；浙江玉环和石浦、山东泰山出现最大风力 10 ~ 11 级、阵风 12 ~ 14 级；浙江大陈出现最大风力 13 级（40.3 m/s）、阵风 16 级（52.7 m/s），为本次超强台风影响过程风极值。

受其影响，8 月 8—14 日，海南局部、广东部分、广西西北部局部、湖南部分、江西局部、福建部分、浙江西南局部、江苏局部、安徽大部、湖北局部、河南部分、山东局部、山西局部、河北部分、天津大部、北京局部、内蒙古东部局部、辽宁局部、吉林局部、黑龙江南部部分地区总雨量为 10 ~ 50 mm；广东局部、广西灵川和金秀、湖南蓝山、福建武平和福鼎、浙江大部、上海局部、江苏大部、安徽部分、河南东北部分、山东大部、河北东部部分、天津局部、内蒙古东南部局部、辽宁大部、吉林中东部部分地区总雨量为 50 ~ 150 mm；浙江东部北部部分、上海部分、江苏南部及北部部分、安徽南部局部、河南东北部局部、山东中西部部分、河北局部、辽宁部分、吉林辽源总雨量为 150 ~ 300 mm；浙江东部沿海部分、江苏东海、山东中部部分地区总雨量为 300 ~ 489 mm；其中，山东章丘总雨量 488.4 mm，为本次超强台风影响过程总雨量极值；山东临朐 11 日雨量 386.7 mm，上海闵行 10 日 15

时雨量 99.8 mm，分别为本次超强台风影响过程日雨量和时雨量极值。

受其影响，河北、辽宁、吉林、上海、江苏、浙江、安徽、福建和山东省（市）出现了一定程度的灾情，总计受灾人数达到 1402.4 万人，死亡人口 65 人，失踪人口 5 人，紧急转移人口 209.7 万人，农作物受灾面积达到 1137 千公顷，农作物绝收面积 93.5 千公顷，倒塌房屋 1.5 万间，直接经济损失达到 515.3 亿元（表 2.12.2）。

表 1.1.1　近十年西北太平洋台风、强热带风暴、热带风暴出现次数（2010—2019 年）

年份	1月	2月	3月	4月	5月	6月	7月	8月	9月	10月	11月	12月	合计
2010			1				2	5	4	2			14
2011					2	3	4	3	7	1		1	21
2012			1		1	4	4	5	5	3	1	1	25
2013	1	1				4	3	7	7	6	2		31
2014	2	1		2		2	5	1	5	2	2	1	23
2015	1	1	2	1	2	2	4	4	4	4	1	1	27
2016							4	8	6	5	2	1	26
2017				1		1	8	6	4	4	2	2	28
2018	1	1	1			4	5	9	4	1	3		29
2019	1	1				1	4	5	6	4	6	1	29
常年平均	0.43	0.18	0.38	0.72	1.12	1.75	4.00	5.77	5.03	3.80	2.48	1.25	26.92

表 1.1.2　近十年南海台风、强热带风暴、热带风暴出现次数（2010—2019 年）

年份	1月	2月	3月	4月	5月	6月	7月	8月	9月	10月	11月	12月	合计
2010（A）							2	2	1	1			6
2011（A）						2	1		2	2		1	8
2012（A）			1			2	1	2	1	1	1	1	10
2013（A）	1	1				2	2	2	2	2	2		14
2014（A）		1				2	1		2		1	2	9
2015（A）			1			1	1		1	2		1	7
2016（A）							2	1	2	3	1	1	10
2017（A）						1	4	3	2	1	3	3	17

（续表）

年份	1月	2月	3月	4月	5月	6月	7月	8月	9月	10月	11月	12月	合计
2018（A）	1	1				2	1	1	2	1	2		11
2019（A）	1						2	1	1	1	1	2	9
常年平均	0.03	0.00	0.05	0.17	0.47	0.88	1.53	1.52	1.75	1.52	1.28	0.48	9.68
2010（B）							1	2	1				4
2011（B）						2			1				3
2012（B）			1			1	1		1				4
2013（B）		1				1	1	1	1		1		6
2014（B）						1					1		2
2015（B）						1			1				2
2016（B）							1	1	1				3
2017（B）						1	4	1	2		3		11
2018（B）	1					1	1	1	1		2		7
2019（B）	1						2	1	1	1	1		7

注：（A）西北太平洋进入南海和南海产生的台风、强热带风暴、热带风暴出现次数；

（B）南海产生的台风、强热带风暴、热带风暴或由西北太平洋产生的热带低压移入南海后增强为热带风暴级的出现次数。

表 1.1.3　近十年台风、强热带风暴、热带风暴转向次数（2010—2019 年）

年份	1月	2月	3月	4月	5月	6月	7月	8月	9月	10月	11月	12月	合计
2010								1	4	2			7
2011					2	1	1	2	2				8
2012					1	2	1	1	2	3	1		11
2013						1		1	2	5			9
2014						1	2	1	3	2	1		10
2015					2		1	4	3	2	1		13
2016								2	3	3	2		10
2017				1		1	1	2	2	2			9
2018			1			1	2	4	2	1	1		12
2019							1	2	3	4	3		13
常年平均	0.20	0.08	0.18	0.38	0.62	0.83	1.32	2.37	2.90	2.17	1.17	0.62	12.83

表 1.1.4　近十年台风、强热带风暴、热带风暴中心最大风速极值频率（%）分布（2010—2019 年）

年份	风速（m/s）														
	18～23	25～28	33～35	38～40	42～45	48～50	52～55	58～60	62～65	68～70	72～75	78～80	85	≥ 90	合计
2010	14.29	28.58	21.43		14.29	7.14	7.14				7.14				100
2011	38.10	23.81	9.52		4.76	4.76	4.76	4.76	9.52						100
2012	12.00	28.00	4.00	12.00	16.00	8.00	4.00	8.00	8.00						100
2013	29.03	22.58	6.45	3.23	12.90	6.45	3.23	9.68	3.23			3.23			100
2014	26.09	26.09	4.35		8.70	4.35	4.35	4.35	4.35	13.04	4.35				100
2015	14.81	7.41	7.41		11.11	3.70	25.93	14.81	11.11	3.70					100
2016	30.77	19.23	3.85		7.69	7.69	11.54	3.85	3.85	3.85	7.69				100
2017	39.29	17.86	3.57	10.71	14.29		10.71	3.57							
2018	20.69	27.59	6.90	3.45	10.34	3.45		13.79	10.34	3.45					100
2019	27.59	13.79	10.34	6.90	10.34	10.34	3.45	6.90	6.90	3.45					100
常年平均	14.92	22.73	11.39	11.58	8.98	8.48	4.95	5.70	3.34	2.79	2.35	0.93	0.74	1.12	100

表 1.1.5　近十年台风、强热带风暴、热带风暴中心气压极值频率（%）分布（2010—2019 年）

年份	气压（hPa）												
	1004 ～ 1000	999 ～ 990	989 ～ 980	979 ～ 970	969 ～ 960	959 ～ 950	949 ～ 940	939 ～ 930	929 ～ 920	919 ～ 910	909 ～ 900	< 900	合计
2010		21.43	21.43	21.43		14.29	7.14	7.14				7.14	100
2011	4.76	28.57	19.05	14.29		4.76	4.76	9.52	4.76	9.52			100
2012		12.00	24.00	8.00	20.00	8.00	8.00		8.00	12.00			100
2013	12.90	12.90	22.58	6.45	3.23	12.90	9.68	3.23	6.45	6.45		3.23	100
2014	4.35	21.74	26.09	4.35	4.35	4.35	4.35	4.35	4.35	4.35	13.04	4.35	100
2015		18.52	3.70	7.41		11.11	7.41	33.33	7.41	7.41	3.70		100
2016		26.92	23.08	3.85		7.69	11.54	7.69	3.85	3.85	3.85	7.69	100
2017	3.57	35.71	17.86	3.57	10.71	14.29		10.71	3.57				100
2018	10.34	13.79	27.59	3.45	6.90	10.34	3.45		10.34	6.90	3.45	3.45	100
2019		27.59	13.79	10.34	13.79	3.45	10.34	3.45	6.90	6.90	3.45		100
常年平均	2.54	20.81	17.15	13.50	11.08	8.24	7.62	6.56	4.58	3.22	2.11	2.72	100

表 1.1.6　近十年在我国登陆的热带气旋个数（2010—2019 年）

年份	1 月	2 月	3 月	4 月	5 月	6 月	7 月	8 月	9 月	10 月	11 月	12 月	合计
2010							2		4	2			8
2011						3	1	1	1	1			7
2012						1	1	5					7
2013						1	3	4	1	1			10
2014						1	2	1	3				7
2015						1	1	1	1	1			5
2016					1		2	2	2	2			9
2017						1	3	2	2	1			9
2018						2	3	5	2				12
2019							1	3	1	1			6
常年平均	0.00	0.00	0.00	0.03	0.27	0.90	2.18	2.60	2.20	0.63	0.23	0.03	9.08

表 1.1.7　近十年热带气旋在我国登陆的地区分布（2010—2019 年）

年份	广西	广东（香港）	海南	台湾	福建	浙江	上海	江苏	山东	辽宁	天津	合计
2010		1	2	1	4/5							8/9
2011		2/4	3	1	0/1				1			7/10
2012		3		2	0/1	1		1				7/8
2013		3	2	1	3/4	1						10/11
2014	0/1	2/4	2	2/3	1/2	0/1	0/1		0/1			7/15
2015		2	1	2	0/2							5/7
2016	0/1	4	2	2	1/3							9/12
2017		6	1	2	0/2							9/11
2018*		3/7	2/4	2/2	1/2	2/2	3/3		0/1			12/20
2019	0/1	0/1	3	1	0/1	2			0/2			6/11
常年平均	0.03/0.55	3.38/3.97	2.22/2.35	2.07/2.13	0.58/1.82	0.55/0.68	0.02/0.07	0.05/0.08	0.15/0.25	0.05/0.22	0/0.02	9.10/12.13

注：分母为首次和多次登陆次数，分子为第一次登陆次数，如两者相同，则用整数表示。

1.2　2019 年热带气旋纪要表

2019 年西北太平洋热带气旋纪要表

序号	中央气象台编号	国际编号	中英文名称	起讫日期（月.日）	强度	达到热带风暴强度开始日期（月.日）	中心气压极值（hPa）	最大风速极值（m/s）	发现点		路径趋势
									北纬（度）	东经（度）	
1	1901	1901	帕布 Pabuk	12.31—1.5	强热带风暴	1.1	990	25	8.1	112.4	西行
2				1.18—1.22	热带低压		1005	15	7.4	141.6	西行
3	1902	1902	蝴蝶 Wutip	2.18—3.2	超强台风	2.20	925	58	5.0	162.6	西北行
4				3.17—3.19	热带低压		1005	15	7.1	136.2	西行
5	1903	1903	圣帕 Sepat	6.25—6.30	热带风暴	6.27	995	20	19.7	127.6	东北行
6				6.28—6.30	热带低压		1000	15	13.6	133.4	西北行
7	1904	1904	木恩 Mun	7.2—7.5	热带风暴	7.2	992	18	18.4	113.3	西北行
8	1905	1905	丹娜丝 Danas	7.14—7.23	热带风暴	7.16	988	23	13.0	136.0	北上
9	1906	1906	百合 Nari	7.24—7.29	热带风暴	7.25	998	18	23.6	137.6	中转向
10	1907	1907	韦帕 Wipha	7.30—8.4	热带风暴	7.31	982	23	17.8	115.4	西行
11	1908	1908	范斯高 Francisco	8.1—8.9	台风	8.2	965	38	18.1	154.8	中转向
12	1909	1909	利奇马 Lekima	8.4—8.14	超强台风	8.4	915	62	15.8	131.5	西北行
13	1910	1910	罗莎 Krosa	8.5—8.17	强台风	8.6	960	42	16.9	145.3	中转向
14	1911	1911	白鹿 Bailu	8.20—8.26	强热带风暴	8.21	980	30	13.5	133.8	西北行
15	1912	1912	杨柳 Podul	8.25—8.31	热带风暴	8.28	990	23	11.3	137.5	西行
16	1913	1913	玲玲 Lingling	8.31—9.11	超强台风	9.2	930	55	6.3	133.5	西转向
17	1914	1914	剑鱼 Kajiki	8.30—9.7	热带风暴	9.2	995	18	16.0	124.6	西行

（续表）

序号	中央气象台编号	国际编号	中英文名称	起讫日期（月．日）	强度	达到热带风暴强度开始日期（月．日）	中心气压极值（hPa）	最大风速极值（m/s）	发现点		路径趋势
									北纬（度）	东经（度）	
18	1915	1915	法茜 Faxai	9.2—9.11	强台风	9.5	940	50	16.0	167.9	中转向
19				9.7—9.11	热带低压		996	15	24.2	123.3	北行
20	1916	1916	琵琶 Peipah	9.13—9.17	热带风暴	9.15	995	18	11.8	158.4	西北行
21	1917	1917	塔巴 Tapah	9.17—9.23	台风	9.19	975	33	20.0	128.9	中转向
22	1918	1918	米娜 Mitag	9.27—10.5	台风	9.28	960	40	13.0	138.9	西转向
23	1919	1919	海贝思 Hagibis	10.5—10.14	超强台风	10.6	915	65	15.2	162.5	中转向
24	1920	1920	浣熊 Neoguri	10.15—10.22	强台风	10.17	960	42	15.8	135.9	中转向
25	1921	1921	博罗依 Bualoi	10.18—10.26	超强台风	10.19	925	58	8.9	159.6	东转向
26	1922	1922	麦德姆 Matmo	10.29—11.1	强热带风暴	10.30	990	25	11.6	116.7	西行
27	1923	1923	夏浪 Halong	11.2—11.10	超强台风	11.3	905	68	10.7	160.8	东转向
28	1924	1924	娜基莉 Nakri	11.4—11.11	台风	11.5	975	33	13.8	114.2	西行
29	1925	1925	风神 Fengshen	11.11—11.18	强台风	11.12	940	50	13.7	168.0	东转向
30	1926	1926	海鸥 Kalmaegi	11.11—11.22	台风	11.16	970	35	13.2	134.7	西行
31	1927	1927	凤凰 Fung-wong	11.18—11.24	强热带风暴	11.20	980	30	11.4	140.1	西转向
32	1928	1928	北冕 Kammuri	11.25—12.6	强台风	11.26	940	50	9.0	153.1	西行
33	1929	1929	巴蓬 Phanfone	12.20—12.29	强台风	12.22	955	42	4.9	148.6	西行

1.3 2019 年登陆我国的热带气旋纪要表

2019 年登陆我国的热带气旋纪要表

序号	中央气象台编号	国际编号	中英文名称	强度	在我国登陆				
					地点	时间	最大		中心气压（hPa）
							风力（级）	风速（m/s）	
7	1904	1904	木恩 Mun	热带风暴	海南万宁	7月3日0时45分	8	18	992
10	1907	1907	韦帕 Wipha	热带风暴	海南文昌	8月1日02时15分	9	23	982
					广东湛江	8月1日17时40分	9	23	982
					广西防城港	8月2日21时20分	9	23	982
12	1909	1909	利奇马 Lekima	超强台风	浙江温岭	8月10日01时45分	16	52	930
					山东青岛	8月11日20时50分	9	23	980
					山东昌邑	8月12日11时	9	23	984
14	1911	1911	白鹿 Bailu	强热带风暴	台湾屏东	8月24日13时00分	11	30	980
					福建东山	8月25日07时25分	9	23	990
17	1914	1914	剑鱼 Kajiki	热带风暴	海南万宁	9月2日10时40分	8	18	995
22	1918	1918	米娜 Mitag	台风	浙江舟山	10月1日20时20分	12	33	975

1.4 2019 年热带气旋对我国的影响简表

2019 年热带气旋对我国的影响简表

中央气象台编号	中英文名称	热带气旋对我国的影响			
		项目	日期	概　况	极 值
1904	木恩（Mun）	大风	7.2—7.4	海南西沙、东方，广东西南部部分和广西南部部分出现最大风力6～7级、阵风8～9级	海南东方 16.9（24.0）m/s
		降水	7.2—7.5	海南北部局部、广东部分、广西大部、云南大部、西藏东南部局部、四川南部局部、贵州南部大部、湖南南部大部、江西部分、福建部分、浙江中南部部分、安徽南部局部地区总雨量为10～50 mm；海南大部、广东部分、广西局部、云南局部、湖南南部局部及浏阳、江西局部、福建局部、浙江沿海部分及中部局部、安徽南部局部总雨量为50～157 mm；云南西盟总雨量192.0 mm	云南西盟 192.0 mm（1天）

（续表）

中央气象台编号	中英文名称	热带气旋对我国的影响			
		项目	日期	概　况	极 值
1905	丹娜丝（Danas）	大风	7.17—7.21	广东连平和龙川、福建沿海部分及九仙山、浙江中北部沿海部分、江苏西连岛出现最大风力 6 ～ 7 级、阵风 7 ～ 10 级；浙江嵊泗出现最大风力 8 级，福建九仙山出现最大阵风 10 级	浙江嵊泗 17.2（21.1）m/s 福建九仙山 17.0（24.2）m/s
		降水	7.18—7.22	广西东部局部、广东大部、湖南中东部部分、江西局部、福建局部、浙江局部、江苏溧阳、安徽南部局部、河南北部局部、山东局部、河北南部局部、辽宁东部部分、吉林中东部部分、黑龙江中南部部分总雨量为 10 ～ 50 mm；广东花都和龙川、湖南南部局部、辽宁抚顺和本溪、吉林局部、黑龙江中南部局部总雨量为 50 ～ 102 mm	湖南资兴 101.9 mm （1 天）
1907	韦帕（Wipha）	大风	7.30—8.3	海南西沙、珊瑚和海南岛局部、广东南部沿海部分及高要、广西部分、湖南南岳出现最大风力 6 ～ 7 级、阵风 7 ～ 11 级；广西涠洲岛出现最大风力 9 级、阵风 11 级	广西涠洲岛 20.9（29.6）m/s
		降水	7.30—8.4	广东中北部大部、广西中北部大部、云南中南部大部及会泽、贵州部分、重庆秀山、湖北五峰、湖南中西部局部、江西中南部局部、福建中西部部分总雨量为 10 ～ 50 mm；海南南部局部、广东中南部部分、广西中南部部分、贵州局部、福建南部局部总雨量为 50 ～ 150 mm；海南大部、广东南部部分、广西凭祥、福建秀屿总雨量为 150 ～ 300 mm；海南北部局部、广东西南部沿海局部、广西南部沿海部分总雨量 300 ～ 474 mm	广东阳江 473.8 mm （6 天）
1908	范斯高（Francisco）	降水	8.8	吉林东南部局部、黑龙江南部局部总雨量为 10 ～ 39 mm	吉林珲春 38.1 mm （1 天）
1909	利奇马（Lekima）	大风	8.7—8.14	湖南东南局部、江西局部、福建沿海大部、浙江大部、上海金山和奉贤、江苏部分、安徽部分、湖北广水、山东大部、河北局部、北京佛爷顶、辽宁西部局部、内蒙古青龙山出现最大风力 6 ～ 7 级、阵风 7 ～ 10 级；浙江沿海大部、安徽黄山、江苏西连岛、山东崂山出现最大风力 8 ～ 9 级、阵风 9 ～ 13 级；浙江玉环和石浦、山东泰山出现最大风力 10 ～ 11 级、阵风 12 ～ 14 级；浙江大陈出现最大风力 13 级、阵风 16 级	浙江大陈 40.3（52.7）m/s

（续表）

中央气象台编号	中英文名称	热带气旋对我国的影响			
		项目	日期	概　况	极 值
		降水	8.8—8.14	海南局部、广东部分、广西西北部局部、湖南部分、江西局部、福建部分、浙江西南局部、江苏局部、安徽大部、湖北局部、河南部分、山东局部、山西局部、河北部分、天津大部、北京局部、内蒙古东部局部、辽宁局部、吉林局部、黑龙江南部部分总雨量为 10 ～ 50 mm；广东局部、广西灵川和金秀、湖南蓝山、福建武平和福鼎、浙江大部、上海局部、江苏大部、安徽部分、河南东北部分、山东大部、河北东部部分、天津局部、内蒙古东南部局部、辽宁大部、吉林中东部部分地区总雨量为 50 ～ 150 mm；浙江东部北部部分、上海部分、江苏南部及北部部分、安徽南部局部、河南东北部局部、山东中西部部分、河北局部、辽宁部分、吉林辽源总雨量为 150 ～ 300 mm；浙江东部沿海部分、江苏东海、山东中部部分总雨量为 300 ～ 489 mm	山东章丘 488.4 mm （4 天）
1910	罗莎 （Krosa）	大风	8.16	江苏赣榆和西连岛、河北迁西、辽宁北镇出现最大风力 6 ～ 7 级、阵风 7 ～ 10 级	江苏赣榆 15.4（26.0）m/s
		降水	8.15—8.17	山东局部、河北部分、北京局部、辽宁部分、内蒙古东部部分、吉林北部和东部部分、黑龙江中西部部分地区总雨量为 10 ～ 50 mm；山东商河、辽宁东部部分、吉林中东部大部、黑龙江东部和南部部分地区总雨量为 50 ～ 169 mm	吉林桦甸 168.7 mm （3 天）
1911	白鹿 （Bailu）	大风	8.24—8.26	广东南部局部、广西东部局部、湖南南部局部、福建沿海大部、浙江沿海部分、江西庐山、安徽黄山和天柱山出现最大风力 6 ～ 7 级、阵风 7 ～ 10 级；福建晋江、福清和九仙山出现最大风力 8 ～ 9 级、阵风 10 ～ 12 级	福建九仙山 22.1（33.9）m/s
		降水	8.24—8.27	海南局部、广东西南部部分、广西部分、云南大部、重庆局部、贵州部分、湖南大部、江西局部、福建东南部部分、浙江东部部分、上海金山，江苏部分、安徽部分、湖北中部部分地区总雨量为 10 ～ 50 mm；广东大部、广西部分、云南南部局部、贵州西部局部、湖南南部局部、江西南部局部、福建南部部分、浙江东北部局部、上海奉贤、江苏中南部部分、安徽北部部分、河南南部局部、湖北中部局部地区总雨量为 50 ～ 150 mm；广东局部、广西东部局部、江苏建湖总雨量为 150 ～ 228 mm	广东广宁 227.4 mm （2 天）

（续表）

中央气象台编号	中英文名称	热带气旋对我国的影响			
		项目	日期	概　况	极 值
1912	杨柳（Podul）	大风	8.28-8.30	海南西沙、珊瑚和东方、广东徐闻和上川岛、广西局部、福建九仙山出现最大风力 6 ～ 7 级、阵风 7 ～ 9 级；海南三亚出现最大风力 8 级、阵风 10 级	海南三亚 18.3（28.3）m/s
		降水	8.28-8.31	海南局部、广东大部、广西部分、云南南部部分、湖南南部局部、江西南部局部、福建南部部分地区总雨量为 10 ～ 50 mm；海南大部、广东局部、广西中南部部分、云南南部局部、福建南部局部总雨量为 50 ～ 184 mm	海南西沙 183.7 mm （2 天）
1913	玲玲（Lingling）	大风	9.3—9.9	福建沿海局部及九仙山、浙江北部沿海局部、安徽黄山、江苏西连岛、山东沿海大部及泰山、辽宁东港、吉林东部局部、黑龙江东部部分出现最大风力 6 ～ 7 级、阵风 7 ～ 9 级；浙江嵊泗、山东成山头出现最大风力 8 级、阵风 10 ～ 11 级	浙江嵊泗 20.0（28.8）m/s
		降水	9.4—9.9	江西东北部局部、福建中东部部分、浙江中东部大部、上海南部局部、江苏南部部分、安徽南部局部、山东沿海局部、辽宁东部局部、吉林中东部部分、黑龙江南部部分及北部局部地区总雨量为 10 ～ 50 mm；浙江局部、上海中北部部分、江苏南部部分、安徽南部局部、山东石岛、辽宁东部部分、吉林中部部分、黑龙江中东部部分地区总雨量为 50 ～ 118 mm	江苏泰兴 118.0 mm （2 天）
1914	剑鱼（Kajiki）	大风	9.1—9.5	海南局部、广东西南部局部、广西东兴出现最大风力 6 ～ 7 级、阵风 7 ～ 9 级	海南三亚 15.9（24.0）m/s
		降水	9.1—9.7	广西南部部分、广东部分、湖南宜章、江西局部、福建中西部部分、浙江中东部部分、安徽南部局部、江苏南部局部、上海东南部部分地区总雨量为 10 ～ 50 mm；海南局部、广东中南部大部、广西南部局部、江西南部局部、福建华安、浙江北部局部、上海中西部大部、江苏南部局部、安徽南部局部总雨量为 50 ～ 150 mm；海南大部、广东沿海局部总雨量为 150 ～ 300 mm；海南东南部局部总雨量为 300 ～ 479 mm	海南琼海 478.1 mm （5 天）
TD04		大风	9.7	福建晋江出现最大风力 6 级、阵风 8 级	福建晋江 12.4（20.2）m/s
		降水	9.7—9.10	福建沿海部分、浙江南部沿海部分、江苏南部部分地区总雨量为 10 ～ 50 mm；福建同安和平潭、江苏海安总雨量 50 ～ 87 mm	福建平潭 86.6 mm （1 天）

（续表）

中央气象台编号	中英文名称	热带气旋对我国的影响			
		项目	日期	概　况	极 值
1917	塔巴（Tapah）	大风	9.20—9.23	福建九仙山和寿宁、浙江沿海大部、上海南汇、安徽黄山、江苏南部局部及西连岛、山东沿海局部及泰山、辽宁长兴岛出现最大风力 6 ~ 7 级、阵风 7 ~ 11 级；浙江平阳和大陈出现最大风力 8 ~ 9 级、阵风 10 ~ 12 级	浙江嵊泗 25.1（33.5）m/s
		降水	9.21—9.22	浙江北部沿海部分、上海大部、江苏南部局部地区总雨量为 10 ~ 50 mm；浙江北部沿海局部总雨量为 50 ~ 127 mm	浙江定海 127.0 mm （2 天）
1918	米娜（Mitag）	大风	9.30—10.4	福建沿海中部部分、浙江沿海部分、上海南汇和松江、江苏吕泗、山东成山头、辽宁局部出现最大风力 6 ~ 7 级、阵风 7 ~ 11 级；福建三沙、浙江沿海部分出现最大风力 8 级、阵风 10 ~ 12 级；浙江嵊泗和石浦出现最大风力 10 ~ 11 级、阵风 12 ~ 14 级	浙江大陈 35.3（47.3）m/s
		降水	9.30—10.2	福建北部沿海局部、浙江中东部部分、江苏中南部局部地区总雨量为 10 ~ 50 mm；浙江东部部分、上海大部、江苏南部局部地区总雨量为 50 ~ 150 mm；浙江东北部沿海大部及温岭、上海浦东总雨量 150 ~ 351 mm	浙江定海 350.9 mm （2 天）
1922	麦德姆（Matmo）	大风	10.30—11.1	海南三亚出现最大风力 7 级、阵风 9 级	海南三亚 15.3（23.8）m/s
		降水	10.29—10.31	海南中南部部分总雨量为 10 ~ 50 mm；海南琼中、万宁、西沙和珊瑚总雨量为 50 ~ 216 mm	海南珊瑚 215.9 mm （2 天）
1924	娜基莉（Nakri）	大风	11.9—11.11	海南三亚出现最大风力 6 级、阵风 8 级	海南三亚 12.3（17.7）m/s
		降水	11.4—11.11	海南西沙和珊瑚总雨量为 41 ~ 44 mm	海南珊瑚 43.6 mm （2 天）
1926	海鸥（Kalmaegi）	大风	11.19—11.20	福建南部沿海局部出现最大风力 6 ~ 7 级、阵风 8 ~ 9 级	福建东山 16.8（22.1）m/s
1927	凤凰（Fung-wong）	大风	11.21—11.22	福建北部沿海局部及九仙山出现最大风力 6 级、阵风 7 ~ 8 级	福建三沙 12.9（18.8）m/s

注：1 括号内的天数是指一次台风过程降水量≥ 10 mm 的天数；

2 无括号的风速为最大风速，有括号的风速为极大风速，即阵风。

1.5 2019 年热带气旋编号、名称、日期对照表

2019 年热带气旋编号、名称、日期对照表

热带气旋等级	序号	中央气象台编号	名称	起讫日期
超强台风	3	1902	蝴蝶 Wutip	2.18—3.2
	12	1909	利奇马 Lekima	8.4—8.14
	16	1913	玲玲 Lingling	8.31—9.11
	23	1919	海贝思 Hagibis	10.5—10.13
	25	1921	博罗依 Bualoi	10.18—10.26
	28	1923	夏浪 Halong	11.2—11.10
强台风	13	1910	罗莎 Krosa	8.5—8.17
	18	1915	法茜 Faxai	9.2—9.11
	24	1920	浣熊 Neoguri	10.17—10.22
	29	1925	风神 Fengshen	11.11—11.18
强台风	32	1928	北冕 Kammuri	11.25—12.6
	33	1929	巴蓬 Phanfone	12.21—12.29
台风	11	1908	范斯高 Francisco	8.1—8.9
	21	1917	塔巴 Tapah	9.17—9.23
	22	1918	米娜 Mitag	9.27—10.5
	28	1924	娜基莉 Nakri	11.4—11.11
	30	1926	海鸥 Kalmaegi	11.13—11.21
强热带风暴	1	1901	帕布 Pabuk	12.31—1.5
	14	1911	白鹿 Bailu	8.20—8.26
	26	1922	麦德姆 Matmo	10.29—11.1
	31	1927	凤凰 Fung-wong	11.19—11.23
热带风暴	5	1903	圣帕 Sepat	6.25—6.30
	7	1904	木恩 Mun	7.2—7.5
	8	1905	丹娜丝 Danas	7.15—7.23
	9	1906	百合 Nari	7.24—7.29
	10	1907	韦帕 Wipha	7.30—8.4
	15	1912	杨柳 Podul	8.26—8.31
	17	1914	剑鱼 Kajiki	8.30—9.7
	20	1916	琵琶 Peipah	9.14—9.16
热带低压	2		TD1901	1.18—1.22
	4		TD1902	3.17—3.19
	6		TD1903	6.28—6.30
	19		TD1904	9.7—9.11

2　2019 年逐个热带气旋概述

2.1　强热带风暴“帕布”（Pabuk）

第 1901 号强热带风暴“帕布”是由 2018 年 12 月 31 日下午位于我国南沙群岛附近的南海海面上一个热带低压发展形成。热带低压形成后向西南方向移动，1 月 1 日下午转向偏西，并加强为热带风暴，3 日夜间再次转向西北，逐渐靠近泰国南部沿海，于 4 日早晨加强为强热带风暴，随后开始减弱，夜间登陆泰国南部，次日凌晨继续减弱为热带低压，之后迅速在泰国境内减弱消散。

表 2.1.1 是强热带风暴“帕布”的中心位置和强度。图 2.1.1 ~ 2.1.3 分别是强热带风暴“帕布”路径图、大风区域演变图和 2019 年 1 月 4 日 08 时 500 hPa 高度场图。

表 2.1.1　第 1901 号强热带风暴“帕布”（Pabuk）中心位置和强度

2018 年 12 月 31 日—2019 年 1 月 5 日

年	月	日	时	中心位置		中心气压（hPa）	中心风速（m/s）
				北纬（°N）	东经（°E）		
2018	12	31	14	8.1	112.4	1004	13
	12	31	20	7.6	111.7	1004	13
2019	1	1	2	7.0	111.2	1002	15
	1	1	8	6.5	110.7	1002	15
	1	1	14	6.2	110.1	1000	18
	1	1	20	6.0	109.6	1000	18
	1	2	2	6.0	109.1	1000	18
	1	2	8	6.0	108.6	1000	18
	1	2	14	6.2	107.8	1000	18
	1	2	20	6.2	106.9	998	20
	1	3	2	6.2	105.7	998	20
	1	3	8	6.2	105.0	998	20
	1	3	14	6.3	104.3	998	20
	1	3	20	6.5	103.4	995	23
	1	4	2	7.2	102.5	995	23
	1	4	8	7.8	101.6	990	25
	1	4	14	8.1	100.6	995	23
	1	4	20	8.2	99.8	998	20
	1	5	2	8.3	99.2	1006	15
	1	5	8	8.6	98.6	1006	15
消散							

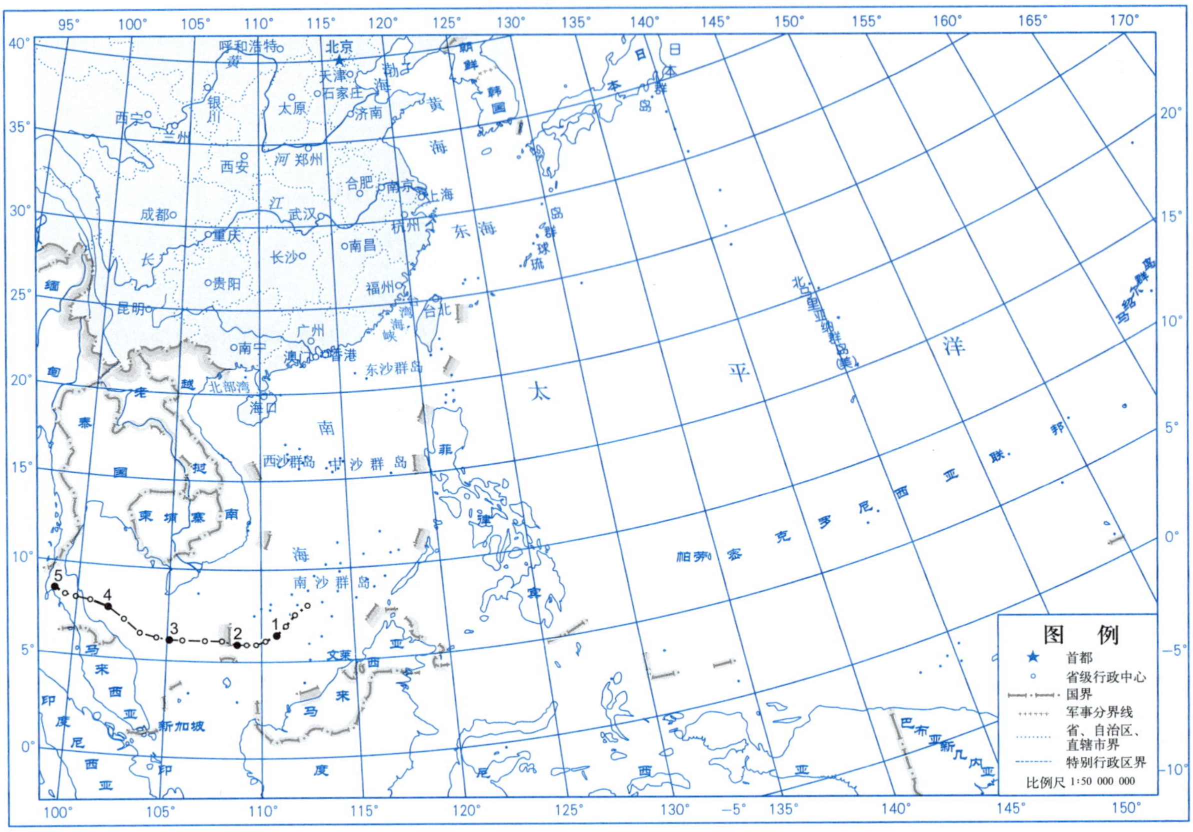

图 2.1.1　第 1901 号强热带风暴“帕布”（Pabuk）路径图

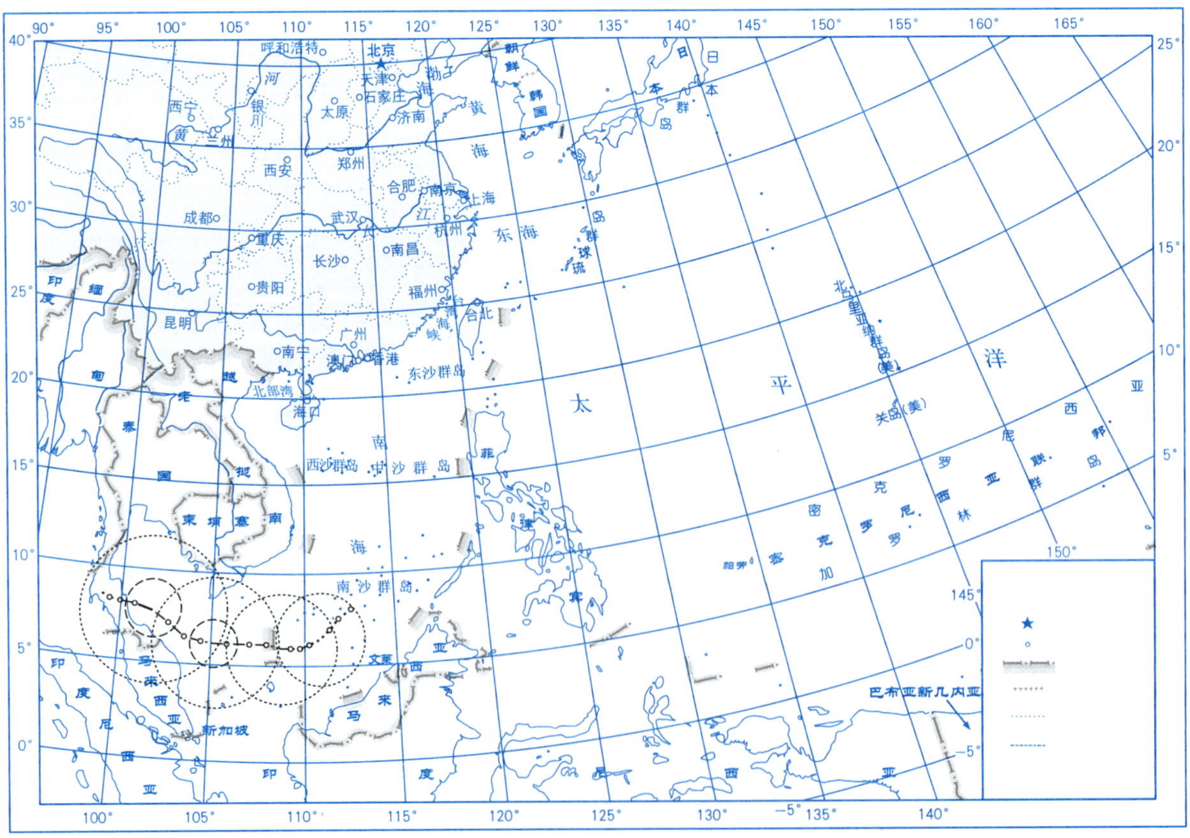

图 2.1.2　第 1901 号强热带风暴“帕布”（Pabuk）大风区域演变图（1 月 1—4 日）

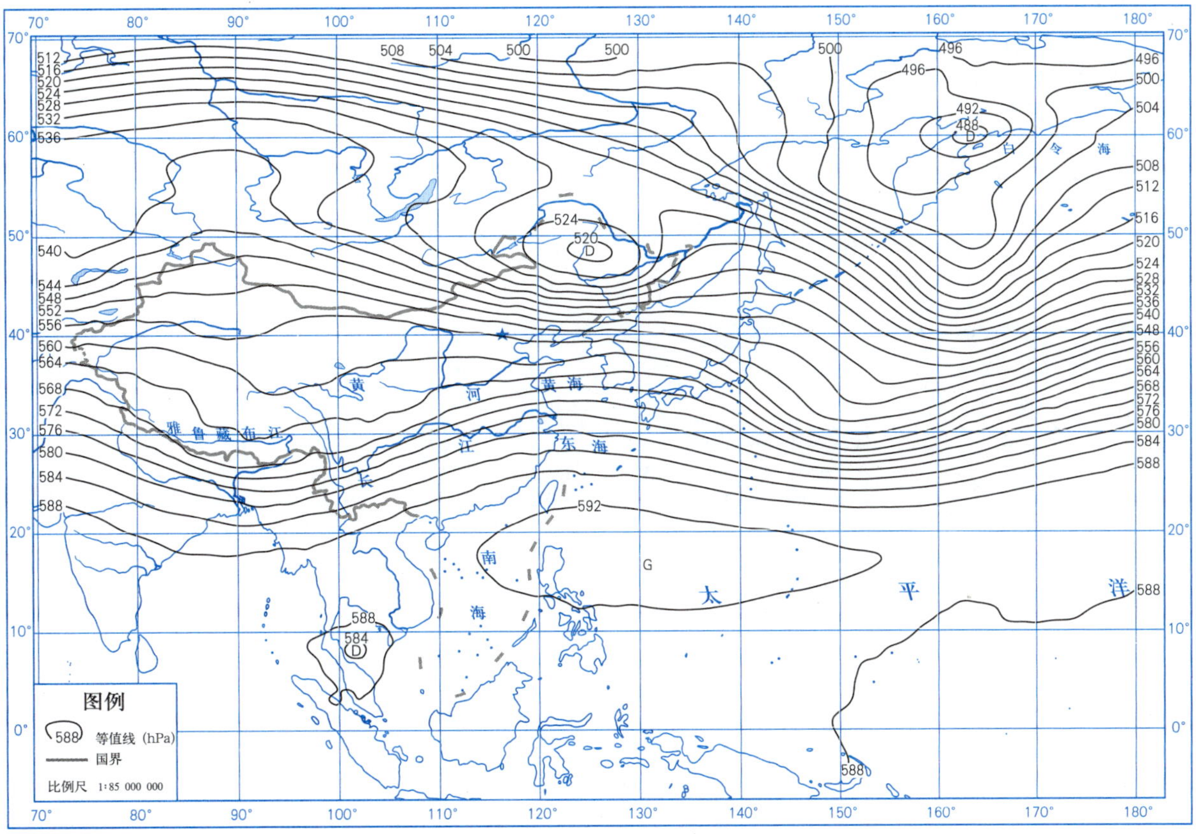

图 2.1.3　2019 年 1 月 4 日 08 时 500 hPa 高度场图（dagpm）

2.2 热带低压（TD1901）

热带低压（TD1901）于 1 月 18 日早晨在帕劳以东约 770 km 的西北太平洋洋面上形成。形成后低压中心稳定地向西方向移动，逐渐靠近菲律宾东南沿海，于 20 日上午在棉兰老岛近海北上，移速减慢，次日下午转向西北，随后擦过萨马岛东北角，于 22 日上午在萨马岛以北的近海海面上消散。

表 2.2.1 是热带低压（TD1901）的中心位置和强度。图 2.2.1～2.2.3 分别是热带低压（TD1901）路径图、大风区域演变图和 2019 年 1 月 20 日 08 时 500 hPa 高度场图。

表 2.2.1 热带低压（TD1901）中心位置和强度

1 月 18—22 日

年	月	日	时	中心位置		中心气压（hPa）	中心风速（m/s）
				北纬（°N）	东经（°E）		
2019	1	18	8	7.4	141.6	1006	10
	1	18	14	6.8	139.6	1005	13
	1	18	20	6.8	137.9	1005	13
	1	19	2	6.9	136.1	1005	13
	1	19	8	6.8	134.5	1005	13
	1	19	14	6.8	132.5	1005	13
	1	19	20	7.0	130.4	1005	13
	1	20	2	7.3	128.5	1005	13
	1	20	8	7.8	127.2	1005	13
	1	20	14	8.8	126.8	1005	13
	1	20	20	9.7	126.8	1005	15
	1	21	2	10.6	126.9	1005	15
	1	21	8	11.3	126.8	1005	15
	1	21	14	11.9	126.3	1005	15
	1	21	20	12.3	125.7	1006	13
	1	22	2	12.5	125.3	1006	13
	1	22	8	12.7	124.8	1006	13
消散							

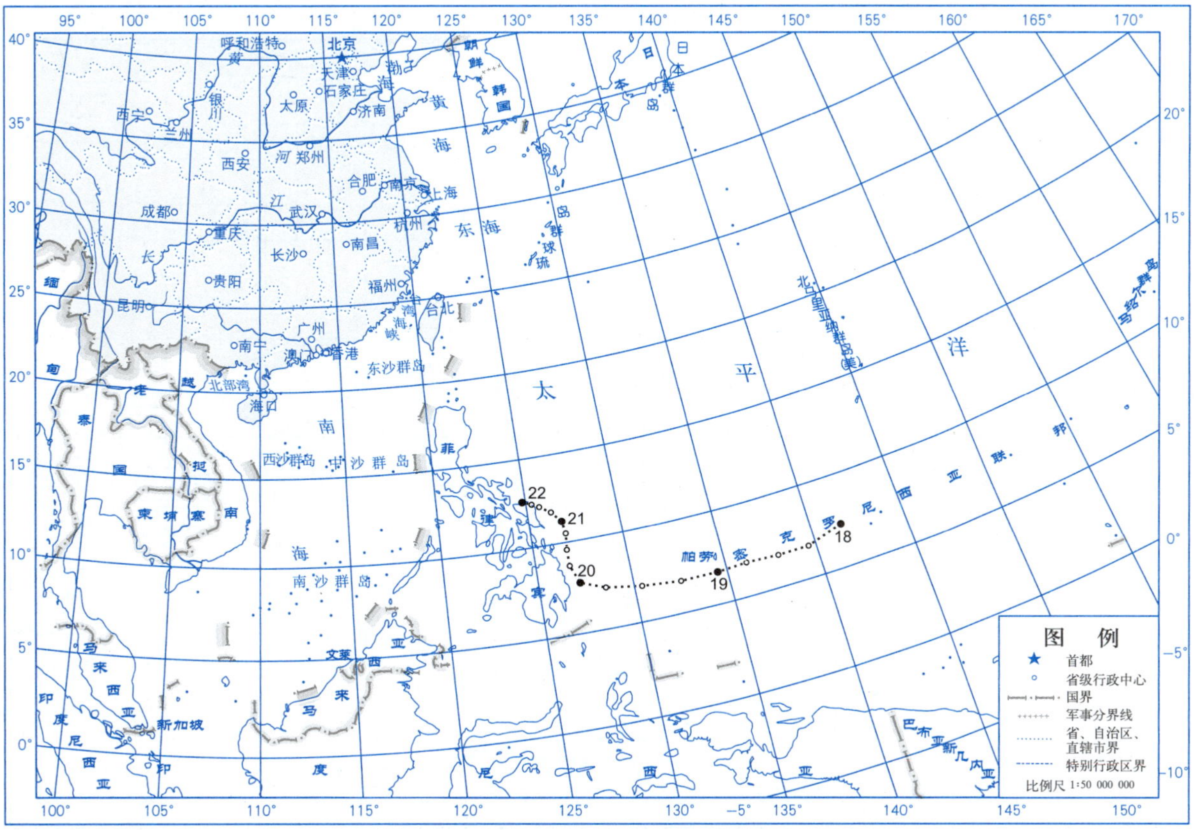

图 2.2.1 热带低压（TD1901）路径图

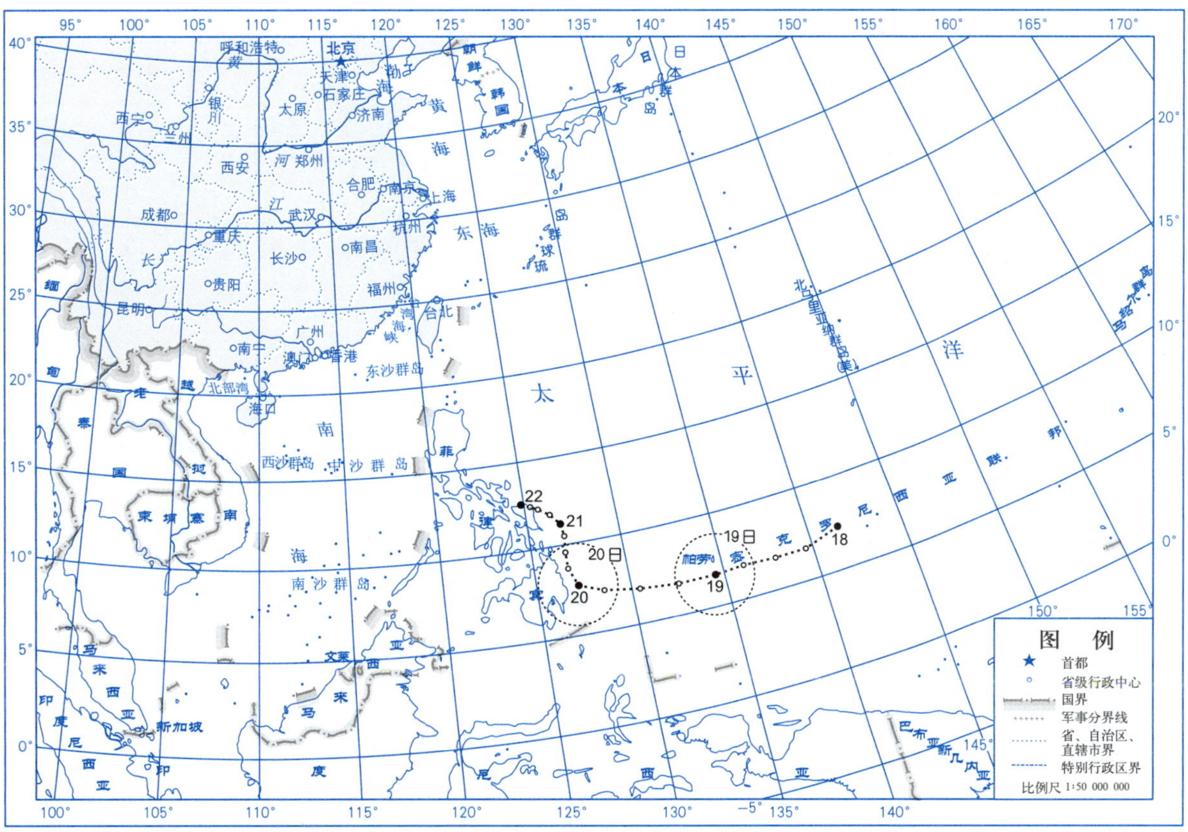

图 2.2.2 热带低压（TD1901）大风区域演变图（1 月 19—20 日）

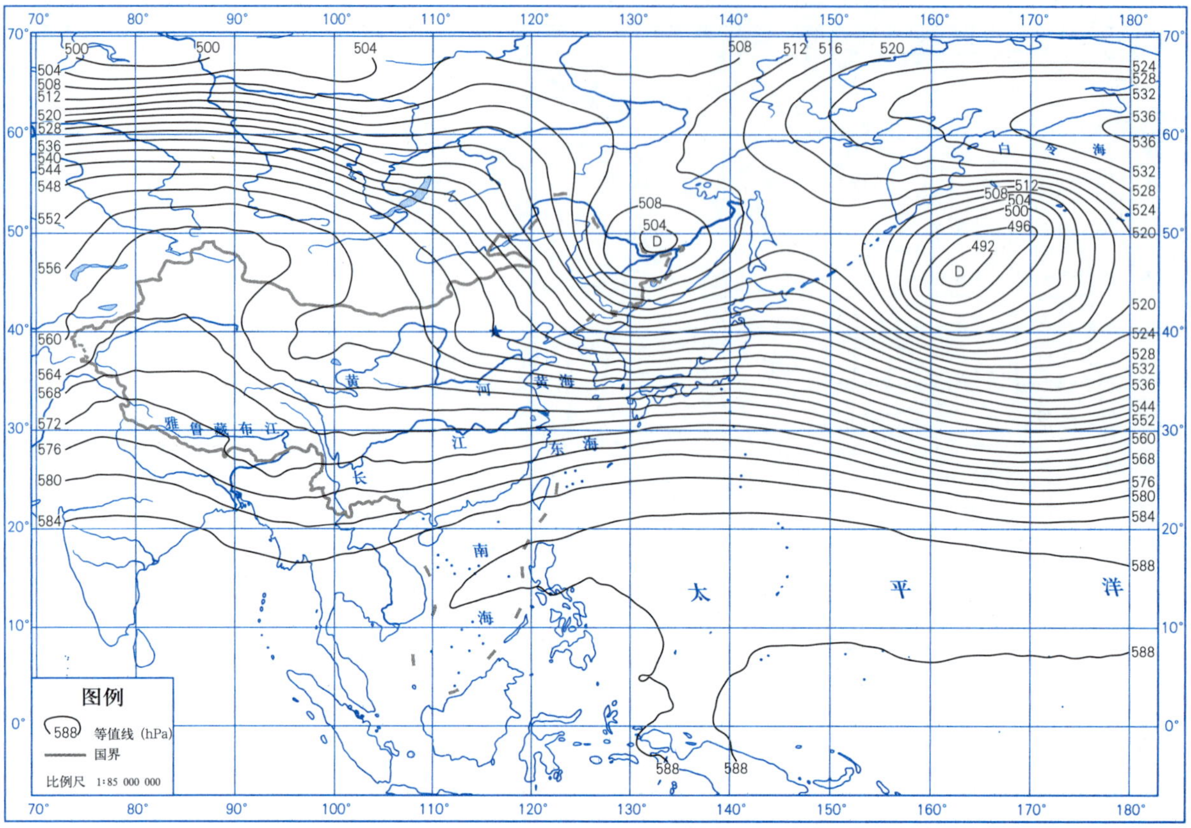

图 2.2.3　2019 年 1 月 20 日 08 时 500 hPa 高度场图（dagpm）

2.3　超强台风“蝴蝶”(Wutip)

第 1902 号超强台风“蝴蝶”2 月 18 日夜间由马绍尔群岛西南约 620 km 的西北太平洋洋面上一个热带低压发展形成。形成后低压中心向偏西方向移动，20 日凌晨增强为热带风暴，之后强度快速增强，21 日早晨增强为台风，转向西北，22 日下午增强为强台风，23 日下午继续增强至超强台风，当天夜间达到其生命史最大强度，中心附近最大风速 58 m/s(17 级)，中心最低气压 925 hPa。之后超强台风“蝴蝶”折向偏北方向移动，移速减慢，强度减弱后再增强。26 日夜间强度迅速减弱，27 日早晨减弱为台风，转向西偏北，移速加快，夜间继续减弱为强热带风暴，次日凌晨减弱至热带风暴，28 日进一步减弱为热带低压，之后向北移动分量加大，于 3 月 2 日下午在西北太平洋洋面上减弱消散。

表 2.3.1 是超强台风“蝴蝶”的中心位置和强度。图 2.3.1 ~ 2.3.3 分别是第 1902 号超强台风“蝴蝶”的路径图、大风区域演变图和 2019 年 2 月 25 日 14 时 500 hPa 高度场图。

表 2.3.1　第 1902 号超强台风“蝴蝶”(Wutip) 中心位置和强度

2 月 18 日—3 月 2 日

年	月	日	时	中心位置		中心气压 (hPa)	中心风速 (m/s)
				北纬（°N）	东经（°E）		
2019	2	18	20	5.0	162.6	1004	13
	2	19	2	5.1	161.2	1004	13
	2	19	8	5.3	159.9	1004	13
	2	19	14	4.8	158.2	1002	15
	2	19	20	4.5	156.8	1002	15
	2	20	2	4.6	155.6	1000	18
	2	20	8	4.8	154.6	992	23
	2	20	14	4.9	153.8	990	25
	2	20	20	5.2	152.7	985	28
	2	21	2	5.5	151.5	980	30
	2	21	8	6.0	150.6	975	33
	2	21	14	6.6	149.7	970	35
	2	21	20	7.1	148.7	965	38
	2	22	2	7.5	147.9	965	38
	2	22	8	8.4	147.0	960	40
	2	22	14	9.3	146.1	955	42
	2	22	20	9.9	145.0	950	45
	2	23	2	10.2	144.0	950	45

（续表）

年	月	日	时	中心位置		中心气压 (hPa)	中心风速 (m/s)
				北纬（°N）	东经（°E）		
2019	2	23	8	10.7	143.7	945	48
	2	23	14	11.4	143.2	935	52
	2	23	20	12.0	142.7	925	58
	2	24	2	12.4	142.4	925	58
	2	24	8	12.7	142.1	925	58
	2	24	14	12.9	141.7	935	52
	2	24	20	13.1	141.2	940	50
	2	25	2	13.2	140.7	940	50
	2	25	8	13.4	140.4	930	55
	2	25	14	13.8	140.1	925	58
	2	25	20	14.2	140.0	925	58
	2	26	2	14.6	139.9	925	58
	2	26	8	14.9	139.9	935	52
	2	26	14	15.2	139.9	935	52
	2	26	20	15.4	140.1	945	48
	2	27	2	15.7	140.1	950	45
	2	27	8	16.0	140.0	965	38
	2	27	14	16.2	139.9	975	33
	2	27	20	16.3	139.0	982	28
	2	28	2	16.7	137.7	990	23
	2	28	8	17.1	136.7	998	18
	2	28	14	17.5	135.6	1002	15
	2	28	20	18.2	135.0	1002	15
	3	1	2	18.7	134.6	1002	15
	3	1	8	19.2	134.4	1002	15
	3	1	14	19.4	134.2	1004	13
	3	1	20	19.6	134.0	1004	13
	3	2	2	19.5	133.9	1004	13
	3	2	8	19.4	133.8	1004	13
	3	2	14	18.9	133.2	1004	13
消散							

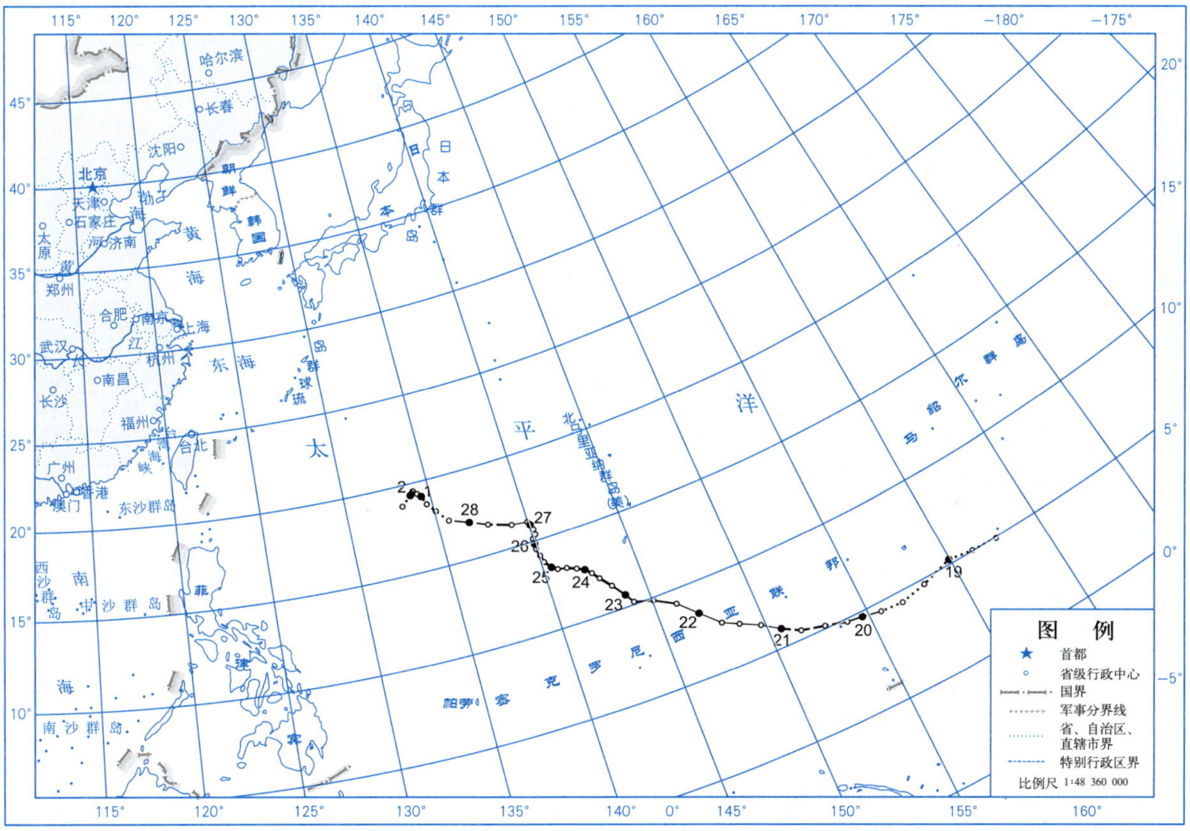

图 2.3.1　第 1902 号超强台风“蝴蝶”（Wutip）路径图

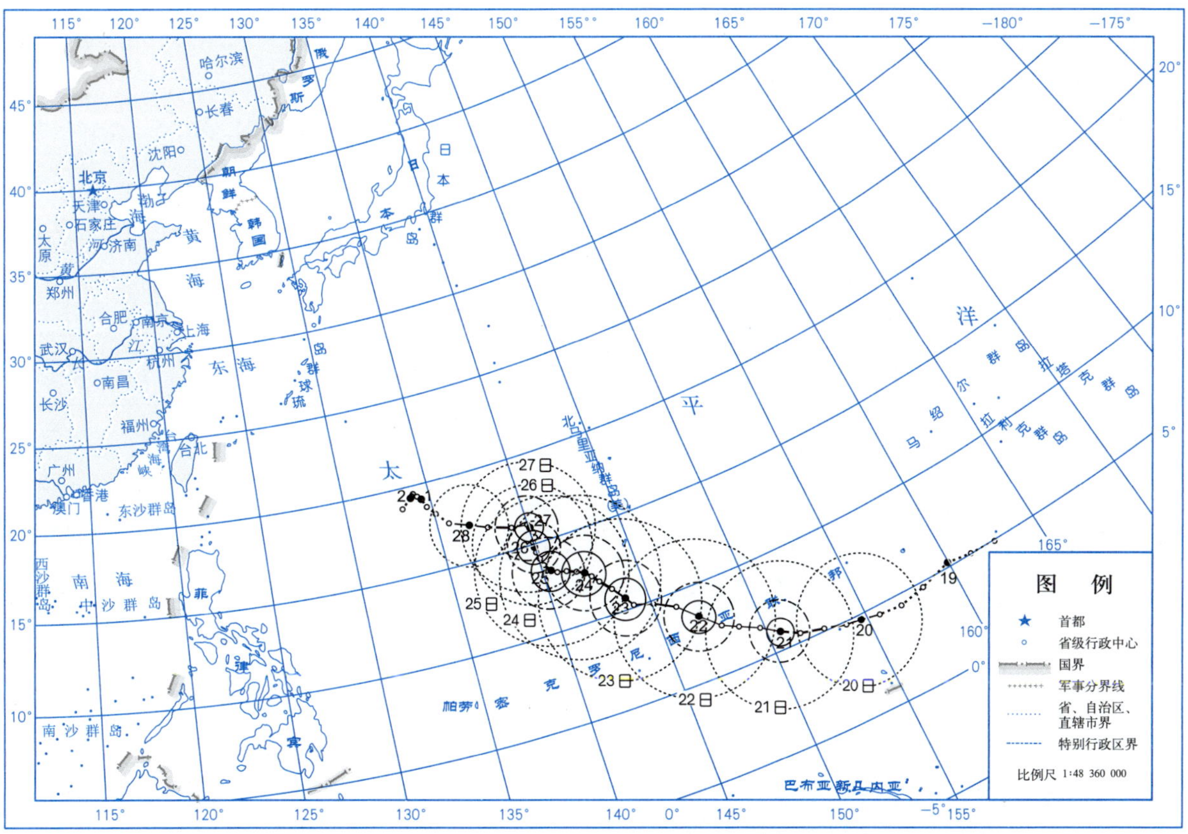

图 2.3.2　第 1902 号超强台风“蝴蝶”（Wutip）大风区域演变图（2 月 20—28 日）

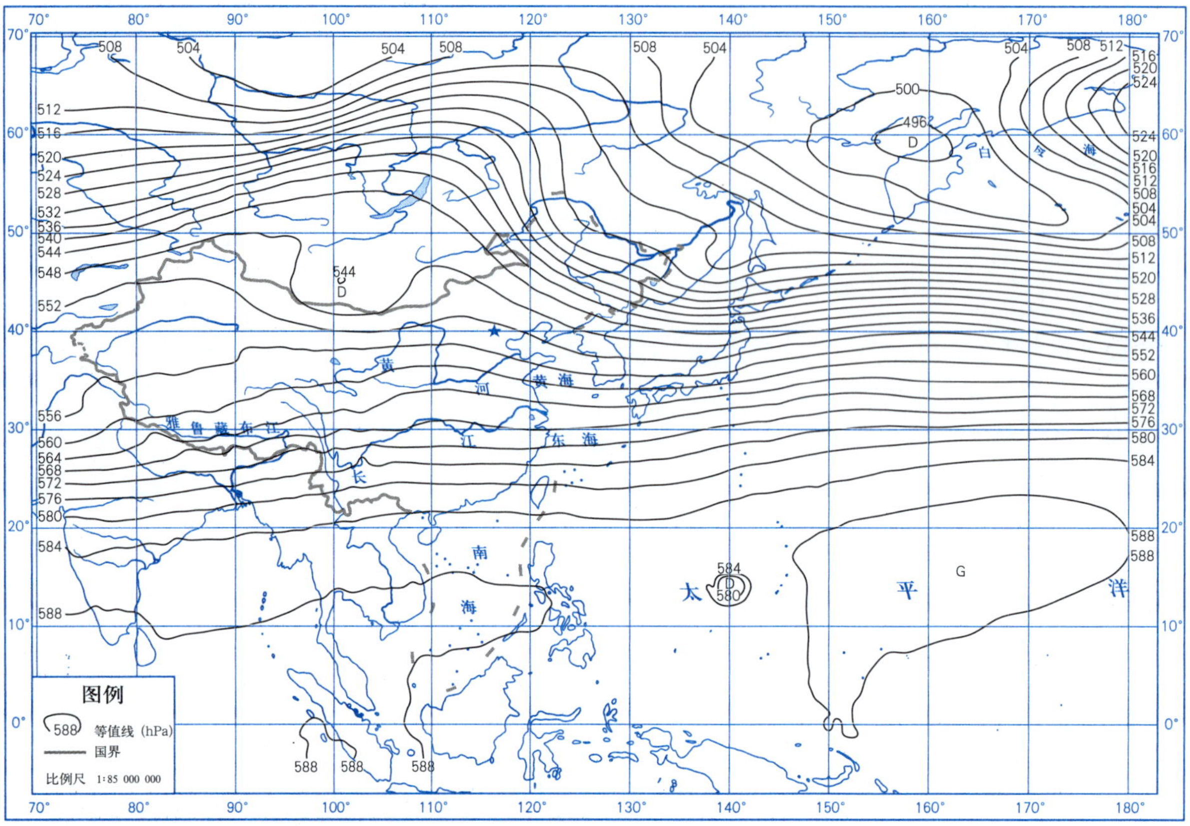

图 2.3.3　2019 年 2 月 25 日 14 时 500 hPa 高度场图（dagpm）

2.4　热带低压（TD1902）

热带低压（TD1902）于 3 月 17 日凌晨在帕劳以东约 180 km 的西北太平洋洋面上形成。形成后低压中心稳定地向偏西方向移动，逐渐靠近菲律宾南部沿海，于 19 日上午登陆菲律宾棉兰老岛南部沿海，下午迅速在棉兰老岛境内减弱消散。

表 2.4.1 是热带低压（TD1902）的中心位置和强度。图 2.4.1 ~ 2.4.3 分别是热带低压（TD1902）路径图、大风区域演变图和 2019 年 3 月 18 日 14 时 500 hPa 高度场图。

表 2.4.1　热带低压（TD1902）中心位置和强度

3 月 17—19 日

年	月	日	时	中心位置		中心气压（hPa）	中心风速（m/s）
				北纬（°N）	东经（°E）		
2019	3	17	2	7.1	136.2	1008	13
	3	17	8	7.3	134.9	1008	13
	3	17	14	7.2	133.9	1008	13
	3	17	20	7.0	132.7	1008	13
	3	18	2	6.9	131.5	1005	15
	3	18	8	6.6	130.2	1005	15
	3	18	14	6.3	128.8	1005	15
	3	18	20	6.5	127.5	1008	13
	3	19	2	6.5	126.5	1008	13
	3	19	8	6.2	125.7	1008	13
	3	19	14	6.3	124.7	1008	10
消散							

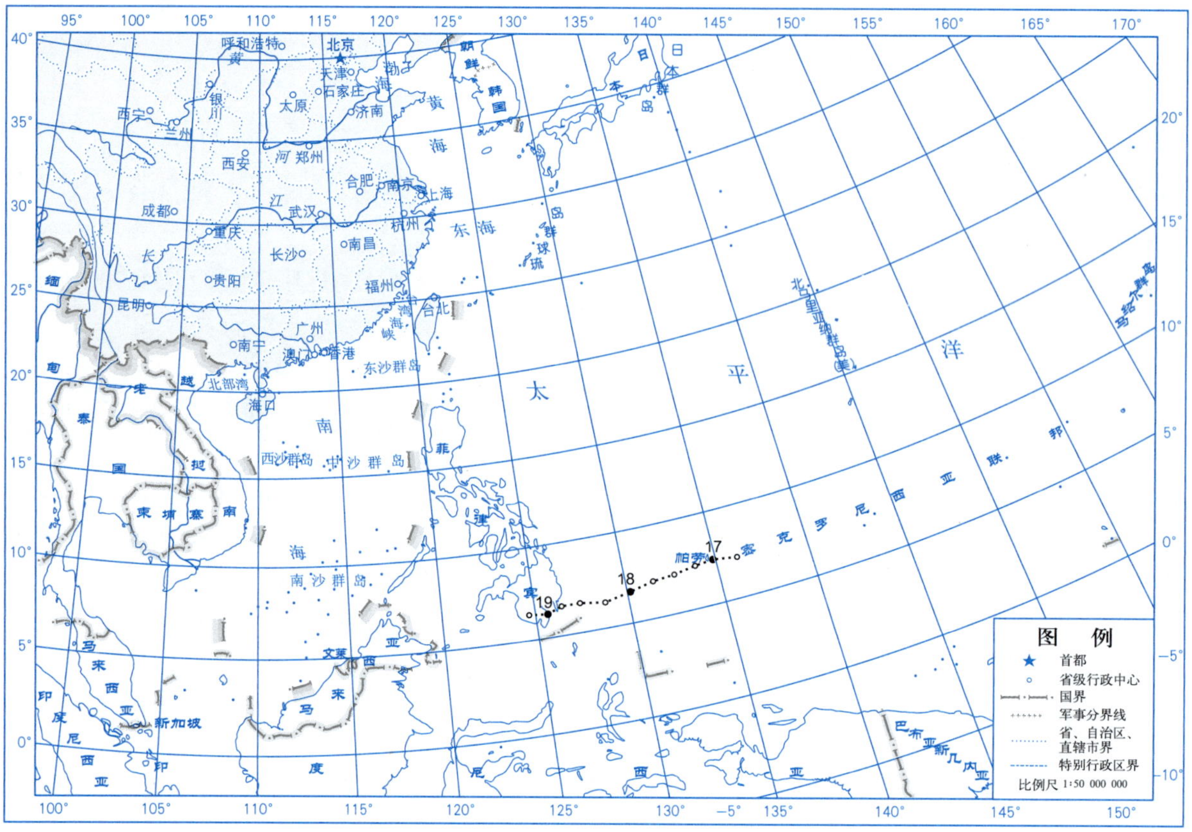

图 2.4.1 热带低压（TD1902）路径图

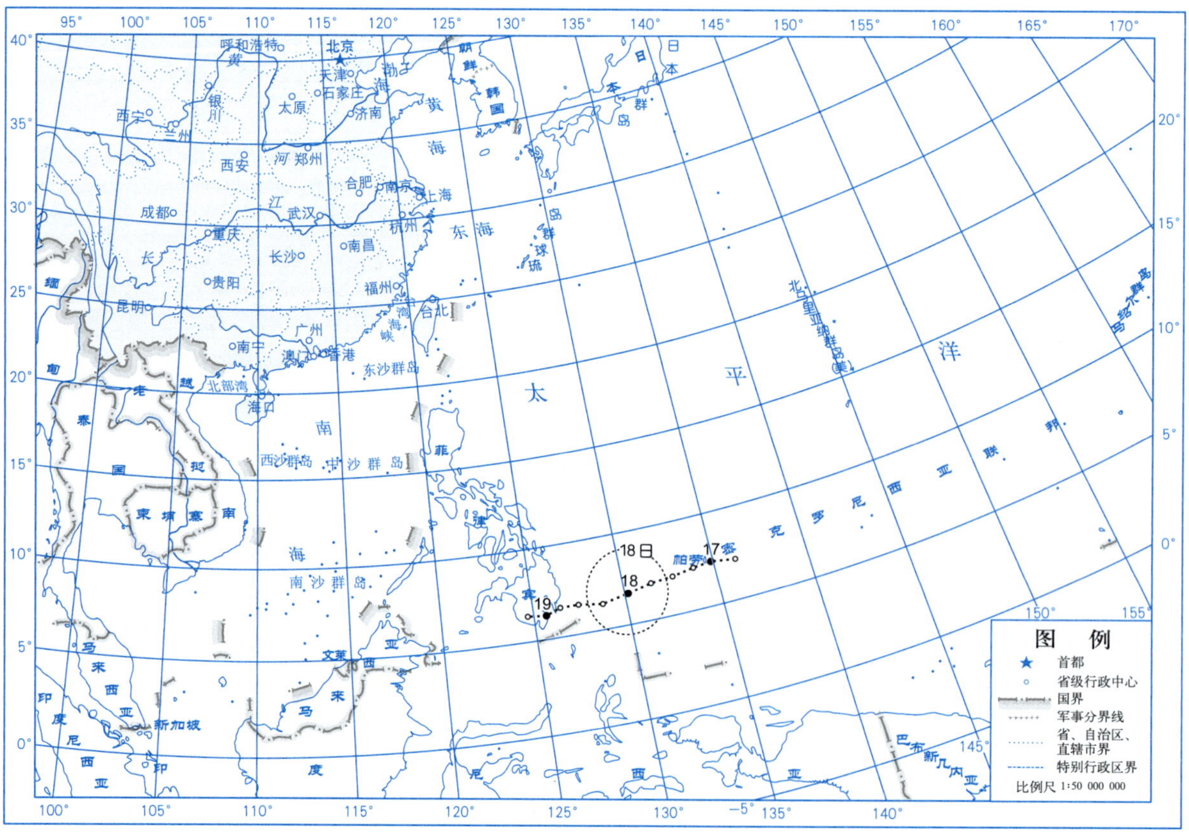

图 2.4.2 热带低压（TD1902）大风区域演变图（3 月 18 日）

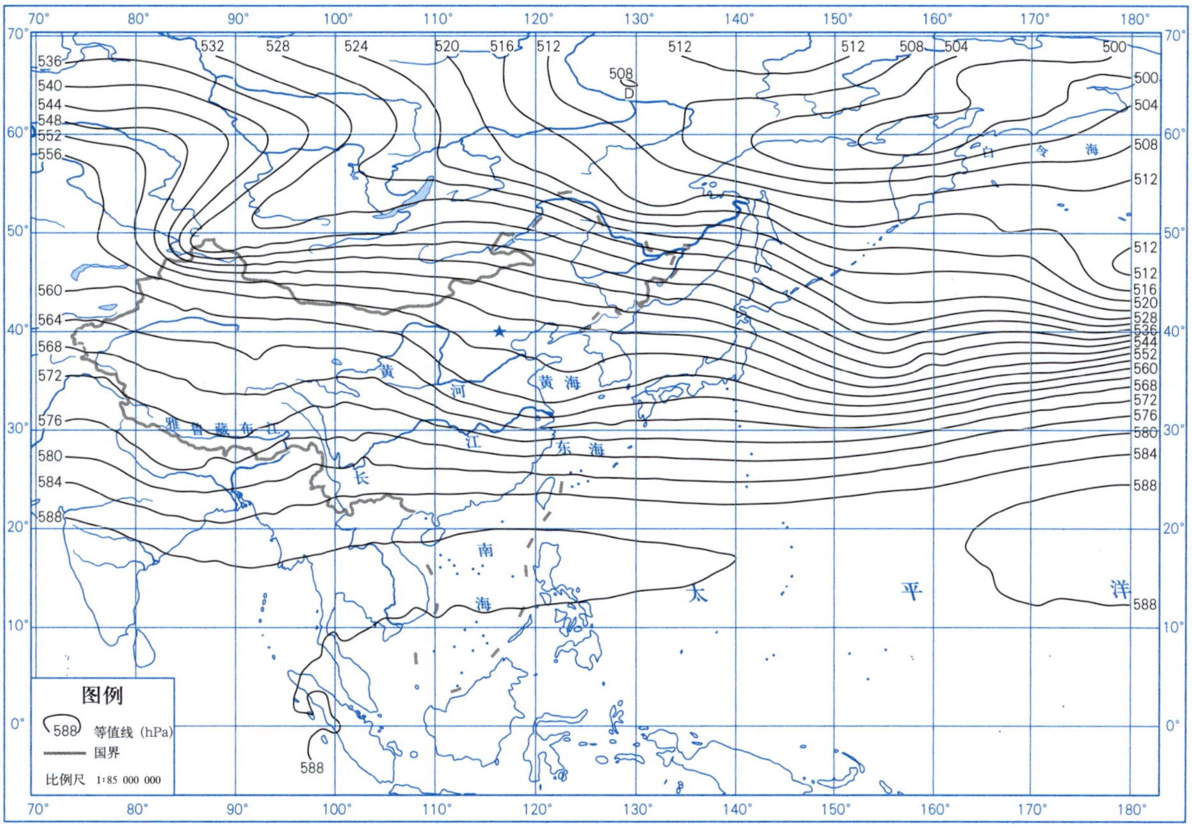

图 2.4.3　2019 年 3 月 18 日 14 时 500 hPa 高度场图（dagpm）

2.5 热带风暴“圣帕”（Sepat）

第 1903 号热带风暴“圣帕”由 6 月 25 日夜间位于中国台湾东南方向约 750 km 的西北太平洋洋面上一个热带低压发展形成。热带低压形成后向偏北方向移动，沿着琉球群岛东侧逐渐向日本南部靠近，27 日下午增强为热带风暴，之后沿着日本以东沿海转向东北行，移速加快，28 日下午转变为温带气旋，次日早晨强度减弱，于 30 日凌晨在西北太平洋洋面逐渐减弱消散。

表 2.5.1 是热带风暴“圣帕”的中心位置和强度。图 2.5.1 ~ 2.5.3 分别是热带风暴“圣帕”路径图、大风区域演变图和 2019 年 6 月 28 日 14 时 500 hPa 高度场图。

表 2.5.1 第 1903 号热带风暴“圣帕”（Sepat）中心位置和强度

6 月 25—30 日

年	月	日	时	中心位置		中心气压（hPa）	中心风速（m/s）
				北纬（°N）	东经（°E）		
2019	6	25	20	19.7	127.6	1006	13
	6	26	2	20.5	128.0	1006	13
	6	26	8	21.4	128.4	1006	13
	6	26	14	23.0	128.8	1004	15
	6	26	20	24.8	129.3	1004	15
	6	27	2	26.5	129.9	1002	15
	6	27	8	28.5	130.4	1002	15
	6	27	14	30.6	131.9	1000	18
	6	27	20	32.6	134.8	995	20
	6	28	2	34.0	137.9	995	20
	6	28	8	35.1	141.4	995	20
△	6	28	14	35.8	146.7	995	20
	6	28	20	36.8	151.0	998	18
	6	29	2	38.0	154.1	998	18
	6	29	8	38.9	156.3	998	15
	6	29	14	39.9	158.9	998	15
	6	29	20	41.0	160.4	1002	13
	6	30	2	42.3	161.5	1002	13
消散							

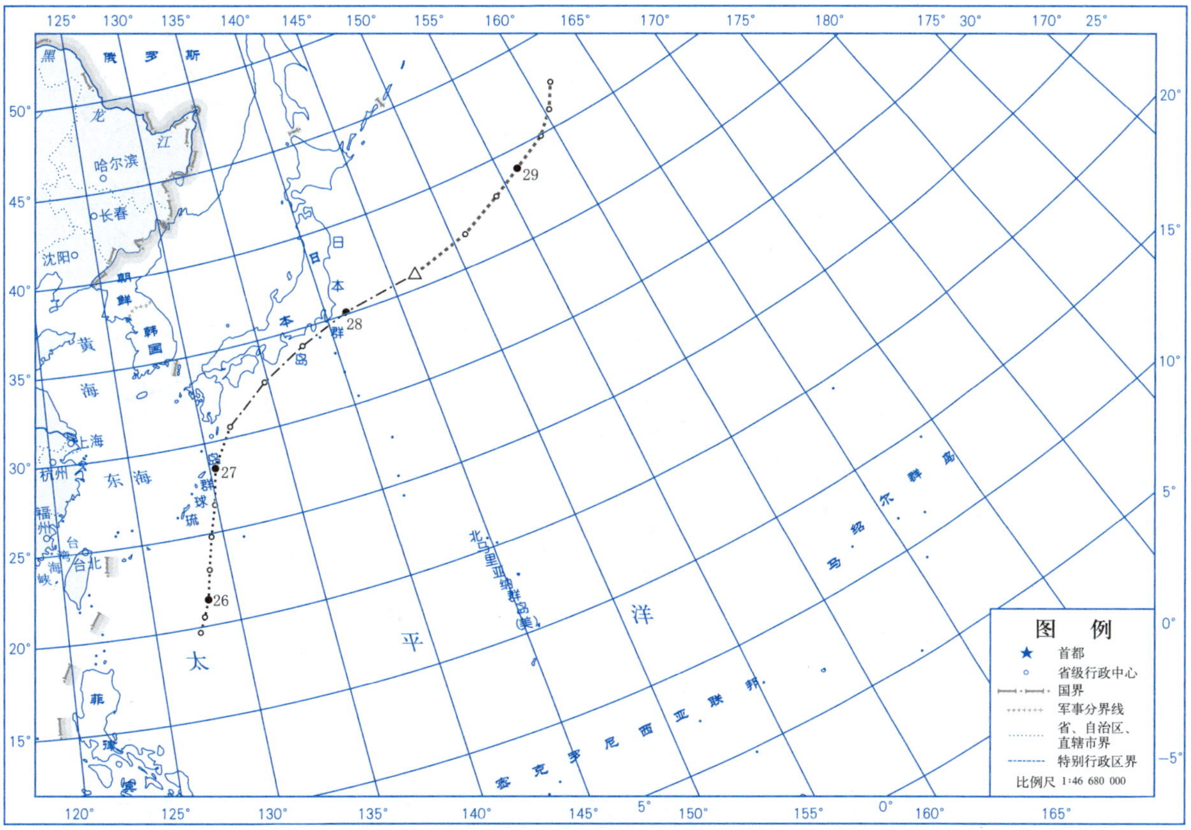

图 2.5.1 第 1903 号热带风暴“圣帕”（Sepat）路径图

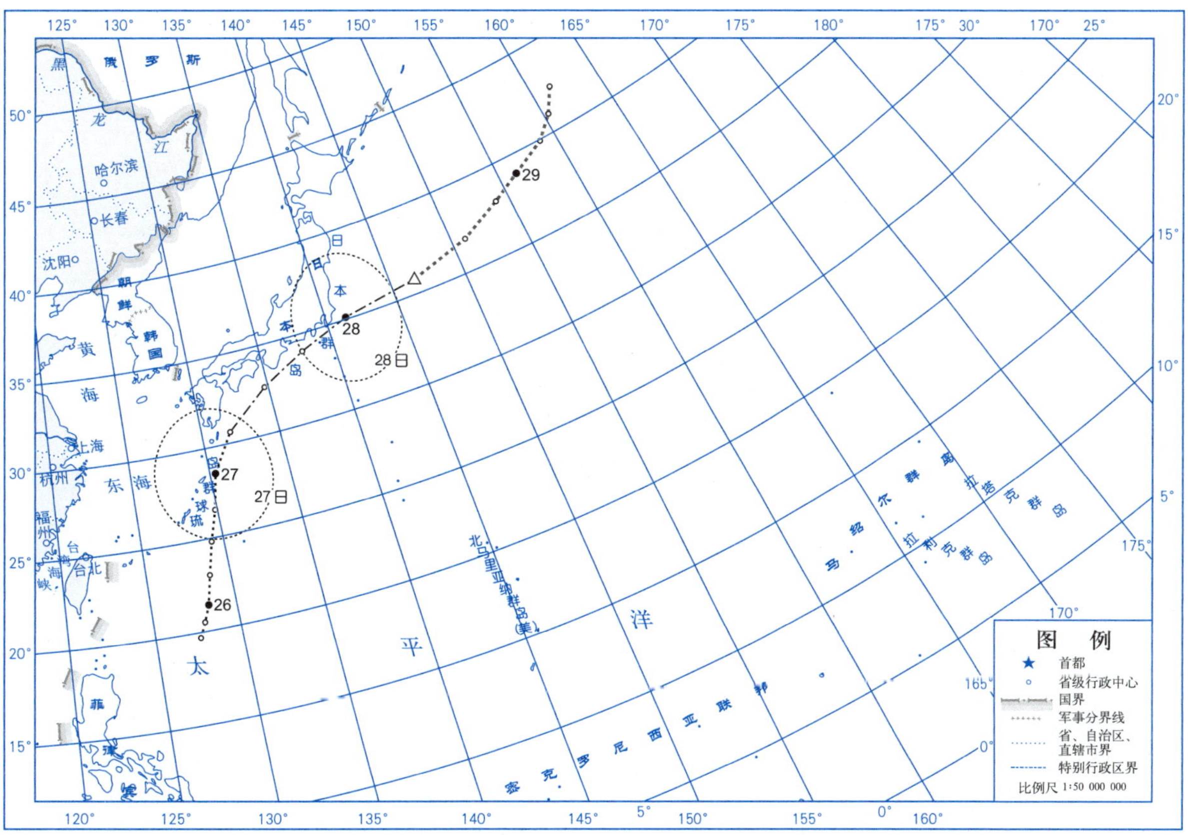

图 2.5.2 第 1903 号热带风暴“圣帕”（Sepat）大风区域演变图（6 月 27—28 日）

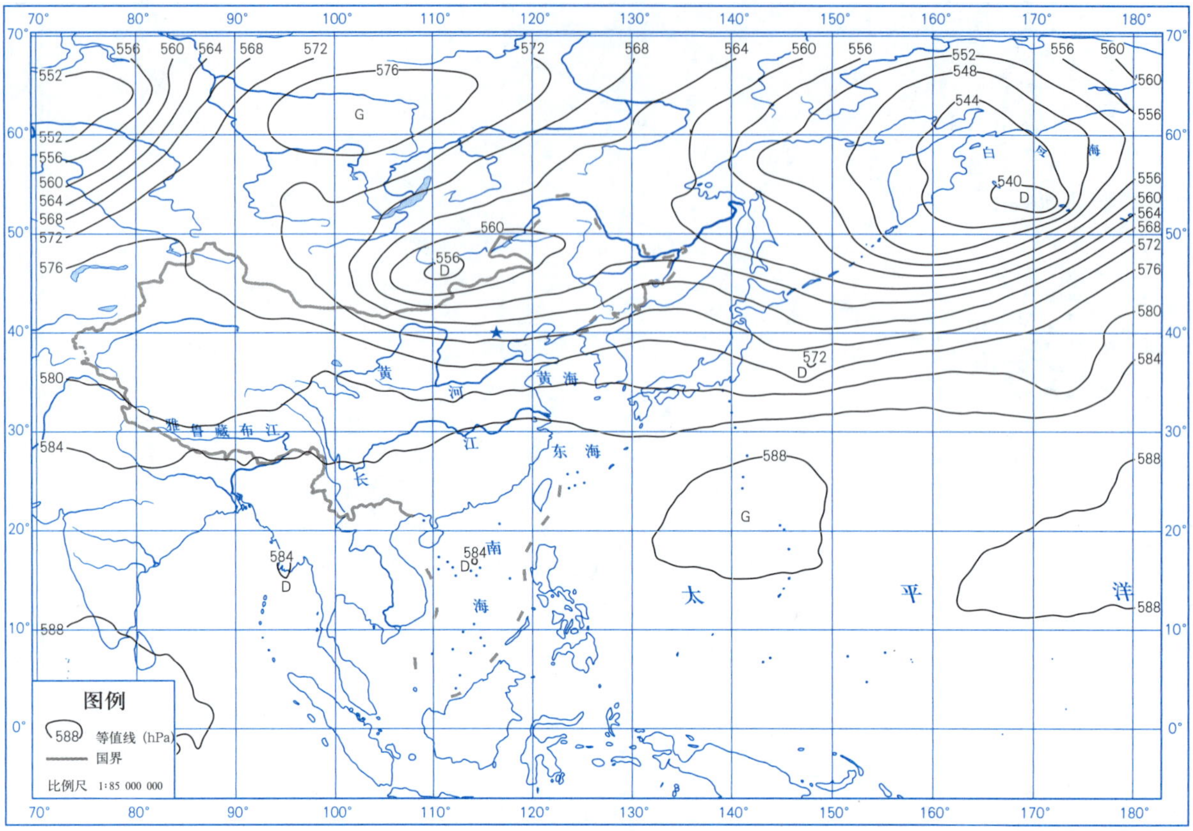

图 2.5.3　2019 年 5 月 28 日 14 时 500 hPa 高度场图（dagpm）

2.6　热带低压（TD1903）

热带低压（TD1903）于 6 月 28 日夜间在美国关岛以西约 1220 km 的西北太平洋洋面上形成。形成后低压中心稳定地向西北方向移动，30 日凌晨移速略有加快，下午迅速在西北太平洋洋面上减弱消散。

表 2.6.1 是热带低压（TD1903）的中心位置和强度。图 2.6.1～2.6.3 分别是热带低压（TD1903）路径图、大风区域演变图和 2019 年 6 月 30 日 08 时 500 hPa 高度场图。

表 2.6.1　热带低压（TD1903）中心位置和强度

6 月 28—30 日

年	月	日	时	中心位置		中心气压（hPa）	中心风速（m/s）
				北纬（°N）	东经（°E）		
2019	6	28	20	13.6	133.4	1006	13
	6	29	2	13.9	132.8	1006	13
	6	29	8	14.1	132.2	1000	15
	6	29	14	14.4	131.7	1000	15
	6	29	20	14.8	131.1	1000	15
	6	30	2	15.3	130.5	1000	15
	6	30	8	16.2	129.3	1000	15
	6	30	14	17.0	127.8	1006	13
消散							

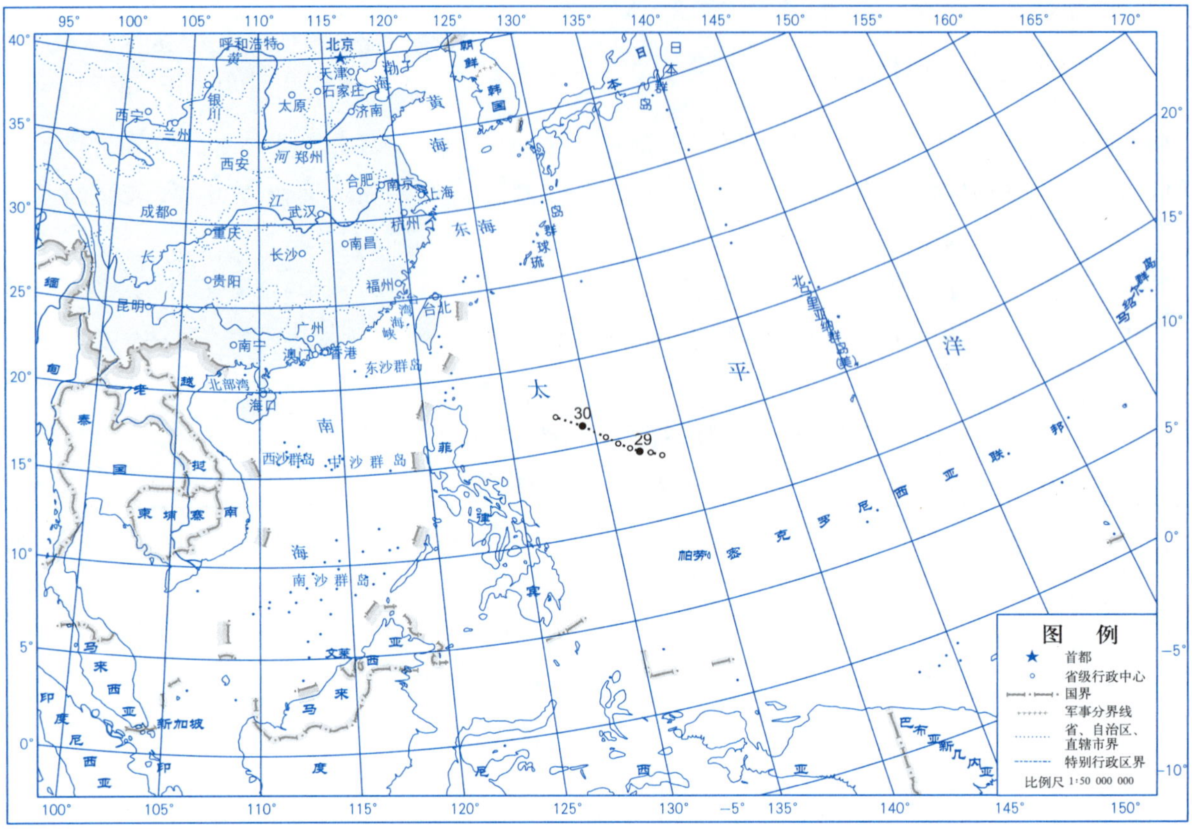

图 2.6.1　热带低压（TD1903）路径图

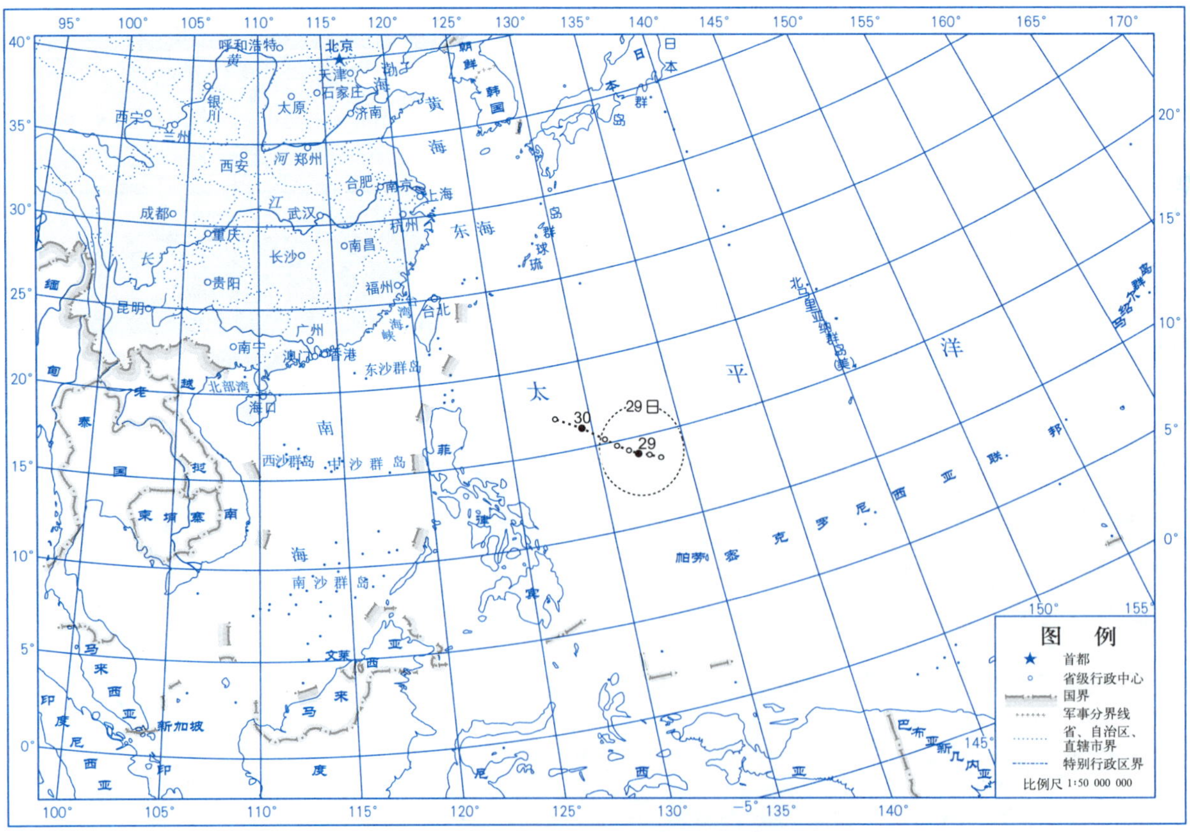

图 2.6.2　热带低压（TD1903）大风区域演变图（6 月 29 日）

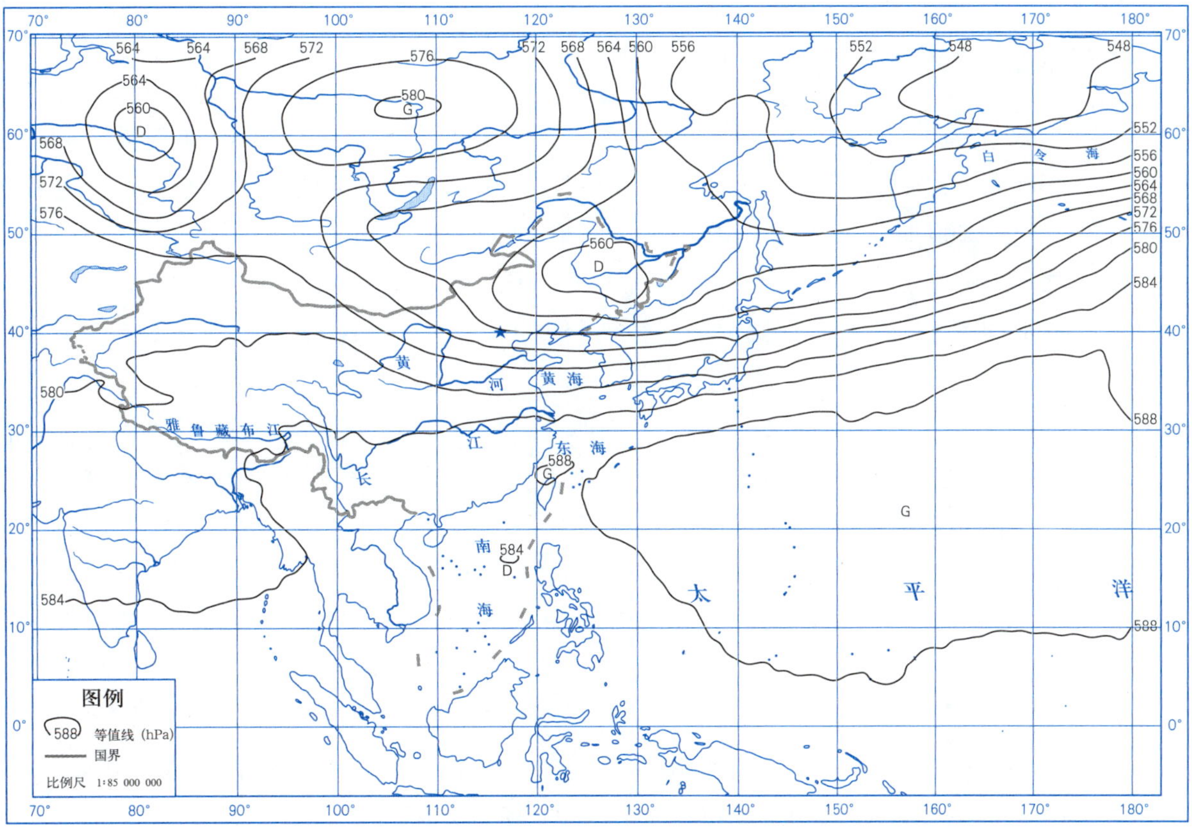

图 2.6.3　2019 年 6 月 30 日 08 时 500 hPa 高度场图（dagpm）

2.7 热带风暴“木恩”（Mun）

第 1904 号热带风暴“木恩”由 7 月 2 日早晨位于中国海南岛以东约 300 km 的南海海面上一个热带低压发展形成。形成后低压中心向西偏北方向移动，2 日夜间增强为热带风暴，逐渐逼近海南岛东部沿海，于 3 日 00 时 45 分登陆海南万宁，登陆时近中心最大风速 18 m/s（8 级），中心最低气压 992 hPa。之后热带风暴“木恩”横穿海南岛，当天下午进入北部湾，转向西北方向移动，移速加快，4 日凌晨二次登陆越南北部沿海，登陆后减弱为热带低压，之后继续西北行，5 日凌晨在中国云南省境内逐渐减弱消散。

受热带风暴“木恩”影响，7 月 2—4 日，海南西沙、东方，广东西南部部分和广西南部部分地区出现最大风力 6 ~ 7 级、阵风 8 ~ 9 级；海南东方出现最大风力 7 级（16.9 m/s）、阵风 9 级（24.0 m/s），为本次热带风暴影响过程风极值。

受其影响，7 月 2—5 日，海南北部局部、广东部分、广西大部、云南大部、西藏东南部局部、四川南部局部、贵州南部大部、湖南南部大部、江西部分、福建部分、浙江中南部部分、安徽南部局部地区总雨量为 10 ~ 50 mm；海南大部、广东部分、广西局部、云南局部、湖南南部局部及浏阳、江西局部、福建局部、浙江沿海部分及中部局部、安徽南部局部总雨量为 50 ~ 157 mm；云南西盟总雨量 192.0 mm，为本次热带风暴影响过程总雨量极值；云南西盟 5 日雨量 192.0 mm，湖南耒阳 4 日 20 时雨量 75.9 mm，分别为本次热带风暴影响过程日雨量和时雨量极值。

受热带风暴“木恩”登陆影响，7 月 2—4 日，华南普遍出现中到大雨，局部暴雨；7 月 5 日，雨区西移至青藏高原东南部，云南西南部出现局部暴雨，西藏东南部亦出现中到大雨。

表 2.7.1 是热带风暴“木恩”的中心位置和强度。图 2.7.1 ~ 2.7.4 分别是热带风暴“木恩”路径图、总降水量图、总降水日数图和大风分布图。图 2.7.5 ~ 2.7.8 分别是 2019 年 7 月 2—5 日的日降水量图，图 2.7.9 ~ 2.7.10 分别是热带风暴“木恩”的大风区域演变图和 2019 年 7 月 3 日 02 时 500 hPa 高度场图。

表 2.7.1 第 1904 号热带风暴“木恩”（Mun）中心位置和强度

7 月 2—5 日

年	月	日	时	中心位置		中心气压（hPa）	中心风速（m/s）
				北纬（°N）	东经（°E）		
2019	7	2	8	18.4	113.3	995	15
	7	2	11	18.6	112.9	995	15
	7	2	14	18.8	112.5	995	15
	7	2	17	18.6	111.8	995	15
	7	2	20	18.7	111.3	995	15
	7	2	23	18.9	110.9	994	18
	7	3	2	18.9	110.2	992	18

（续表）

年	月	日	时	中心位置		中心气压（hPa）	中心风速（m/s）
				北纬（°N）	东经（°E）		
2019	7	3	5	18.9	109.8	992	18
	7	3	8	19.1	109.4	992	18
	7	3	11	19.2	109.0	992	18
	7	3	14	19.3	108.4	992	18
	7	3	20	19.7	107.4	992	18
	7	4	2	20.1	106.8	992	18
	7	4	8	20.6	106.1	994	15
	7	4	14	21.3	105.3	998	15
	7	4	20	22.3	104.5	1000	13
	7	5	2	23.5	103.8	1002	10
消散							

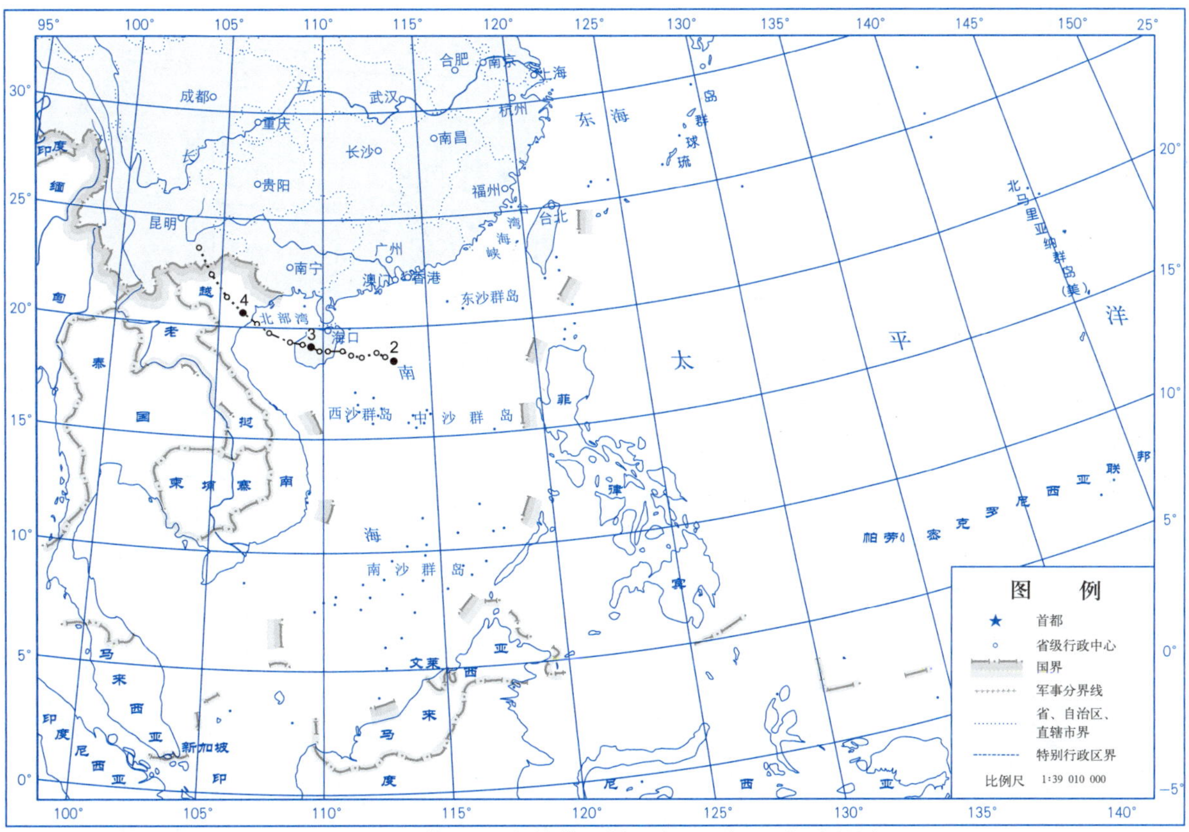

图 2.7.1　第 1904 号热带风暴“木恩”（Mun）路径图

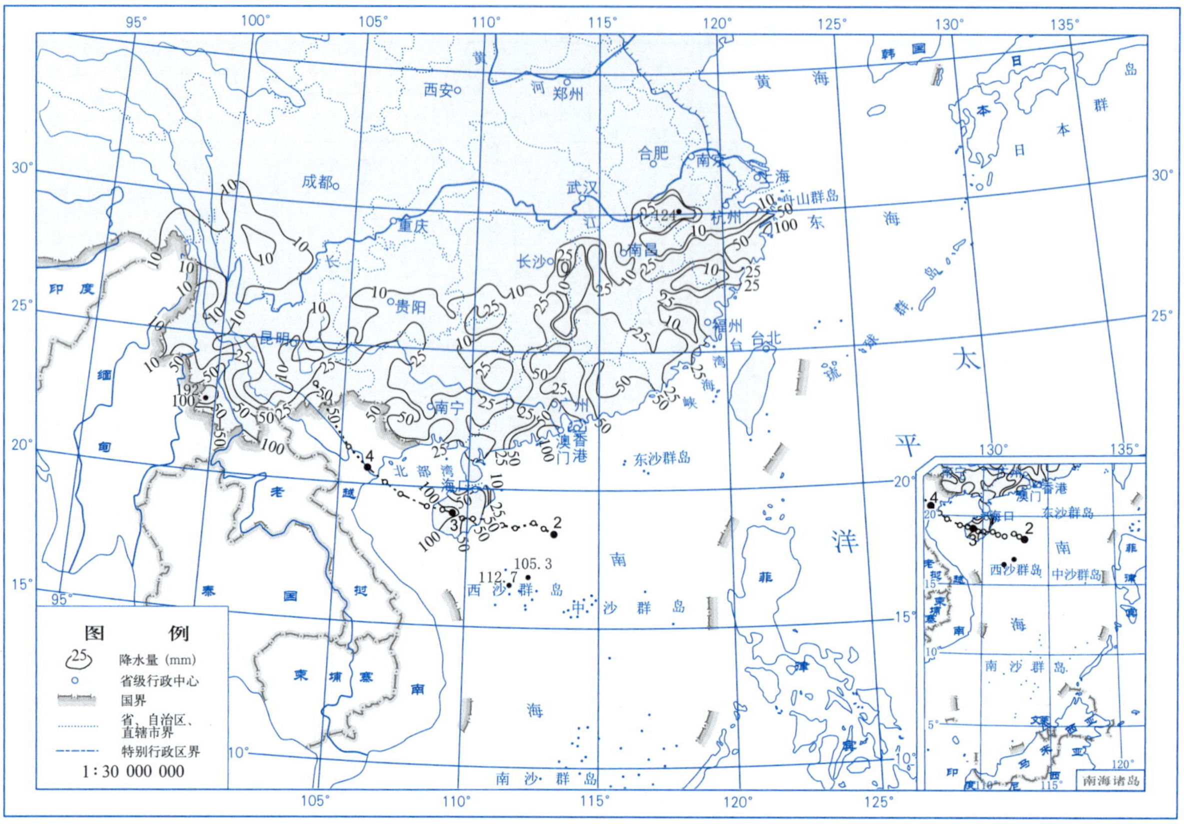

图 2.7.2　第 1904 号热带风暴“木恩”（Mun）总降水量图（7 月 2—5 日）（mm）

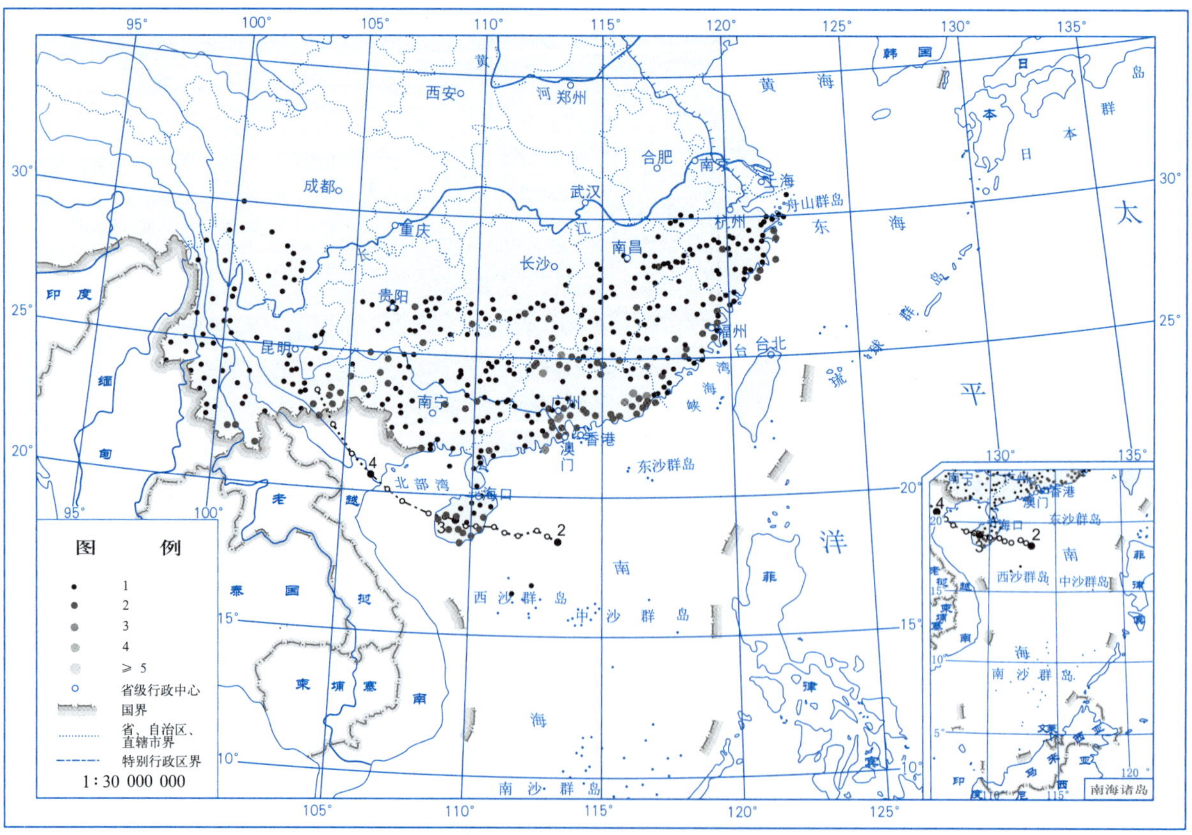

图 2.7.3　第 1904 号热带风暴“木恩”（Mun）总降水日数图（天）

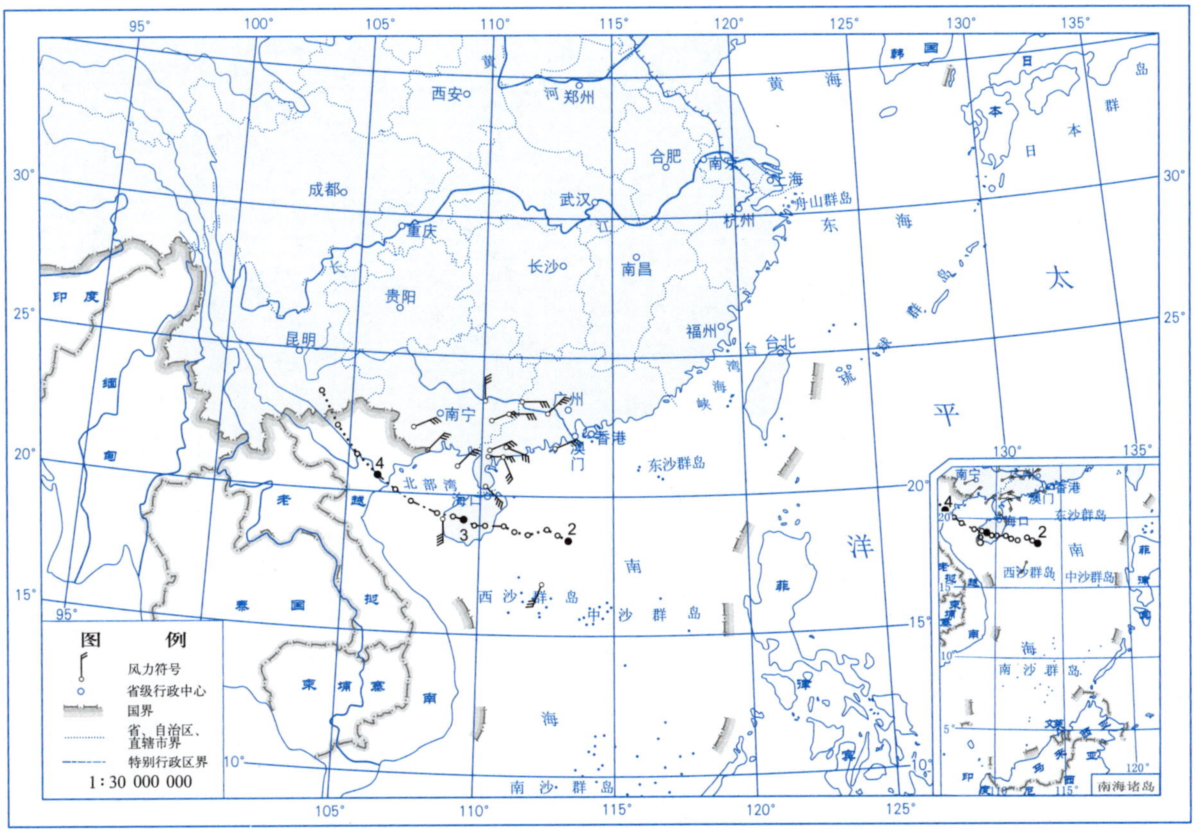

图 2.7.4 第 1904 号热带风暴“木恩”（Mun）大风分布图（7 月 2—4 日）

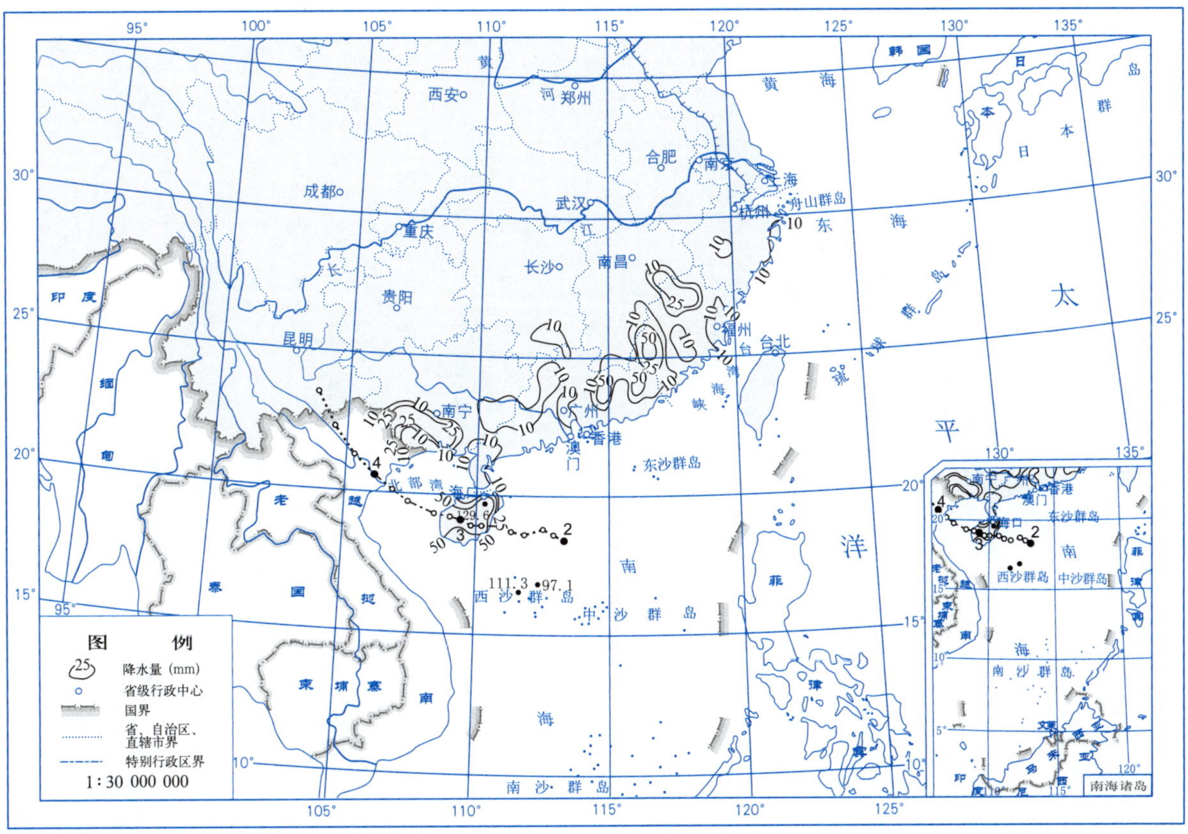

图 2.7.5 2019 年 7 月 2 日降水量图（mm）

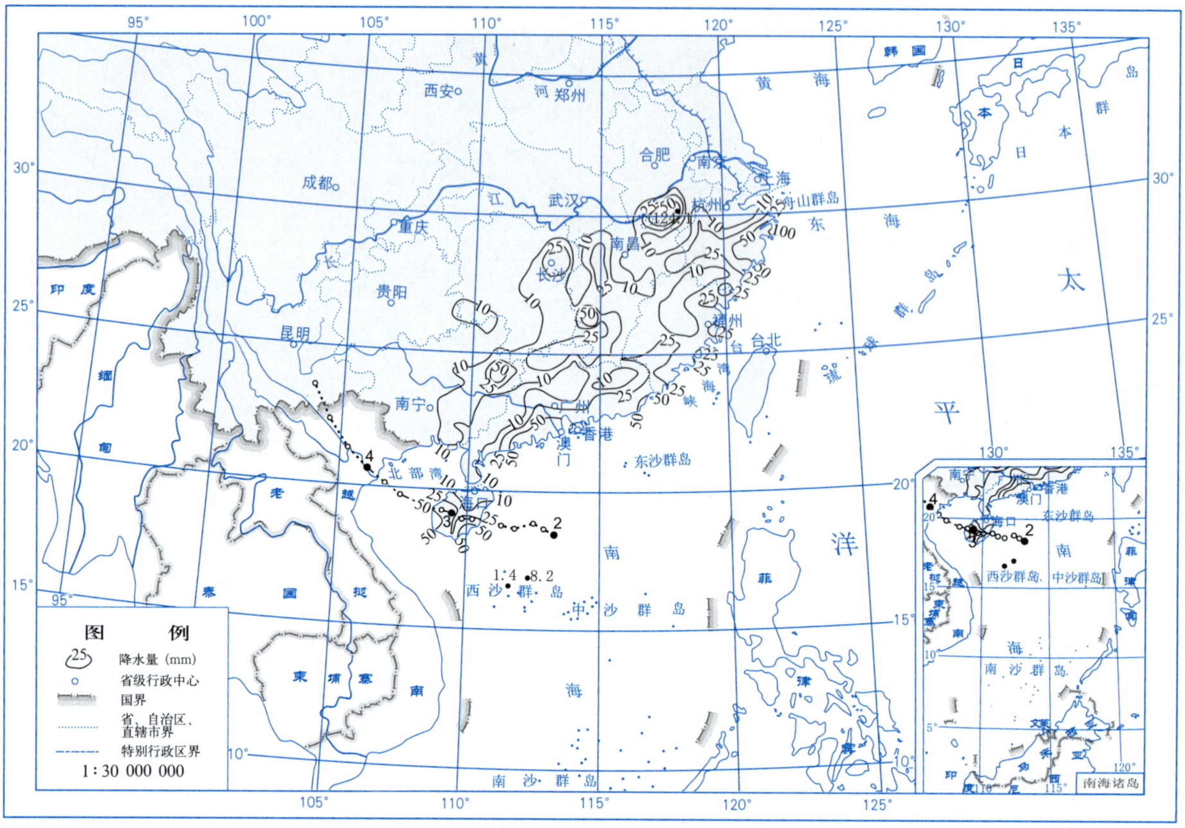

图 2.7.6　2019 年 7 月 3 日降水量图（mm）

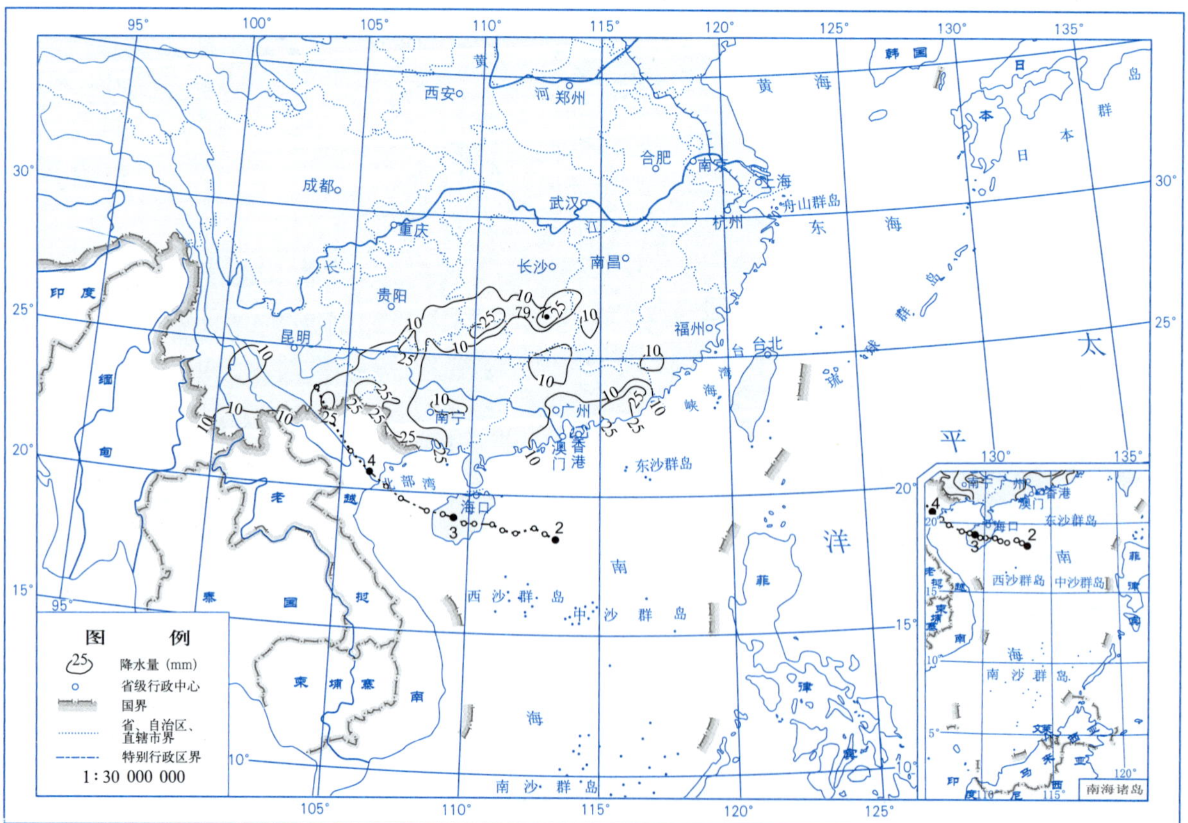

图 2.7.7　2019 年 7 月 4 日降水量图（mm）

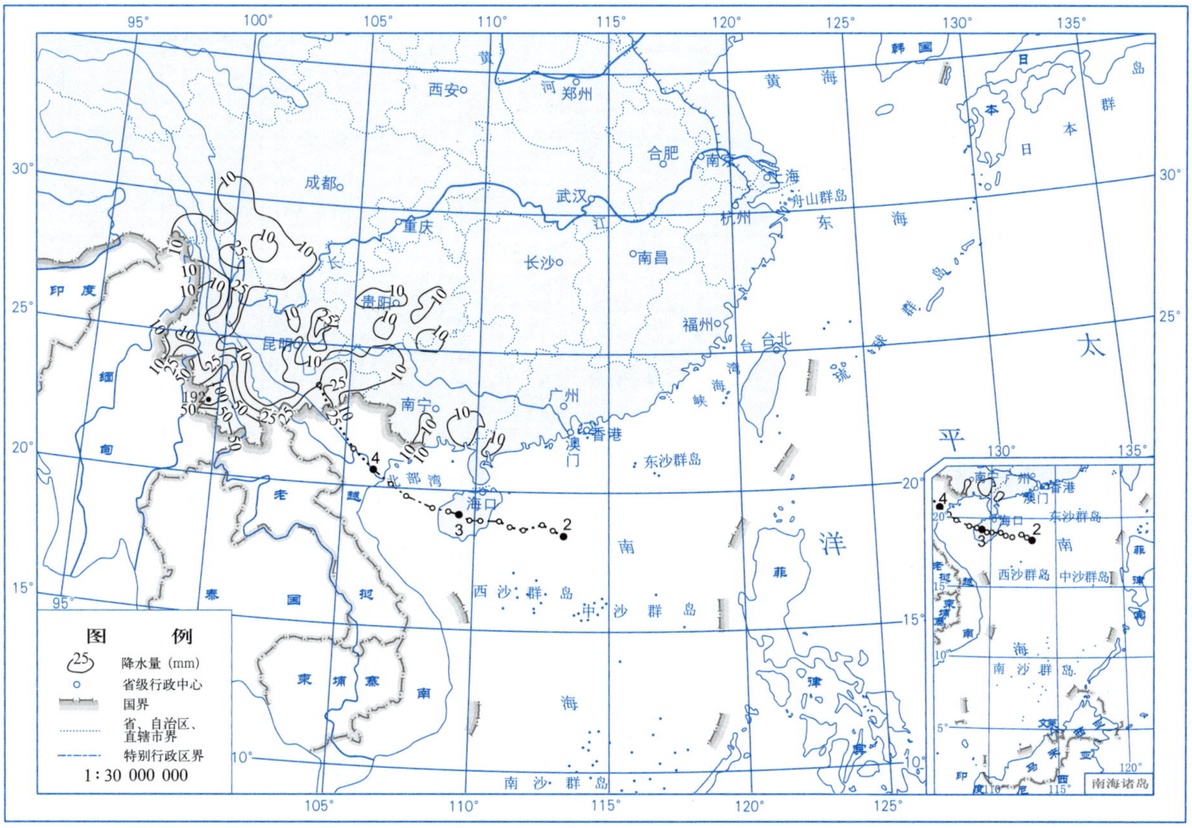

图 2.7.8　2019 年 7 月 5 日降水量图（mm）

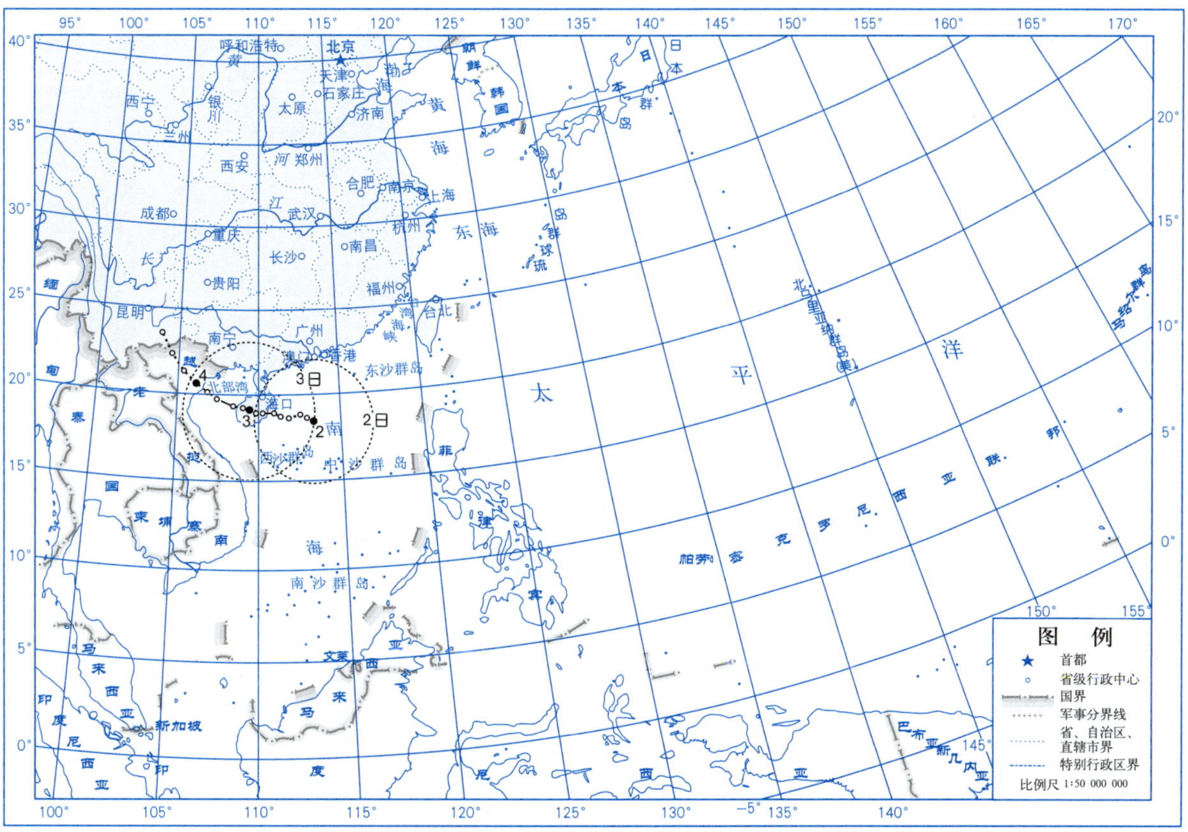

图 2.7.9　1904 号热带风暴“木恩”（Mun）大风区域演变图（7 月 2—3 日）

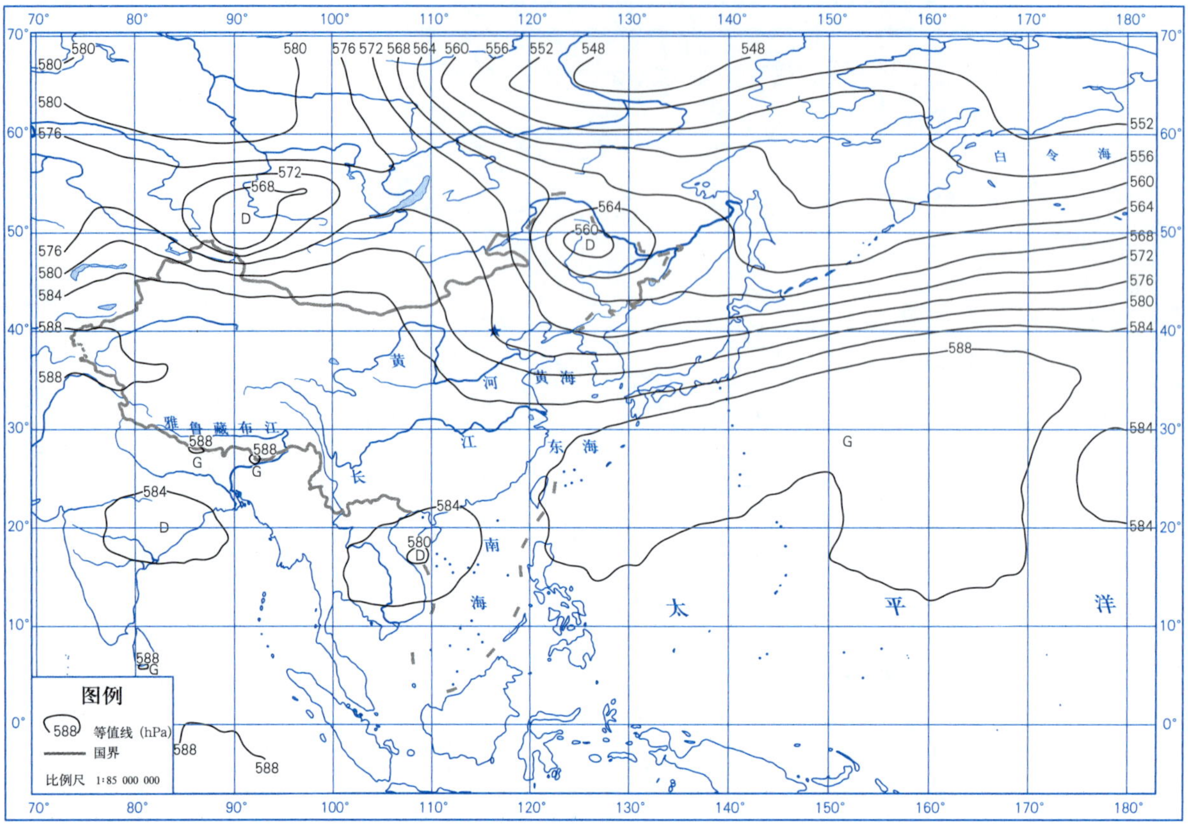

图 2.7.10　2019 年 7 月 3 日 02 时 500 hPa 高度场图（dagpm）

2.8　热带风暴“丹娜丝”（Danas）

第 1905 号热带风暴“丹娜丝”是由 7 月 14 日早晨位于菲律宾吕宋岛东偏南方向约 1550 km 的西北太平洋洋面上一个热带低压发展形成。形成后低压中心向西北方向移动，次日逐渐转向偏西，16 日下午增强为热带风暴，随后在吕宋岛以东 100 km 附近折向偏北方向移动，移速加快。热带风暴“丹娜丝”于 18 日下午进入东海海域，继续北上，强度维持，20 日凌晨进入黄海海域，夜间登陆韩国西部沿海，强度减弱并转向东北行，穿过韩国境内，21 日上午进入日本海海域。之后“丹娜丝”发生变性，并略有增强，随即加大偏东移动的分量，于 23 日在日本海海域减弱消散。

受热带风暴“丹娜丝”影响，7 月 17—21 日，广东连平和龙川、福建沿海部分及九仙山、浙江中北部沿海部分、江苏西连岛出现最大风力 6 ～ 7 级、阵风 7 ～ 10 级；浙江嵊泗出现最大风力 8 级（17.2 m/s），福建九仙山出现最大阵风 10 级（24.2 m/s），分别为本次热带风暴影响过程的平均风和阵风极值。

受其影响，7 月 18—22 日，广西东部局部、广东大部、湖南中东部部分、江西局部、福建局部、浙江局部、江苏溧阳、安徽南部局部、河南北部局部、山东局部、河北南部局部、辽宁东部部分、吉林中东部部分、黑龙江中南部部分总雨量为 10 ～ 50 mm；广东花都和龙川、湖南南部局部、辽宁抚顺和本溪、吉林局部、黑龙江中南部局部总雨量为 50 ～ 102 mm，其中，湖南资兴总雨量 101.9 mm，为本次热带风暴影响过程总雨量极值；湖南资兴 19 日雨量 101.8 mm，广东花都 19 日 16 时雨量 77.1 mm，分别为本次热带风暴影响过程日雨量和时雨量极值。

受“丹娜丝”近海北上东移低压环流影响，7 月 18—20 日，华南和华东出现分散性中到大雨，局部暴雨；21—22 日，“丹娜丝”逼近我国东北地区，辽宁东部、吉林和黑龙江出现中到大雨局部暴雨。

表 2.8.1 是热带风暴“丹娜丝”的中心位置和强度。图 2.8.1 ～ 2.8.4 分别是热带风暴“丹娜丝”的路径图、总降水量图、总降水日数图和大风分布图。图 2.8.5 ～ 2.8.9 分别是 2019 年 7 月 18—22 日的日降水量图，图 2.8.10 ～ 2.8.11 分别是热带风暴“丹娜丝”大风区域演变图和 2019 年 7 月 19 日 14 时 500 hPa 高度场图。

表 2.8.1　第 1905 号热带风暴“丹娜丝”（Danas）中心位置和强度

7 月 14—23 日

年	月	日	时	中心位置		中心气压（hPa）	中心风速（m/s）
				北纬（°N）	东经（°E）		
2019	7	14	8	13.0	136.0	1002	13
	7	14	14	13.5	135.2	1002	13
	7	14	20	14.1	134.6	1002	13
	7	15	2	14.8	133.7	1002	13
	7	15	8	15.6	132.8	1000	15
	7	15	14	16.5	131.5	1000	15

（续表）

年	月	日	时	中心位置 北纬（°N）	东经（°E）	中心气压（hPa）	中心风速（m/s）
2019	7	15	20	16.8	130.0	1000	15
	7	16	2	17.1	127.6	1000	15
	7	16	8	17.1	126.4	1000	15
	7	16	14	17.1	125.0	995	18
	7	16	20	17.2	123.9	995	18
	7	17	2	17.4	123.4	995	18
	7	17	8	18.1	123.5	995	18
	7	17	14	19.0	123.6	995	18
	7	17	20	20.3	124.0	995	18
	7	18	2	21.6	124.1	995	18
	7	18	8	23.4	124.1	992	20
	7	18	14	25.8	124.1	992	20
	7	18	20	26.5	124.0	988	23
	7	19	2	27.7	124.0	988	23
	7	19	8	29.0	124.1	988	23
	7	19	14	30.1	124.2	988	23
	7	19	20	31.5	124.8	988	23
	7	20	2	33.0	125.4	988	23
	7	20	8	34.2	125.6	990	20
	7	20	14	34.8	125.7	990	20
	7	20	20	35.4	126.2	995	18
	7	21	2	36.6	127.2	998	15
	7	21	8	37.8	128.7	998	15
△	7	21	14	38.9	129.9	998	15
	7	21	20	40.4	130.5	998	15
	7	22	2	41.2	131.1	995	18
	7	22	8	41.5	131.7	995	18
	7	22	14	41.9	132.4	998	15
	7	22	20	42.1	133.2	1000	13
	7	23	2	42.4	134.4	1000	13
	7	23	8	42.6	135.8	1000	13
消散							

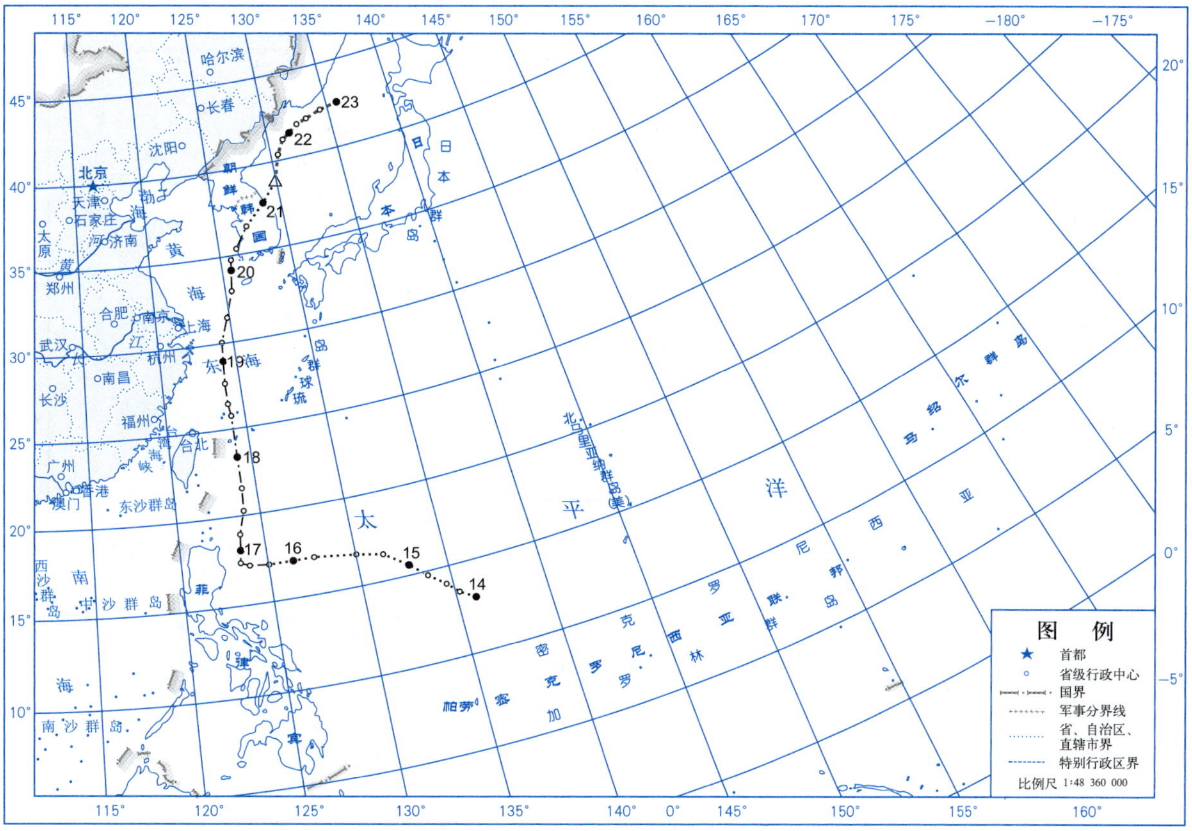

图 2.8.1　第 1905 号热带风暴“丹娜丝”（Danas）路径图

图 2.8.2　第 1905 号热带风暴“丹娜丝”（Danas）总降水量图（7 月 18—22 日）（mm）

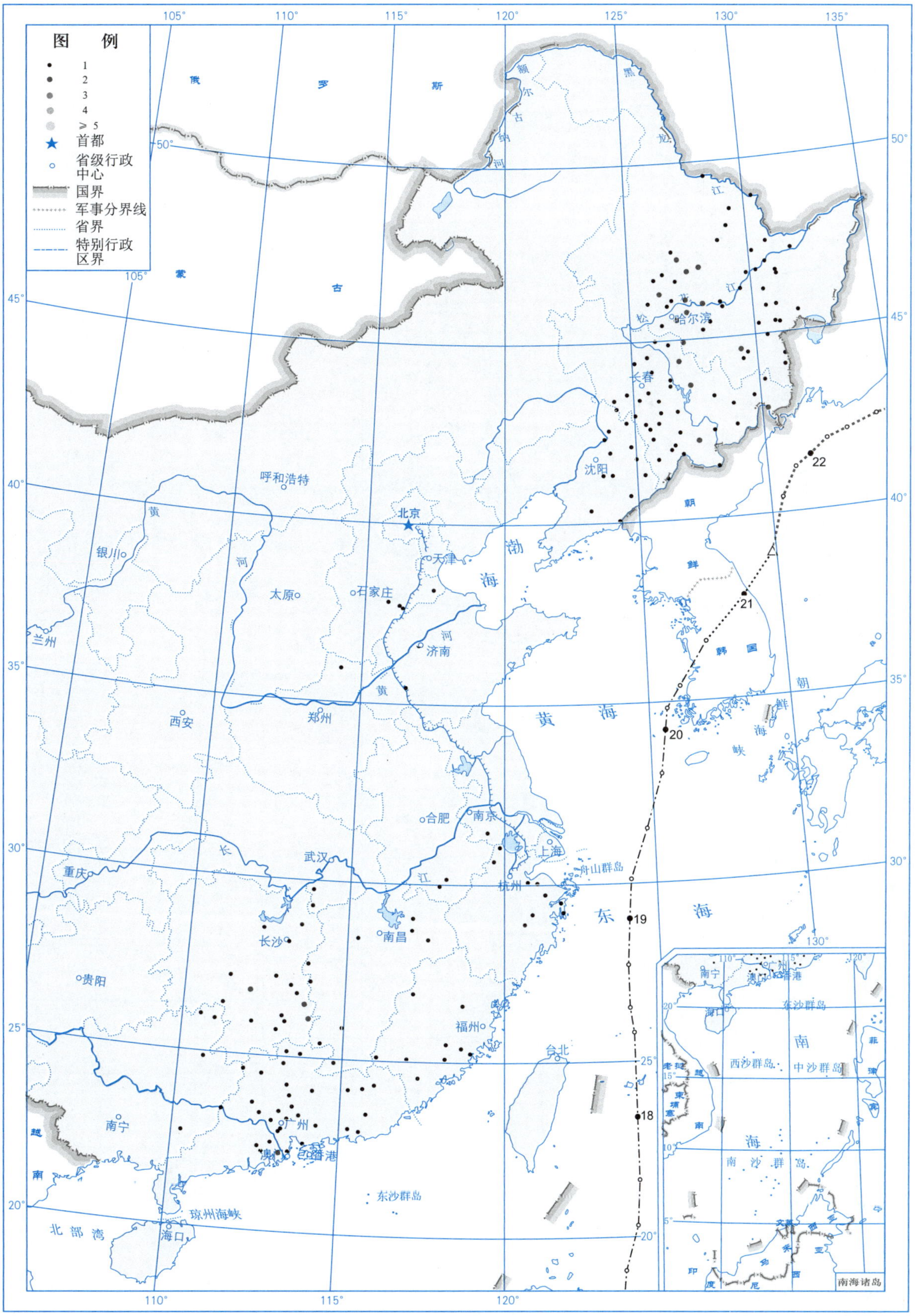

图 2.8.3　第 1905 号热带风暴“丹娜丝”（Danas）总降水日数图（7 月 18—22 日）（天）

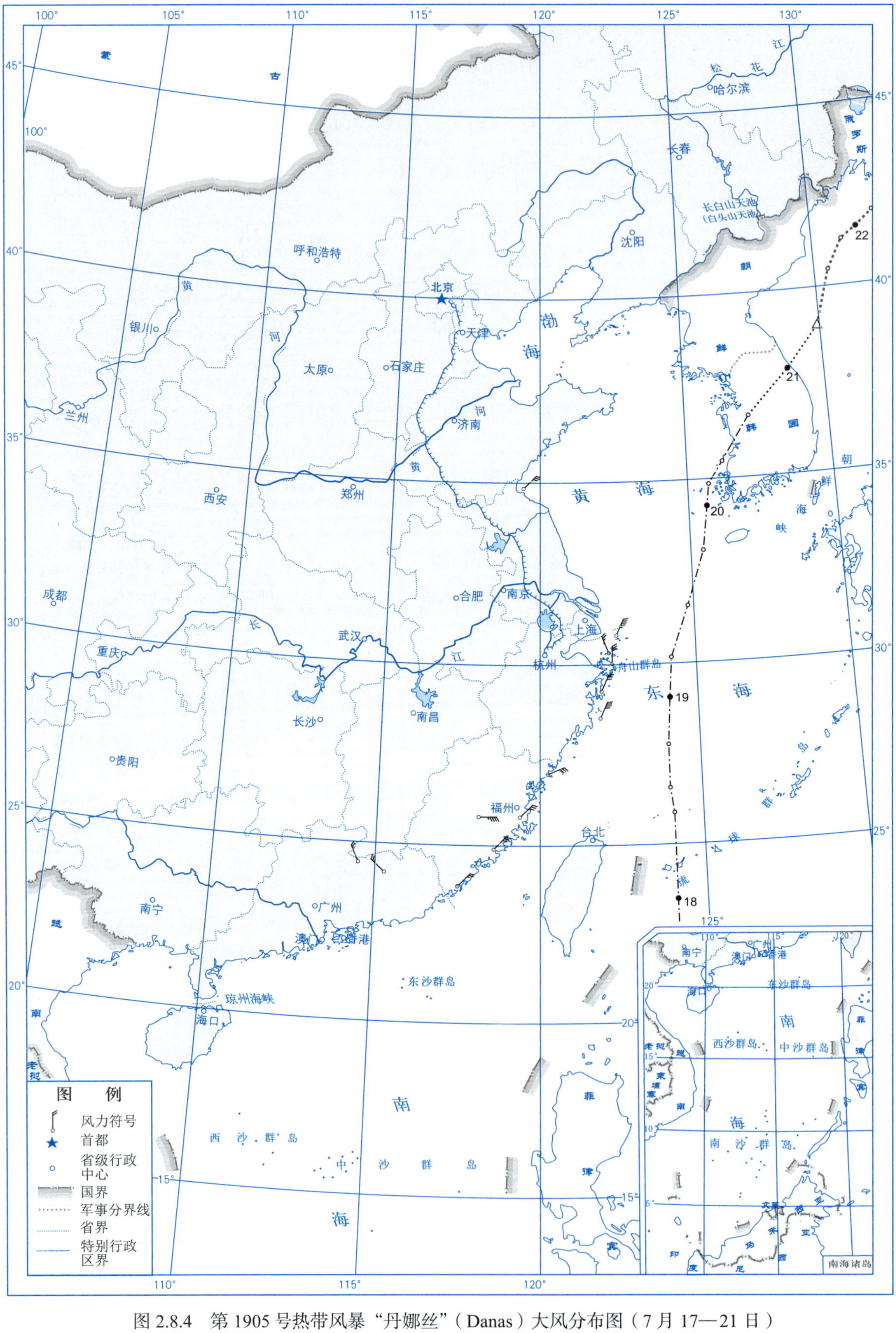

图 2.8.4　第 1905 号热带风暴“丹娜丝”（Danas）大风分布图（7 月 17—21 日）

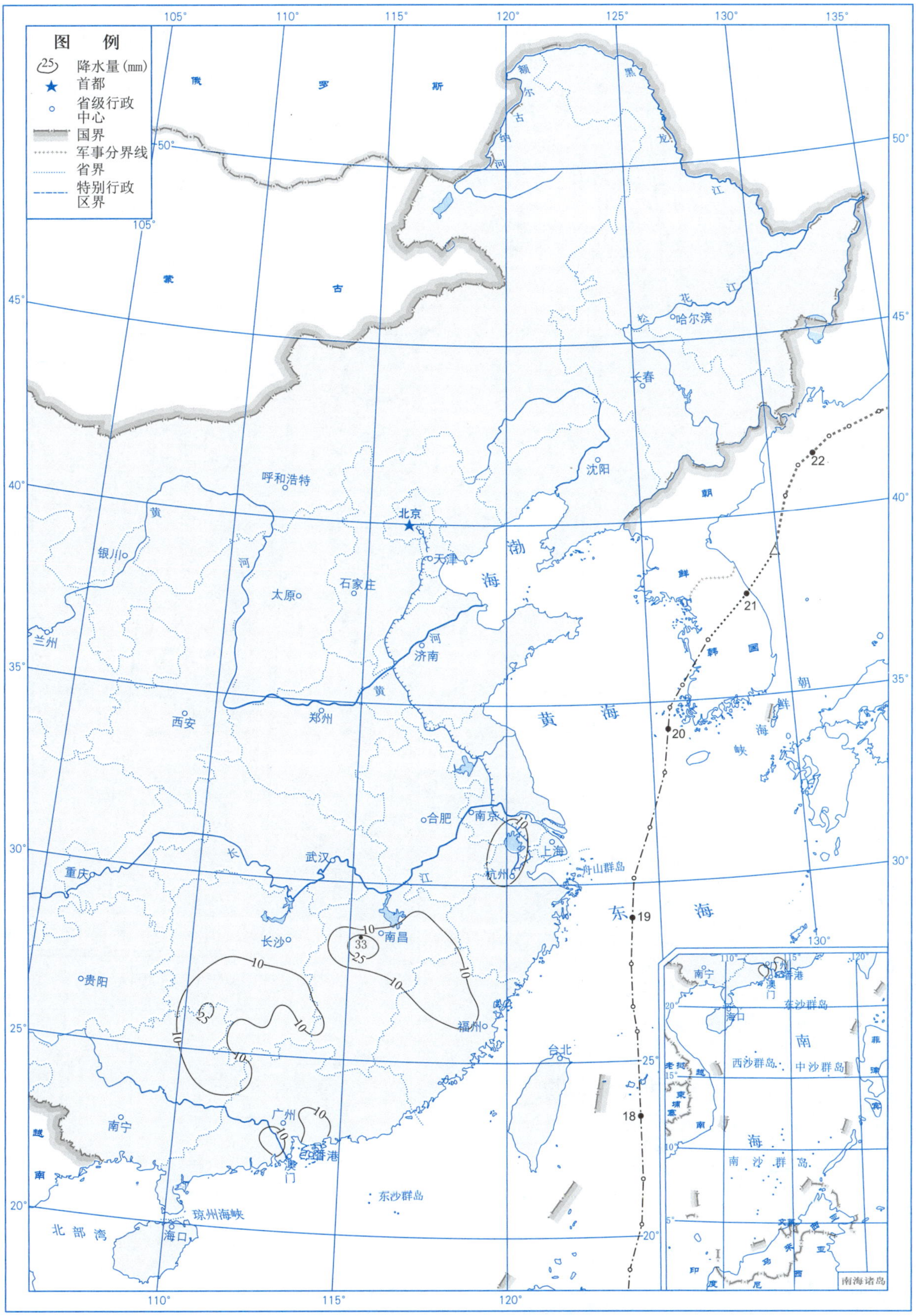

图 2.8.5　2019 年 7 月 18 日降水量图（mm）

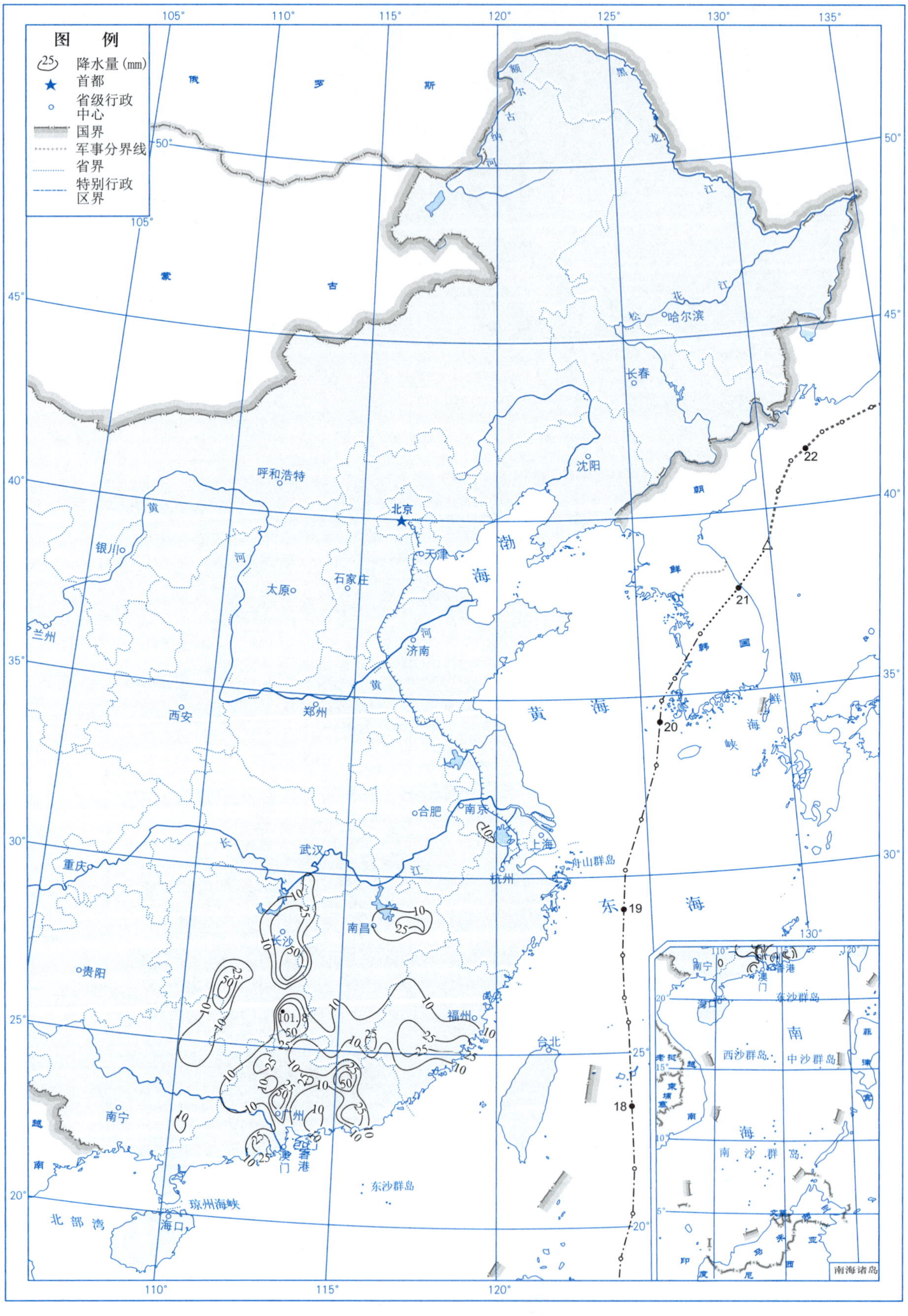

图 2.8.6 2019 年 7 月 19 日降水量图（mm）

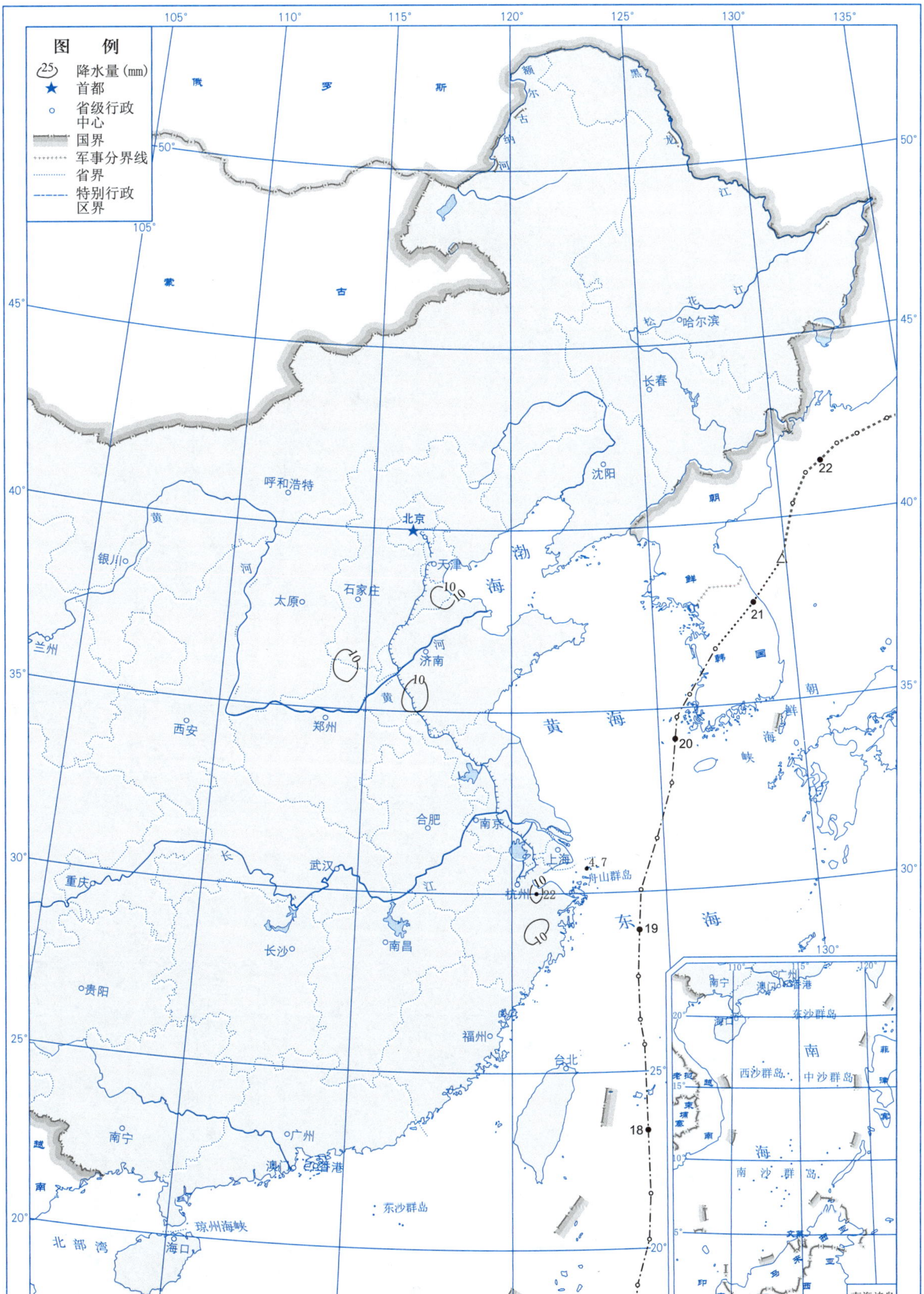

图 2.8.7　2019 年 7 月 20 日降水量图（mm）

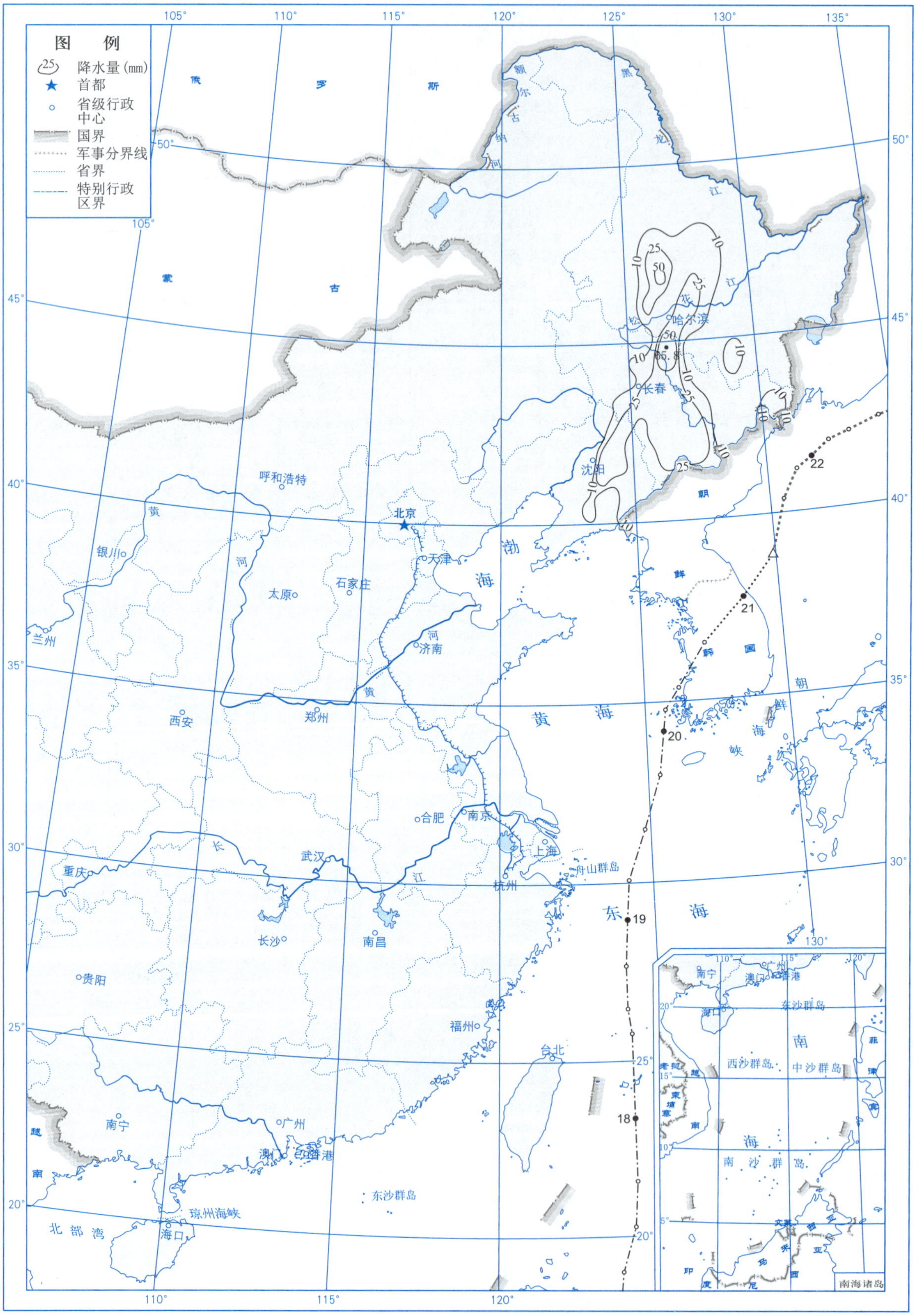

图 2.8.8　2019 年 7 月 21 日降水量图（mm）

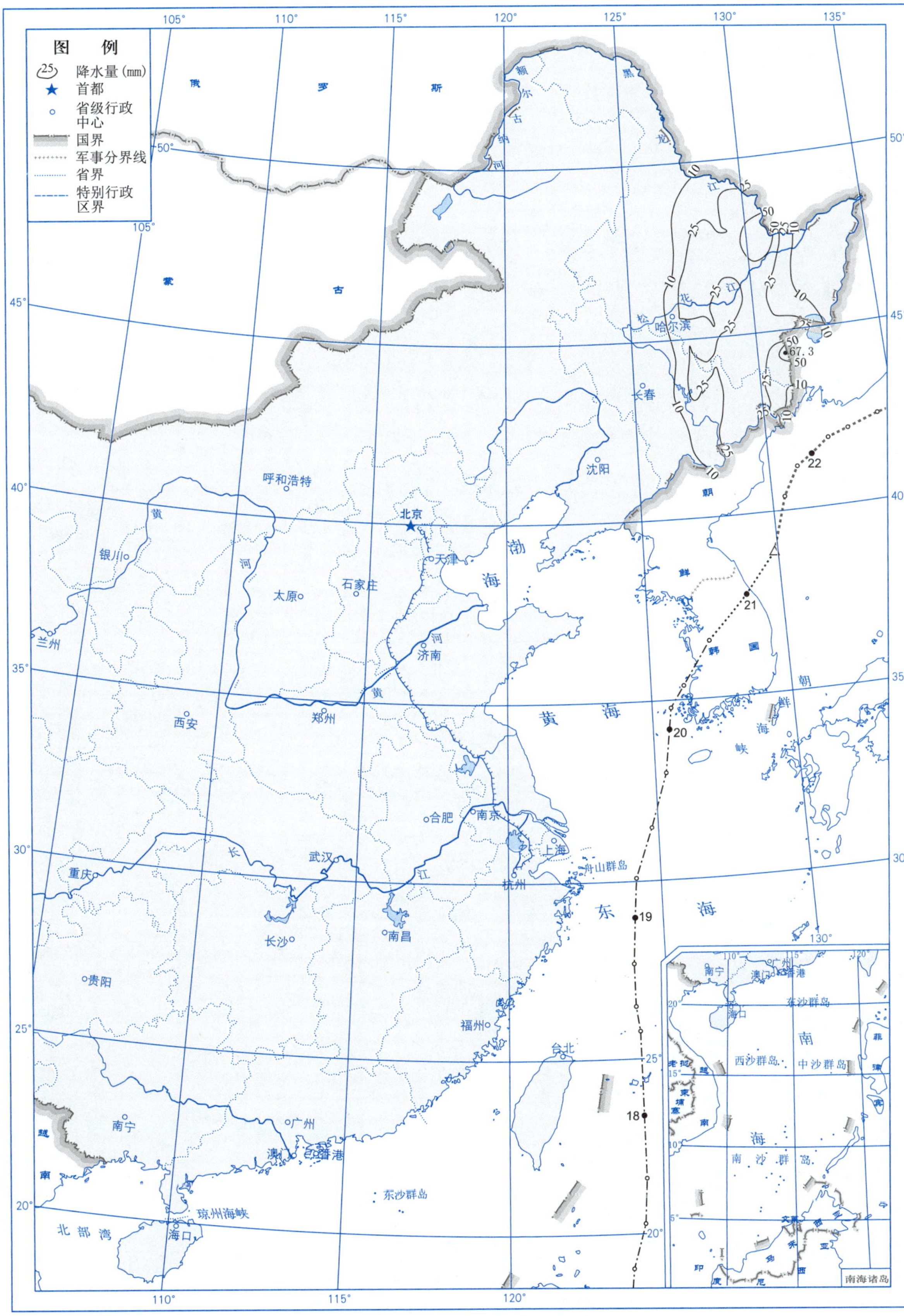

图 2.8.9　2019 年 7 月 22 日降水量图（mm）

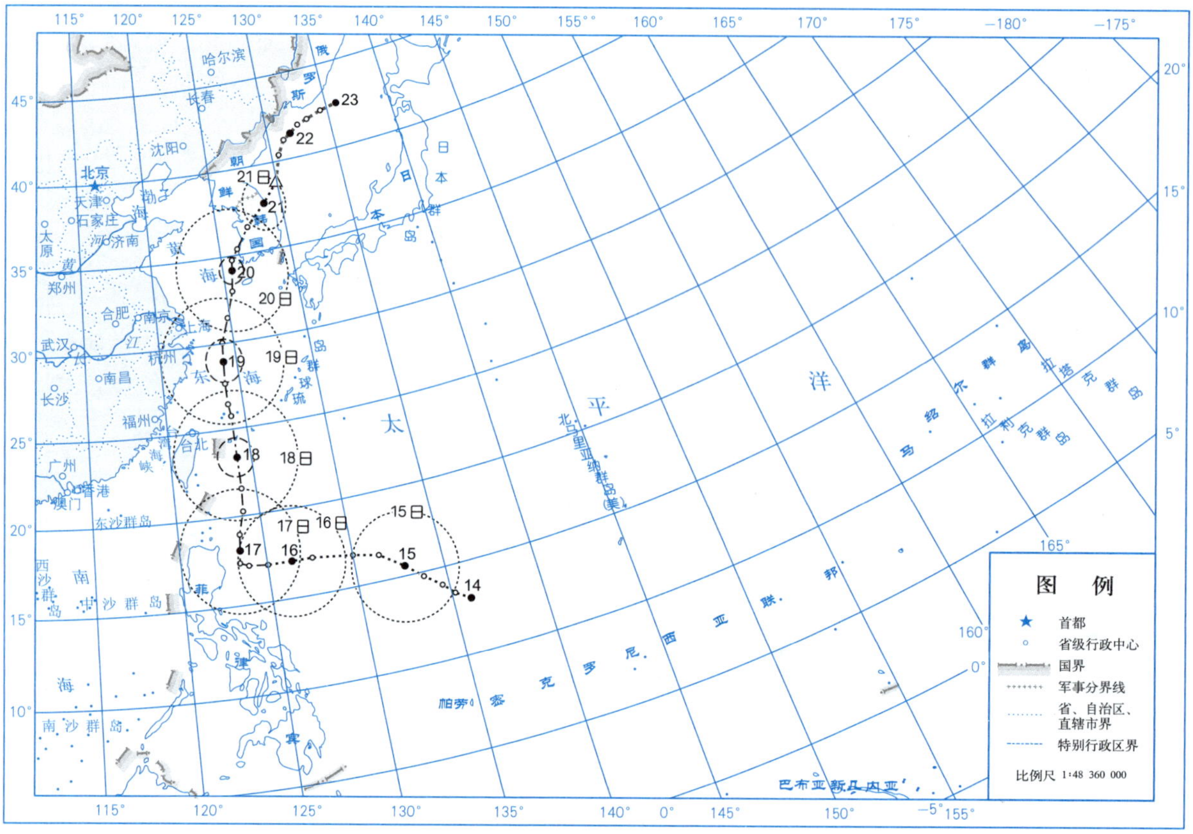

图 2.8.10 第 1905 号热带风暴“丹娜丝”（Danas）大风区域演变图（7 月 15—21 日）

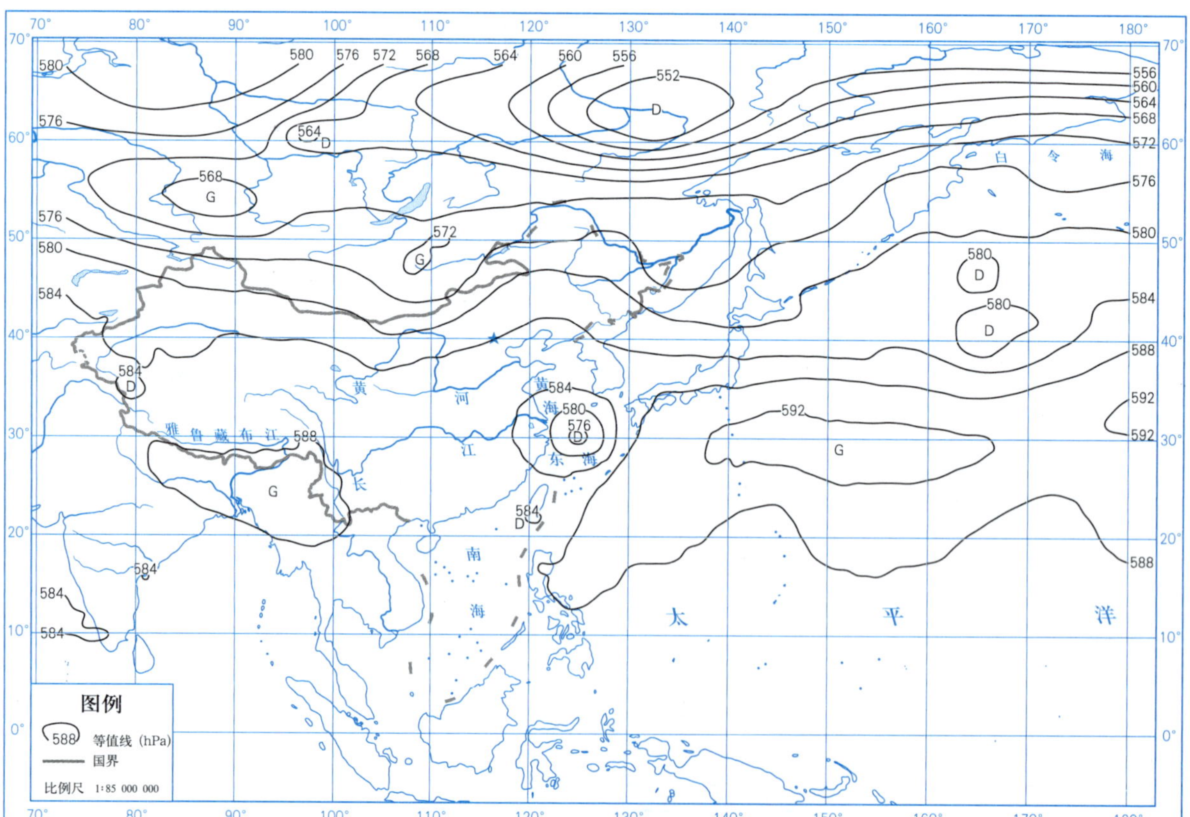

图 2.8.11 2019 年 7 月 19 日 14 时 500 hPa 高度场图（dagpm）

2.9 热带风暴“百合”（Nari）

第 1906 号热带风暴“百合”是由 7 月 24 日下午日本火山列岛附近的西北太平洋洋面上一个热带低压发展形成。形成后低压中心向偏北方向移动，25 日夜间增强为热带风暴，逐渐靠近日本东部沿海，27 日早晨在日本纪伊半岛登陆，强度逐渐减弱。随后“百合”转向东北方向移动，穿过日本本州岛，28 日早晨再次入海，下午变性为温带气旋，之后继续东北行，次日下午在西北太平洋洋面上减弱消散。

表 2.9.1 是热带风暴“百合”的中心位置和强度。图 2.9.1 ~ 2.9.3 分别是热带风暴“百合”路径图、大风区域演变图和 2019 年 7 月 27 日 02 时 500 hPa 高度场图。

表 2.9.1 第 1906 号热带风暴“百合”（Nari）中心位置和强度

7 月 24—27 日

年	月	日	时	中心位置		中心气压（hPa）	中心风速（m/s）
				北纬（°N）	东经（°E）		
2019	7	24	14	23.6	137.6	1002	15
	7	24	20	24.3	137.8	1002	15
	7	25	2	25.3	137.8	1002	15
	7	25	8	26.3	137.7	1002	15
	7	25	14	26.5	137.5	1002	15
	7	25	20	27.5	137.5	998	18
	7	26	2	28.5	137.2	998	18
	7	26	8	29.7	137.1	998	20
	7	26	14	30.9	136.2	998	18
	7	26	20	32.0	135.8	998	18
	7	27	2	33.4	135.9	998	18
	7	27	8	34.6	136.4	1002	15
	7	27	14	35.4	136.7	1002	15
	7	27	20	36.0	138.3	1002	15
	7	28	2	36.7	140.1	1002	15
	7	28	8	37.0	142.2	1002	15
△	7	28	14	37.4	144.0	1002	15
	7	28	20	37.8	146.2	1002	15

（续表）

年	月	日	时	中心位置		中心气压（hPa）	中心风速（m/s）
				北纬（°N）	东经（°E）		
	7	29	2	38.3	147.9	1005	13
	7	29	8	39.2	149.4	1005	13
2019	7	29	14	39.8	151.7	1005	13
消散							

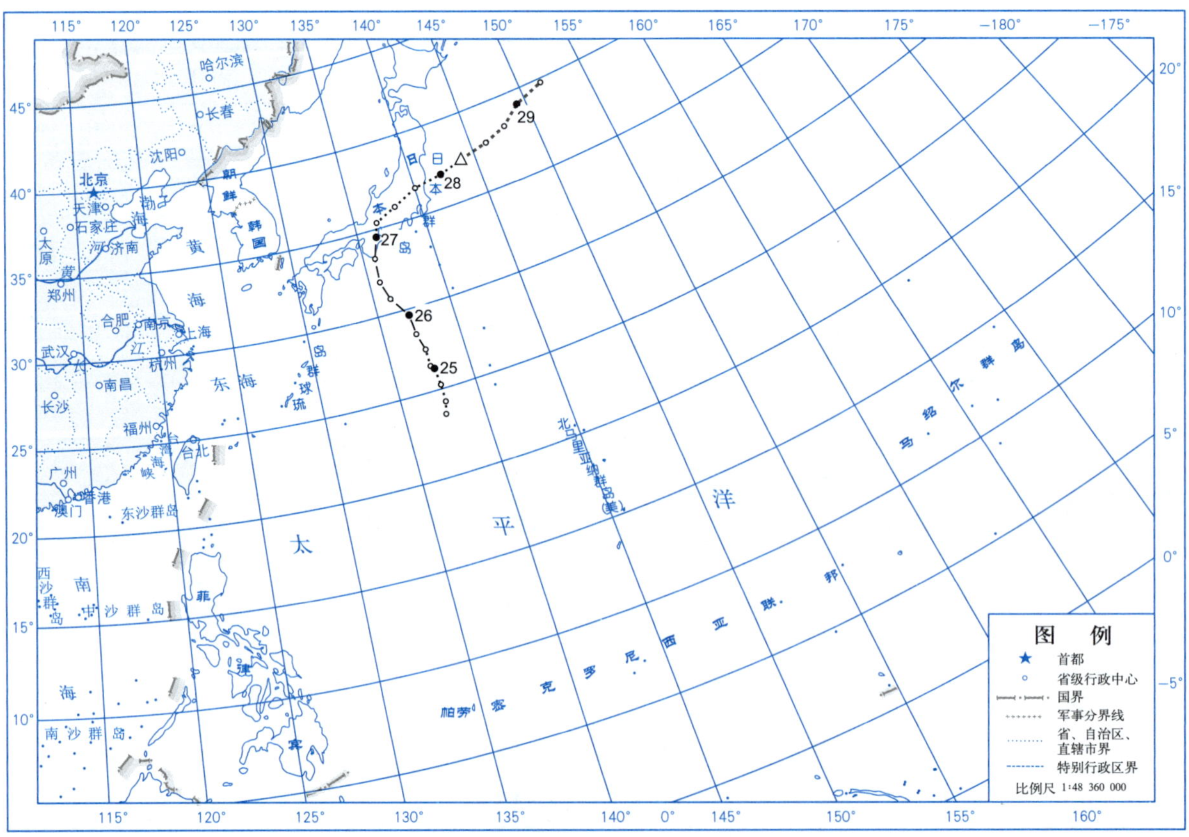

图 2.9.1 第 1906 号热带风暴“百合”（Nari）路径图

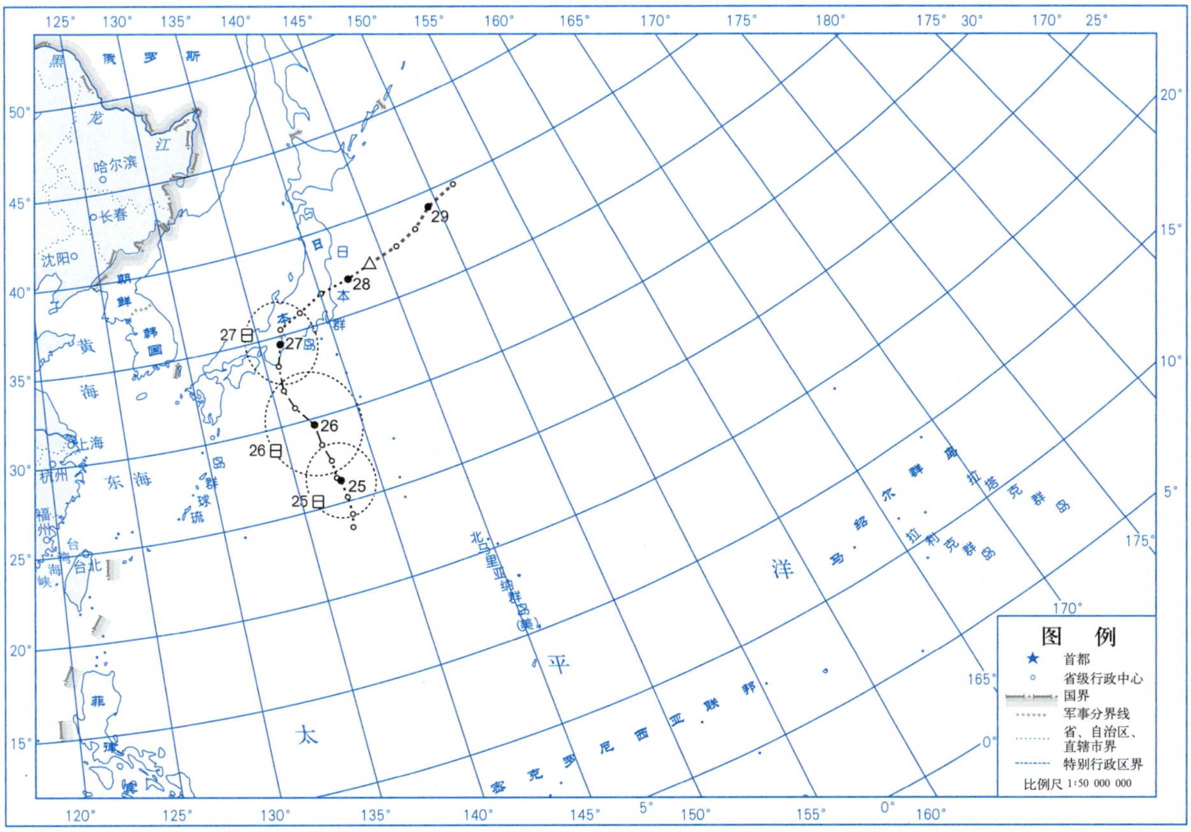

图 2.9.2 第 1906 号热带风暴"百合"（Nari）大风区域演变图（7 月 25—27 日）

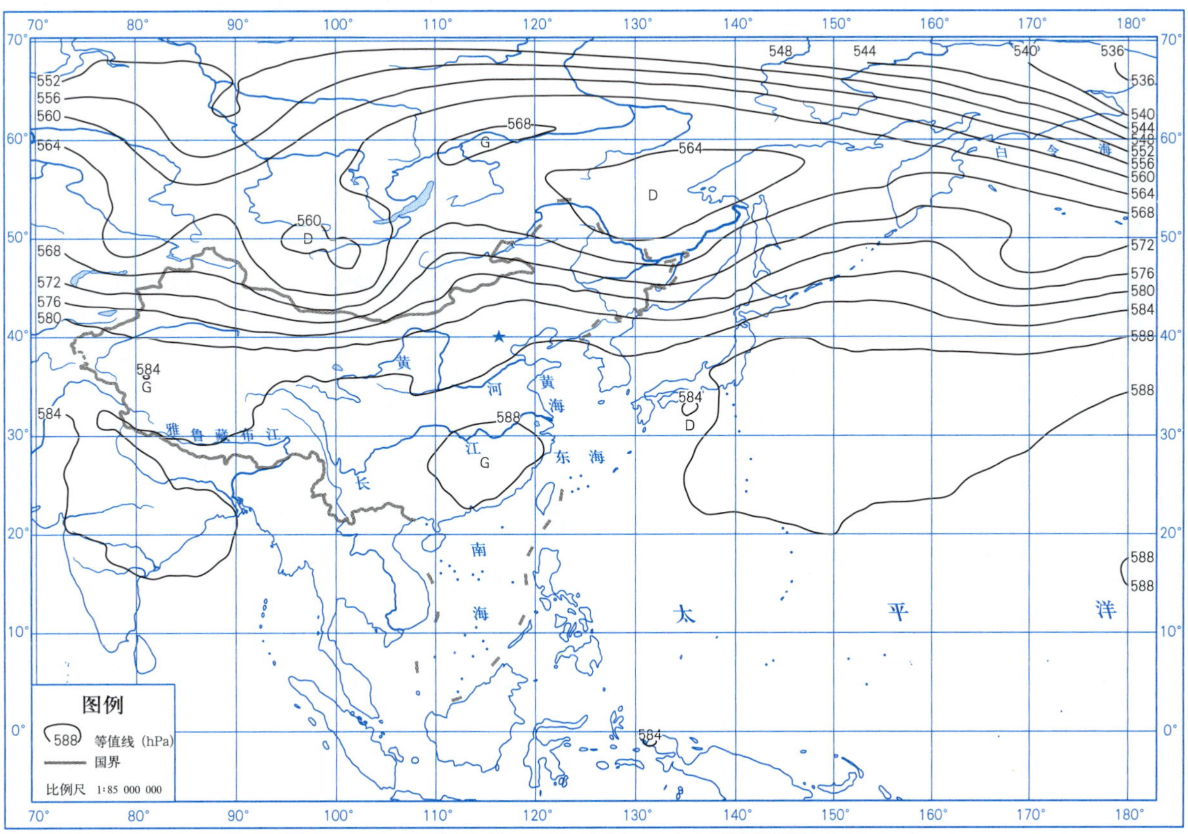

图 2.9.3 2019 年 7 月 27 日 02 时 500 hPa 高度场图（dagpm）

2.10 热带风暴“韦帕”(Wipha)

第 1907 号热带风暴“韦帕”是由 7 月 30 日下午在我国西沙群岛东北方约 300 km 南海海面上的一个热带低压发展形成。形成后低压中心稳定地向西北方向移动，31 日早晨加强为热带风暴，继续西北行靠近海南岛东岸，于 8 月 1 日 02 时 15 分首次登陆海南文昌，登陆时近中心最大风速 23 m/s（9 级），中心最低气压 982 hPa。随后热带风暴“韦帕”在海南岛东北角逆时针打转一圈后转向偏北，进入琼州海峡，于当天 17 时 40 分二次登陆广东湛江，登陆时强度继续维持，之后转向偏西方向移动，横穿湛江市，进入北部湾。热带风暴“韦帕”入海后沿着广西沿海西行，2 日 21 时 20 分三次登陆广西防城港，登陆时强度仍然维持，随后转向西南，进入越南境内，强度逐渐减弱，4 日夜间在越南境内减弱消散。

受热带风暴“韦帕”影响，7 月 30 日—8 月 3 日，海南西沙、珊瑚和海南岛局部、广东南部沿海部分及高要、广西部分、湖南南岳出现最大风力 6 ～ 7 级、阵风 7 ～ 11 级；广西涠洲岛出现最大风力 9 级（20.9 m/s）、阵风 11 级（29.6 m/s）为本次热带风暴影响过程风极值。

受其影响，7 月 30 日—8 月 4 日，广东中北部大部、广西中北部大部、云南中南部大部及会泽、贵州部分、重庆秀山、湖北五峰、湖南中西部局部、江西中南部局部、福建中西部部分总雨量为 10 ～ 50 mm；海南南部局部、广东中南部部分、广西中南部部分、贵州局部、福建南部局部总雨量为 50 ～ 150 mm；海南大部、广东南部部分、广西凭祥、福建秀屿总雨量为 150 ～ 300 mm；海南北部局部、广东西南部沿海局部、广西南部沿海部分总雨量 300 ～ 474 mm；其中，广东阳江总雨量 473.8 mm，为本次热带风暴影响过程总雨量极值；海南海口 1 日雨量 266.6 mm，1 日 5 时雨量 91.0 mm，分别为本次热带风暴影响过程日雨量和时雨量极值。

受“韦帕”登陆海南东北部并缓慢北移西进影响，7 月 30—31 日，海南、广东和广西出现了中到大雨局部暴雨；8 月 1 日，“韦帕”在海南东部登陆转向北上，并于广东湛江再次登陆西行，海南和广东普降暴雨到大暴雨，局部特大暴雨；2 日，“韦帕”缓慢西行进入北部湾，海南、广东沿海暴雨持续，广西南部出现暴雨到大暴雨；3 日，随着“韦帕”减弱南落，雨势减弱，广东西部和广西南部出现局部暴雨。

受“韦帕”影响，广东、广西和海南省（区）出现了一定程度的灾情。总计受灾人数达到 43.3 万人，紧急转移人数达到 2.8 万人，农作物受灾面积达到 83.4 千公顷，农作物绝收面积 2.5 千公顷，倒塌房屋 300 间，直接经济损失 4.1 亿元（表 2.10.2）。

表 2.10.1 是热带风暴“韦帕”的中心位置和强度。表 2.10.2 是热带风暴“韦帕”引发的灾情。图 2.10.1 ～ 2.10.4 分别是热带风暴“韦帕”路径图、总降水量图、总降水日数图和大风分布图。图 2.10.5 ～ 2.10.10 分别是 2019 年 7 月 30 日—8 月 4 日的日降水量图，图 2.10.11 ～ 2.10.12 分别是热带风暴“韦帕”的大风区域演变图和 2019 年 8 月 1 日 08 时 500hPa 高度场图。

表 2.10.1　第 1907 号热带风暴"韦帕"（Wipha）中心位置和强度

7 月 30 日—8 月 4 日

年	月	日	时	中心位置		中心气压（hPa）	中心风速（m/s）
				北纬（°N）	东经（°E）		
2019	7	30	14	17.8	115.4	1000	13
	7	30	20	18.1	114.9	998	15
	7	31	2	18.3	114.4	998	15
	7	31	5	18.5	114.1	998	15
	7	31	8	18.6	113.8	990	18
	7	31	11	18.7	113.4	990	18
	7	31	14	18.8	113.1	985	20
	7	31	17	19.0	112.8	985	20
	7	31	20	19.2	112.4	985	20
	7	31	23	19.7	111.8	982	23
	8	1	2	19.9	111.0	982	23
	8	1	5	19.8	110.8	982	23
	8	1	8	19.7	110.8	982	23
	8	1	11	20.2	110.8	982	23
	8	1	14	20.7	110.8	982	23
	8	1	17	21.1	110.7	982	23
	8	1	20	21.2	110.1	982	23
	8	1	23	21.1	109.7	982	23
	8	2	2	21.1	109.5	982	23
	8	2	5	21.2	109.3	982	23
	8	2	8	21.2	109.2	982	23
	8	2	11	21.2	109.1	982	23
	8	2	14	21.3	108.9	982	23
	8	2	17	21.5	108.8	982	23
	8	2	20	21.5	108.4	982	23
	8	2	23	21.6	108.0	982	23
	8	3	2	21.5	107.4	985	20
	8	3	8	21.2	106.6	988	18
	8	3	14	20.8	105.9	992	15

（续表）

年	月	日	时	中心位置		中心气压（hPa）	中心风速（m/s）
				北纬（°N）	东经（°E）		
2019	8	3	20	20.3	105.4	992	15
	8	4	2	19.5	105.0	995	13
消散							

表 2.10.2 第 1907 号热带风暴“韦帕”（Wipha）在广东、广西和海南省（区）引发的灾情

受灾省（区）	受灾人口（万人）	死亡人口（人）	失踪人口（人）	紧急转移人口（万人）	农作物		倒塌房屋（万间）	直接经济损失（亿元）
					受灾面积（千公顷）	绝收面积（千公顷）		
广东省	13.2	0	0	1.4	56.8	1.3	0.01	1.3
广西区	22.0	0	0	0.4	24.8	0.9	0.02	2.3
海南省	8.1	0	0	1.0	1.8	0.3	0	0.5
合计	43.3	0	0	2.8	83.4	2.5	0.03	4.1

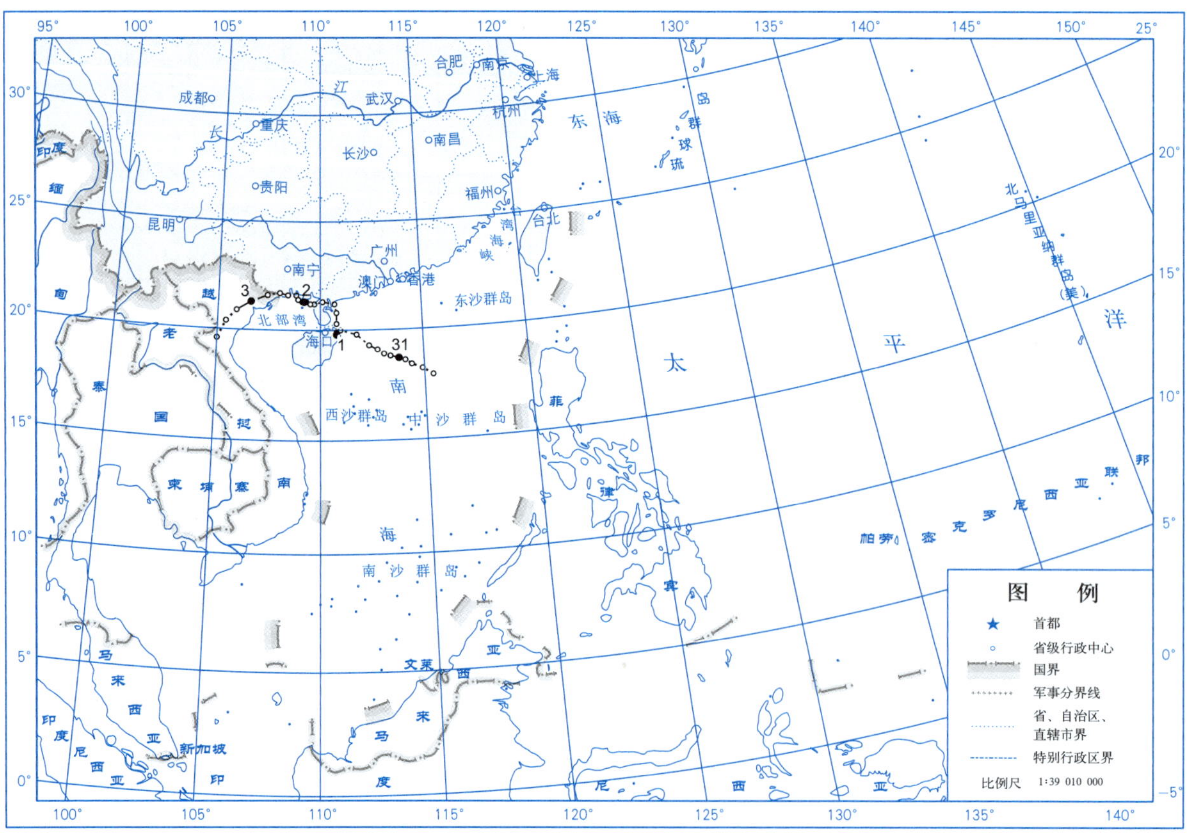

图 2.10.1 第 1907 号热带风暴“韦帕”（Wipha）路径图

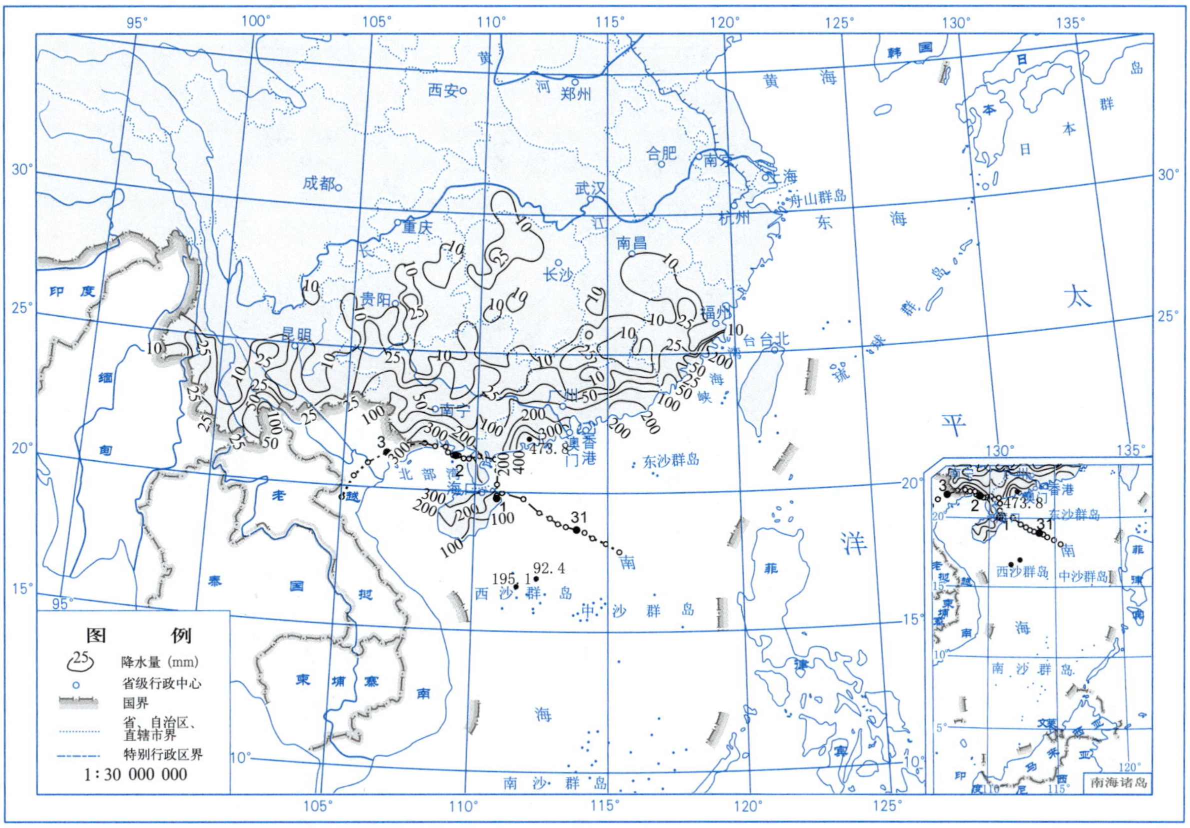

图 2.10.2　第 1907 号热带风暴“韦帕”（Wipha）总降水量图（7 月 30 日—8 月 4 日）（mm）

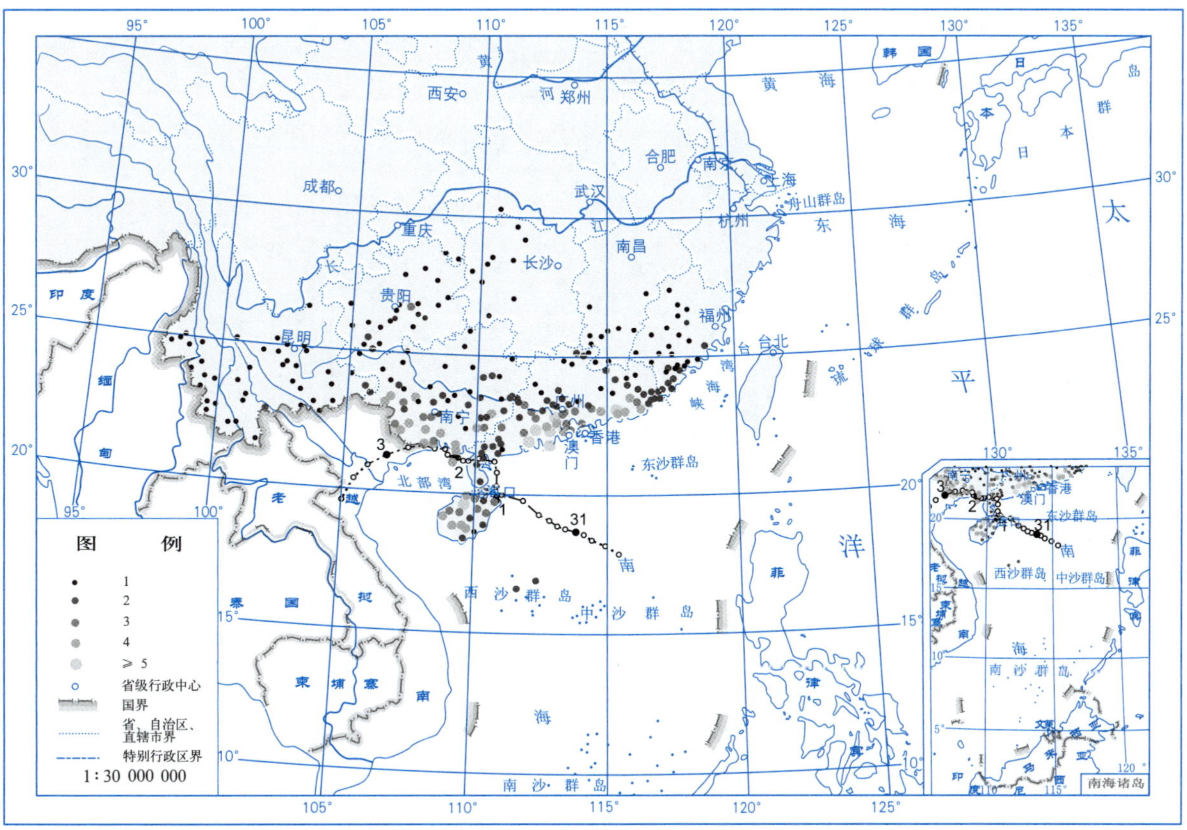

图 2.10.3　第 1907 号热带风暴“韦帕”（Wipha）总降水日数图（7 月 30 日—8 月 4 日）（天）

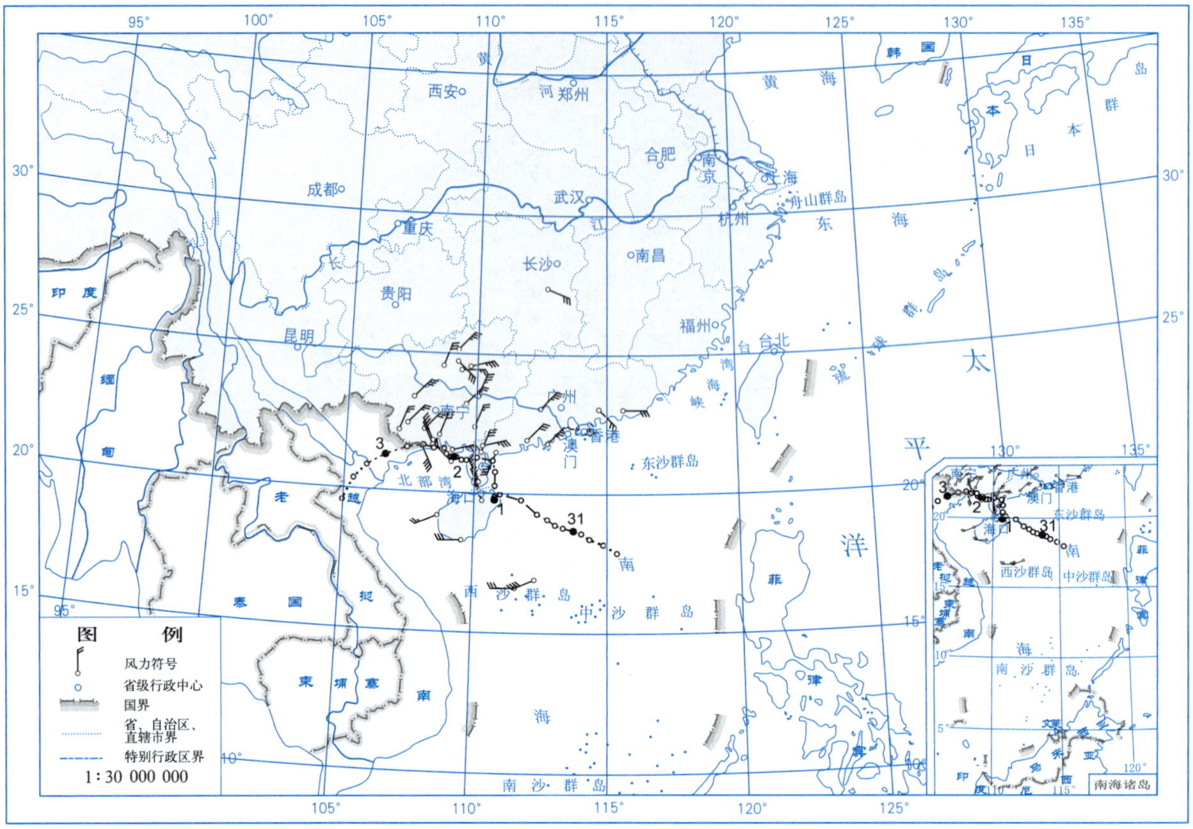

图 2.10.4 第 1907 号热带风暴“韦帕”（Wipha）大风分布图（7 月 30 日—8 月 3 日）

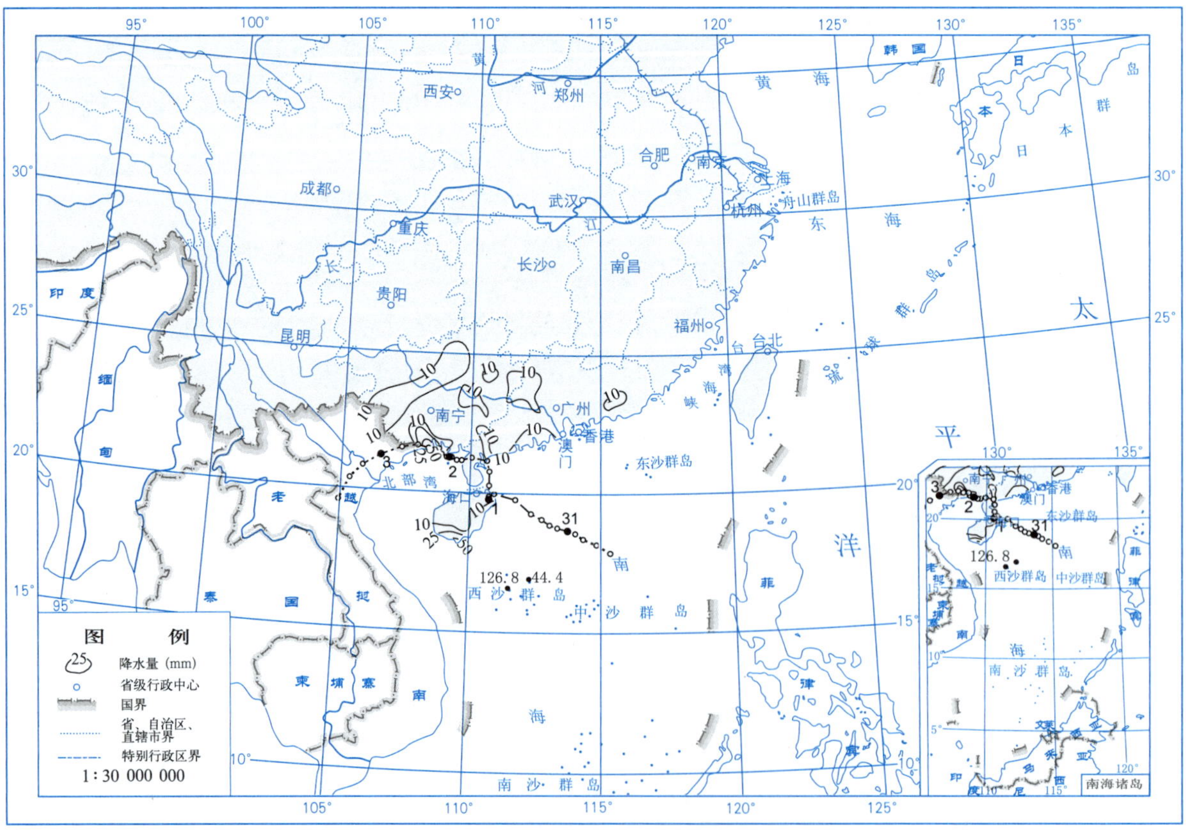

图 2.10.5 2019 年 7 月 30 日降水量图（mm）

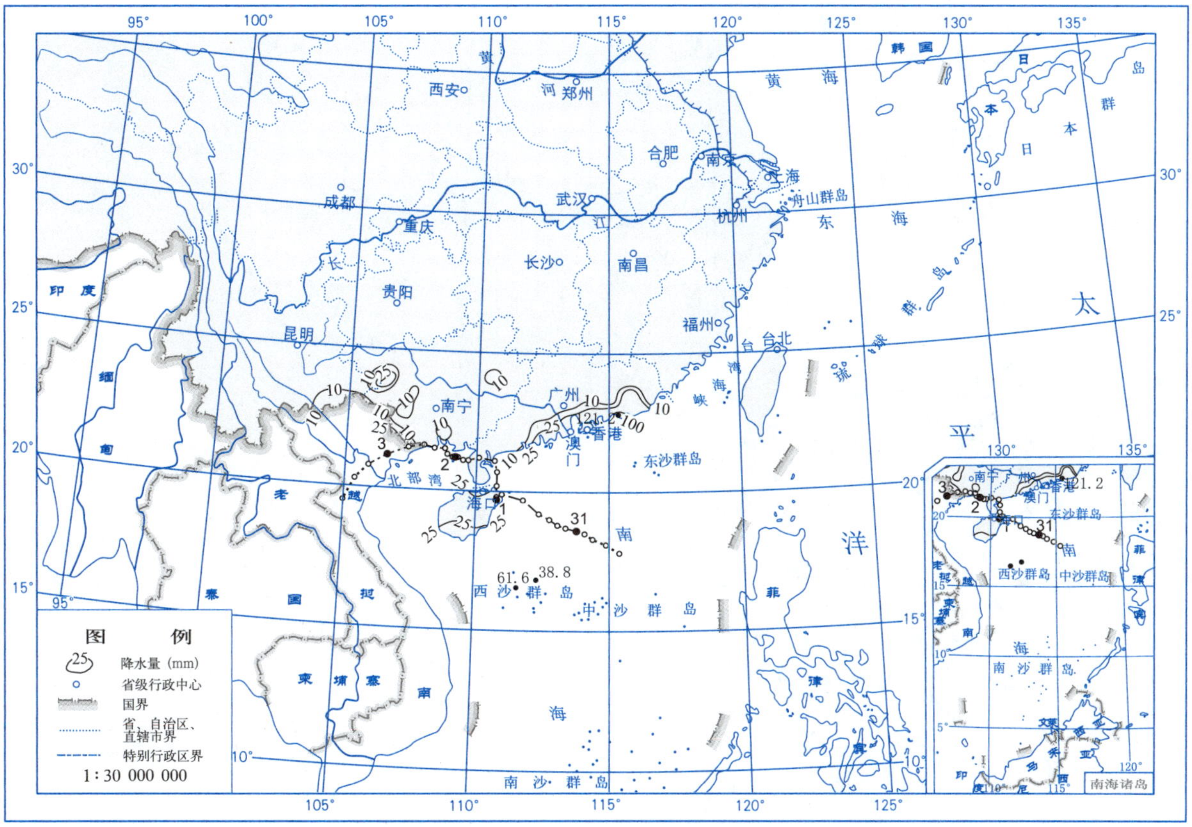

图 2.10.6　2019 年 7 月 31 日降水量图（mm）

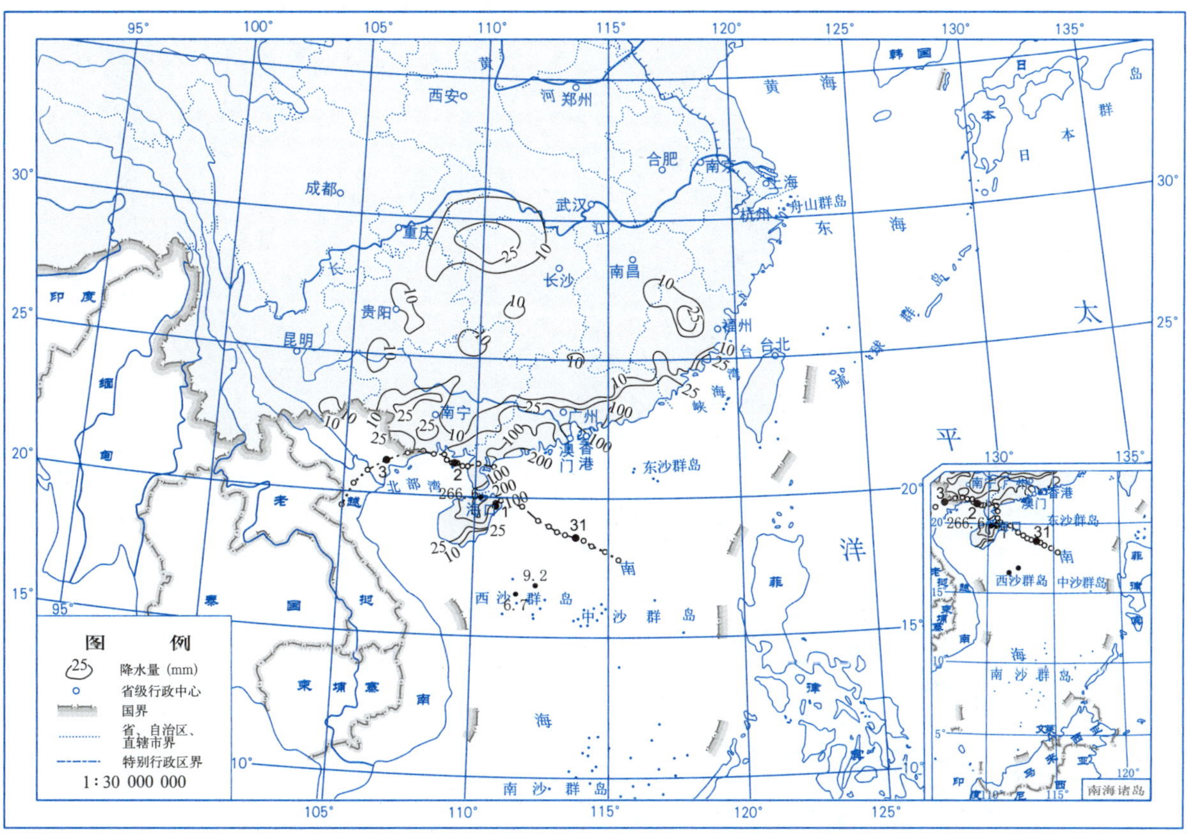

图 2.10.7　2019 年 8 月 1 日降水量图（mm）

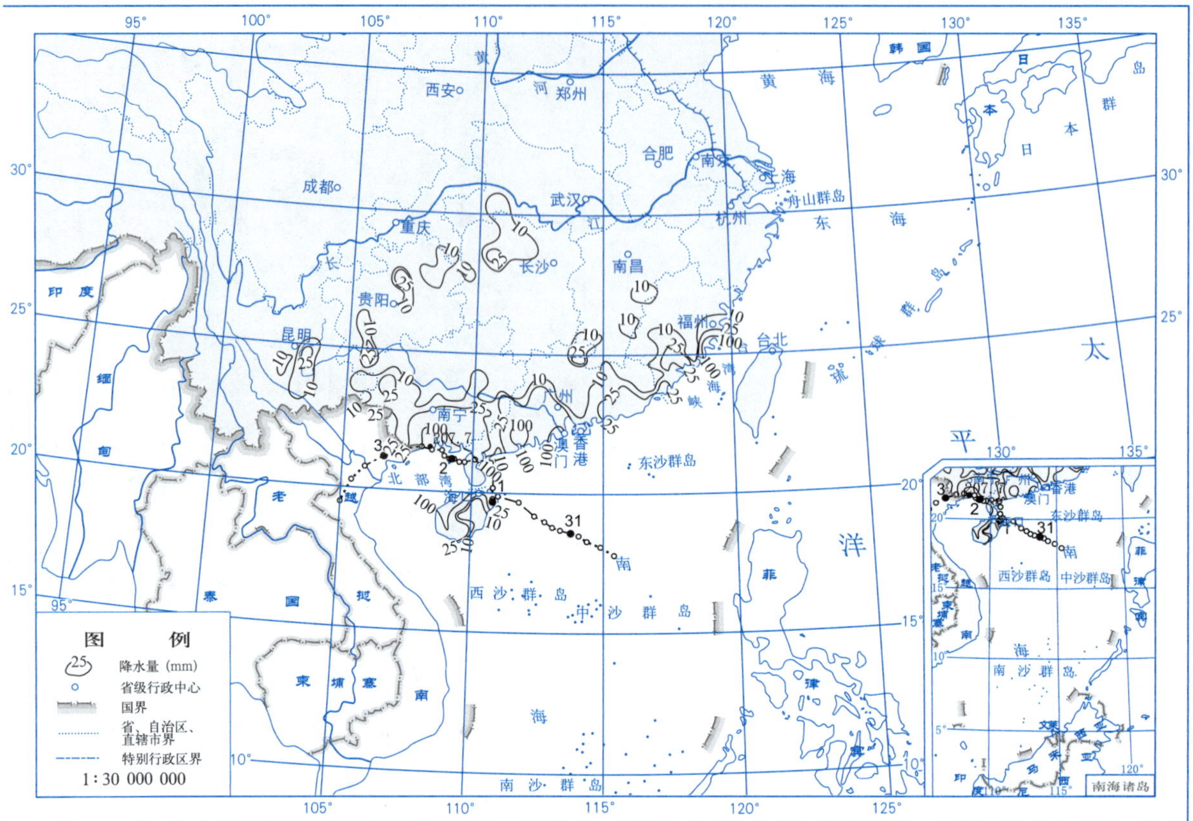

图 2.10.8　2019 年 8 月 2 日降水量图（mm）

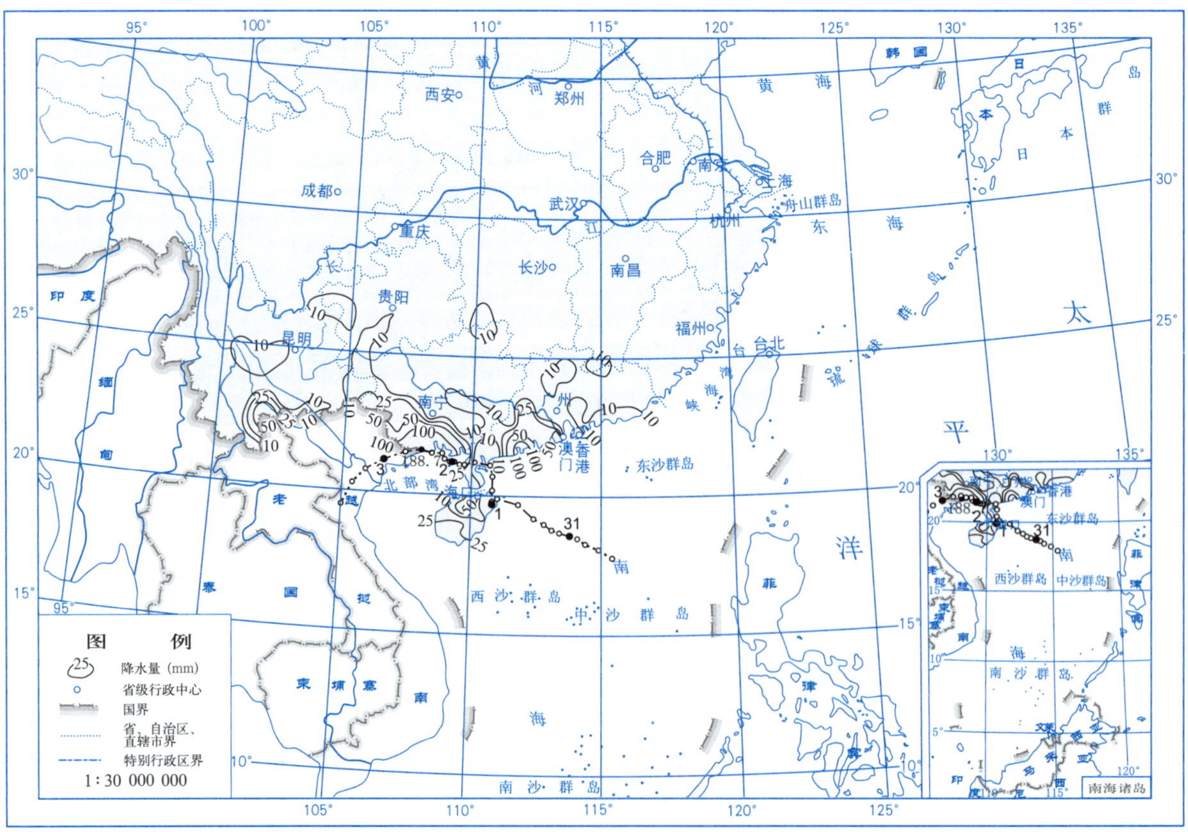

图 2.10.9　2019 年 8 月 3 日降水量图（mm）

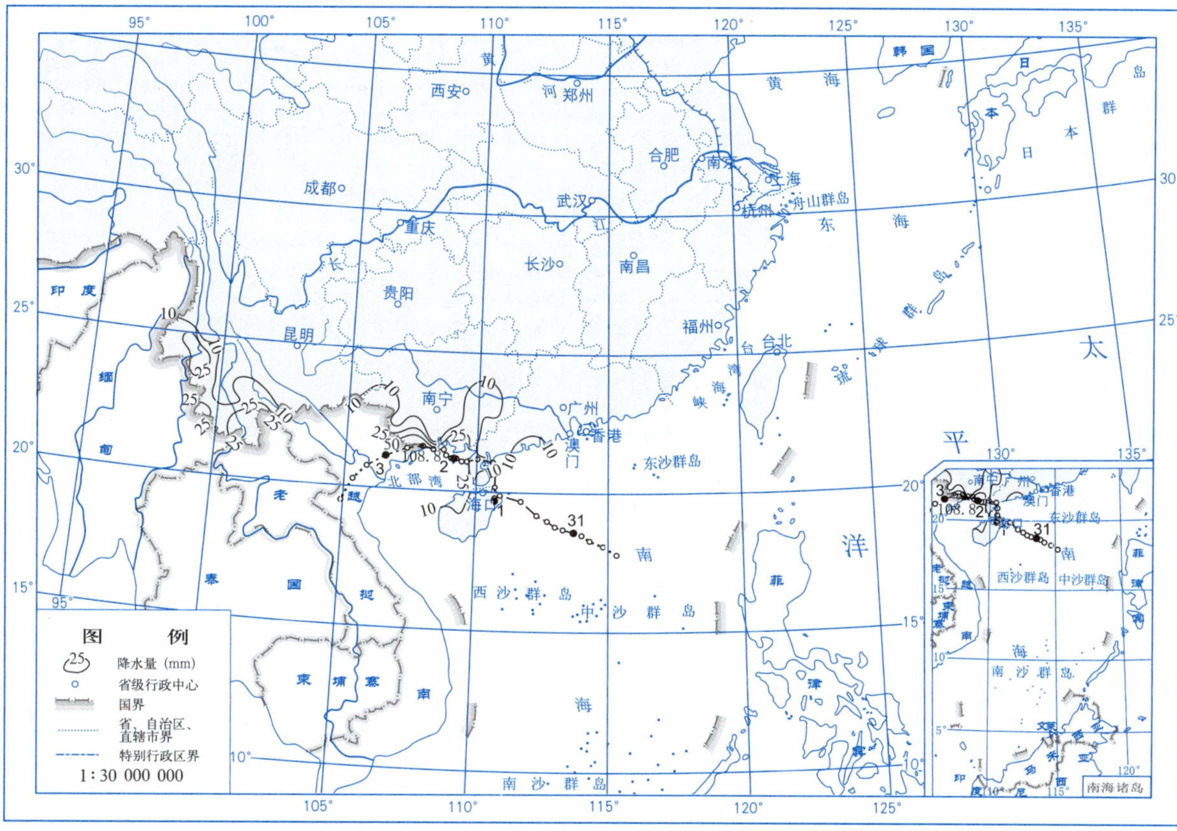

图 2.10.10　2019 年 8 月 4 日降水量图（mm）

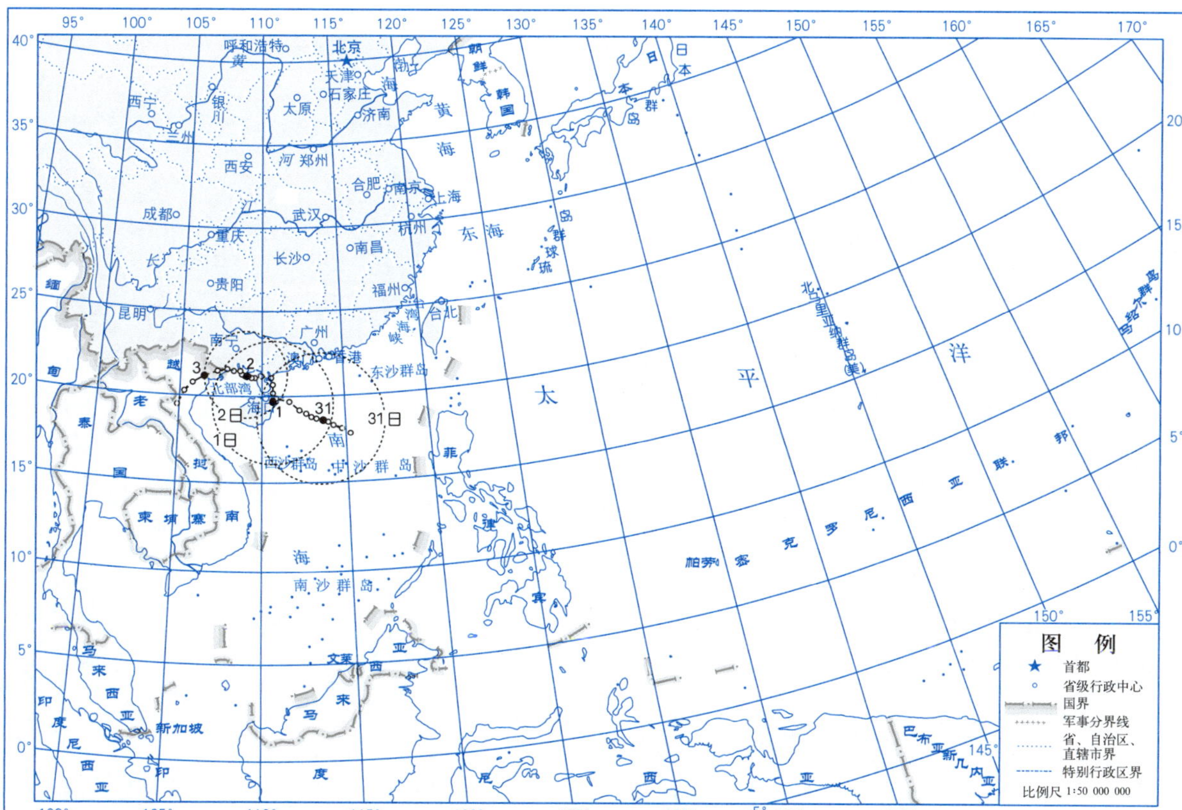

图 2.10.11　第 1907 号热带风暴“韦帕”（Wipha）大风区域演变图（7 月 31 日—8 月 2 日）

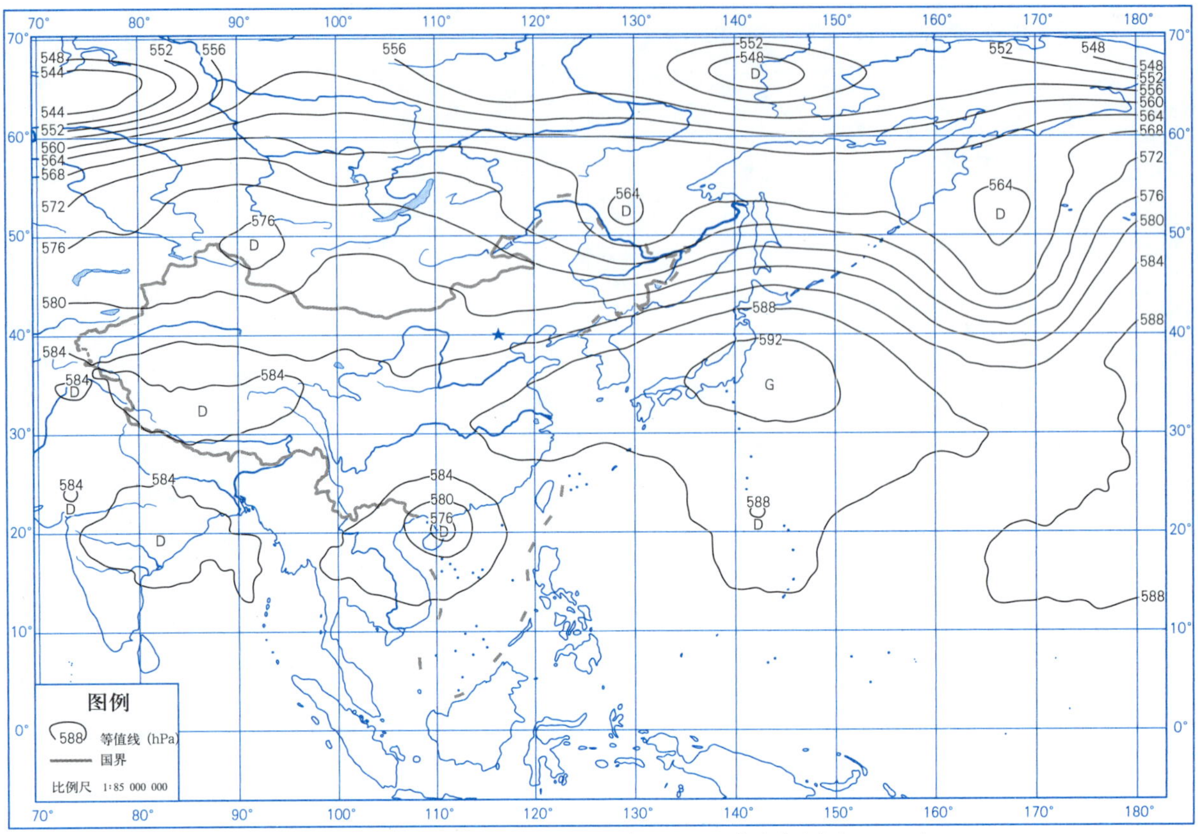

图 2.10.12　2019 年 8 月 1 日 08 时 500 hPa 高度场图（dagpm）

2.11　台风“范斯高”（Francisco）

第 1908 号台风“范斯高”是由 8 月 1 日下午位于美国威克岛以西约 1250 km 的西北太平洋洋面上一个热带低压发展形成。形成后低压中心稳定地向西北方向移动，强度逐渐增强，2 日增强为热带风暴，4 日下午增强为强热带风暴，之后偏西分量加大，逐渐靠近日本九州岛沿海，5 日夜间继续增强至台风，于 6 日凌晨登陆日本宫崎市沿海。登陆后，“范斯高”转向偏北方向移动，强度快速减弱为热带风暴，之后进入朝鲜海峡，夜间再次登陆韩国釜山沿海，随后北上进入日本海海域，强度继续减弱为热带低压。其后，台风“范斯高”转向东偏北，于 9 日凌晨变性为温带气旋后，又一次登陆日本北海道岛，尔后继续西行，中午前后再次入海，夜间在西北太平洋海域减弱消散。

受台风“范斯高（Francisco）”外围云系影响，8 月 8 日，吉林东部局部、黑龙江南部局部地区总雨量为 10 ～ 39 mm。

表 2.11.1 是台风“范斯高”的中心位置和强度。图 2.11.1 ～ 2.11.5 分别是台风“范斯高”路径图、总降水量图、总降水日数图、大风区域演变图和 2019 年 8 月 6 日 02 时 500 hPa 高度场图。

表 2.11.1　第 1908 号台风“范斯高”（Francisco）中心位置和强度

8 月 1—9 日

年	月	日	时	中心位置		中心气压（hPa）	中心风速（m/s）
				北纬（°N）	东经（°E）		
2019	8	1	14	18.1	154.8	1002	13
	8	1	20	18.7	154.2	1002	13
	8	2	2	19.5	153.4	1000	15
	8	2	8	20.1	152.8	998	18
	8	2	14	20.9	151.9	998	18
	8	2	20	21.7	151.2	995	20
	8	3	2	22.8	150.0	995	20
	8	3	8	24.2	148.6	995	20
	8	3	14	25.2	147.6	990	23
	8	3	20	26.1	146.1	990	23
	8	4	2	26.9	144.6	990	23
	8	4	8	27.6	143.2	990	23
	8	4	14	28.6	141.5	985	25
	8	4	20	29.2	139.7	985	25
	8	5	2	29.9	138.3	980	28
	8	5	8	30.4	136.2	980	28

（续表）

年	月	日	时	中心位置		中心气压（hPa）	中心风速（m/s）
				北纬（°N）	东经（°E）		
2019	8	5	14	30.8	134.5	978	30
	8	5	20	31.2	133.0	970	35
	8	6	2	31.8	131.8	965	38
	8	6	8	33.0	130.6	985	25
	8	6	14	34.0	129.8	995	20
	8	6	20	35.2	129.4	998	18
	8	7	2	36.7	129.2	998	18
	8	7	8	37.8	129.3	1000	15
	8	7	14	38.8	129.4	1000	15
	8	7	20	39.8	129.9	1000	15
	8	8	2	40.9	131.0	1000	15
	8	8	8	41.7	132.8	1000	15
	8	8	14	42.6	135.0	1000	15
	8	8	20	43.0	137.1	1000	15
△	8	9	2	42.9	139.6	1000	15
	8	9	8	43.0	142.0	1000	13
	8	9	14	42.5	145.9	1000	13
	8	9	20	41.5	149.1	1000	13
消散							

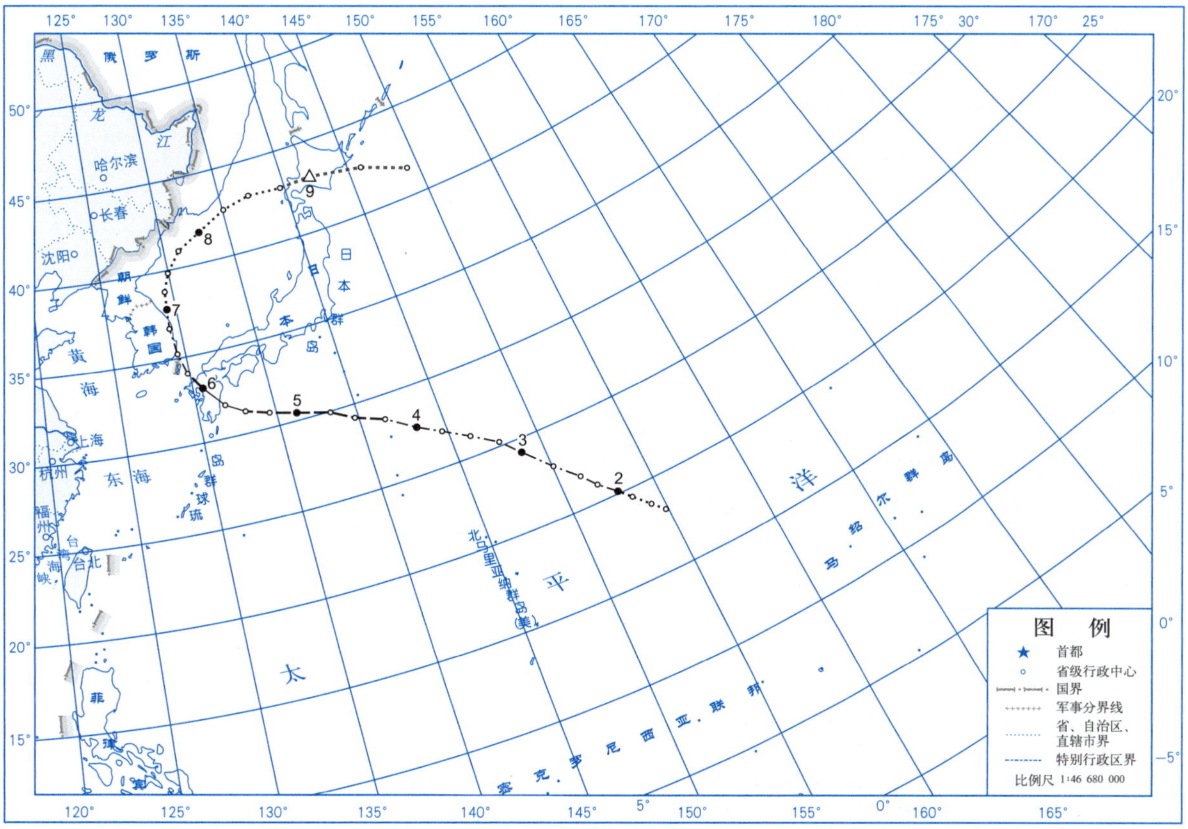

图 2.11.1 第 1908 号台风“范斯高”（Francisco）路径图

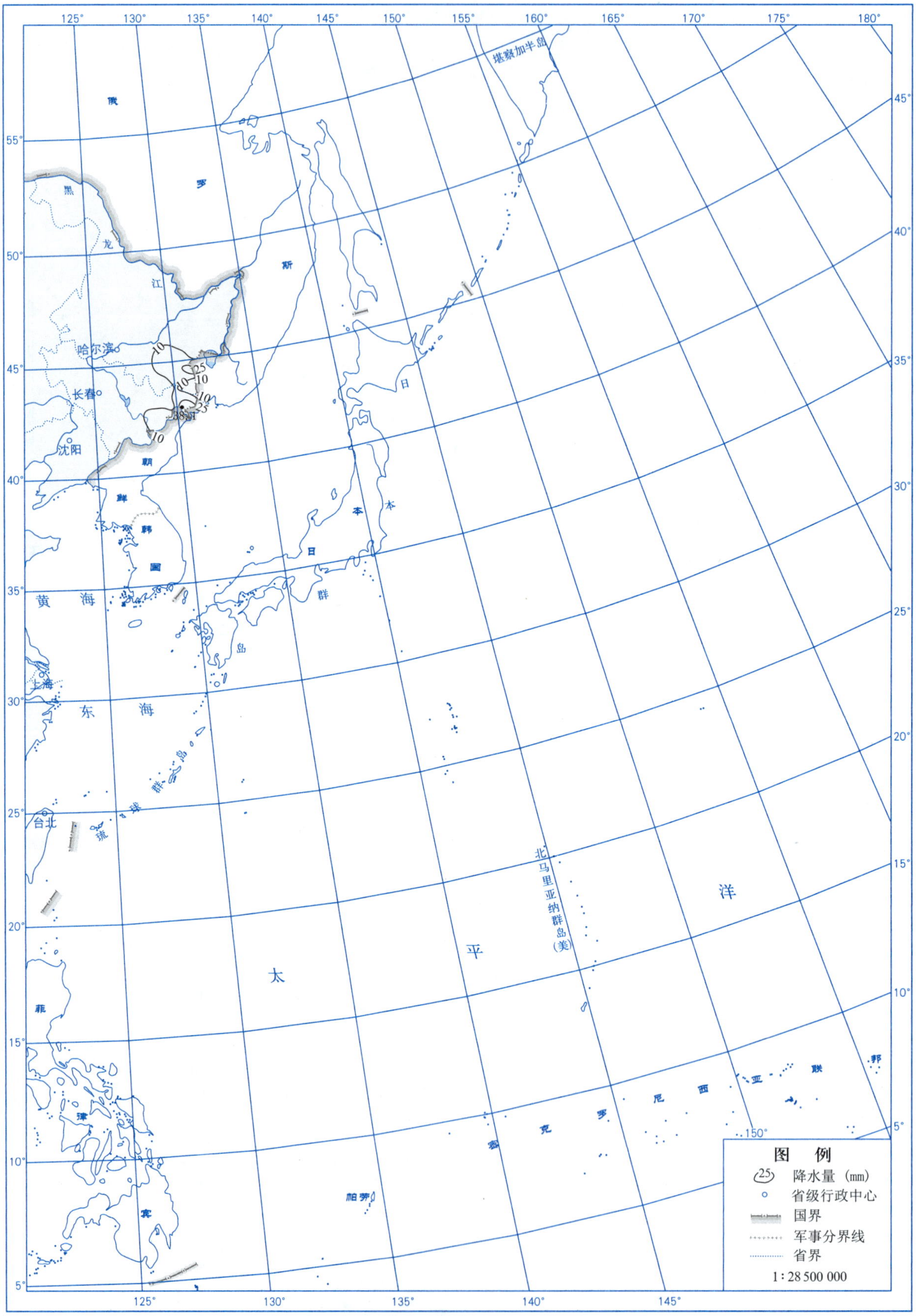

图 2.11.2　第 1908 号台风“范斯高”（Francisco）总降水量图（8 月 8 日）（mm）

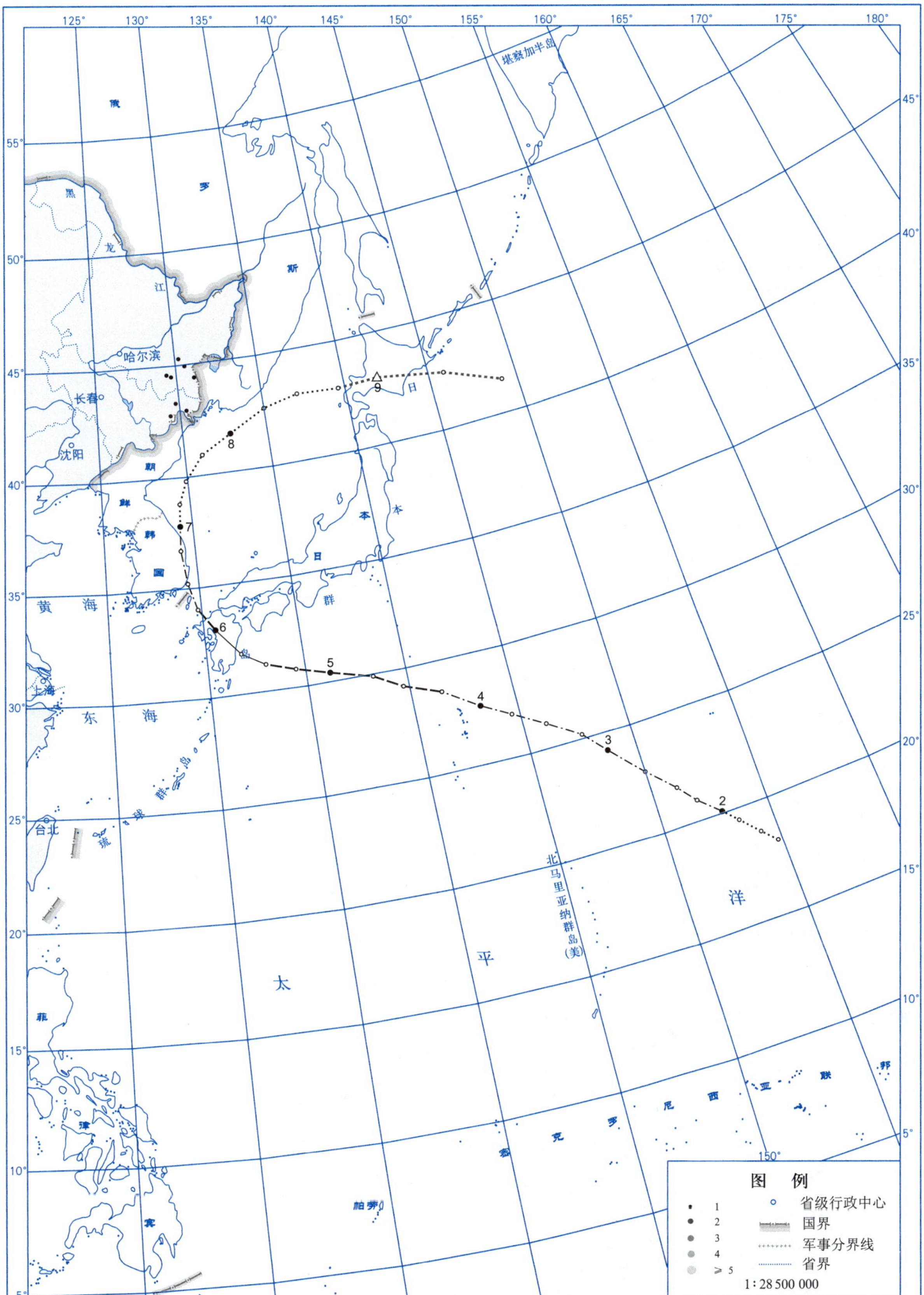

图 2.11.3 第1908号台风“范斯高”（Francisco）总降水日数图（8月8日）（天）

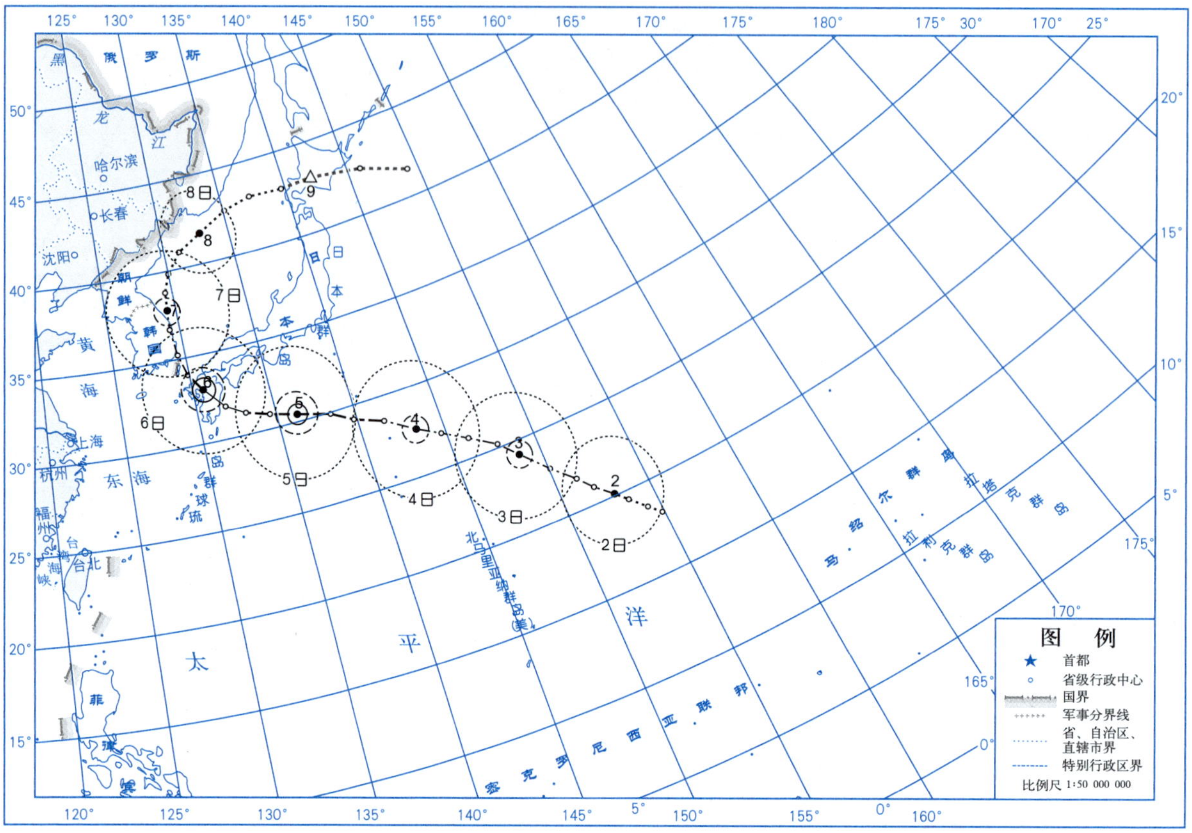

图 2.11.4　第 1908 号台风“范斯高”（Francisco）大风区域演变图（8 月 2—8 日）

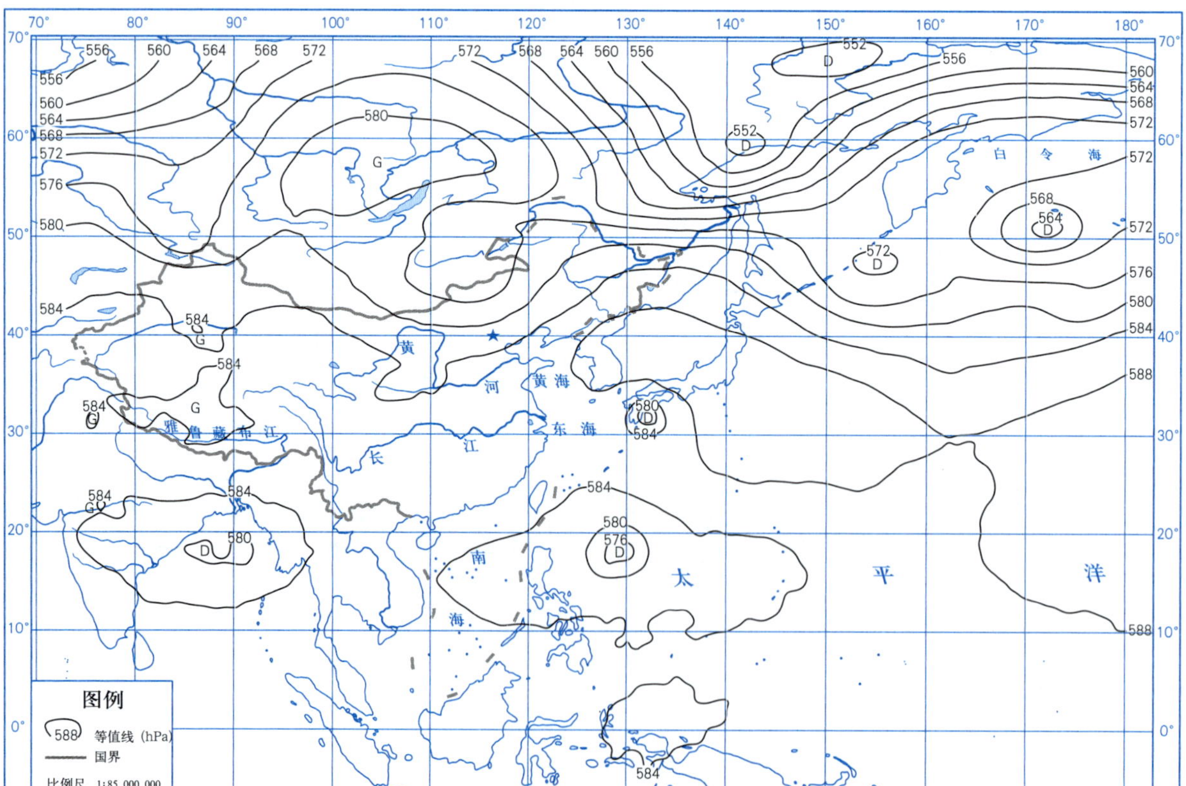

图 2.11.5　2019 年 8 月 6 日 02 时 500 hPa 高度场图（dagpm）

2.12 超强台风“利奇马”（Lekima）

第1909号超强台风“利奇马”是由8月4日早晨位于菲律宾吕宋岛偏东约1000 km的西北太平洋洋面上一个热带低压发展形成。形成后低压中心受副热带高压南侧的西南气流引导，稳定地向西北方向移动，并迅速增强，当日夜间增强为热带风暴，次日增强为强热带风暴，7日继续增强至强台风，之后移速加快。8日凌晨进一步增强至超强台风，于8日20时在距离冲绳岛约80 km处到达其生命史最大强度，近中心最大风速62 m/s（17级以上），中心最低气压915 hPa。随后，超强台风“利奇马”进入东海南部海域，逐渐向我国华东沿海靠近，强度缓慢减弱，9日下午减弱为强台风，夜间又再次增强，于10日凌晨01时45分登陆浙江温岭沿海，登陆时达到超强台风级别，近中心最大风速52 m/s（16级），中心最低气压930 hPa。登陆后，超强台风“利奇马”快速减弱并转向北上，10日夜间继续减弱至热带风暴，途经浙江和江苏，11日下午进入黄海海域，于20时50分二次登陆山东青岛沿海，登陆时近中心最大风速23 m/s（9级），中心最低气压980 hPa。然后，“利奇马”向北偏西方向移动，进入莱州湾，随即沿逆时针方向打转，移速缓慢，12日11时三次登陆山东昌邑沿海，登陆时强度继续维持，之后逐渐减弱为热带低压，于次日早晨再次进入渤海，移速略有加快，折向东偏南方向，穿过渤海海峡，14日夜间在黄海北部海域消散。

受超强台风“利奇马”影响，8月7—14日，湖南东南局部、江西局部、福建沿海大部、浙江大部、上海金山和奉贤、江苏部分、安徽部分、湖北广水、山东大部、河北局部、北京佛爷顶、辽宁西部局部、内蒙古青龙山出现最大风力6～7级、阵风7～10级；浙江沿海大部、安徽黄山、江苏西连岛、山东崂山出现最大风力8～9级、阵风9～13级；浙江玉环和石浦、山东泰山出现最大风力10～11级、阵风12～14级；浙江大陈出现最大风力13级（40.3 m/s）、阵风16级（52.7 m/s），为本次超强台风影响过程风极值。

受其影响，8月8—14日，海南局部、广东部分、广西西北部局部、湖南部分、江西局部、福建部分、浙江西南局部、江苏局部、安徽大部、湖北局部、河南部分、山东局部、山西局部、河北部分、天津大部、北京局部、内蒙古东部局部、辽宁局部、吉林局部、黑龙江南部部分总雨量为10～50 mm；广东局部、广西灵川和金秀、湖南蓝山、福建武平和福鼎、浙江大部、上海局部、江苏大部、安徽部分、河南东北部分、山东大部、河北东部部分、天津局部、内蒙古东南部局部、辽宁大部、吉林中东部部分地区总雨量为50～150 mm；浙江东部北部部分、上海部分、江苏南部及北部部分、安徽南部局部、河南东北部局部、山东中西部部分、河北局部、辽宁部分、吉林辽源总雨量为150～300 mm；浙江东部沿海部分、江苏东海、山东中部部分总雨量为300～489 mm；其中，山东章丘总雨量488.4 mm，为本次超强台风影响过程总雨量极值；山东临朐11日雨量386.7 mm，上海闵行10日15时雨量99.8 mm，分别为本次超强台风影响过程日雨量和时雨量极值。

8月9日，“利奇马”造成浙江沿海出现暴雨到大暴雨；10日，“利奇马”登陆北上，浙江、上海、苏南、苏北和豫鲁冀交界临近地区出现大面积暴雨到大暴雨；11日，“利奇马”北行移速减慢，江苏北部、山东大部出现大面积暴雨到大暴雨局部特大暴雨，山东有47站雨量超过100 mm，17站雨量超过250 mm；12日，“利奇马”仍在山东回旋，雨势稍有减弱，山东北部和西南局部、河北东部、辽宁局部出现暴雨；13—14 日，随着“利奇马”出海减弱消失，雨势进一步减弱。

受“利奇马”影响，河北、辽宁、吉林、上海、江苏、浙江、安徽、福建和山东省（市）出现了一定程度的灾情，总计受灾人数达到 1402.4 万人，死亡人口 65 人，失踪人口 5 人，紧急转移人口 209.7 万人，农作物受灾面积达到 1137 千公顷，农作物绝收面积 93.5 千公顷，倒塌房屋 1.5 万间，直接经济损失达到 515.3 亿元。

表 2.12.1 是超强台风“利奇马”的中心位置和强度。表 2.12.2 是超强台风“利奇马”造成的灾情。图 2.12.1 ～ 2.12.4 分别是超强台风“利奇马”路径图、总降水量图、总降水日数图和大风分布图。图 2.12.5 ～ 2.12.10 分别是 2019 年 8 月 9—14 日的日降水量图，图 2.12.11 ～ 2.12.12 分别是超强台风“利奇马”的大风区域演变图和 2019 年 8 月 10 日 08 时 500 hPa 高度场图。

表 2.12.1 第 1909 号超强台风“利奇马”（Lekima）中心位置和强度

8 月 4—14 日

年	月	日	时	中心位置		中心气压（hPa）	中心风速（m/s）
				北纬（° N）	东经（° E）		
2019	8	4	2	15.8	131.5	1002	13
	8	4	8	16.3	130.8	1002	13
	8	4	14	16.9	130.4	1000	15
	8	4	20	17.5	130.3	998	18
	8	5	2	17.7	130.2	995	20
	8	5	8	17.9	130.1	995	20
	8	5	14	18.1	129.9	990	23
	8	5	20	18.3	129.8	990	23
	8	6	2	18.6	129.5	985	25
	8	6	8	18.8	129.2	985	25
	8	6	14	19.2	128.9	982	28
	8	6	20	19.5	128.6	980	30
	8	7	2	19.9	128.4	975	33
	8	7	8	20.4	128.1	960	38
	8	7	14	20.9	127.7	950	40
	8	7	20	21.6	127.0	940	50
	8	8	2	22.1	126.4	925	55
	8	8	8	22.7	125.9	925	55
	8	8	14	23.7	125.4	925	55
	8	8	20	24.4	125.0	915	62
	8	9	2	25.5	124.5	920	58

（续表）

年	月	日	时	中心位置		中心气压（hPa）	中心风速（m/s）
				北纬（° N）	东经（° E）		
2019	8	9	5	26.1	124.0	925	55
	8	9	8	26.5	123.4	925	55
	8	9	11	26.8	122.9	930	52
	8	9	14	27.0	122.5	940	48
	8	9	17	27.3	122.2	940	48
	8	9	20	27.5	122.0	940	48
	8	9	23	27.9	121.7	935	50
	8	10	2	28.3	121.4	930	52
	8	10	5	28.6	121.0	960	40
	8	10	8	28.9	120.8	970	33
	8	10	11	29.4	120.6	975	28
	8	10	14	29.9	120.3	975	28
	8	10	17	30.3	120.2	978	25
	8	10	20	30.7	120.2	980	23
	8	10	23	31.2	120.3	980	23
	8	11	2	31.7	120.5	980	23
	8	11	5	32.6	120.6	980	23
	8	11	8	33.6	120.2	980	23
	8	11	11	34.3	119.8	980	23
	8	11	14	34.8	119.9	980	23
	8	11	17	35.2	120.0	980	23
	8	11	20	35.8	120.2	982	23
	8	11	23	36.5	119.9	984	23
	8	12	2	36.9	119.7	984	23
	8	12	5	37.2	119.4	984	23
	8	12	8	37.3	119.1	984	23
	8	12	11	37.2	119.1	984	23
	8	12	14	37.1	119.1	984	23
	8	12	17	37.0	119.1	988	20
	8	12	20	36.9	119.2	990	20
	8	12	23	36.8	119.4	990	20

（续表）

年	月	日	时	中心位置		中心气压（hPa）	中心风速（m/s）
				北纬（° N）	东经（° E）		
2019	8	13	2	36.8	119.6	992	18
	8	13	5	36.9	119.8	992	18
	8	13	8	37.3	120.0	994	15
	8	13	11	37.7	120.3	996	15
	8	13	14	38.2	120.6	998	15
	8	13	20	38.3	121.1	1000	13
	8	14	2	38.2	121.5	1000	13
	8	14	8	38.0	121.9	1000	13
	8	14	14	37.7	122.3	1000	13
	8	14	20	37.5	122.9	1000	13
消散							

表 2.12.2 第 1909 号超强台风“利奇马”（Lekima）在河北、辽宁、吉林、上海、江苏、浙江、安徽、福建和山东省（市）引发的灾情

受灾省（市）	受灾人口（万人）	死亡人口（人）	失踪人口（人）	紧急转移人口（万人）	农作物		倒塌房屋（万间）	直接经济损失（亿元）
					受灾面积（千公顷）	绝收面积（千公顷）		
河北省	15.0	0	0	0	16.6	0.6	0	0.8
辽宁省	36.5	0	0	13.0	25.2	0.6	0	0.8
吉林省	2.2	0	0	0.2	11.9	0.1	0	0.2
上海市	15.0	0	0	15.0	2.8	0	0	0.4
江苏省	53.3	1	0	1.1	155.4	1.7	0	4.7
浙江省	757.7	46	2	136.2	257.7	37.0	0.6	385.4
安徽省	19.5	6	3	2.3	24.4	4.0	0.2	32.9
福建省	0.6	0	0	0.6	0	0	0	0
山东省	502.6	12	0	41.3	643	49.5	0.7	90.1
合计	1402.4	65	5	209.7	1137	93.5	1.5	515.3

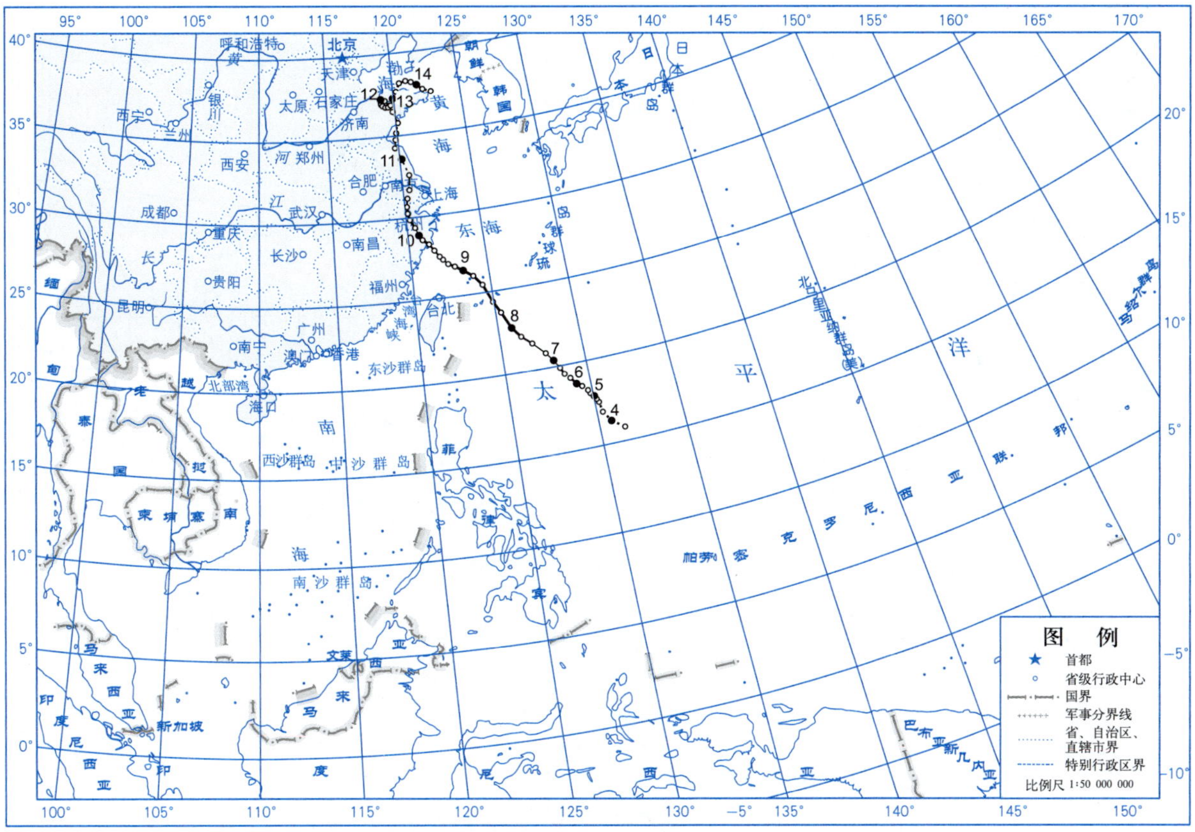

图 2.12.1　第 1909 号超强台风“利奇马”（Lekima）路径图

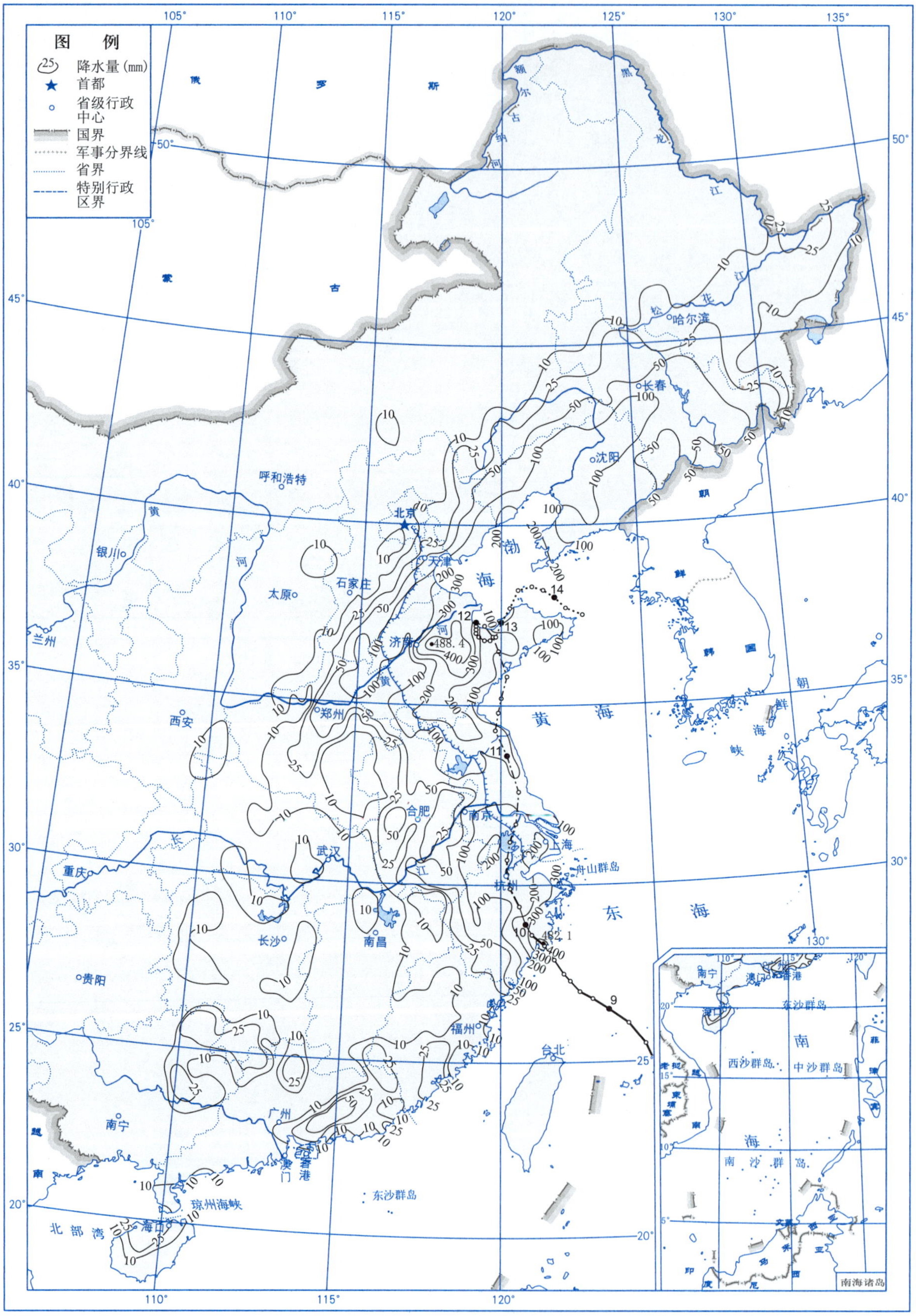

图 2.12.2 第 1909 号超强台风“利奇马”（Lekima）总降水量图（8 月 8—14 日）（mm）

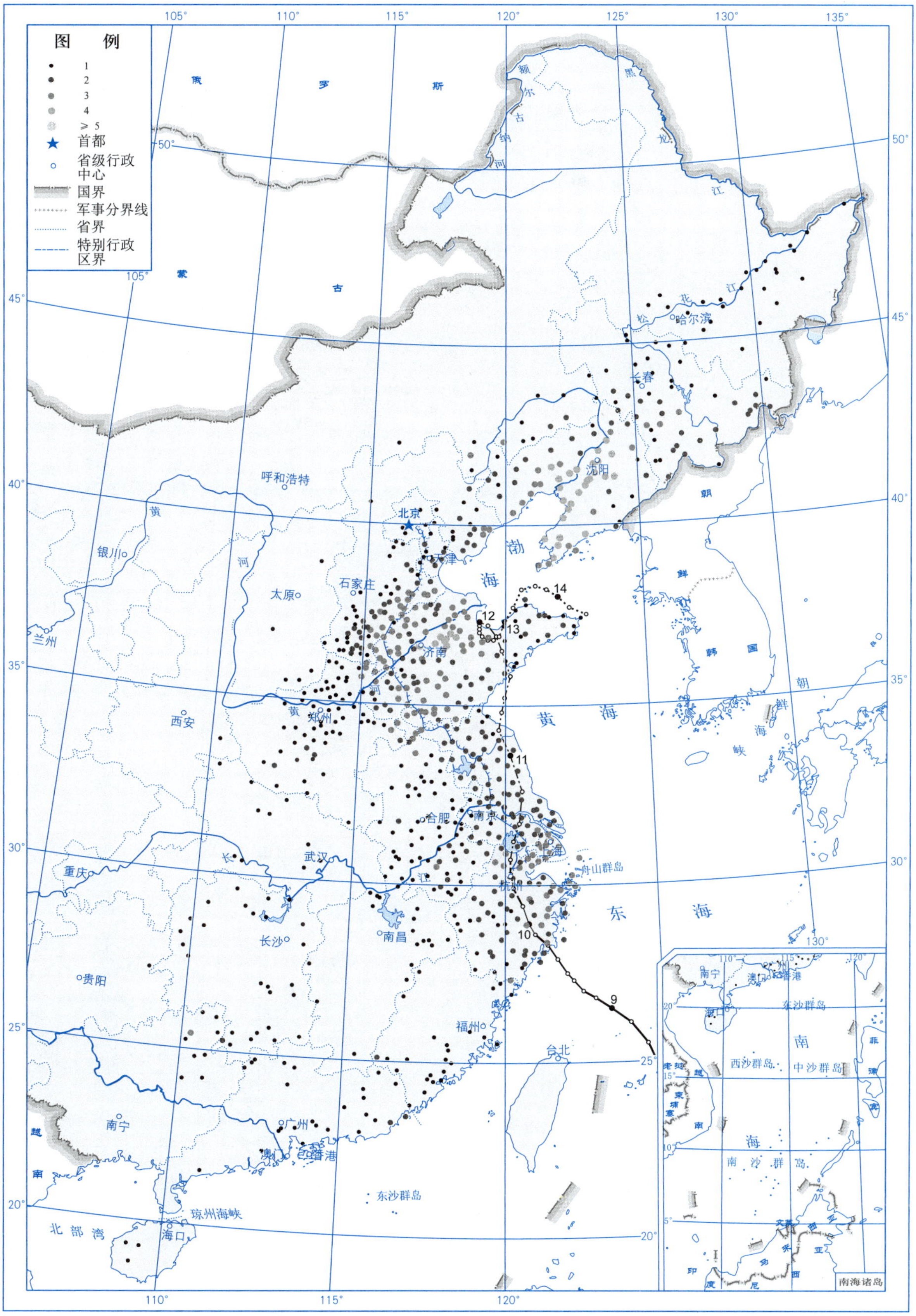

图 2.12.3　第 1909 号超强台风“利奇马”（Lekima）总降水日数图（8 月 8—14 日）（天）

图 2.12.4　第 1909 号超强台风“利奇马”（Lekima）大风分布图（8 月 7—14 日）

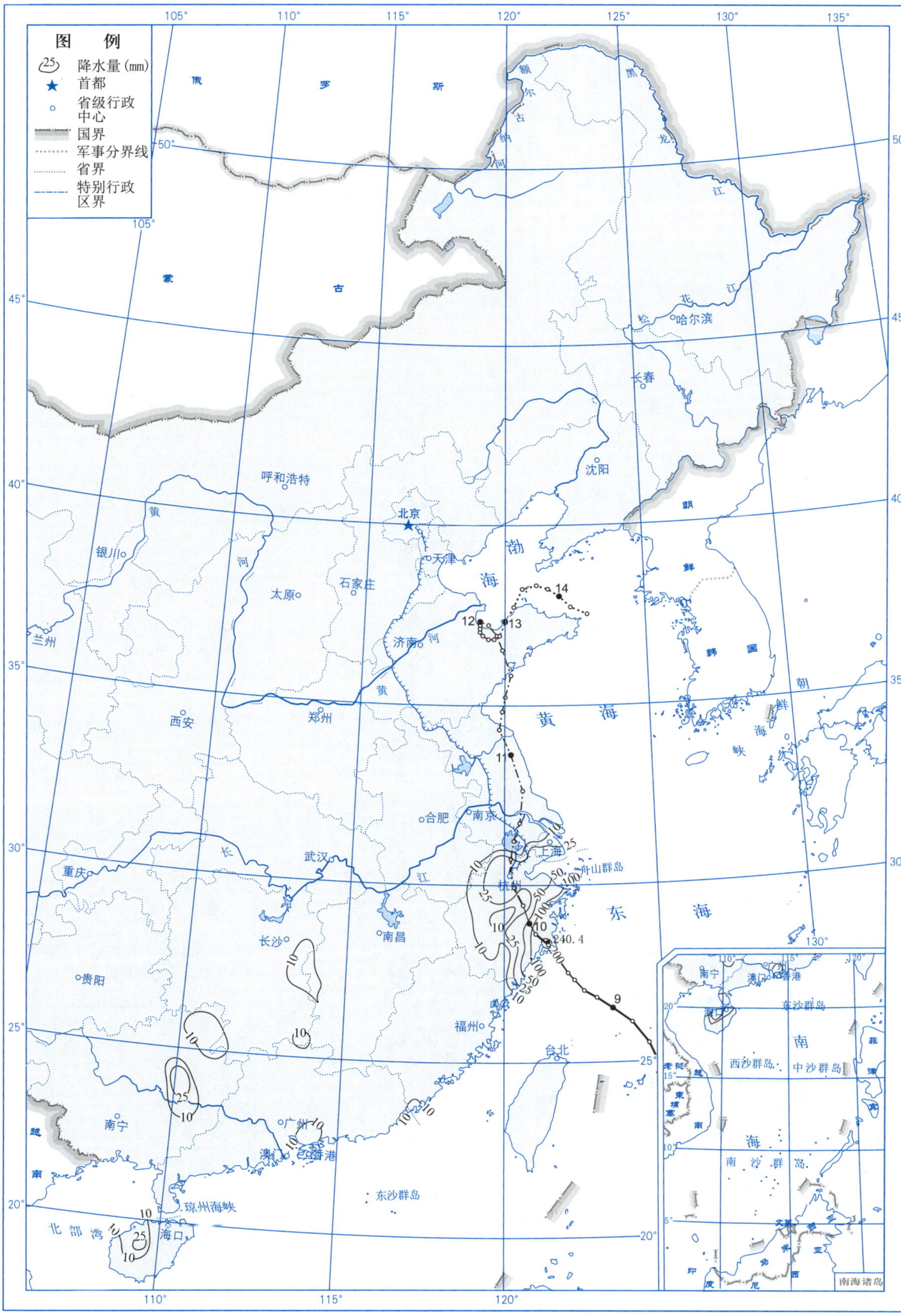

图 2.12.5　2019 年 8 月 9 日降水量图（mm）

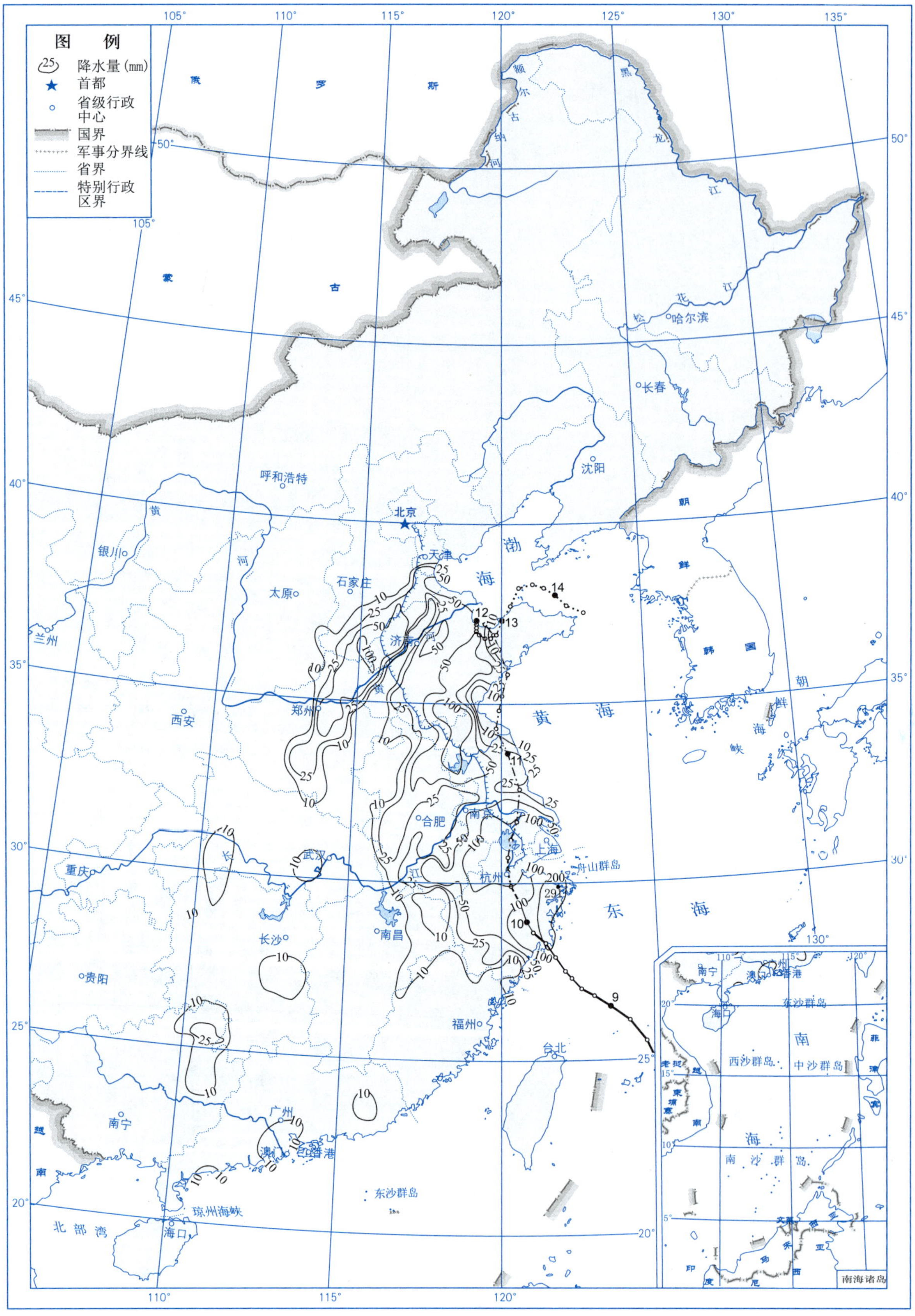

图 2.12.6　2019 年 8 月 10 日降水量图（mm）

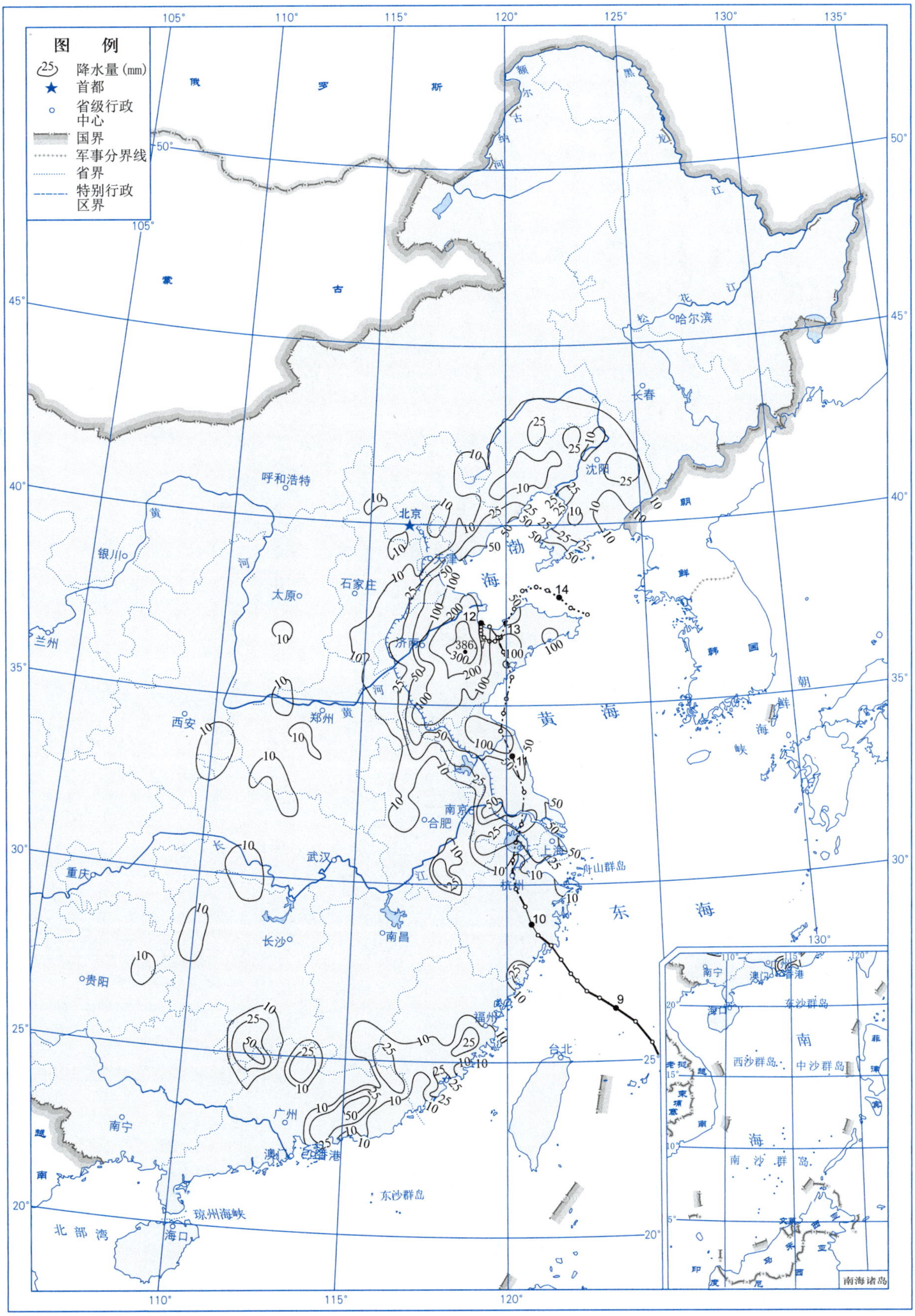

图 2.12.7　2019 年 8 月 11 日降水量图（mm）

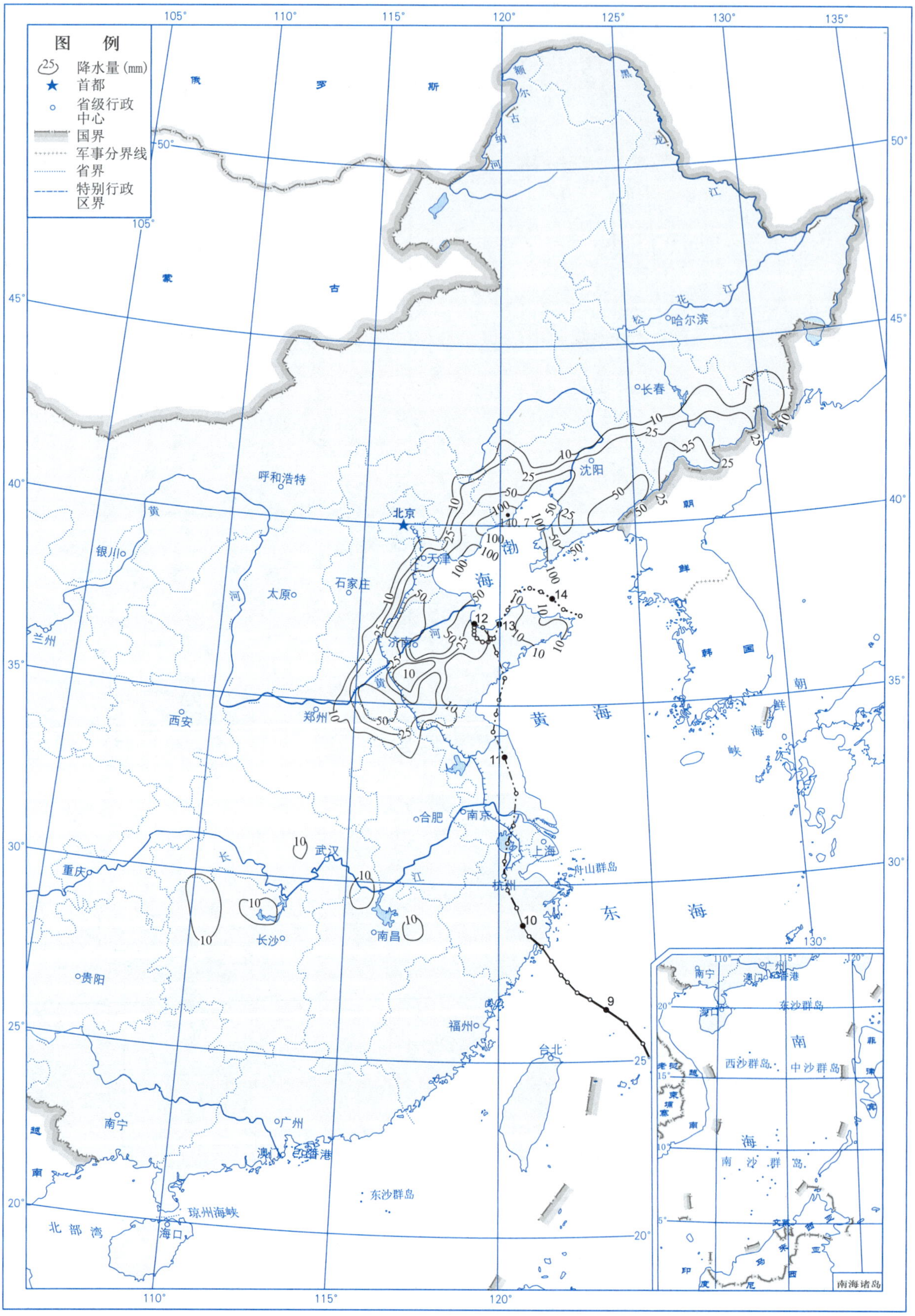

图 2.12.8　2019 年 8 月 12 日降水量图（mm）

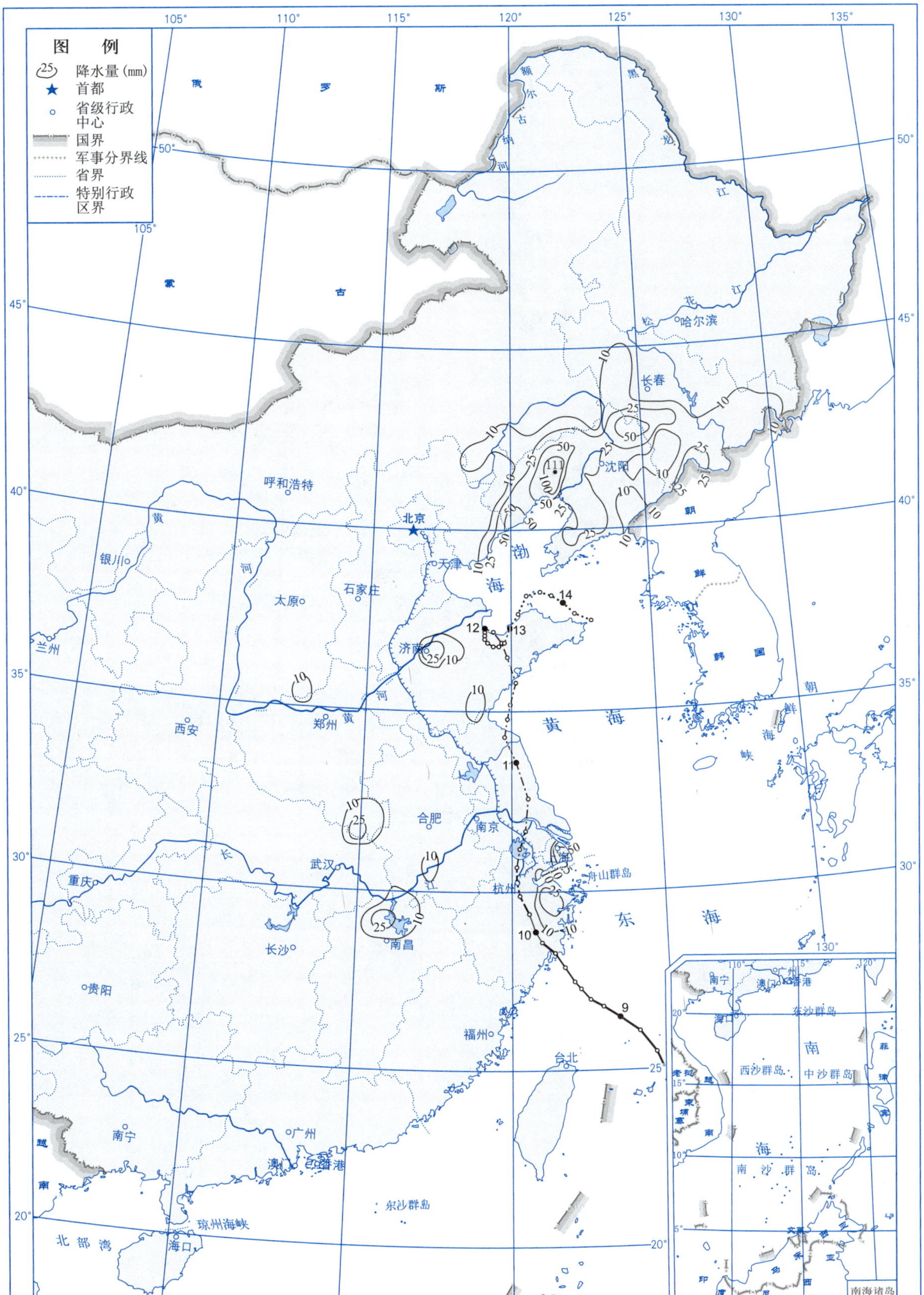

图 2.12.9 2019 年 8 月 13 日降水量图（mm）

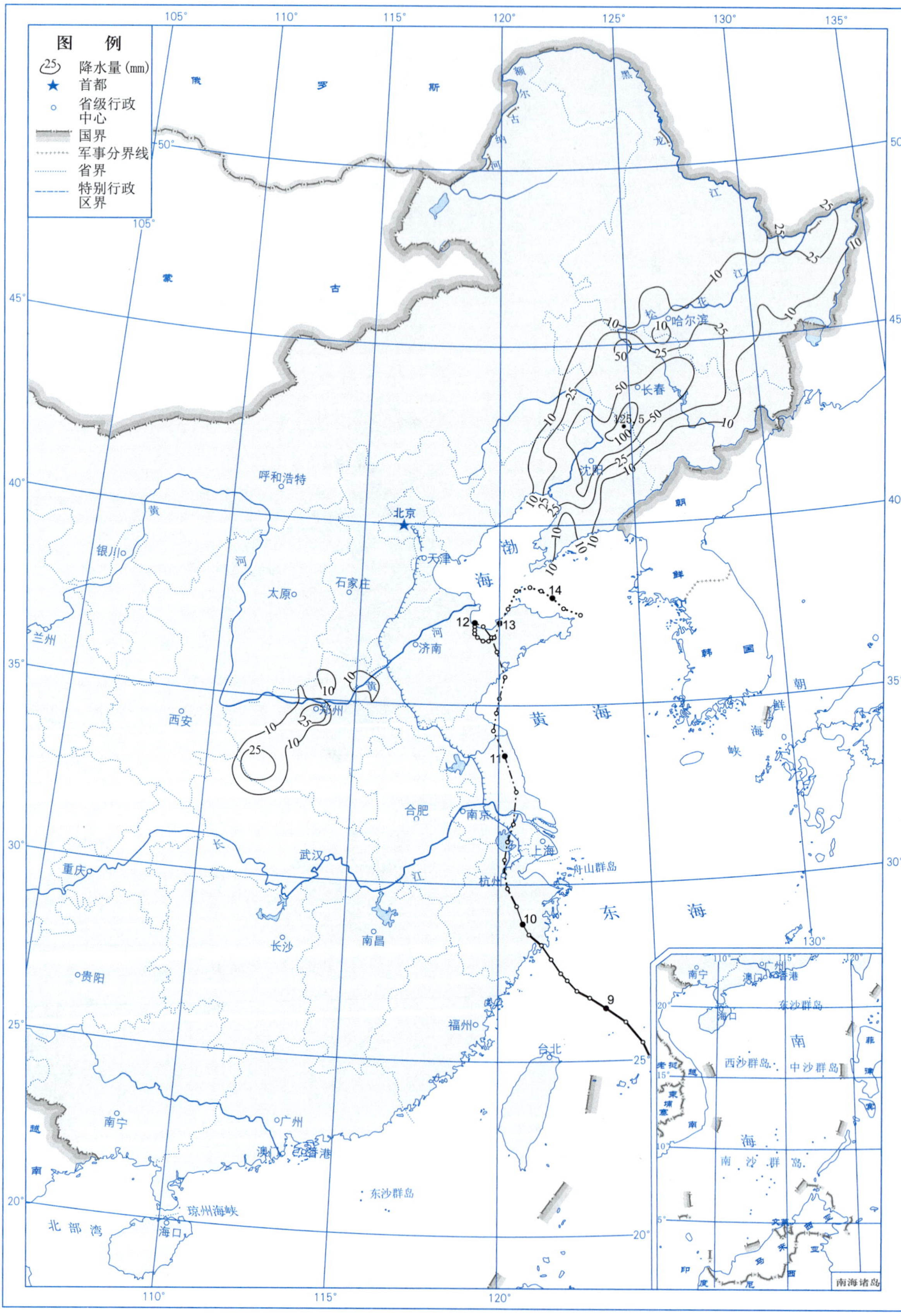

图 2.12.10　2019 年 8 月 14 日降水量图（mm）

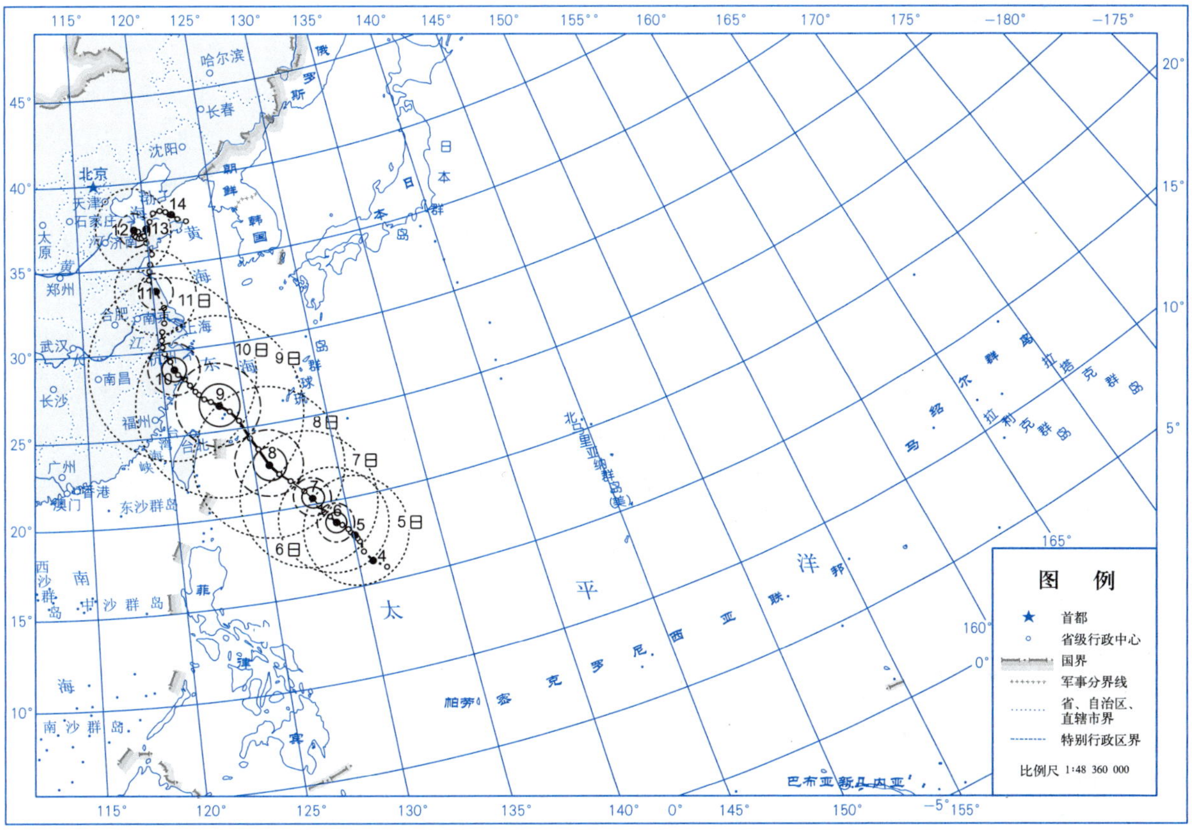

图 2.12.11　第 1909 号超强台风“利奇马”（Lekima）大风区域演变图（8 月 5—12 日）

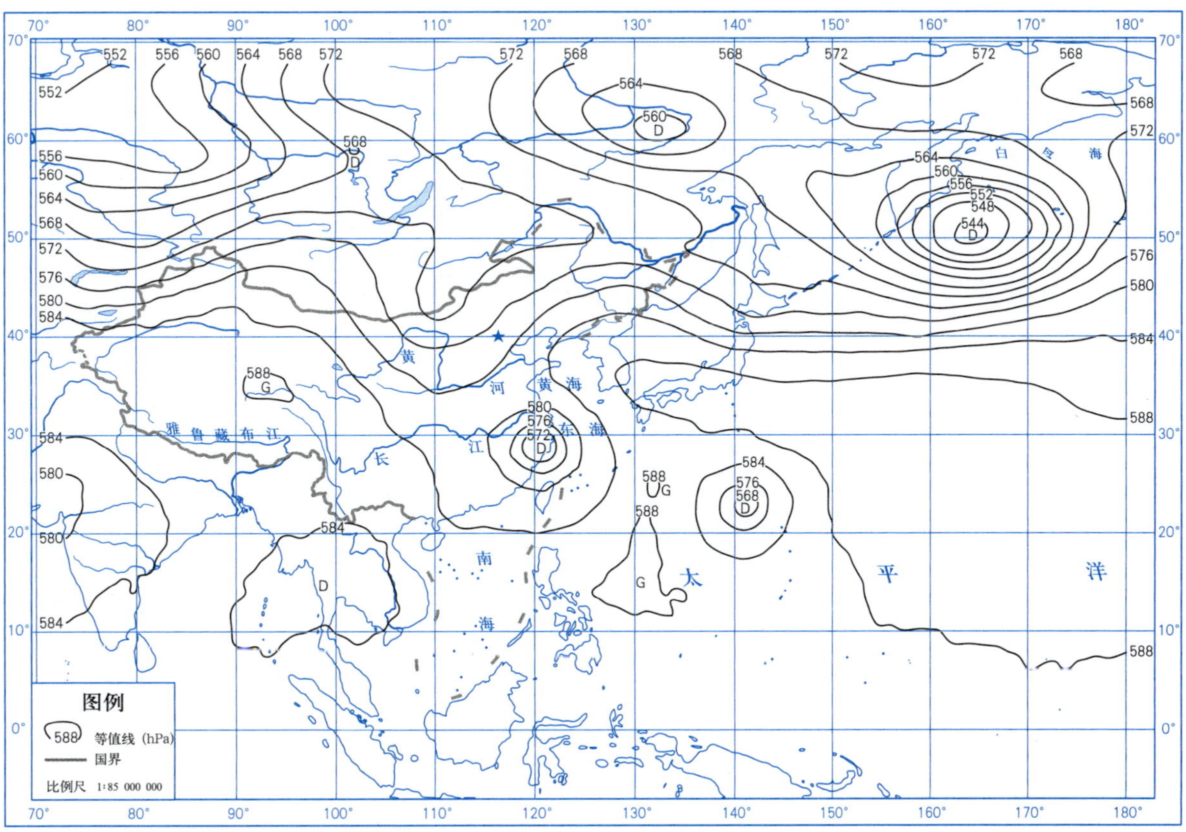

图 2.12.12　2019 年 8 月 10 日 08 时 500 hPa 高度场图（dagpm）

2.13 强台风“罗莎”（Krosa）

第 1910 号强台风“罗莎”是由 8 月 5 日晚上位于塞班岛以北约 170 km 的西北太平洋洋面上一个热带低压发展形成。形成后低压中心向西北方向移动，并迅速增强，次日增强为热带风暴，7 日增强为强热带风暴，8 日凌晨继续增强为台风，之后沿逆时针方向回旋，移动缓慢，于 8 日夜间增强至其生命史最大强度，近中心风速 42 m/s（强台风级），中心最低气压 960 hPa。随后，9 日夜间起“罗莎”开始减弱，11 日凌晨减弱为强热带风暴，在逆时针回旋半圈之后转向西北方向移动，14 日起向北移动的分量加大，移速加快，逐渐靠近日本东海岸。“罗莎”于 15 日上午登陆四国岛八幡浜沿海，之后继续北行，穿过日本本州岛，夜间进入日本海海域。入海后，“罗莎”继续减弱为热带风暴，并逐渐转向东北方向移动，17 日凌晨变性为温带气旋，当日下午在北海道岛附近的日本海海域上减弱消散。

受强台风“罗莎”外围环流影响，8 月 16 日，江苏赣榆和西连岛、河北迁西、辽宁北镇出现最大风力 6 ～ 7 级、阵风 7 ～ 10 级；江苏赣榆出现最大风力 7 级（15.4 m/s）、阵风 10 级（26.0 m/s）为本次强台风影响过程风极值。

受其影响，8 月 15—17 日，山东局部、河北部分、北京局部、辽宁部分、内蒙古东部部分、吉林北部和东部部分、黑龙江中西部部分地区总雨量为 10 ～ 50 mm；山东商河、辽宁东部部分、吉林中东部大部、黑龙江东部和南部部分地区总雨量为 50 ～ 169 mm；其中，吉林桦甸总雨量 168.7 mm，为本次强台风影响过程总雨量极值；吉林桦甸 15 日雨量 137.2 mm，15 日 04 时雨量 53.2 mm，分别为本次强台风影响过程日雨量和时雨量极值。

受“罗莎”和冷空气共同影响，8 月 15 日，东北三省出现局部暴雨天气；16 日雨区扩大到京津冀、山东和内蒙古，辽宁和黑龙江出现局部暴雨；17 日，雨区东移，雨势减弱。

表 2.13.1 是强台风“罗莎”的中心位置和强度。图 2.13.1 ～ 2.13.4 分别是强台风“罗莎”的路径图、总降水量图、总降水日数图和大风分布图。图 2.13.5 ～ 2.13.7 分别是 2019 年 8 月 15—17 日的日降水量图，图 2.13.8 ～ 2.13.9 分别是强台风“罗莎”的大风区域演变图和 2019 年 8 月 8 日 14 时 500 hPa 高度场图。

表 2.13.1 第 1910 号强台风“罗莎”（Krosa）中心位置和强度

8 月 5 —17 日

年	月	日	时	中心位置		中心气压（hPa）	中心风速（m/s）
				北纬（°N）	东经（°E）		
2019	8	5	20	16.9	145.3	1000	15
	8	6	2	17.1	144.3	1000	15
	8	6	8	17.8	143.6	1000	15
	8	6	14	18.4	142.8	998	18
	8	6	20	19.0	142.5	995	20

（续表）

年	月	日	时	中心位置		中心气压（hPa）	中心风速（m/s）
				北纬（°N）	东经（°E）		
2019	8	7	2	19.7	142.0	990	23
	8	7	8	20.5	141.6	988	25
	8	7	14	21.0	141.3	985	28
	8	7	20	21.4	141.0	980	30
	8	8	2	21.7	140.7	975	33
	8	8	8	21.9	140.5	970	38
	8	8	14	22.1	140.6	960	42
	8	8	20	22.1	140.6	960	42
	8	9	2	22.1	140.9	960	42
	8	9	8	22.1	141.1	960	42
	8	9	14	22.2	141.3	960	42
	8	9	20	22.3	141.4	968	38
	8	10	2	22.4	141.4	970	35
	8	10	8	22.7	141.4	970	35
	8	10	14	22.9	141.0	970	35
	8	10	20	22.9	140.7	975	33
	8	11	2	23.0	140.5	980	30
	8	11	8	23.2	140.3	980	30
	8	11	14	23.6	139.8	982	28
	8	11	20	24.0	139.1	982	28
	8	12	2	24.2	138.4	982	28
	8	12	8	24.6	137.8	982	28
	8	12	14	24.9	137.8	982	28
	8	12	20	26.0	137.3	982	28
	8	13	2	26.9	136.6	985	25
	8	13	8	27.4	135.3	985	25
	8	13	14	27.8	134.6	985	25
	8	13	20	28.1	134.0	985	25
	8	14	2	28.4	133.6	975	28
	8	14	8	28.8	133.3	975	28
	8	14	14	29.6	132.9	975	28

（续表）

年	月	日	时	中心位置		中心气压（hPa）	中心风速（m/s）
				北纬（°N）	东经（°E）		
2019	8	14	20	30.3	132.7	975	28
	8	15	2	31.6	132.6	975	28
	8	15	8	32.7	132.5	975	28
	8	15	14	34.0	132.5	980	25
	8	15	20	36.0	133.0	982	23
	8	16	2	37.8	133.6	982	23
	8	16	8	39.6	134.3	985	20
	8	16	14	41.1	135.9	985	20
	8	16	20	42.8	138.0	988	18
△	8	17	2	43.7	138.7	988	18
	8	17	8	44.4	139.7	990	15
	8	17	14	44.8	141.4	994	13
消散							

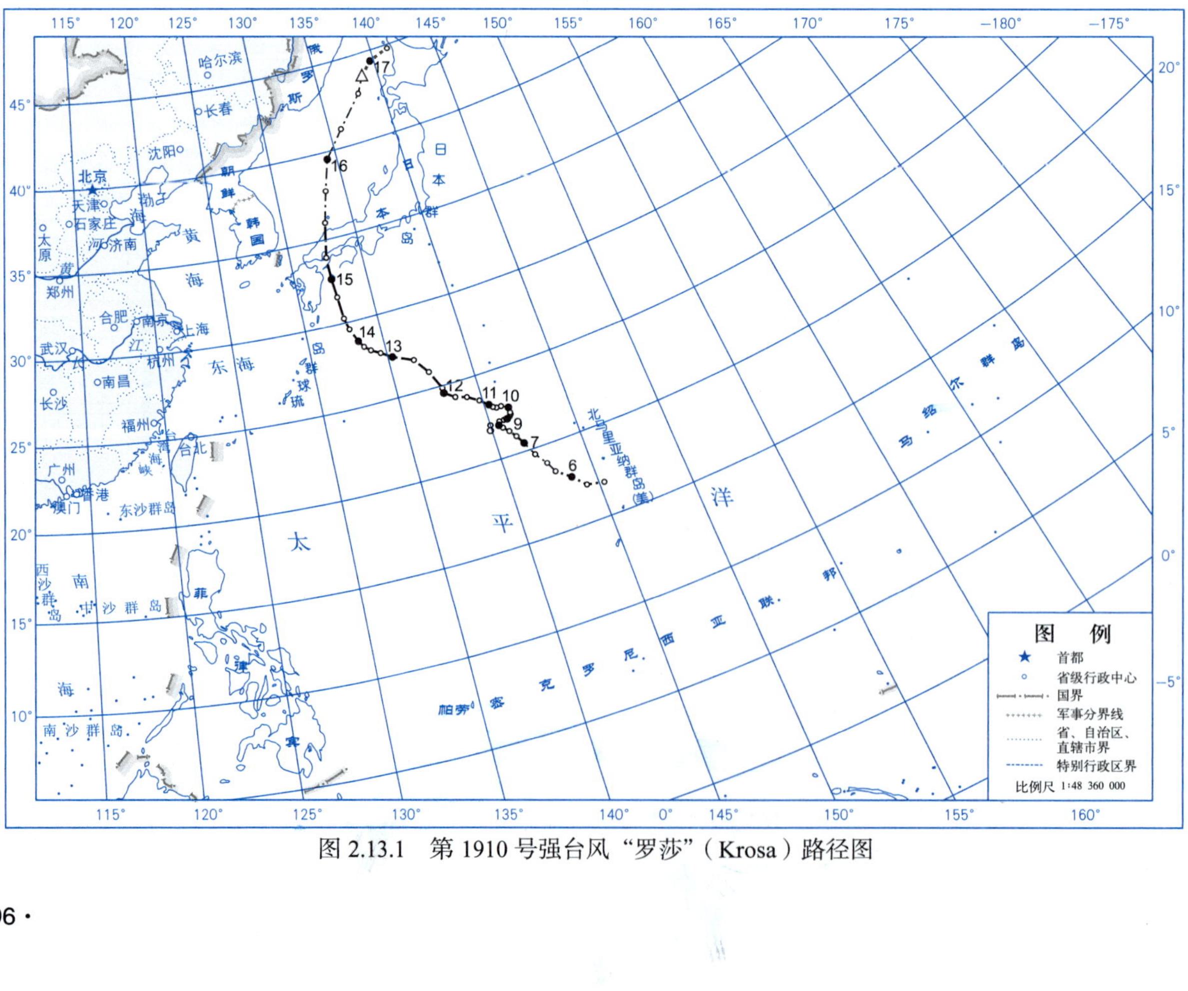

图 2.13.1　第 1910 号强台风“罗莎”（Krosa）路径图

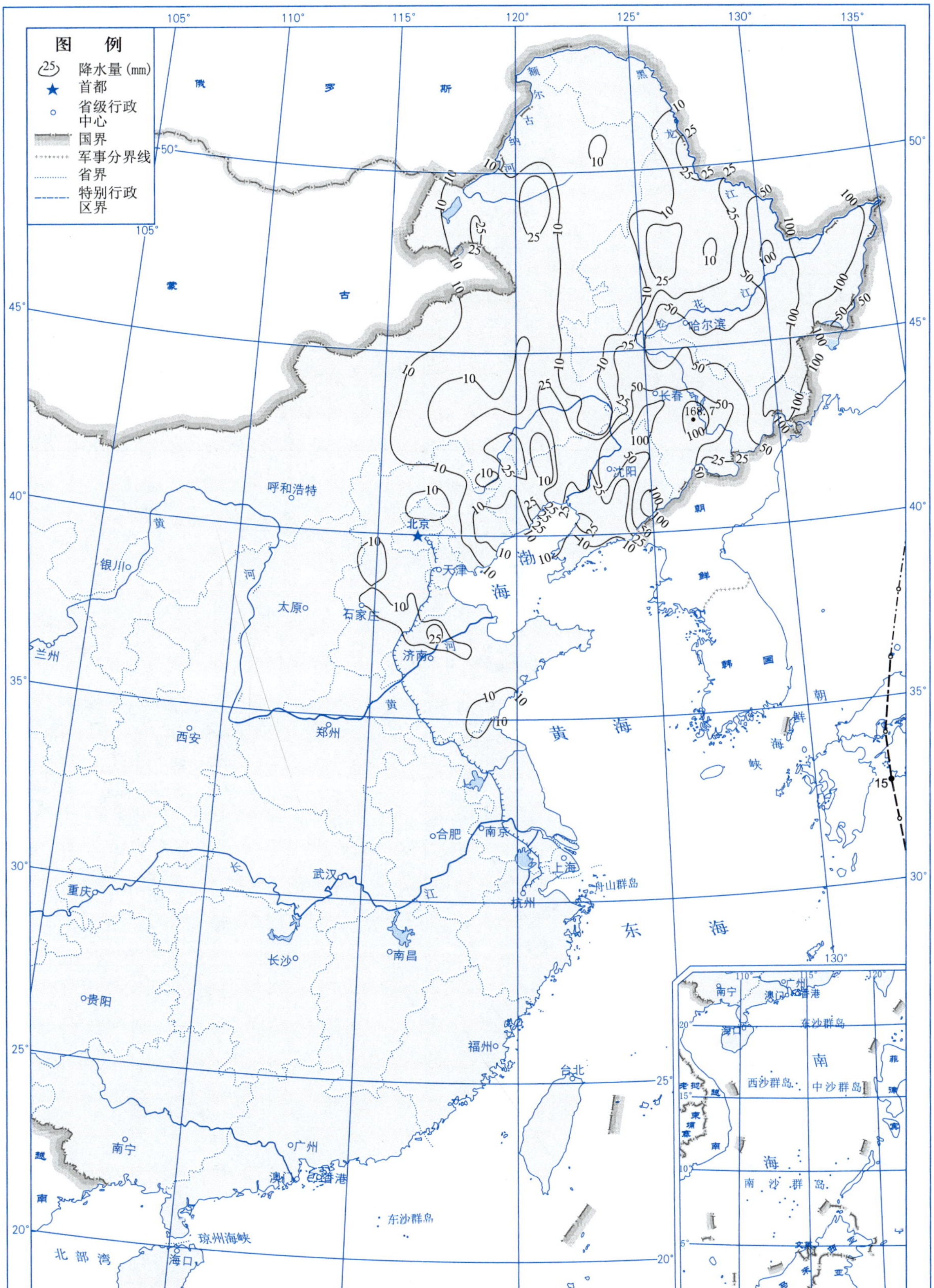

图 2.13.2 第 1910 号强台风“罗莎”（Krosa）总降水量图（8 月 15—17 日）（mm）

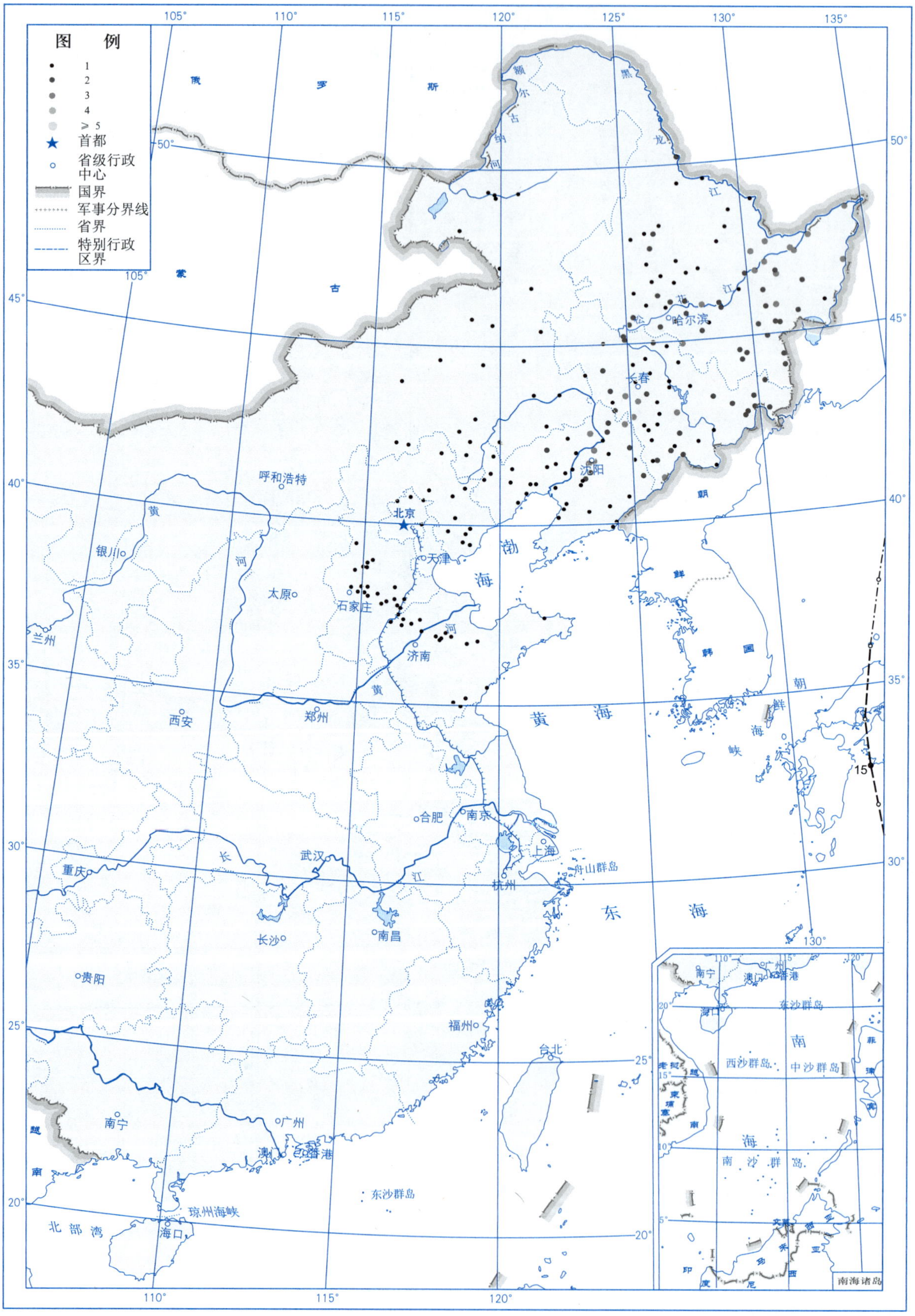

图 2.13.3　第 1910 号强台风“罗莎”（Krosa）总降水日数图（8 月 15—17 日）（天）

图 2.13.4 第 1910 号强台风“罗莎”（Krosa）大风分布图（8 月 16 日）

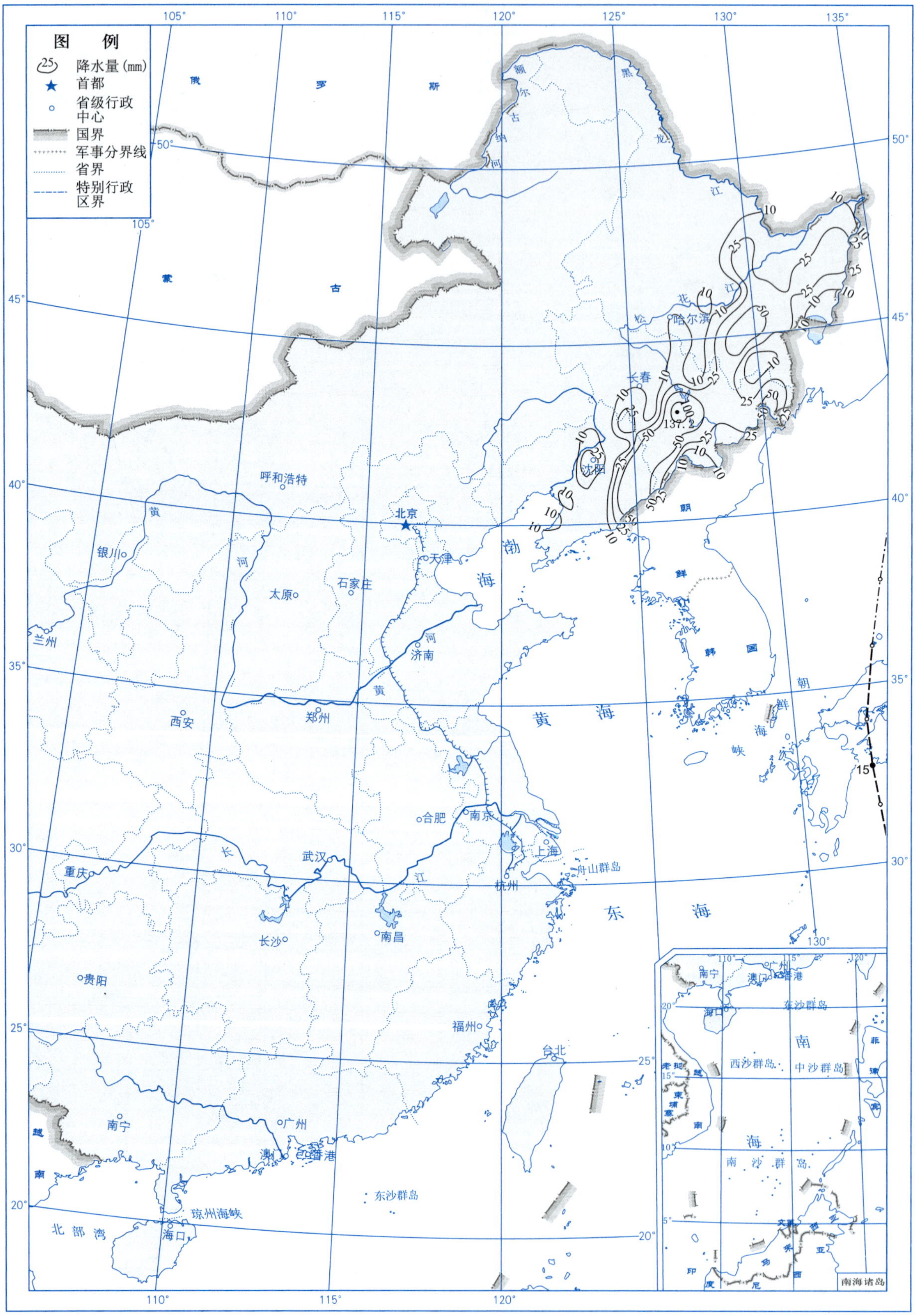

图 2.13.5　2019 年 8 月 15 日降水量图（mm）

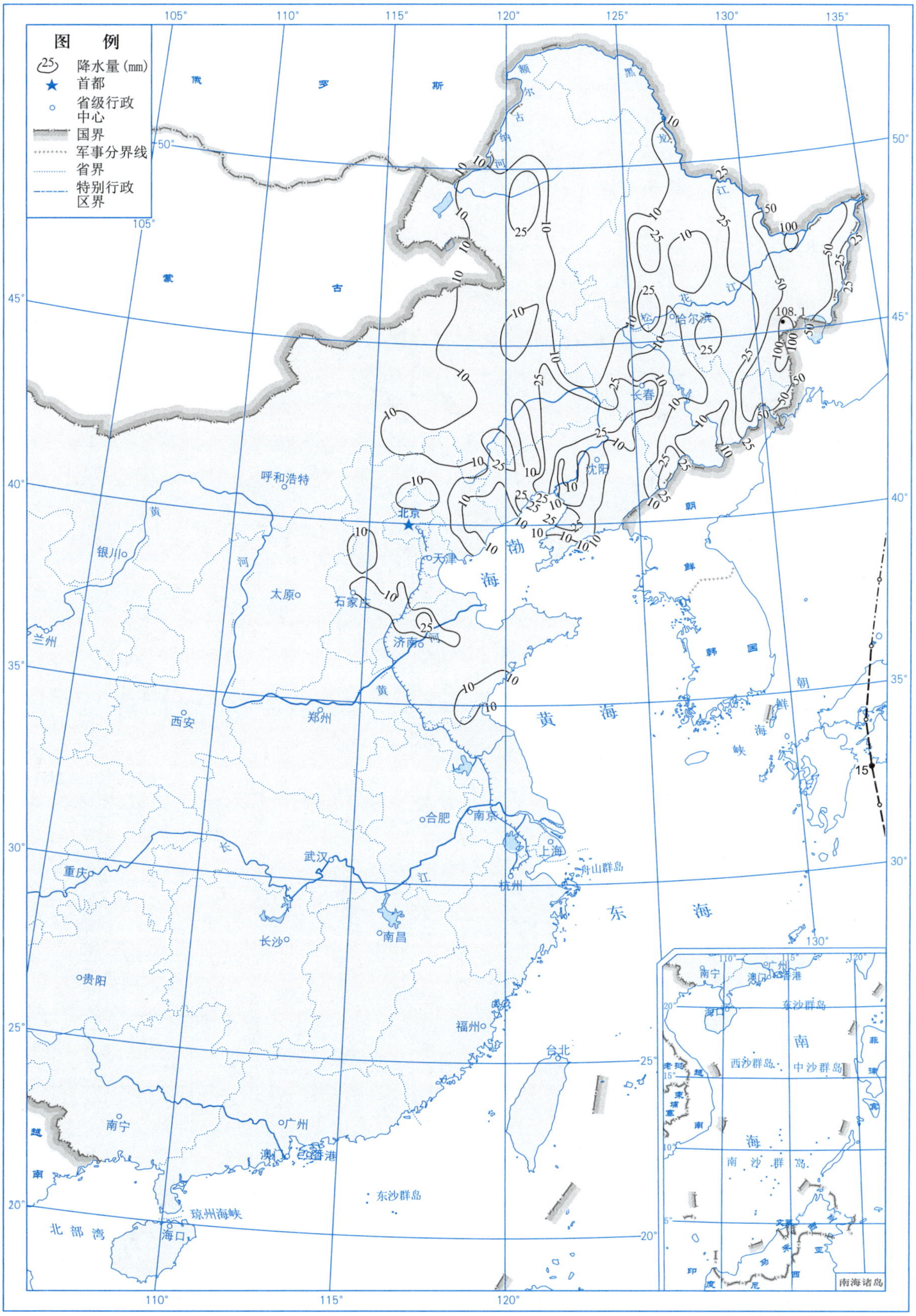

图 2.13.6 2019 年 8 月 16 日降水量图（mm）

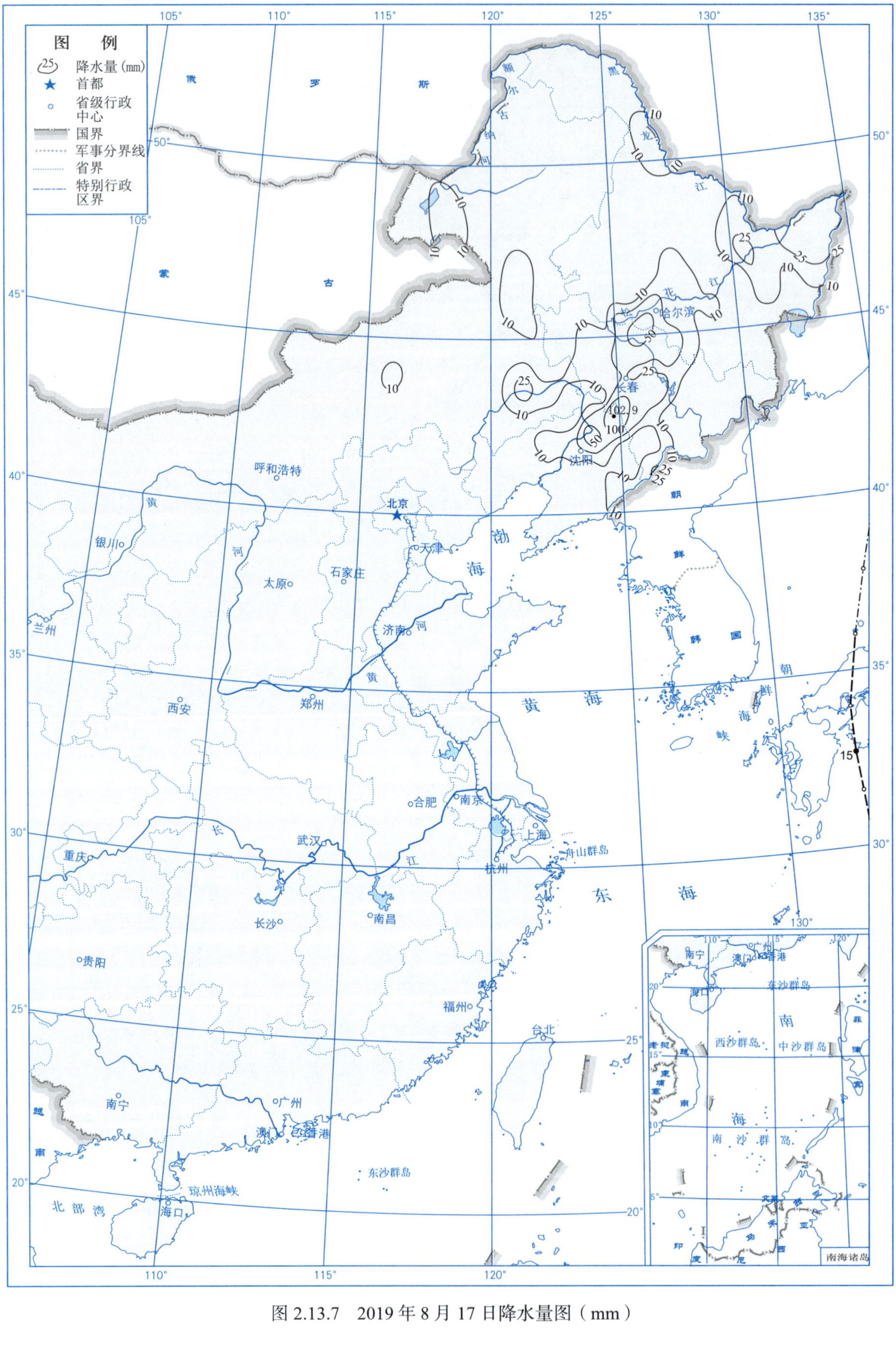

图 2.13.7　2019 年 8 月 17 日降水量图（mm）

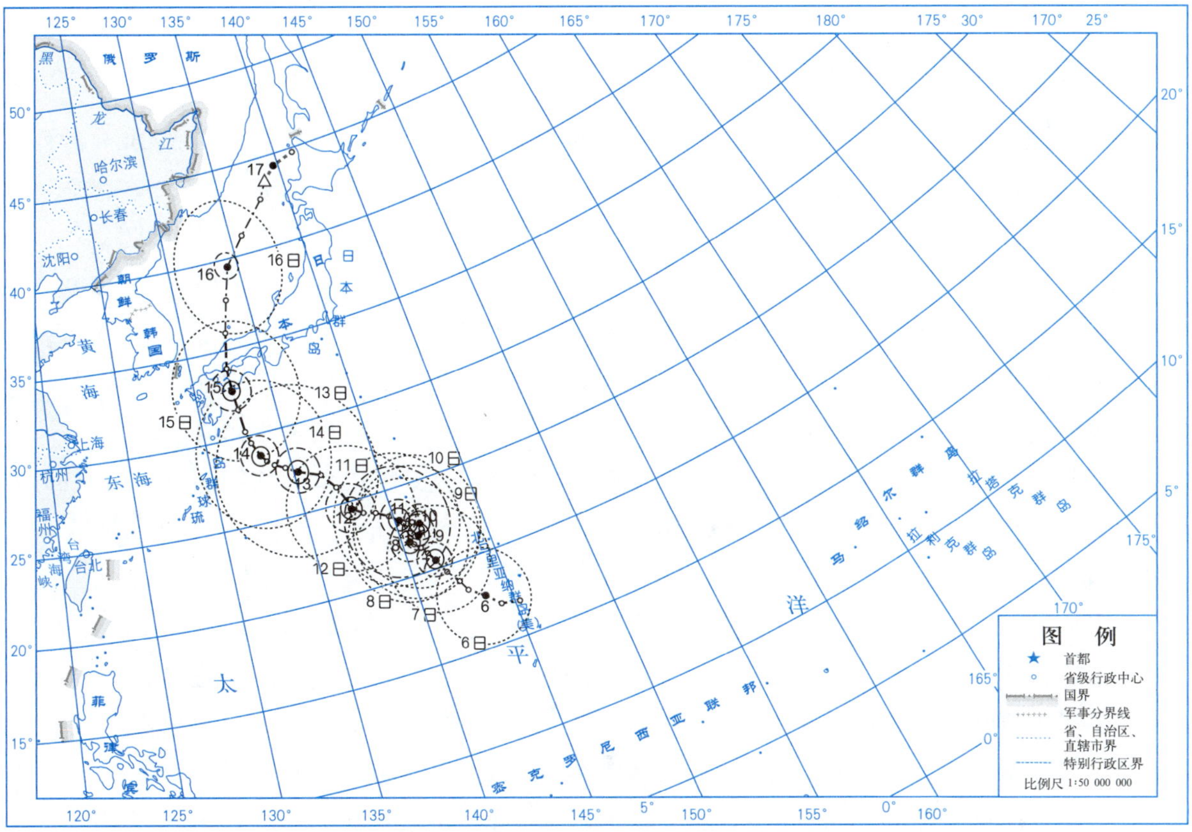

图 2.13.8　第 1910 号强台风“罗莎”（Krosa）大风区域演变图（8 月 6—16 日）

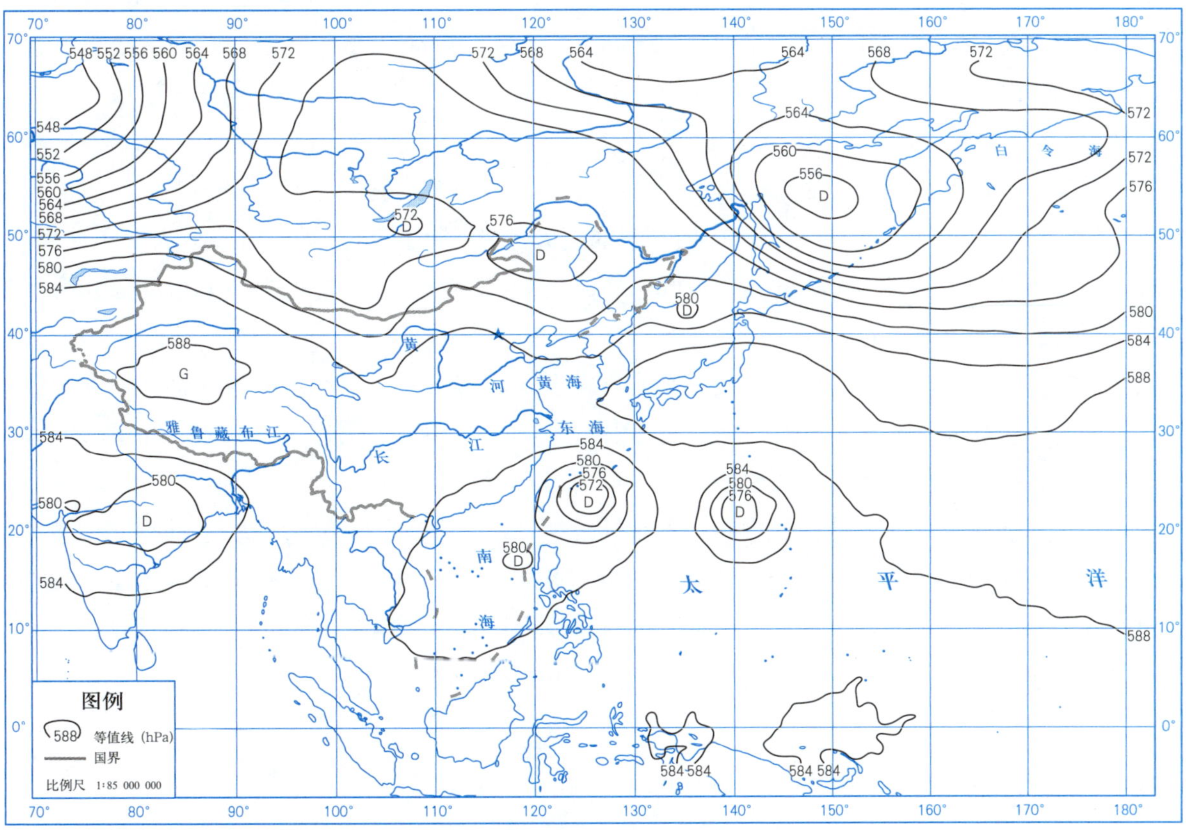

图 2.13.9　2019 年 8 月 8 日 14 时 500 hPa 高度场图（dagpm）

2.14 强热带风暴“白鹿”（Bailu）

第 1911 号强热带风暴“白鹿”是由 8 月 20 日早晨位于菲律宾马尼拉以东约 1300 km 的西北太平洋洋面上一个热带低压发展形成。形成后低压中心稳定地向西偏北方向移动，次日下午增强为热带风暴，23 日凌晨增强为强热带风暴，随后穿过巴士海峡，逐渐靠近我国台湾岛。强热带风暴“白鹿”于 24 日 13 时登陆台湾屏东沿海，登陆时近中心最大风速 30 m/s（11 级），中心最低气压 980 hPa。之后“白鹿”迅速进入台湾海峡，直趋华南沿海，强度减弱，于 25 日 07 时 25 分在福建东山沿海登陆，登陆时近中心最大风速 23 m/s（9 级），中心最低气压 990 hPa。登陆后，“白鹿”快速减弱为热带低压，并继续向西偏北方向移动，沿途经过广东、江西、湖南，26 日下午在广西东北部消散。

受强热带风暴“白鹿”影响，8 月 24—26 日，广东南部局部、广西东部局部、湖南南部局部、福建沿海大部、浙江沿海部分、江西庐山、安徽黄山和天柱山出现最大风力 6 ～ 7 级、阵风 7 ～ 10 级；福建晋江、福清和九仙山出现最大风力 8 ～ 9 级、阵风 10 ～ 12 级，福建九仙山出现最大风力 9 级（22.1 m/s）、阵风 12 级（33.9 m/s），为本次强热带风暴影响过程风极值。

受其影响，8 月 24—27 日，海南局部、广东西南部部分、广西部分、云南大部、重庆局部、贵州部分、湖南大部、江西局部、福建东南部部分、浙江东部部分、上海金山，江苏部分、安徽部分、湖北中部部分地区总雨量为 10 ～ 50 mm；广东大部、广西部分、云南南部局部、贵州西部局部、湖南南部局部、江西南部局部、福建南部部分、浙江东北部局部、上海奉贤、江苏中南部部分、安徽北部部分、河南南部局部、湖北中部局部地区总雨量为 50 ～ 150 mm；广东局部、广西东部局部、江苏建湖总雨量为 150 ～ 228 mm；其中，广东广宁总雨量 227.4 mm，为本次强热带风暴影响过程总雨量极值；广东封开 26 日雨量 171.7 mm，广西容县 26 日 03 时雨量 75 mm，分别为本次强热带风暴影响过程日雨量和时雨量极值。

受“白鹿”登陆粤闽交界环流影响，8 月 25 日，广东中东部出现大到暴雨局部大暴雨，福建南部也出现局部暴雨；26 日，“白鹿”西北行深入内陆减弱消失，广东中西部和广西东部出现大面积大到暴雨、局部大暴雨；27 日，“白鹿”的残留云系和低涡环流仍给我国南方大部带来中到大雨局部暴雨，江苏中部和安徽北部局部出现大暴雨。

受其影响，福建、江西、湖南、广西和广东省（区）出现了一定程度的灾情，总计受灾人数达到 22.1 万人，紧急转移人口 6 万人，农作物受灾面积达到 4.4 千公顷，农作物绝收面积 0.4 千公顷，倒塌房屋 600 间，直接经济损失达到 2.9 亿元。

表 2.14.1 是强热带风暴“白鹿”的中心位置和强度。表 2.14.2 是强热带风暴“白鹿”引发的灾情。图 2.14.1 ～ 2.14.4 分别是强热带风暴“白鹿”的路径图、总降水量图、总降水日数图和大风分布图。图 2.14.5 ～ 2.14.7 分别是 2019 年 8 月 25—27 日的日降水量图，图 2.14.8 ～ 2.14.9 分别是强热带风暴“白鹿”的大风区域演变图和 2019 年 8 月 25 日 08 时 500 hPa 高度场图。

表 2.14.1　第 1911 号强热带风暴“白鹿”（Bailu）中心位置和强度

8 月 20—26 日

年	月	日	时	中心位置		中心气压（hPa）	中心风速（m/s）
				北纬（°N）	东经（°E）		
2019	8	20	8	13.5	133.8	1000	15
	8	20	14	13.8	133.6	1000	15
	8	20	20	14.1	133.1	1000	15
	8	21	2	14.3	132.5	1000	15
	8	21	8	14.5	132.1	1000	15
	8	21	14	15.0	131.2	998	18
	8	21	20	15.3	130.5	998	18
	8	22	2	15.6	129.8	998	18
	8	22	8	15.9	129.3	995	20
	8	22	14	16.1	128.9	995	20
	8	22	20	16.4	128.1	990	23
	8	23	2	17.2	127.1	988	25
	8	23	8	18.3	126.5	988	25
	8	23	14	19.1	125.4	988	25
	8	23	17	19.5	125.0	988	25
	8	23	20	19.8	124.6	985	28
	8	23	23	20.2	124.0	985	28
	8	24	2	20.7	123.2	985	28
	8	24	5	21.1	122.6	980	30
	8	24	8	21.4	121.8	980	30
	8	24	11	21.8	121.2	980	30
	8	24	14	22.2	120.6	980	30
	8	24	17	22.6	120.1	980	30
	8	24	20	23.1	119.2	980	30
	8	24	23	23.1	118.4	985	28
	8	25	2	23.0	118.1	990	25
	8	25	5	23.2	117.8	990	25
	8	25	8	23.7	117.3	992	20
	8	25	11	24.2	116.6	995	18

（续表）

年	月	日	时	中心位置		中心气压（hPa）	中心风速（m/s）
				北纬（°N）	东经（°E）		
2019	8	25	14	24.5	115.7	998	15
	8	25	17	24.8	114.9	998	15
	8	25	20	24.8	114.2	998	15
	8	25	23	24.7	113.7	1000	13
	8	26	2	24.7	113.3	1000	13
	8	26	5	24.8	112.9	1002	10
	8	26	8	25.1	112.4	1002	10
	8	26	11	25.5	112.0	1002	10
	8	26	14	25.8	111.4	1002	10
消散							

表 2.14.2 第 1911 号强热带风暴“白鹿”（Bailu）在福建、江西、湖南、广西和广东省（区）引发的灾情

受灾省（区）	受灾人口（万人）	死亡人口（人）	失踪人口（人）	紧急转移人口（万人）	农作物		倒塌房屋（万间）	直接经济损失（亿元）
					受灾面积（千公顷）	绝收面积（千公顷）		
福建省	6.0	0	0	5.5	0	0	0	0.1
江西省	0.1	0	0	0	0.1	0	0	0
湖南省	1.9	0	0	0	0.5	0.1	0	0.2
广东省	6.6	0	0	0.2	2.1	0	0.02	1.6
广西区	7.5	0	0	0.3	1.7	0.3	0.04	1.0
合计	22.1	0	0	6.0	4.4	0.4	0.06	2.9

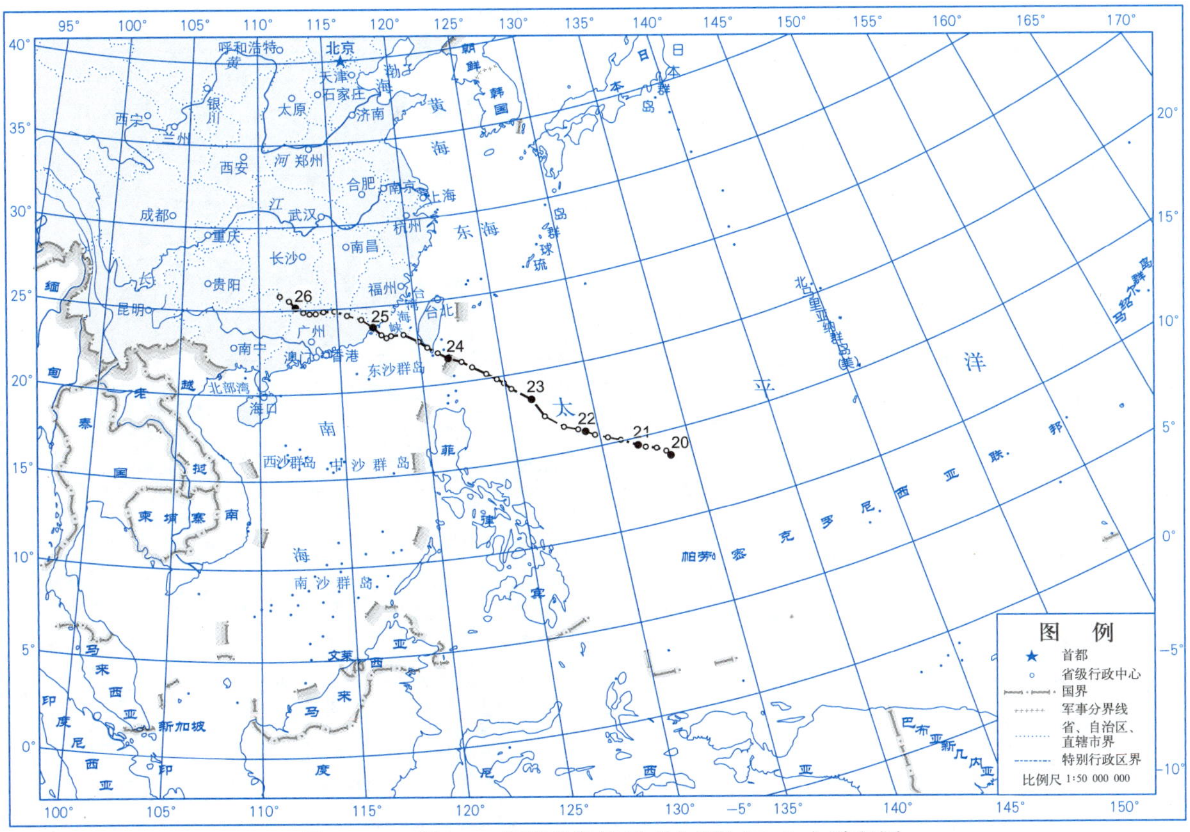

图 2.14.1 第 1911 号强热带风暴“白鹿”(Bailu)路径图

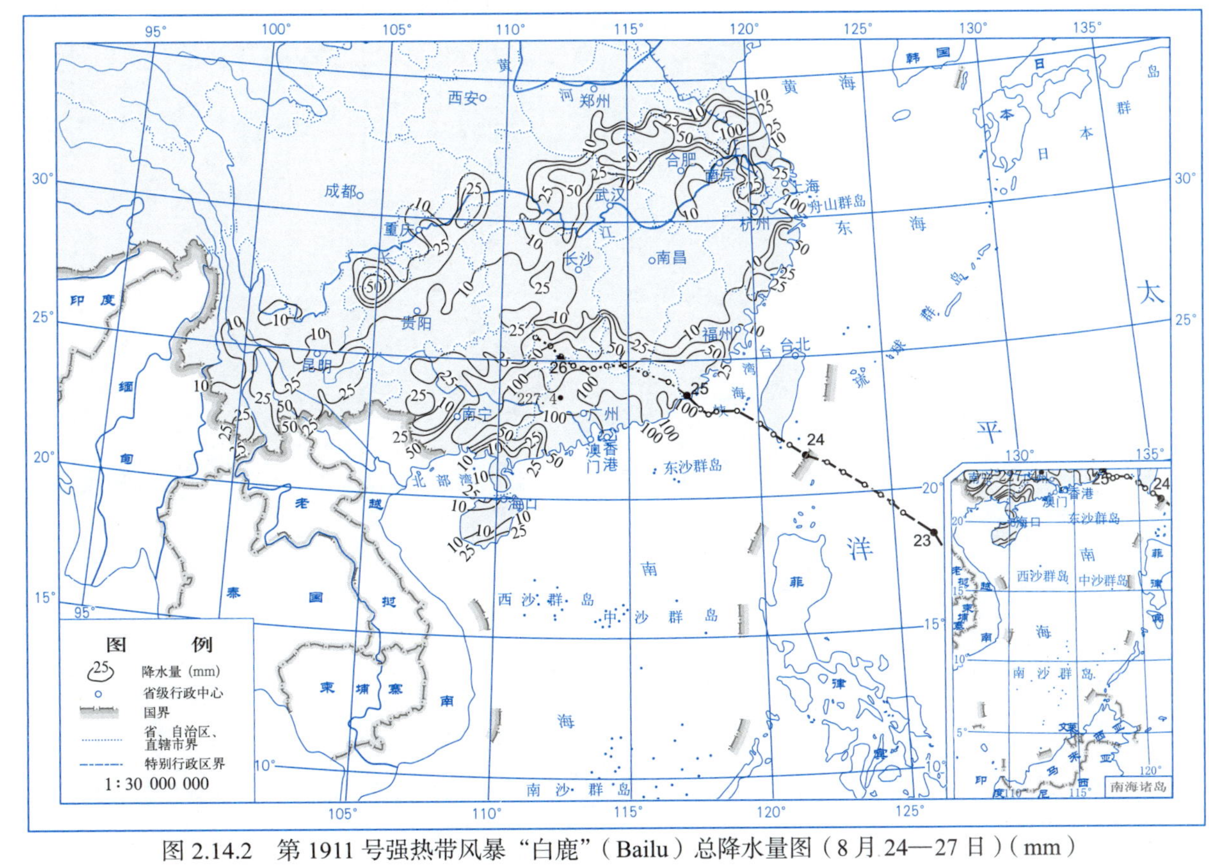

图 2.14.2 第 1911 号强热带风暴“白鹿”(Bailu)总降水量图(8 月 24—27 日)(mm)

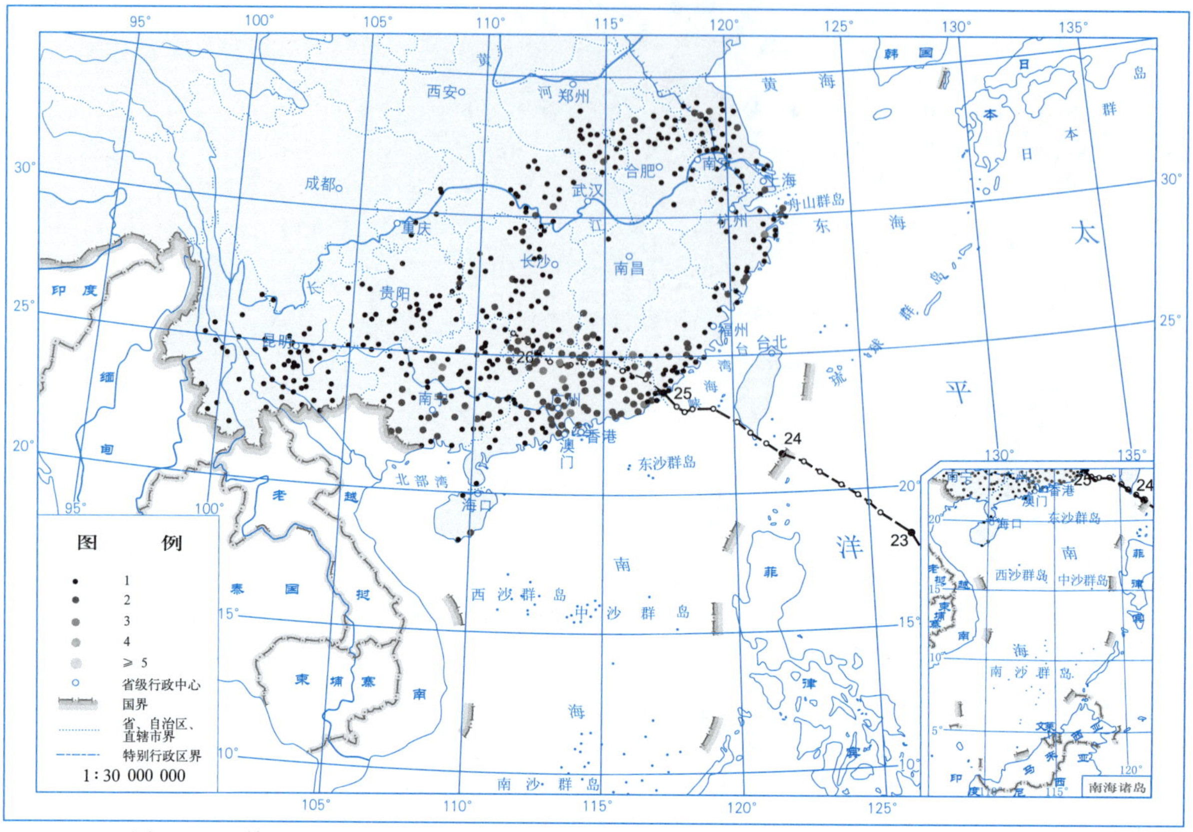

图 2.14.3　第 1911 号强热带风暴“白鹿”（Bailu）总降水日数图（8 月 24—27 日）（天）

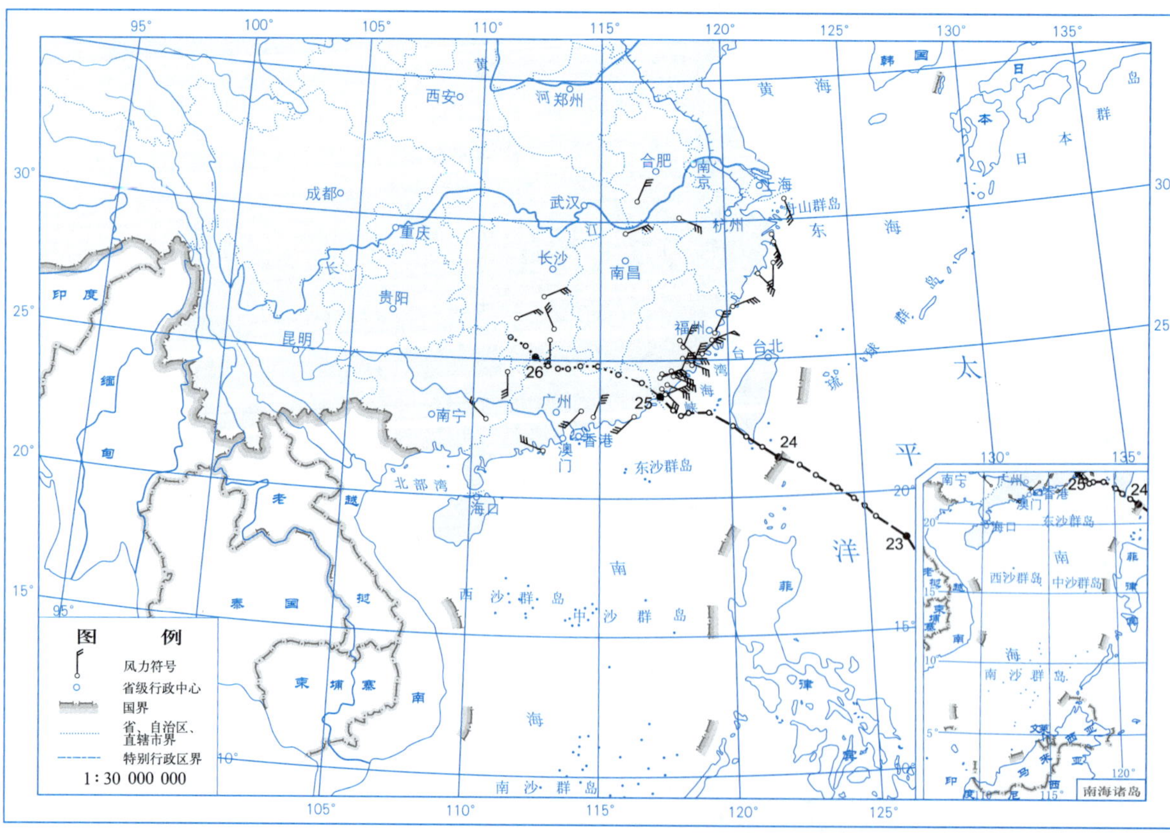

图 2.14.4　第 1911 号强热带风暴“白鹿”（Bailu）大风分布图（8 月 24—26 日）

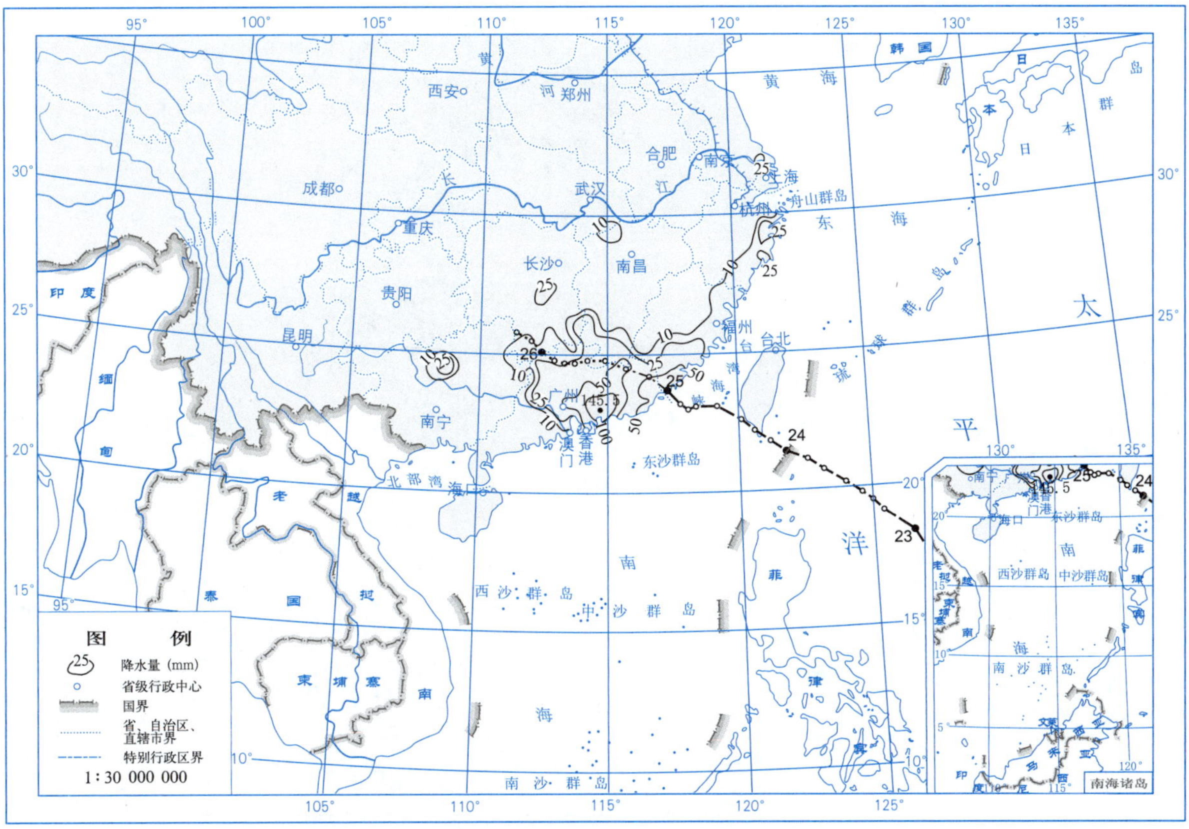

图 2.14.5　2019 年 8 月 25 日的日降水量图（mm）

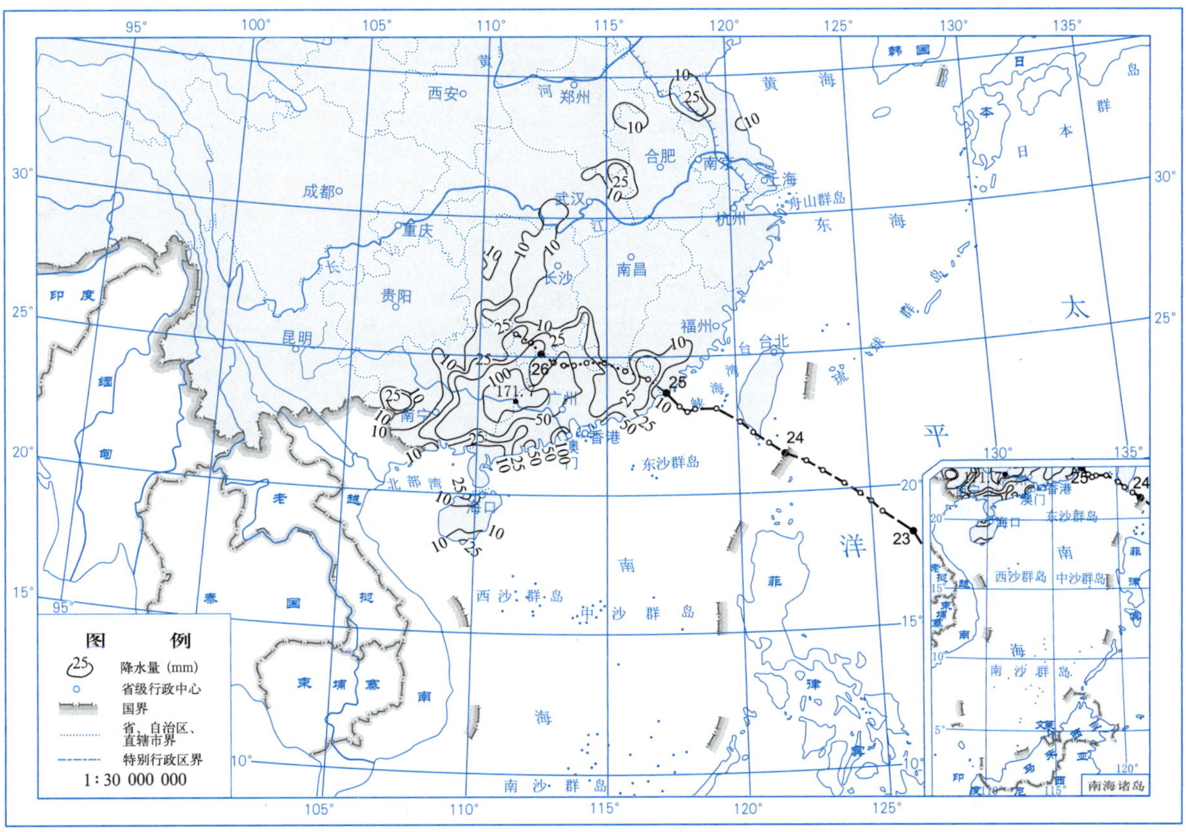

图 2.14.6　2019 年 8 月 26 日的日降水量图（mm）

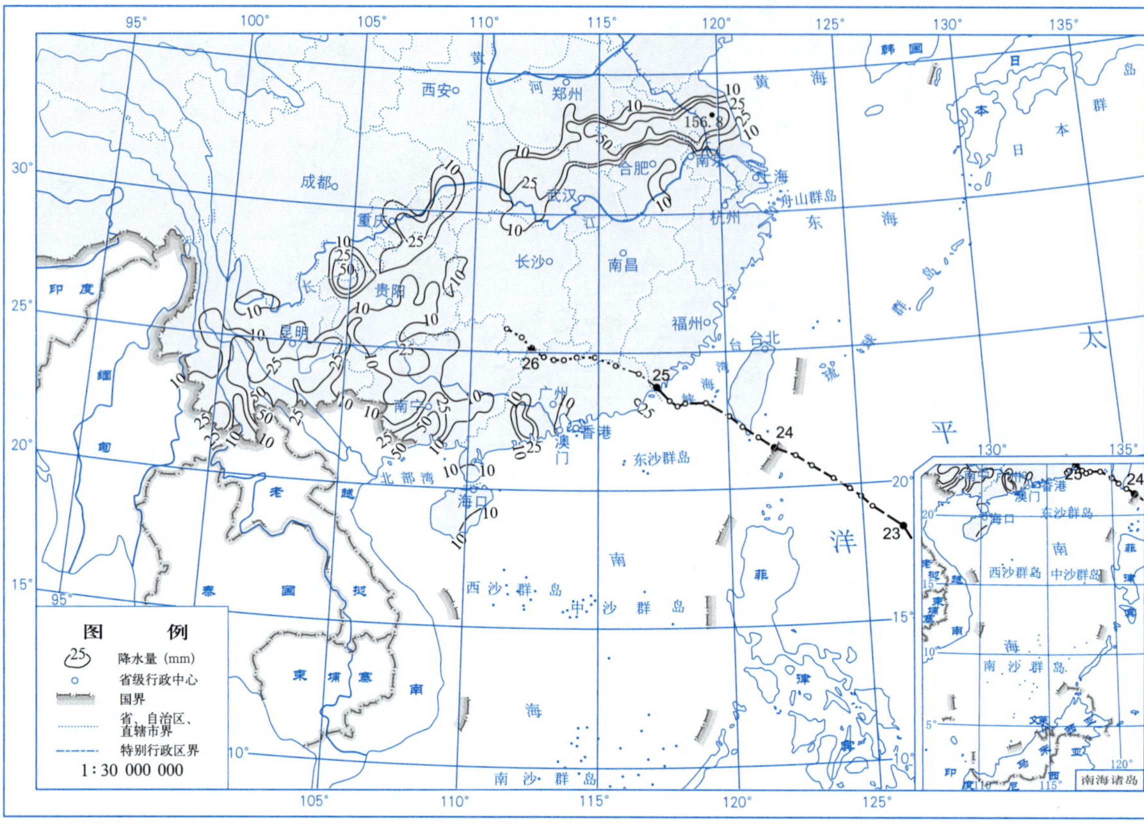

图 2.14.7　2019 年 8 月 27 日的日降水量图（mm）

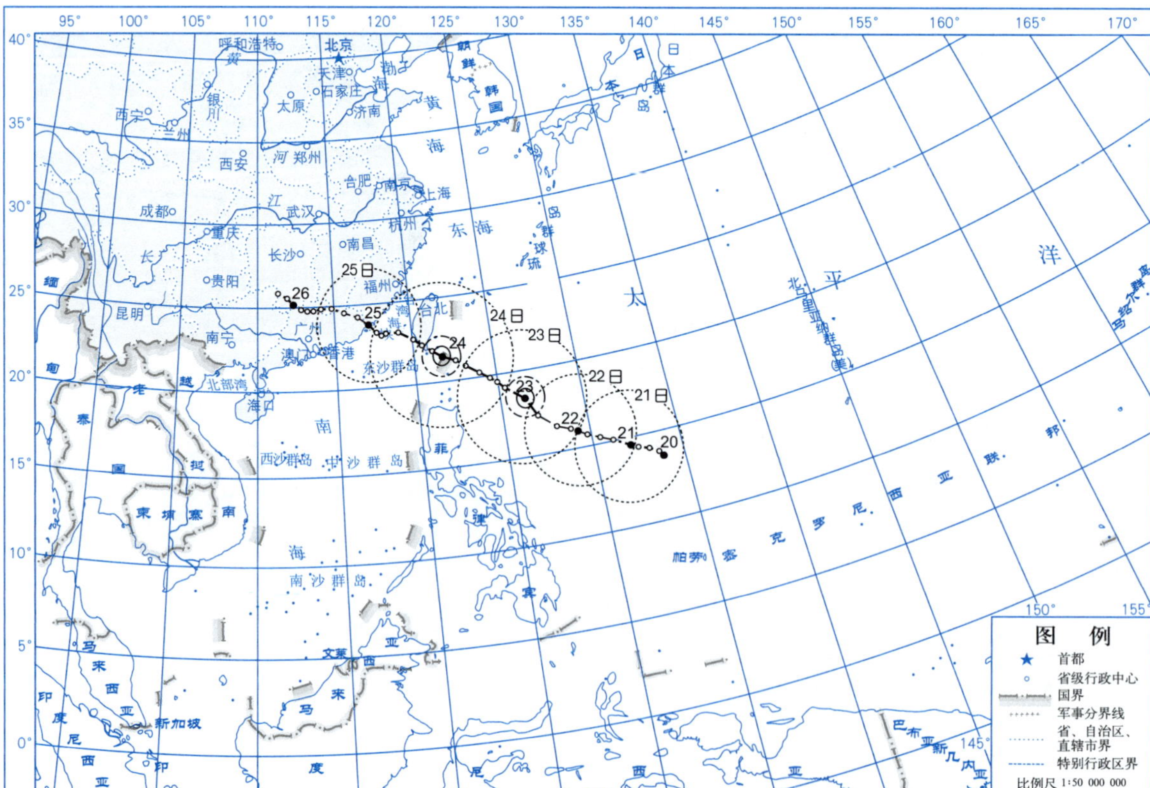

图 2.14.8　第 1911 号强热带风暴“白鹿”（Bailu）大风区域演变图（8 月 21—25 日）

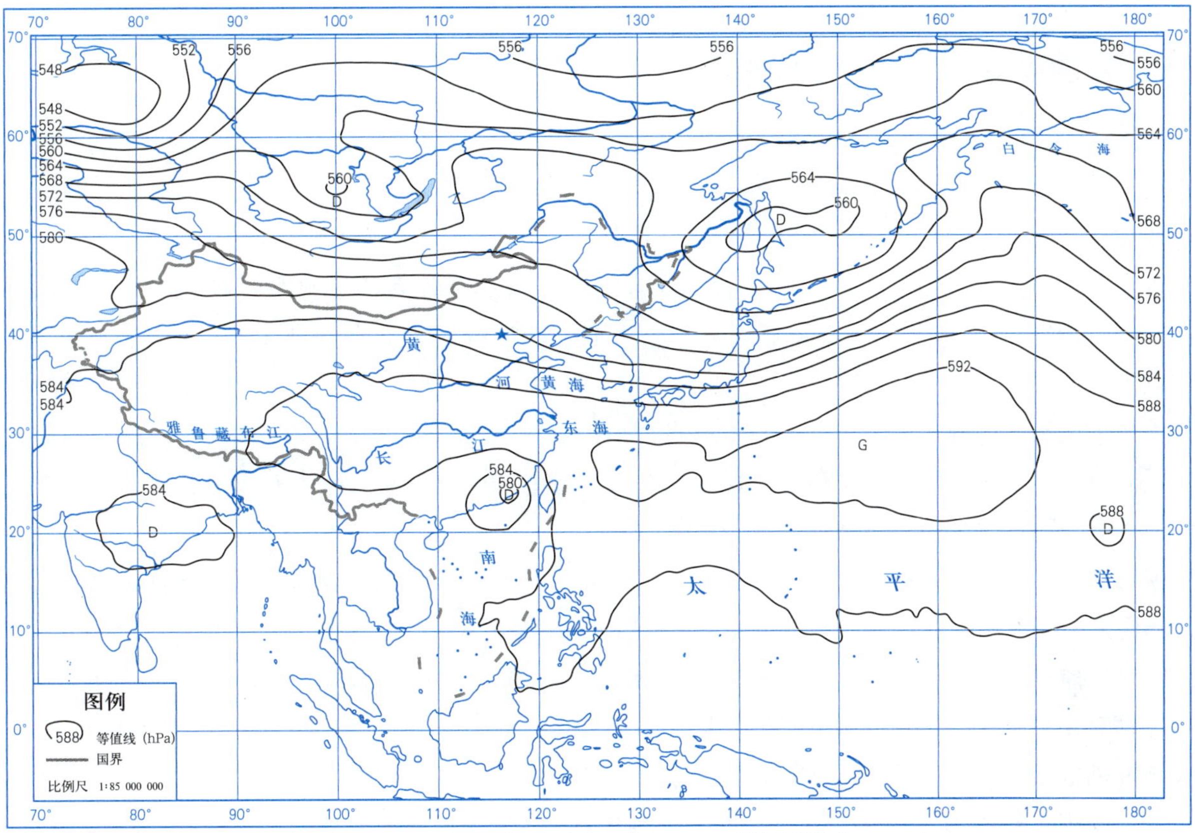

图 2.14.9 2019 年 8 月 25 日 08 时 500 hPa 高度场图（dagpm）

2.15 热带风暴“杨柳”(Podul)

第 1912 号热带风暴“杨柳”是由 8 月 25 日上午位于菲律宾萨马岛以东约 1300 km 的西北太平洋洋面上一个热带低压发展形成。形成后低压中心向西偏北方向移动，直逼菲律宾北部沿海，27 日夜间登陆菲律宾吕宋岛后，次日凌晨进入南海海域，强度增强为热带风暴。尔后，“杨柳”继续向西偏北方向移动，逐渐逼近我国海南岛南部沿海，29 日下午位于距离海南岛最近约 60 km 的南海中部海域，之后西行，于 30 日凌晨登陆越南广平省沿海，登陆后强度迅速减弱，次日凌晨在越南境内减弱消散。

受热带风暴“杨柳”影响，8 月 28—30 日，海南西沙、珊瑚和东方、广东徐闻和上川岛、广西局部、福建九仙山出现最大风力 6 ~ 7 级、阵风 7 ~ 9 级；海南三亚出现最大风力 8 级（18.3 m/s）、阵风 10 级（28.3 m/s）为本次热带风暴影响过程风极值。

受其影响，8 月 28—31 日，海南局部、广东大部、广西部分、云南南部部分、湖南南部局部、江西南部局部、福建南部部分地区总雨量为 10 ~ 50 mm；海南大部、广东局部、广西中南部部分、云南南部局部、福建南部局部总雨量为 50 ~ 184 mm；其中，海南西沙总雨量 183.7 mm，为本次热带风暴影响过程总雨量极值；海南五指山 30 日雨量 138.6 mm，福建漳平 30 日 16 时雨量 68.8 mm，分别为本次热带风暴影响过程日雨量和时雨量极值。

受“杨柳”外围环流影响，8 月 30 日，华南部分地区出现大到暴雨局部大暴雨。

表 2.15.1 是热带风暴“杨柳”(Podul)的中心位置和强度。图 2.15.1 ~ 2.15.4 分别是热带风暴“杨柳”的路径图、总降水量图、总降水日数图和大风分布图。图 2.15.5 ~ 2.15.7 分别是 2019 年 8 月 29—31 日的日降水量图，图 2.15.8 ~ 2.15.9 分别是热带风暴“杨柳”的大风区域演变图和 2019 年 8 月 29 日 14 时 500 hPa 高度场图。

表 2.15.1 第 1912 号热带风暴“杨柳”(Podul) 中心位置和强度

8 月 25—31 日

年	月	日	时	中心位置		中心气压（hPa）	中心风速（m/s）
				北纬（°N）	东经（°E）		
2019	8	25	8	11.3	137.5	1002	13
	8	25	14	12.2	136.7	1002	13
	8	25	20	12.6	135.4	1002	13
	8	26	2	12.7	134.2	1002	13
	8	26	8	12.9	132.8	1002	13
	8	26	14	13.2	131.4	1002	13
	8	26	20	13.5	129.5	1002	13
	8	27	2	14.0	128.0	1002	13
	8	27	8	14.7	126.5	1000	15

（续表）

年	月	日	时	中心位置		中心气压（hPa）	中心风速（m/s）
				北纬（°N）	东经（°E）		
2019	8	27	14	15.3	124.5	1000	15
	8	27	20	15.7	122.8	1000	15
	8	28	2	16.1	120.9	1000	15
	8	28	8	16.5	118.0	998	18
	8	28	14	16.9	116.0	995	20
	8	28	20	17.2	114.4	990	23
	8	29	2	17.4	112.8	990	23
	8	29	8	17.6	111.2	990	23
	8	29	14	17.7	109.7	990	23
	8	29	20	17.8	108.1	992	20
	8	30	2	17.4	106.3	994	18
	8	30	8	16.9	105.0	995	15
	8	30	14	16.8	103.7	996	13
	8	30	20	17.0	102.9	996	13
	8	31	2	17.3	102.5	996	13
消散							

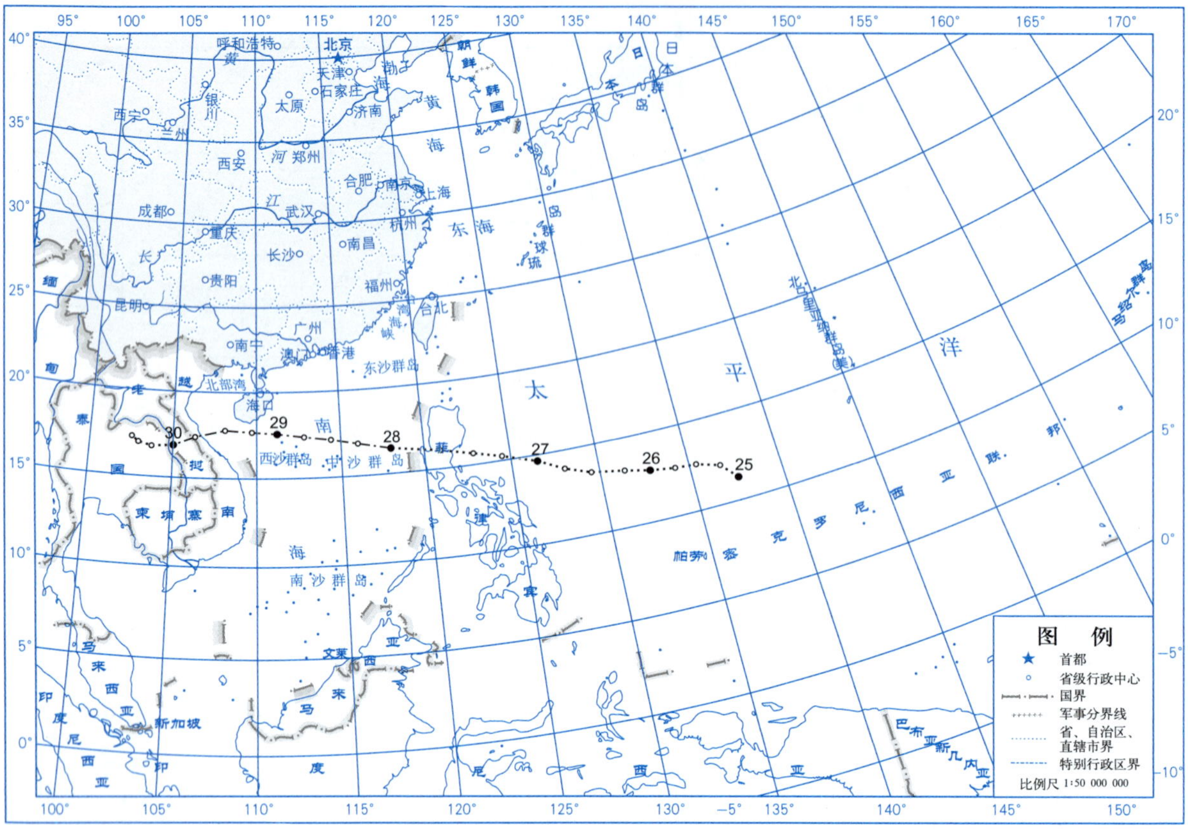

图 2.15.1　第 1912 号热带风暴“杨柳”（Podul）路径图

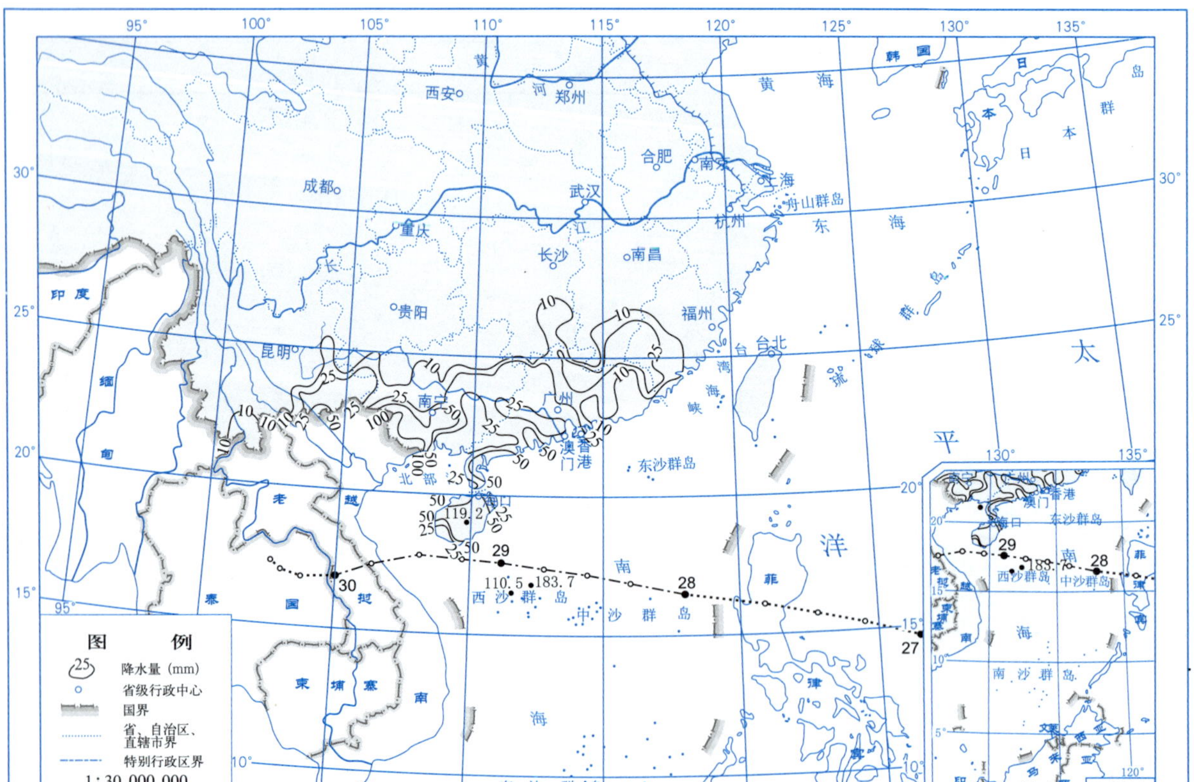

图 2.15.2　第 1912 号热带风暴“杨柳”（Podul）总降水量图（8 月 28—31 日）（mm）

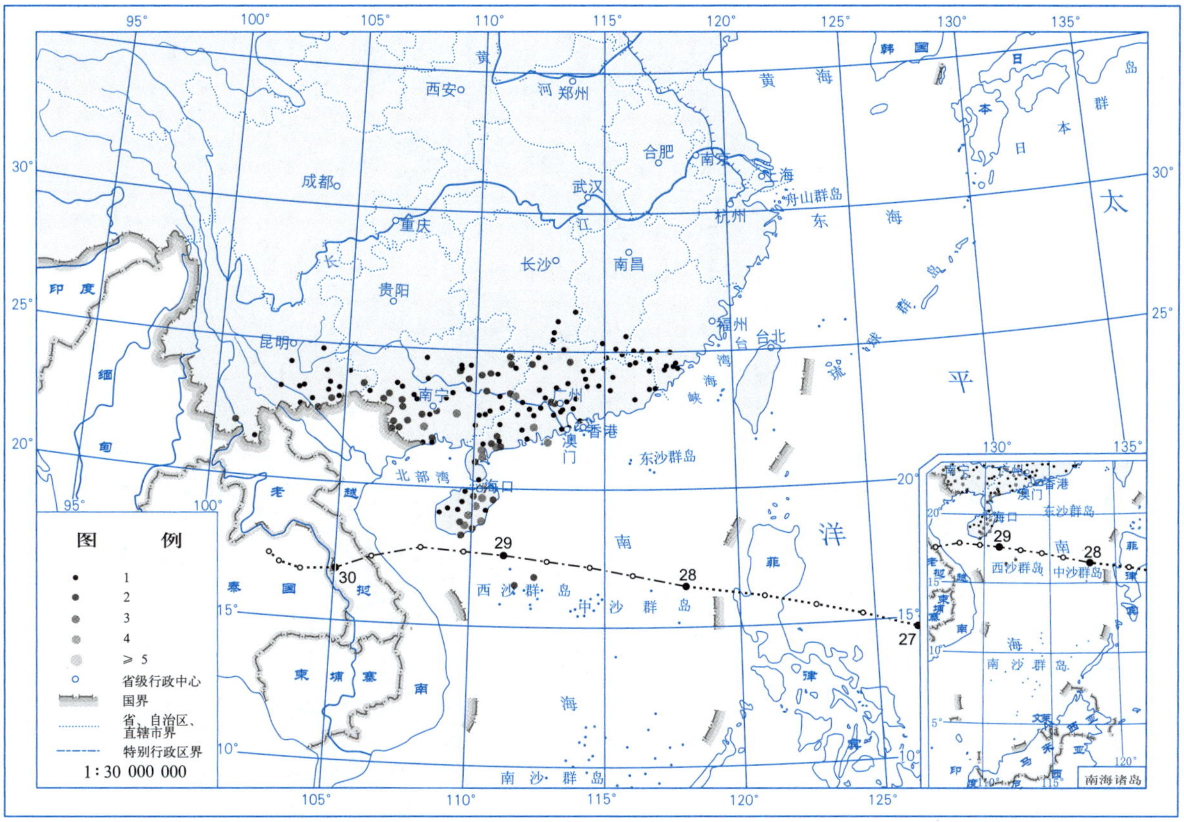

图 2.15.3 第 1912 号热带风暴“杨柳”（Podul）总降水日数图（8 月 28—31 日）（天）

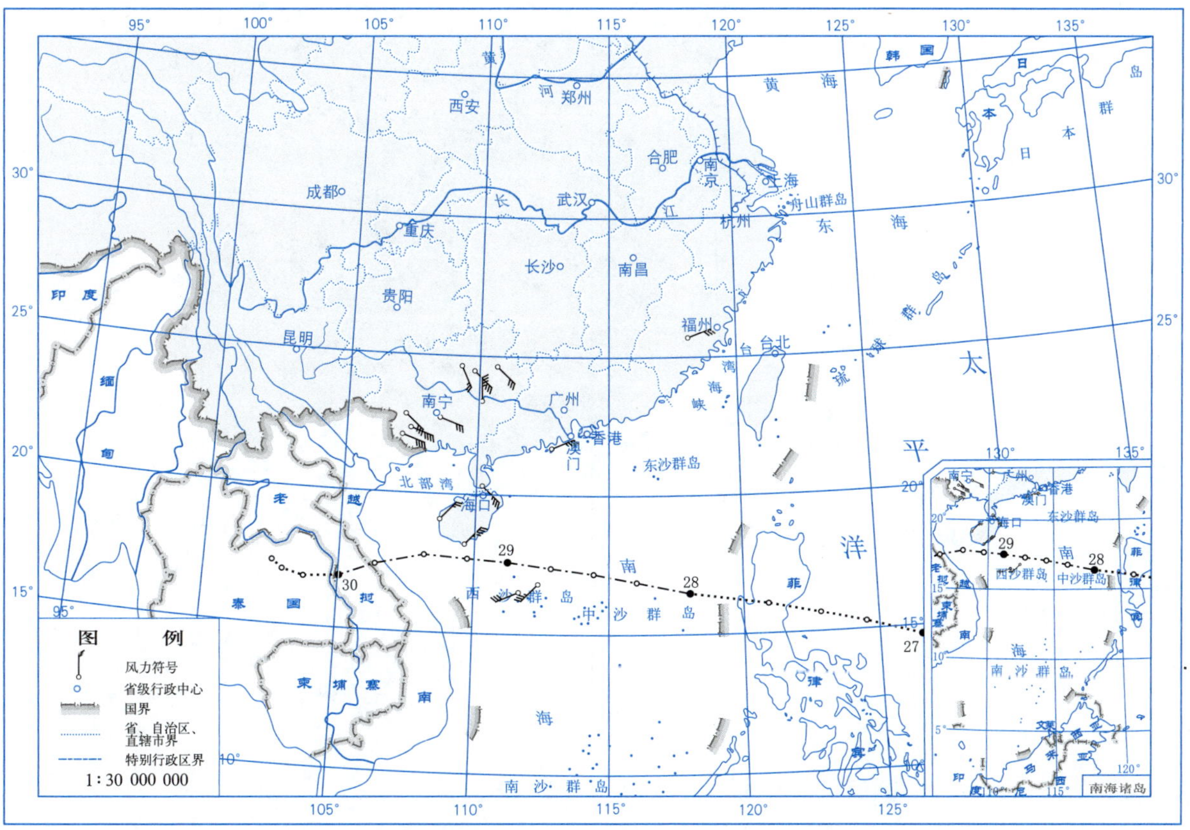

图 2.15.4 第 1912 号热带风暴“杨柳”（Podul）大风分布图（8 月 28—30 日）

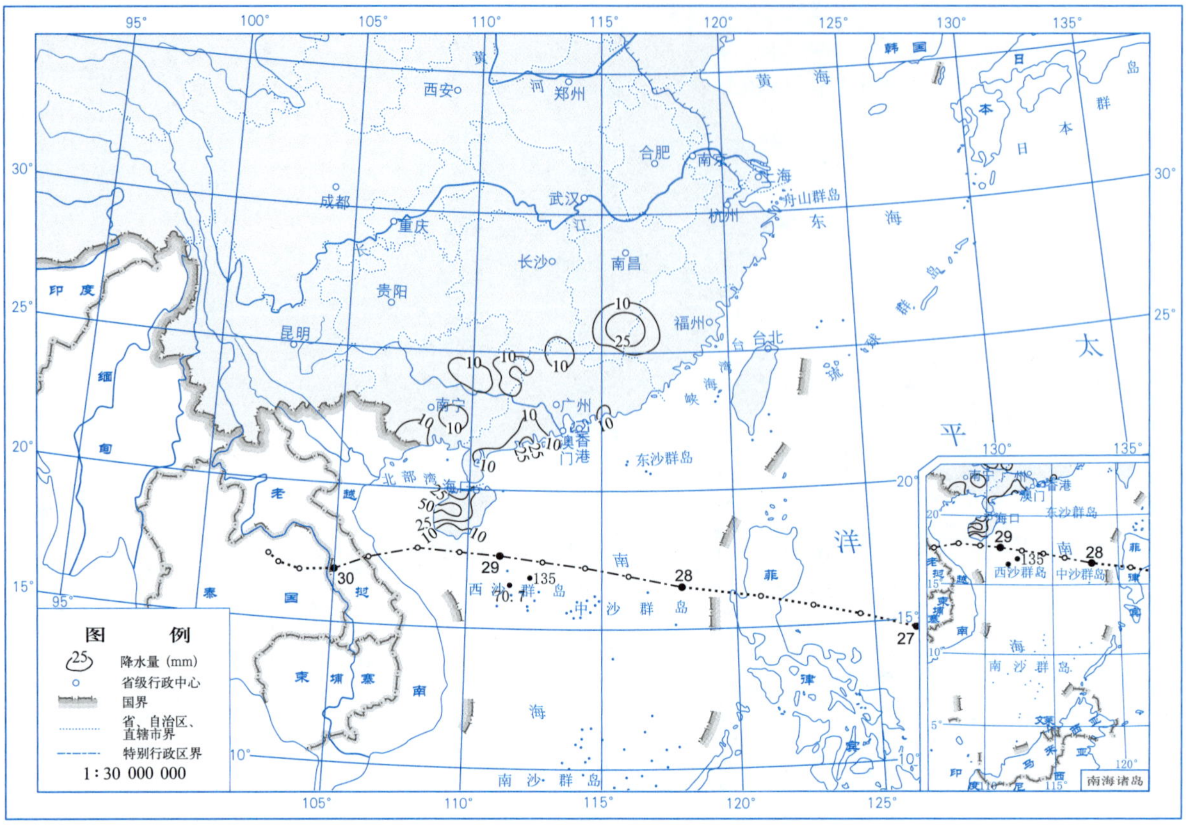

图 2.15.5 第 2019 年 8 月 29 日降水量图（mm）

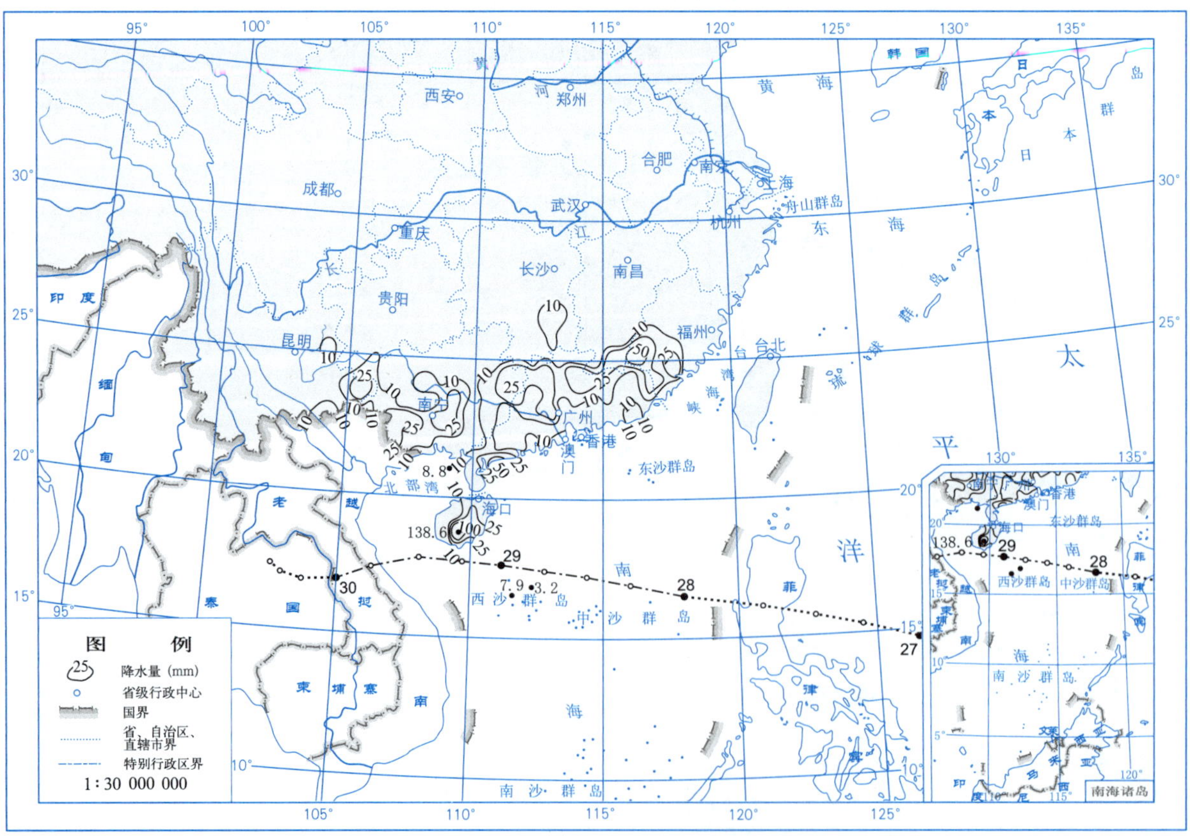

图 2.15.6 第 2019 年 8 月 30 日降水量图（mm）

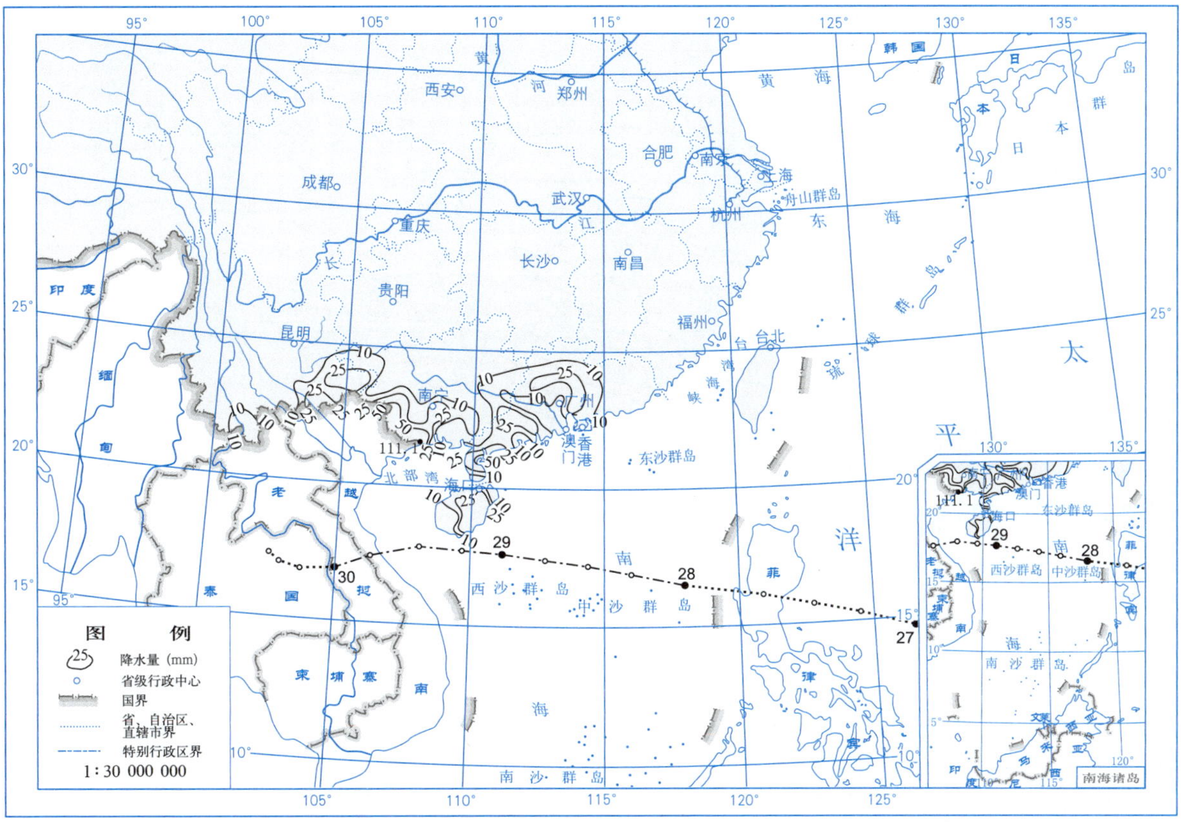

图 2.15.7 2019 年 8 月 31 日降水量图（mm）

图 2.15.8 第 1912 号热带风暴“杨柳”（Podul）大风区域演变图（8 月 25—29 日）

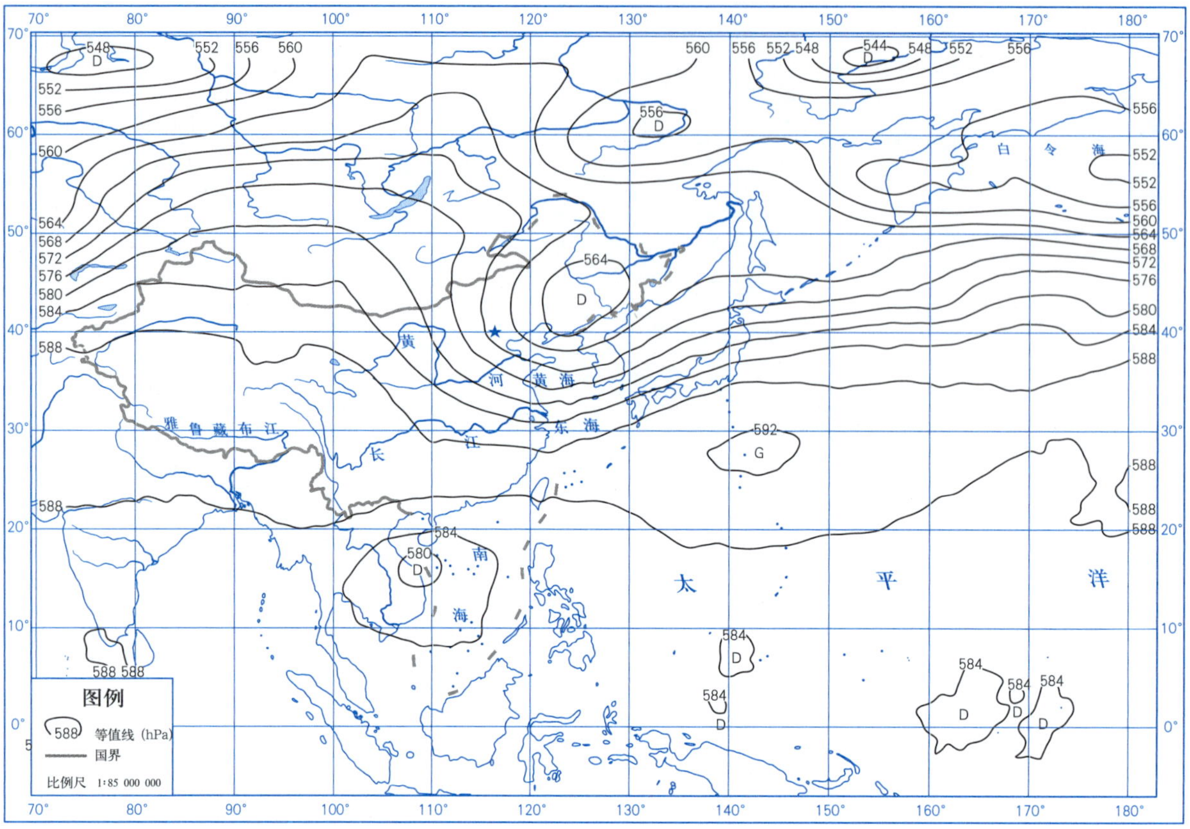

图 2.15.9　2019 年 8 月 29 日 14 时 500 hPa 高度场图（dagpm）

2.16 超强台风“玲玲”（Lingling）

第 1913 号超强台风“玲玲”是由 8 月 31 日早晨位于菲律宾棉兰老岛以东约 800 km 的西北太平洋洋面上一个热带低压发展形成。形成后低压中心向西北方向移动，强度缓慢增强，9 月 2 日早晨加强为热带风暴，之后转向北偏东方向移动，移速减慢，进入快速增强阶段。“玲玲”3 日上午增强为强热带风暴，夜间增强为台风，5 日凌晨继续增强至强台风，随后转向偏北，进入东海海域，并进一步增强为超强台风，于当天夜间达到其生命史最大强度，近中心最大风速 55 m/s（16 级），中心最低气压 930 hPa。之后，超强台风“玲玲”加速北行，强度开始减弱，6 日夜间减弱为强台风，7 日上午减弱为台风，下午登陆朝鲜黄海南道西南部沿海，登陆后继续减弱为强热带风暴。尔后，“玲玲”夜间进入我国吉林省境内，并逐渐转向东北，8 日凌晨进入黑龙江省，强度进一步减弱至热带风暴，随即变性为温带气旋，快速移入俄罗斯东部。9 日上午，“玲玲”再次入海，进入鄂霍次克海海域，强度减弱，加大东移分量，10 日凌晨穿过俄罗斯堪察加半岛，进入白令海海域，11 日在白令海海域减弱消散。

受超强台风“玲玲”（见第 2.7 节）共同影响，9 月 3—9 日，福建沿海局部及九仙山、浙江北部沿海局部、安徽黄山、江苏西连岛、山东沿海大部及泰山、辽宁东港、吉林东部局部、黑龙江东部部分出现最大风力 6 ～ 7 级、阵风 7 ～ 9 级；浙江嵊泗、山东成山头出现最大风力 8 级、阵风 10 ～ 11 级；其中，浙江嵊泗出现最大风力 8 级（20.0 m/s）、阵风 11 级（28.8 m/s），为本次超强台风影响过程风极值。

受其影响，9 月 4—9 日，江西东北部局部、福建中东部部分、浙江中东部大部、上海南部局部、江苏南部部分、安徽南部局部、山东沿海局部、辽宁东部局部、吉林中东部部分、黑龙江南部部分及北部局部地区总雨量为 10 ～ 50 mm；浙江局部、上海中北部部分、江苏南部部分、安徽南部局部、山东石岛、辽宁东部部分、吉林中部部分、黑龙江中东部部分地区总雨量为 50 ～ 118 mm；其中，江苏泰兴总雨量 118.0 mm，为本次超强台风影响过程总雨量极值；江苏通州 5 日雨量 111.0 mm，江苏扬中 5 日 11 时雨量 59.9 mm，分别为本次超强台风影响过程日雨量和时雨量极值。

9 月 4—6 日，受“玲玲”近海北上外围环流影响，江浙沪闽沿海地区出现中到大雨局部暴雨；7—9 日，随着“玲玲”继续北上进入辽宁和黑龙江境内，东北三省出现中到大雨局部暴雨。

受其影响，吉林、黑龙江和浙江省出现了一定程度的灾情，总计受灾人数达到 107.4 万人，紧急转移人口 0.4 万人，农作物受灾面积达到 650.1 千公顷，农作物绝收面积 58.9 千公顷，直接经济损失达到 34.1 亿元（表 2.16.2）。

表 2.16.1 是超强台风“玲玲”的中心位置和强度。表 2.16.2 是超强台风“玲玲”引发的灾情。图 2.16.1 ～ 2.16.4 分别是超强台风“玲玲”的路径图、总降水量图、总降水日数图和大风分布图。图 2.16.5 ～ 2.16.9 分别是 2019 年 9 月 4—8 日的日降水量图，图 2.16.10 ～ 2.16.11 分别是超强台风“玲玲”的大风区域演变图和 2019 年 9 月 6 日 20 时 500 hPa 高度场图。

表 2.16.1 第 1913 号超强台风“玲玲”（Lingling）中心位置和强度

8 月 31 日—9 月 11 日

年	月	日	时	中心位置		中心气压（hPa）	中心风速（m/s）
				北纬（°N）	东经（°E）		
2019	8	31	8	6.3	133.5	1002	13
	8	31	14	6.9	132.7	1002	13
	8	31	20	8.3	131.9	1002	13
	9	1	2	9.7	131.1	1002	13
	9	1	8	11.0	130.0	1002	13
	9	1	14	12.4	128.9	1002	13
	9	1	20	13.4	127.9	1000	15
	9	2	2	14.3	127.2	1000	15
	9	2	8	15.3	126.0	998	18
	9	2	14	16.8	124.9	998	18
	9	2	20	18.2	124.3	995	20
	9	3	2	18.9	124.0	990	23
	9	3	8	19.6	123.9	985	25
	9	3	14	20.6	124.0	980	30
	9	3	20	21.3	124.2	975	33
	9	4	2	21.8	124.4	970	35
	9	4	8	22.1	124.7	970	35
	9	4	14	22.4	125.0	965	38
	9	4	20	23.0	125.4	960	40
	9	5	2	23.6	125.4	955	42
	9	5	8	24.2	125.3	945	48
	9	5	14	25.0	125.3	940	52
	9	5	20	25.8	125.2	930	55
	9	6	2	26.8	125.1	930	55
	9	6	8	28.1	125.0	930	55
	9	6	14	29.6	125.1	930	55
	9	6	20	31.4	125.1	945	48
	9	7	2	33.6	125.0	955	42
	9	7	8	35.6	125.0	965	38

（续表）

年	月	日	时	中心位置		中心气压（hPa）	中心风速（m/s）
				北纬（°N）	东经（°E）		
2019	9	7	14	38.0	125.3	975	33
	9	7	20	41.3	126.4	985	25
	9	8	2	44.3	128.2	985	20
△	9	8	8	47.2	130.4	984	18
	9	8	14	48.8	132.6	982	18
	9	8	20	51.6	137.2	982	18
	9	9	2	53.0	140.0	976	18
	9	9	8	54.3	143.0	976	18
	9	9	14	54.4	147.7	976	18
	9	9	20	54.6	151.2	976	15
	9	10	2	55.0	154.9	976	15
	9	10	8	56.0	163.6	980	15
	9	10	14	56.9	166.2	982	13
	9	10	20	57.4	168.0	982	13
	9	11	2	57.8	170.0	982	13
	9	11	8	58.3	171.9	982	13
消散							

表 2.16.2　第 1913 号超强台风“玲玲”（Lingling）在吉林、黑龙江和浙江省引发的灾情

受灾省	受灾人口（万人）	死亡人口（人）	失踪人口（人）	紧急转移人口（万人）	农作物		倒塌房屋（万间）	直接经济损失（亿元）
					受灾面积（千公顷）	绝收面积（千公顷）		
吉林省	37.5	0	0	0.1	112.8	4.2	0	5.2
黑龙江省	68.3	0	0	0.1	534.9	54.6	0	24.1
浙江省	1.6	0	0	0.2	2.4	0.1	0	4.8
合计	107.4	0	0	0.4	650.1	58.9	0	34.1

图 2.16.1　第 1913 号超强台风“玲玲”（Lingling）路径图

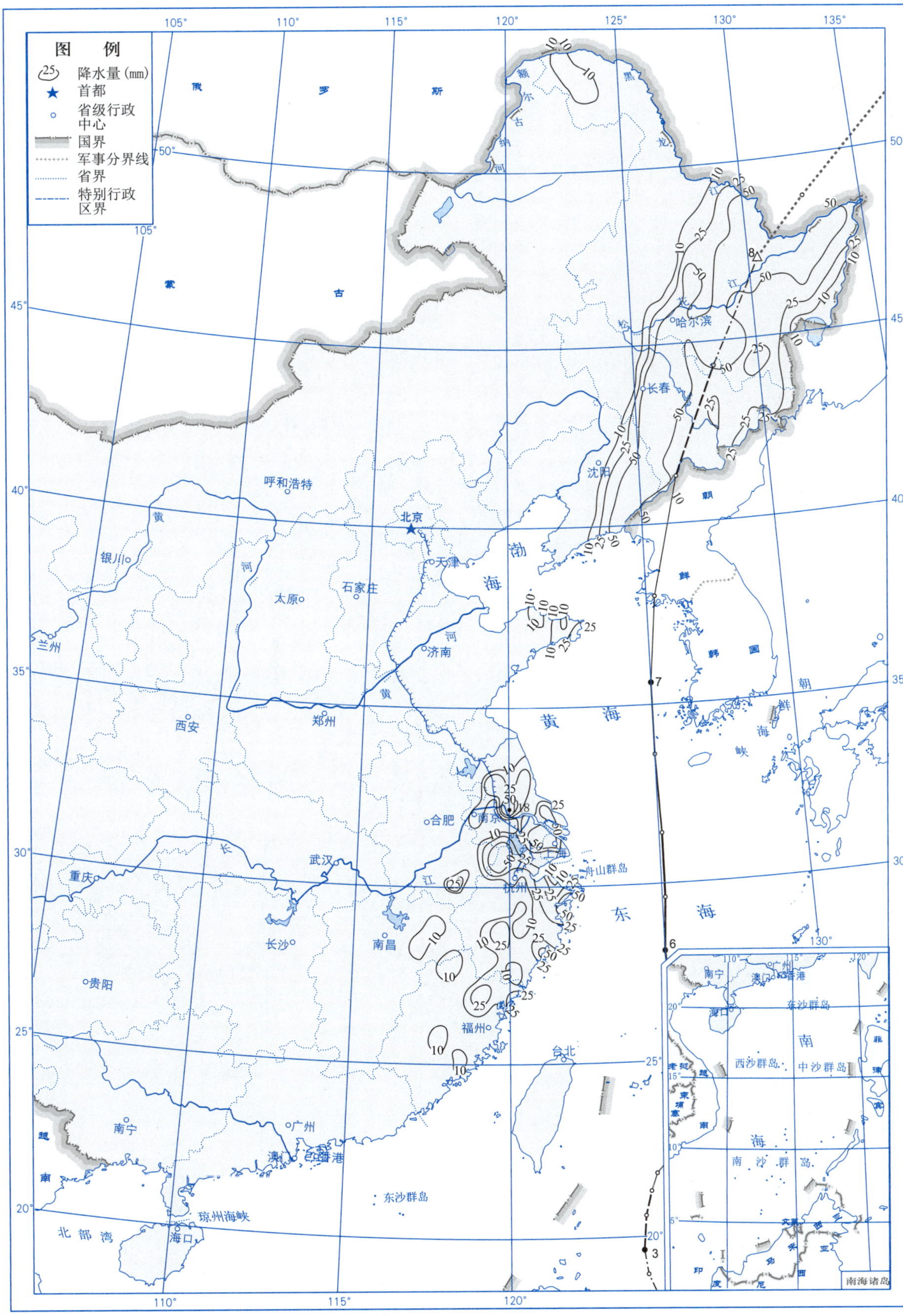

图 2.16.2　第 1913 号超强台风“玲玲”（Lingling）总降水量图（9 月 4—9 日）（mm）

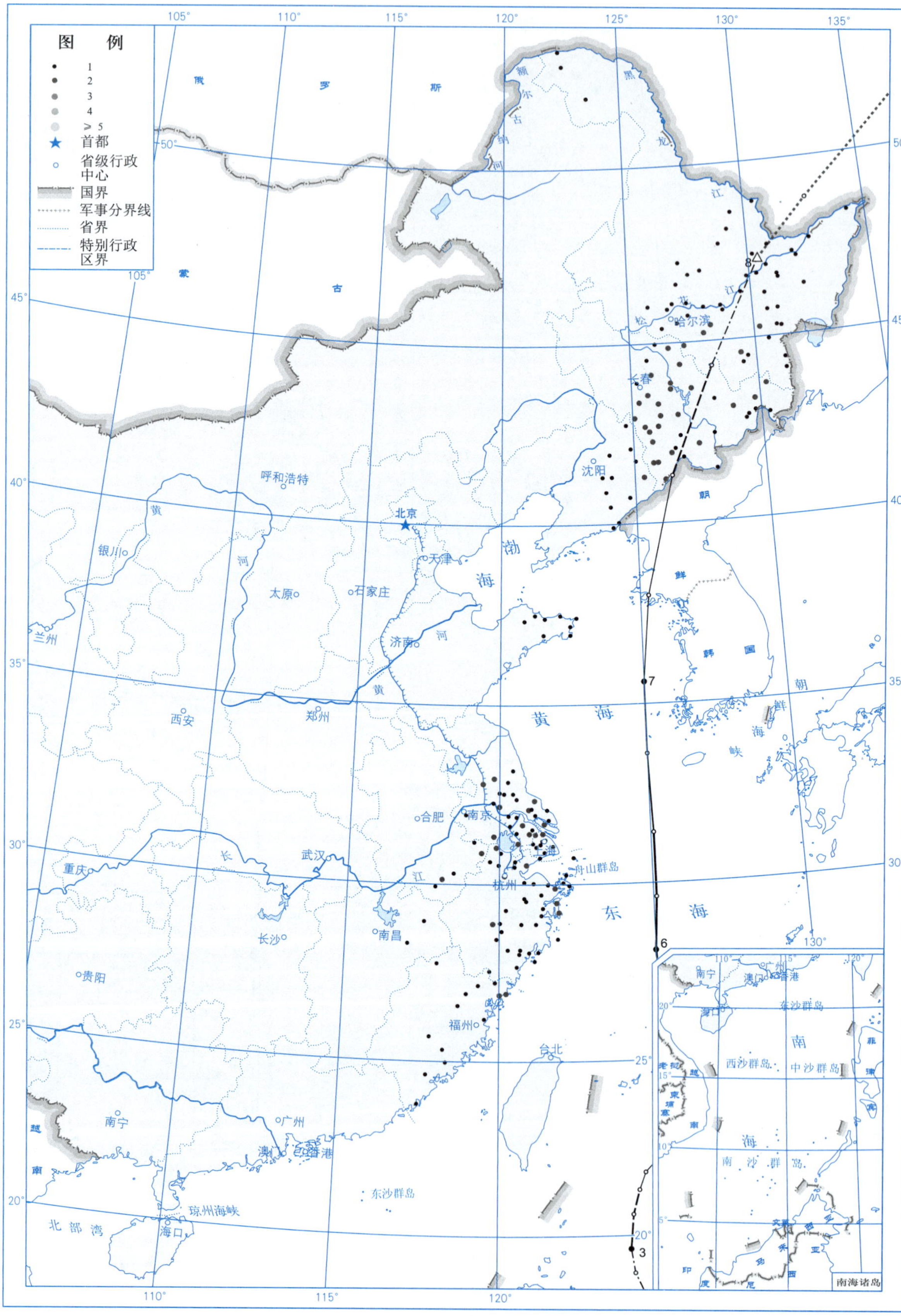

图 2.16.3　第 1913 号超强台风“玲玲”（Lingling）总降水日数图（9 月 4—9 日）（天）

图 2.16.4 第 1913 号超强台风“玲玲”（Lingling）大风分布图（9 月 3—9 日）

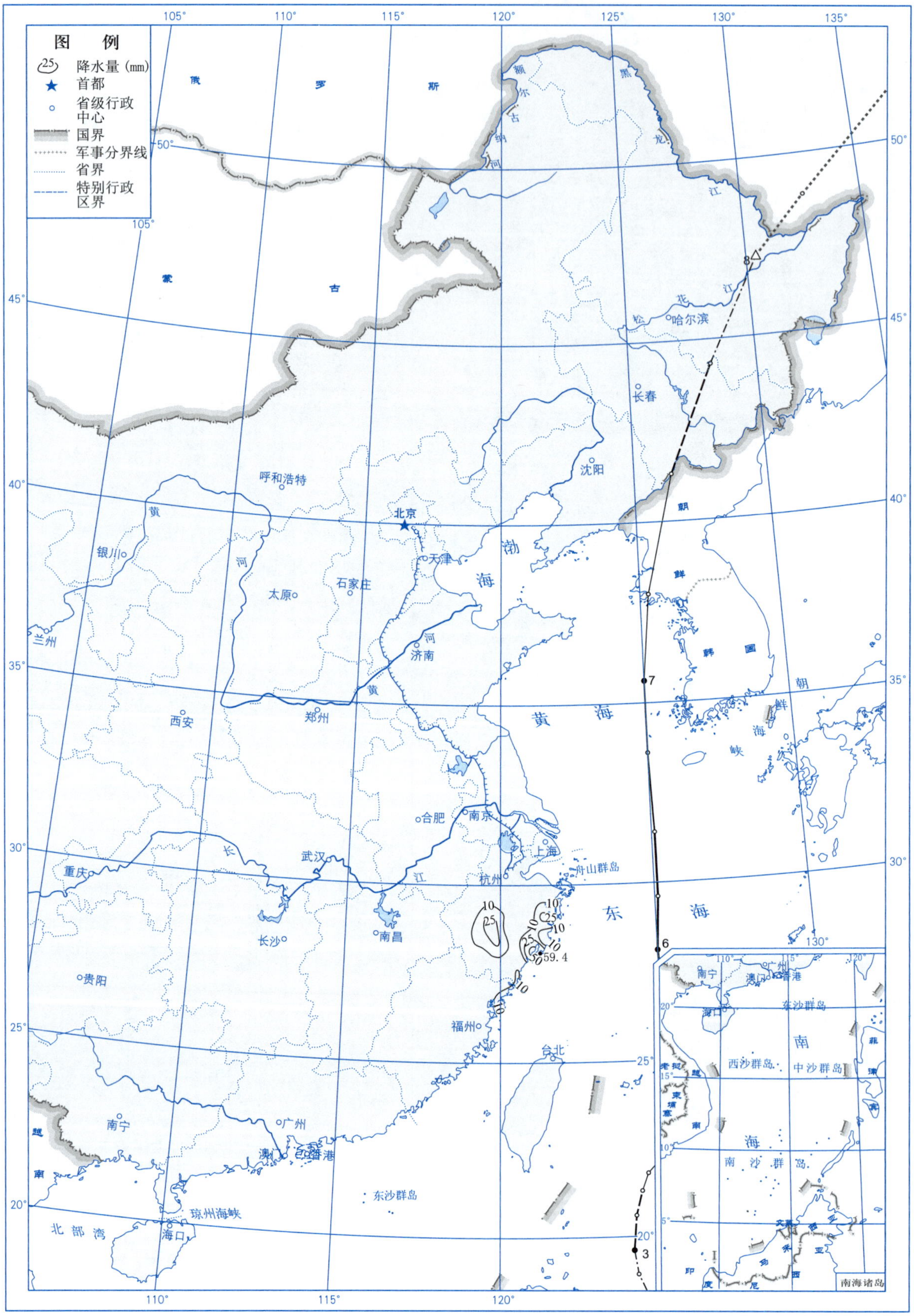

图 2.16.5　2019 年 9 月 4 日降水量图（mm）

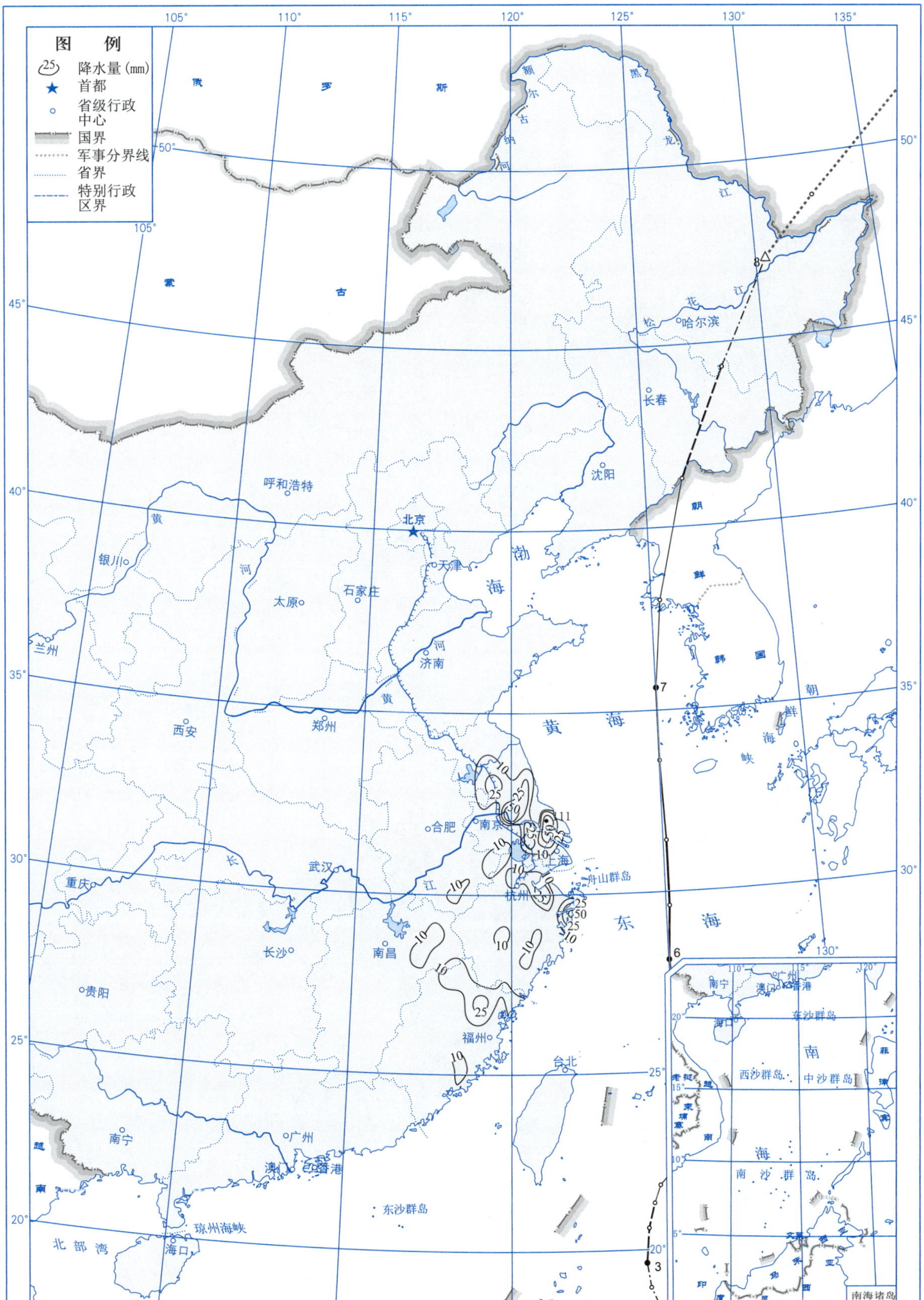

图 2.16.6　2019 年 9 月 5 日降水量图（mm）

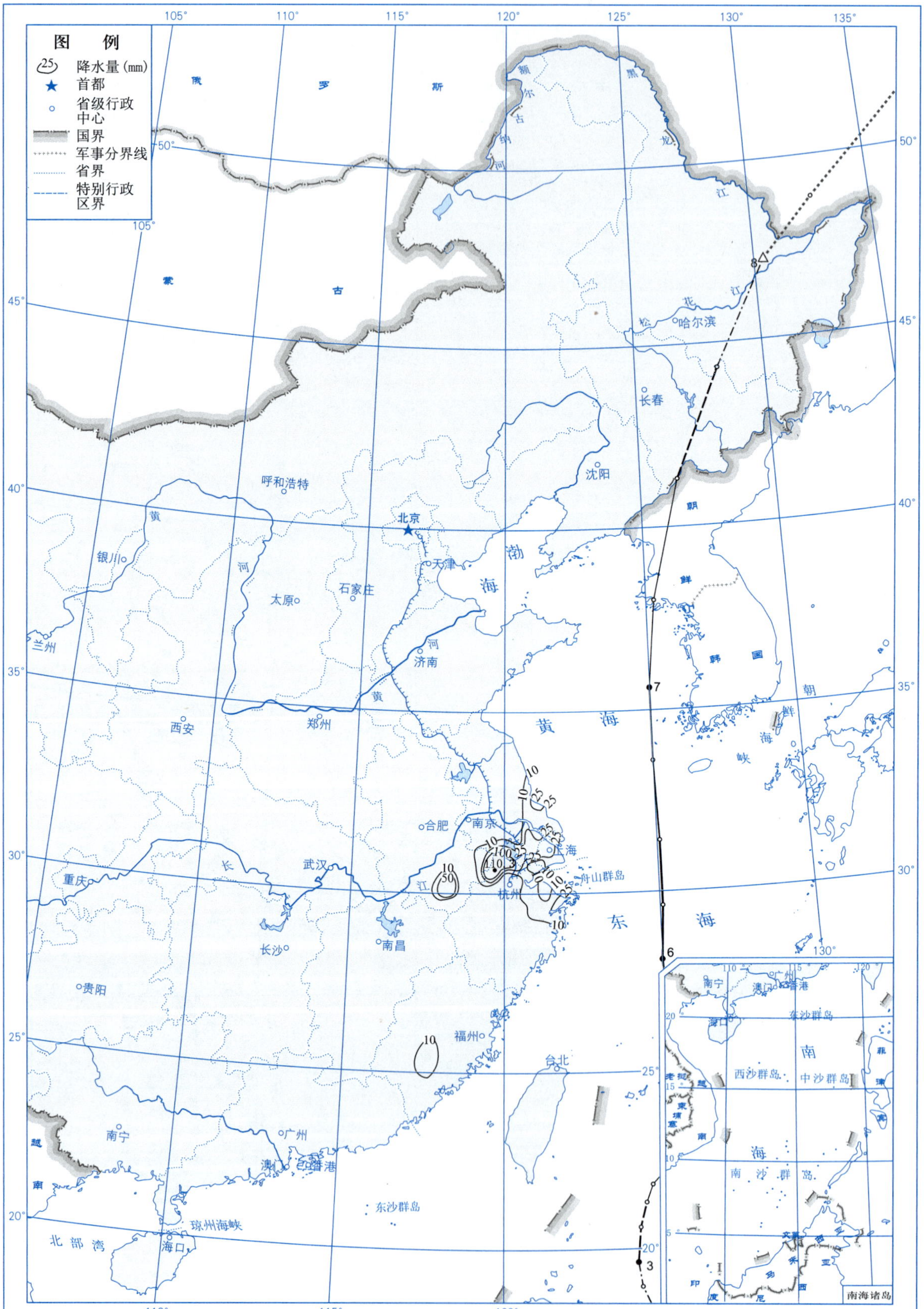

图 2.16.7　2019 年 9 月 6 日降水量图（mm）

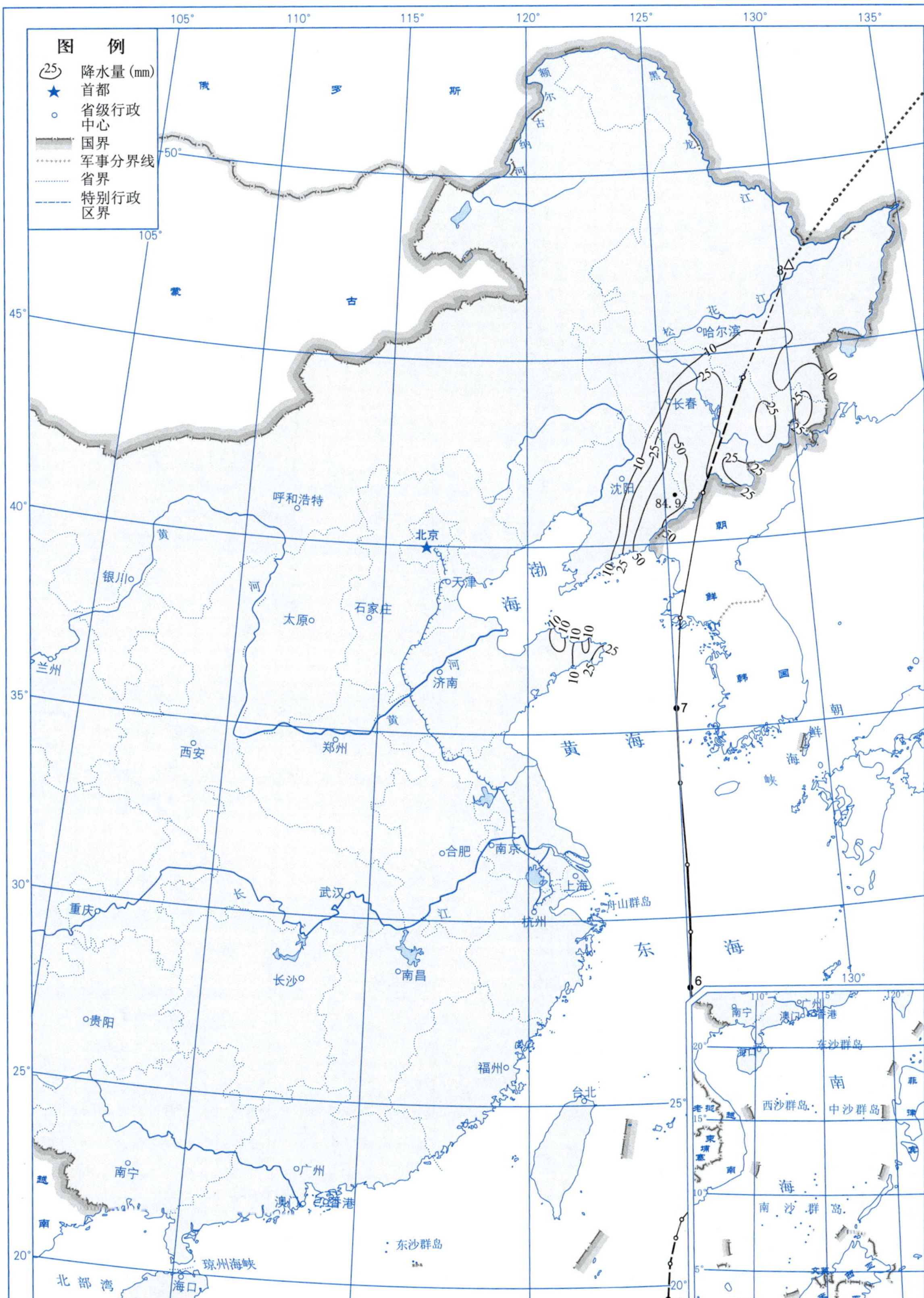

图 2.16.8　2019 年 9 月 7 日降水量图（mm）

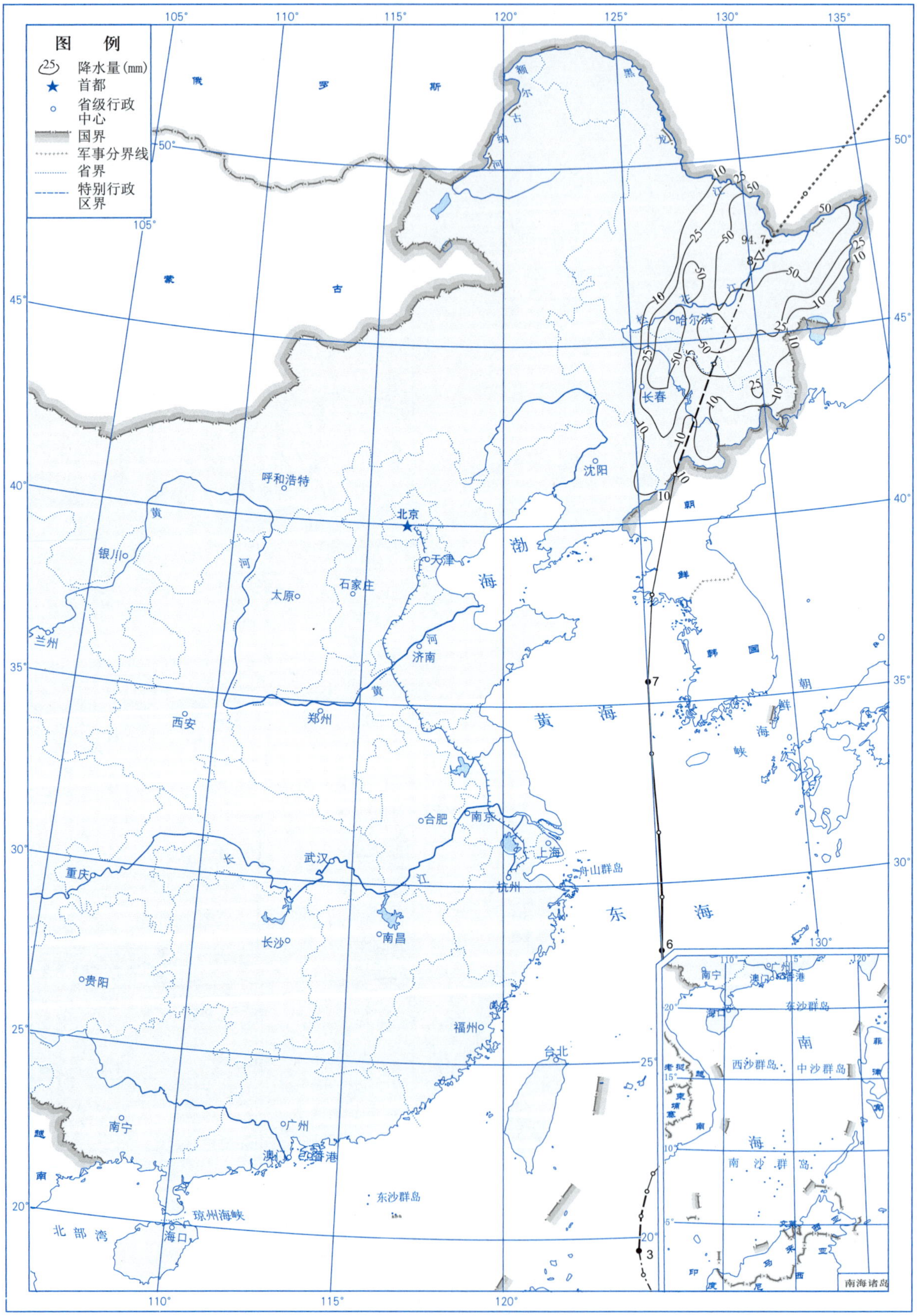

图 2.16.9　2019 年 9 月 8 日降水量图（mm）

图 2.16.10　第 1913 号超强台风“玲玲”（Lingling）大风区域演变图（9 月 1—8 日）

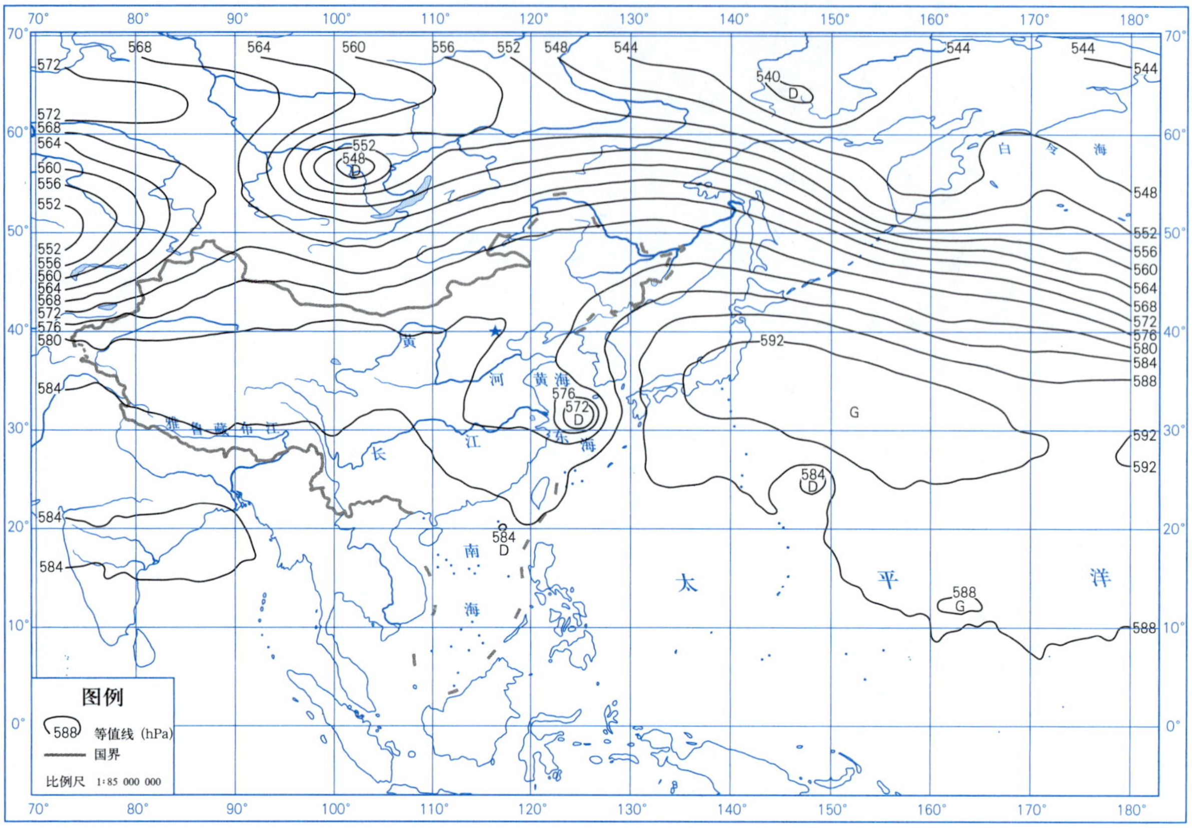

图 2.16.11　2019 年 9 月 6 日 20 时 500 hPa 高度场图（dagpm）

2.17　热带风暴“剑鱼”（Kajiki）

第 1914 号热带风暴“剑鱼”是由 8 月 30 日夜间在菲律宾吕宋岛以东约 260 km 西北太平洋洋面上的一个热带低压发展形成。形成后低压中心向西北方向移动，随后转向偏西，穿过巴士海峡，进入南海海域，并逐渐向我国海南岛东部沿海靠近，强度缓慢增强。2 日凌晨“剑鱼”增强为热带风暴，随即于 10 时 40 分登陆海南万宁，登陆时近中心最大风速 18 m/s，中心最低气压 995 hPa。登陆后，“剑鱼”迅速减弱为热带低压，并转向西南，再次进入南海海域，3 日凌晨二次登陆越南承天—顺化省，随即逆时针旋转一圈后又一次入海。入海后，“剑鱼”在 4 日下午折向东偏北，5 日夜间在我国海南岛以东约 150 km 的洋面上沿顺时针旋转半周后又继续东移，最后，于 7 日下午在南海海域减弱消失。

受热带风暴“剑鱼”影响，9 月 1—5 日，海南局部、广东西南部局部、广西东兴出现最大风力 6 ～ 7 级、阵风 7 ～ 9 级；其中，海南三亚出现最大风力 7 级（15.9 m/s）、阵风 9 级（24.0 m/s），为本次热带风暴影响过程风极值。

受其影响，9 月 1—7 日，广西南部部分、广东部分、湖南宜章、江西局部、福建中西部部分、浙江中东部部分、安徽南部局部、江苏南部局部、上海东南部部分地区总雨量为 10 ～ 50 mm；海南局部、广东中南部大部、广西南部局部、江西南部局部、福建华安、浙江北部局部、上海中西部大部、江苏南部局部、安徽南部局部总雨量为 50 ～ 150 mm；海南大部、广东沿海局部总雨量为 150 ～ 300 mm；海南东南部局部总雨量为 300 ～ 479 mm；其中，海南琼海总雨量为 478.1 mm，为本次热带风暴影响过程总雨量极值。海南琼海 3 日雨量 227.5 mm，广东平远 8 月 31 日 21 时雨量 60.5 mm，分别为本次热带风暴影响过程日雨量和时雨量极值。

受“剑鱼”东北—西南向狭长的低压区影响，9 月 1—2 日，华东和华南出现中到大雨局部暴雨；3 日，受“剑鱼”低压云团持续影响，海南大部出现暴雨到大暴雨；4—7 日，雨势逐渐减弱。

受其影响，海南省出现了一定程度的灾情，总计受灾人数达到 2 万人，紧急转移人口 0.8 万人，农作物受灾面积达到 1.7 千公顷，农作物绝收面积 0.2 千公顷，直接经济损失达到 0.2 亿元（表 2.17.2）。

表 2.17.1 是热带风暴“剑鱼”的中心位置和强度。表 2.17.2 是热带风暴“剑鱼”引发的灾情。图 2.17.1 ～ 2.17.4 分别是热带风暴“剑鱼”的路径图、总降水量图、总降水日数图和大风分布图。图 2.17.5 ～ 2.17.11 分别是 2019 年 9 月 1—7 日的日降水量图，图 2.17.12 ～ 2.17.13 分别是热带风暴“剑鱼”的大风区域演变图和 2019 年 9 月 2 日 08 时 500 hPa 高度场图。

表 2.17.1　第 1914 号热带风暴“剑鱼”（Kajiki）中心位置和强度

8 月 30 日—9 月 7 日

年	月	日	时	中心位置		中心气压（hPa）	中心风速（m/s）
				北纬（°N）	东经（°E）		
2019	8	30	20	16.0	124.6	1004	13

（续表）

年	月	日	时	中心位置		中心气压（hPa）	中心风速（m/s）
				北纬（°N）	东经（°E）		
2019	8	31	2	17.7	124.2	1004	13
	8	31	8	18.9	122.6	1004	13
	8	31	14	19.3	121.0	1004	13
	8	31	20	18.9	119.7	1004	13
	9	1	2	19.1	118.6	1000	15
	9	1	8	19.0	117.4	1000	15
	9	1	11	19.2	116.4	1000	15
	9	1	14	19.3	115.5	1000	15
	9	1	17	19.2	114.8	1000	15
	9	1	20	19.0	114.0	1000	15
	9	1	23	18.9	113.5	1000	15
	9	2	2	18.7	112.5	998	15
	9	2	5	18.8	111.5	995	18
	9	2	8	18.8	110.8	995	18
	9	2	11	18.8	110.2	995	18
	9	2	14	18.4	109.4	998	15
	9	2	20	17.4	108.5	998	15
	9	3	2	16.4	107.6	998	15
	9	3	8	16.0	107.1	998	15
	9	3	14	16.0	107.5	998	15
	9	3	20	16.7	108.2	998	15
	9	4	2	16.8	107.9	998	15
	9	4	8	17.0	107.6	998	15
	9	4	14	17.1	107.7	998	15
	9	4	20	17.3	108.6	998	15
	9	5	2	17.4	109.3	1000	13
	9	5	8	17.7	110.2	1000	13
	9	5	14	18.4	111.5	1000	13
	9	5	20	18.7	111.8	1000	13
	9	6	2	19.0	112.0	1000	13
	9	6	8	19.2	112.3	1000	13

（续表）

年	月	日	时	中心位置		中心气压（hPa）	中心风速（m/s）
				北纬（°N）	东经（°E）		
2019	9	6	14	18.7	112.4	1000	13
	9	6	20	18.9	113.2	1000	13
	9	7	2	19.2	113.8	1000	13
	9	7	8	19.2	114.2	1000	13
	9	7	14	19.1	114.6	1002	13
消散							

表 2.17.2　第 1914 号热带风暴“剑鱼”（Kajiki）在海南省引发的灾情

受灾省	受灾人口（万人）	死亡人口（人）	失踪人口（人）	紧急转移人口（万人）	农作物		倒塌房屋（万间）	直接经济损失（亿元）
					受灾面积（千公顷）	绝收面积（千公顷）		
海南省	2	0	0	0.8	1.7	0.2	0	0.2
合计	2	0	0	0.8	1.7	0.2	0	0.2

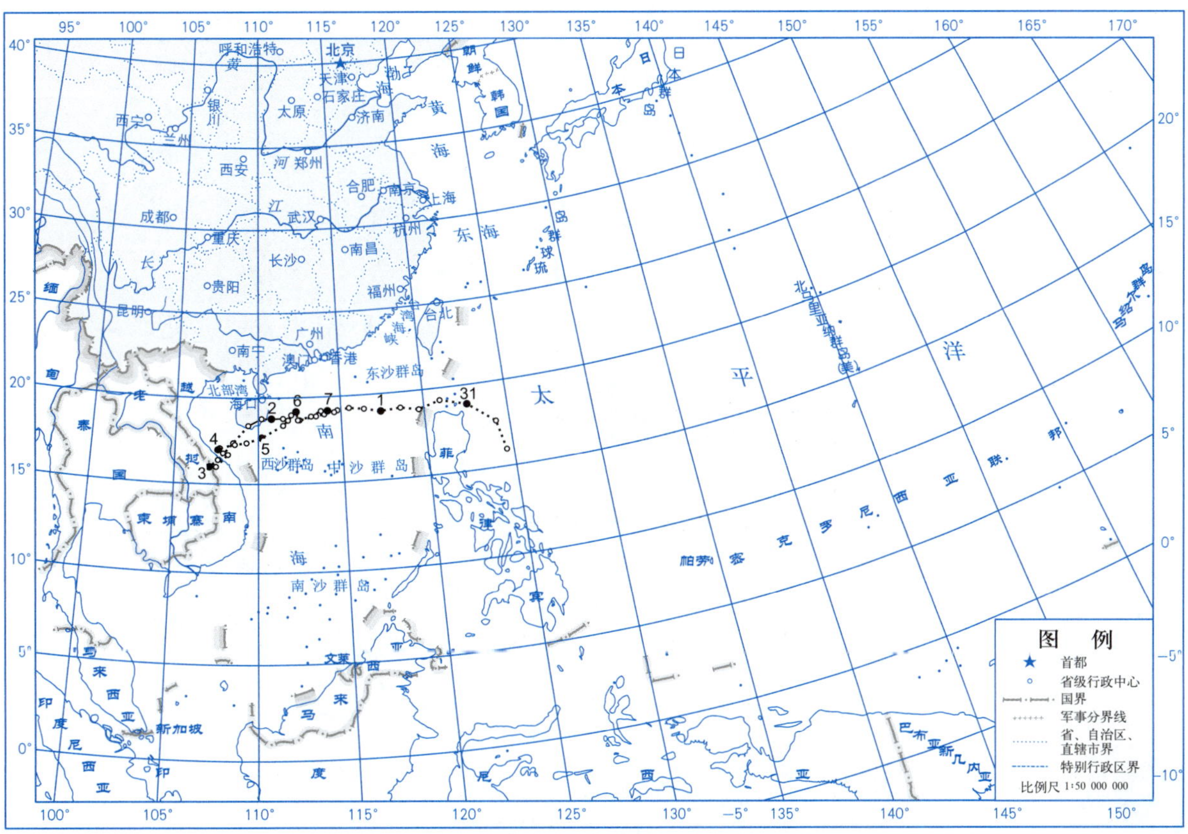

图 2.17.1　第 1914 号热带风暴“剑鱼”（Kajiki）路径图

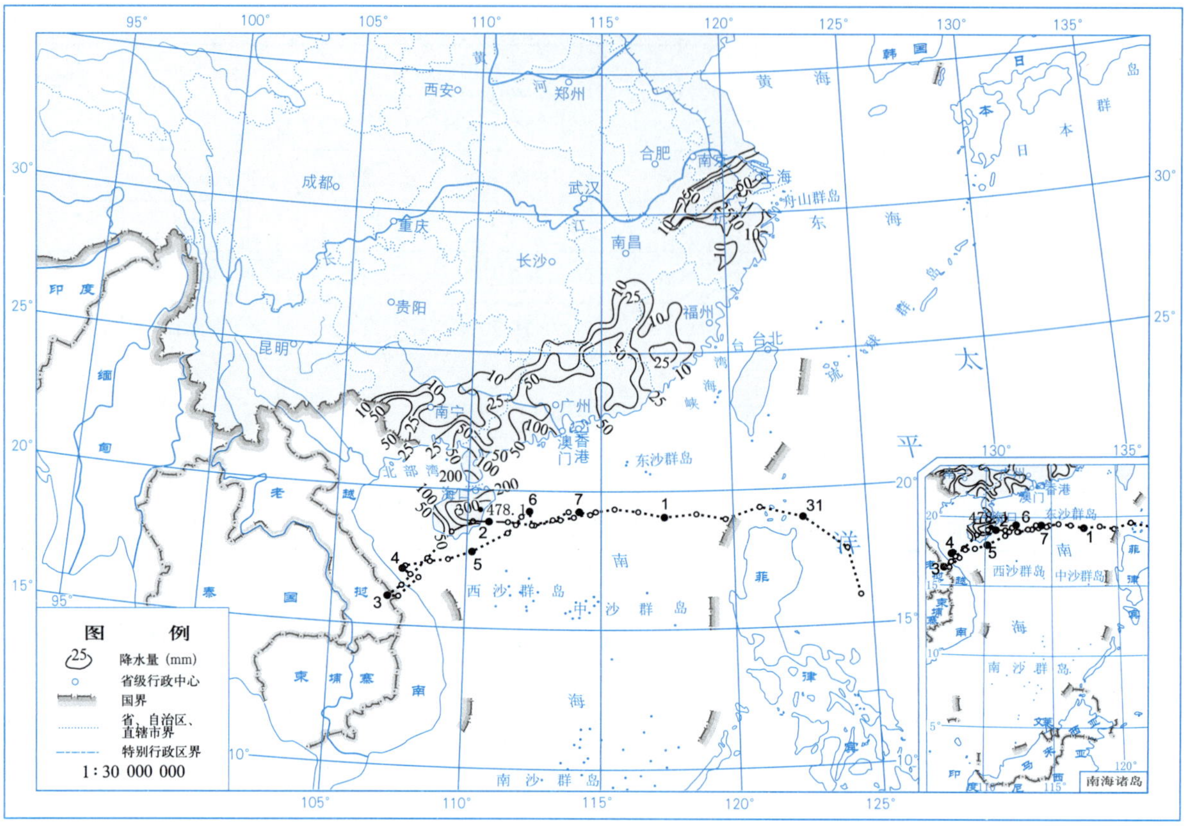

图 2.17.2　第 1914 号热带风暴“剑鱼”（Kajiki）总降水量图（9 月 1—7 日）（mm）

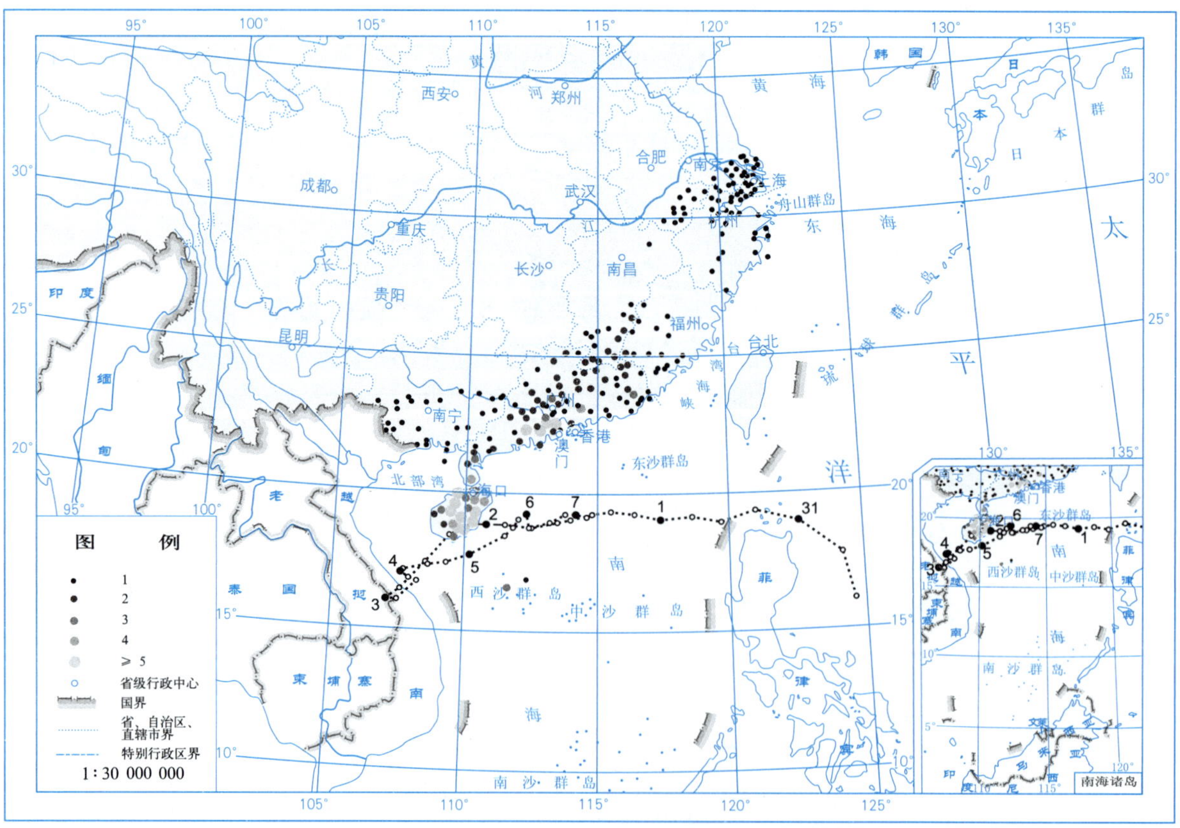

图 2.17.3　第 1914 号热带风暴“剑鱼”（Kajiki）总降水日数图（9 月 1—7 日）（天）

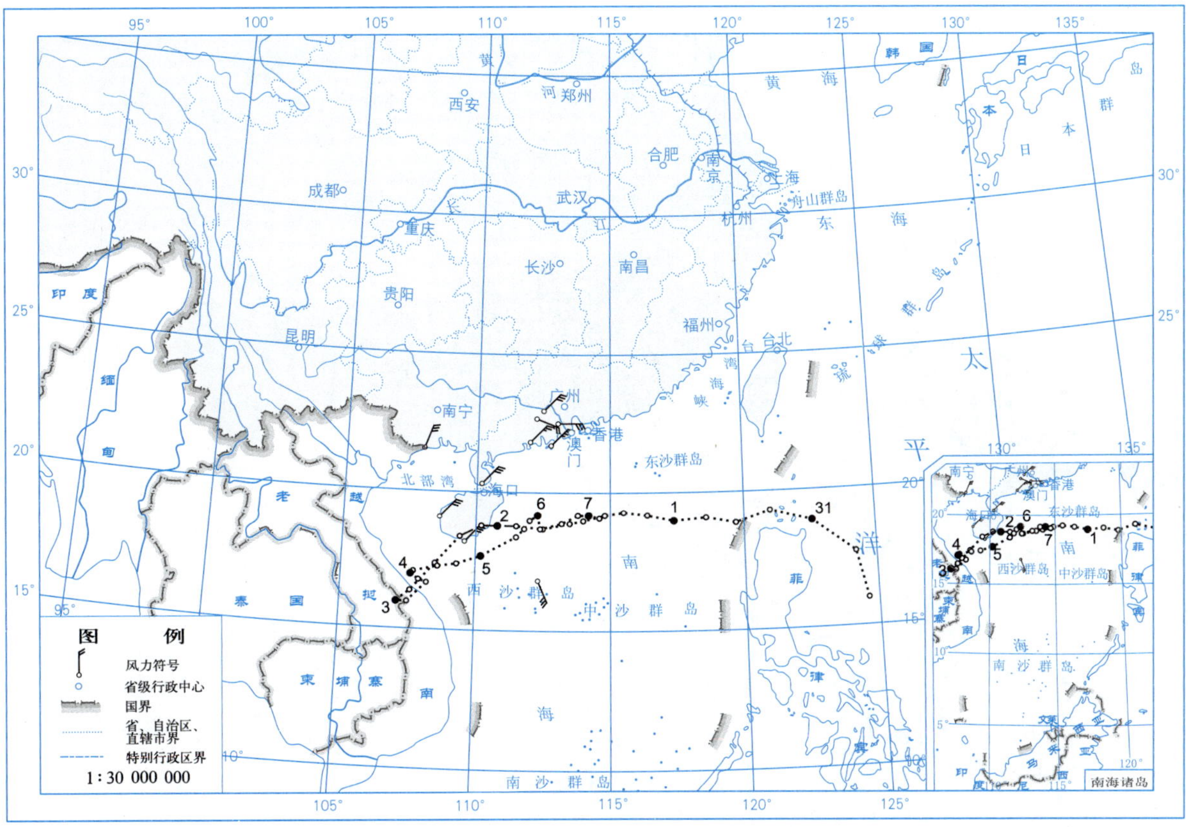

图 2.17.4　第 1914 号热带风暴“剑鱼”（Kajiki）大风分布图（9 月 1—5 日）

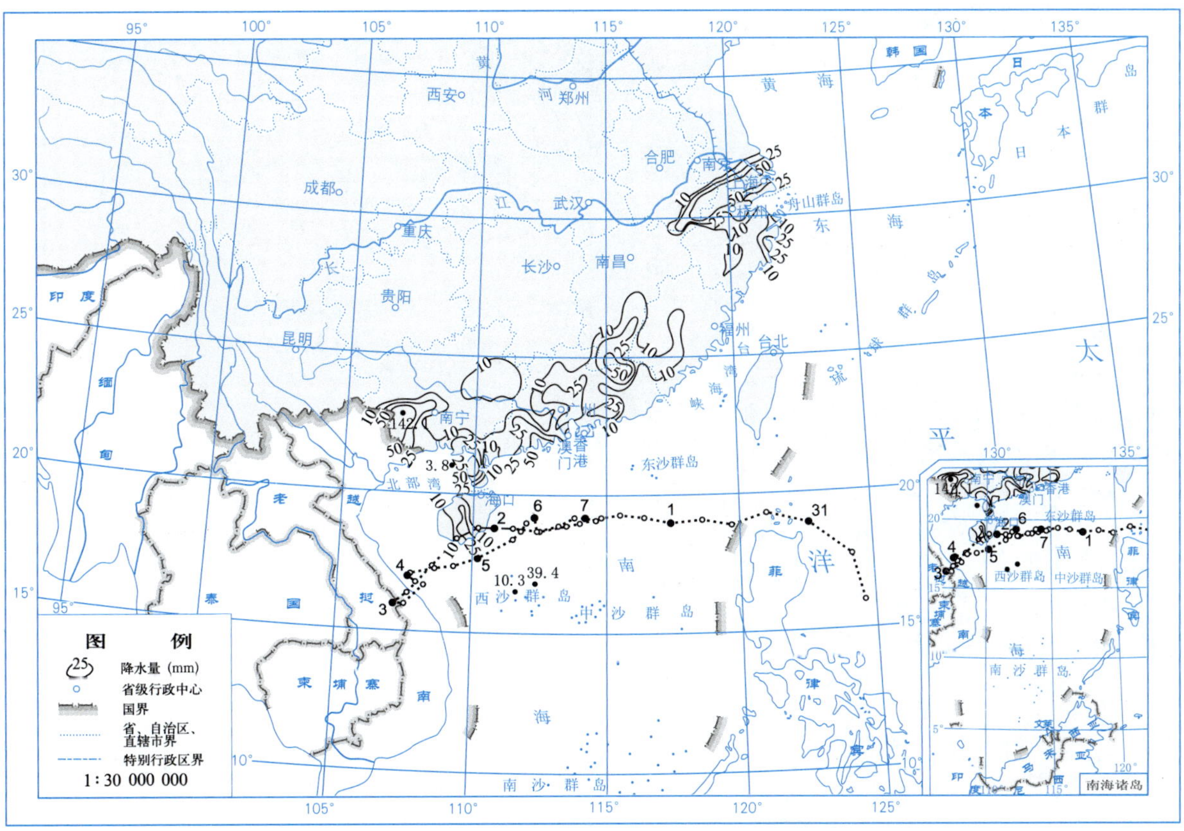

图 2.17.5　2019 年 9 月 1 日的日降水量图（mm）

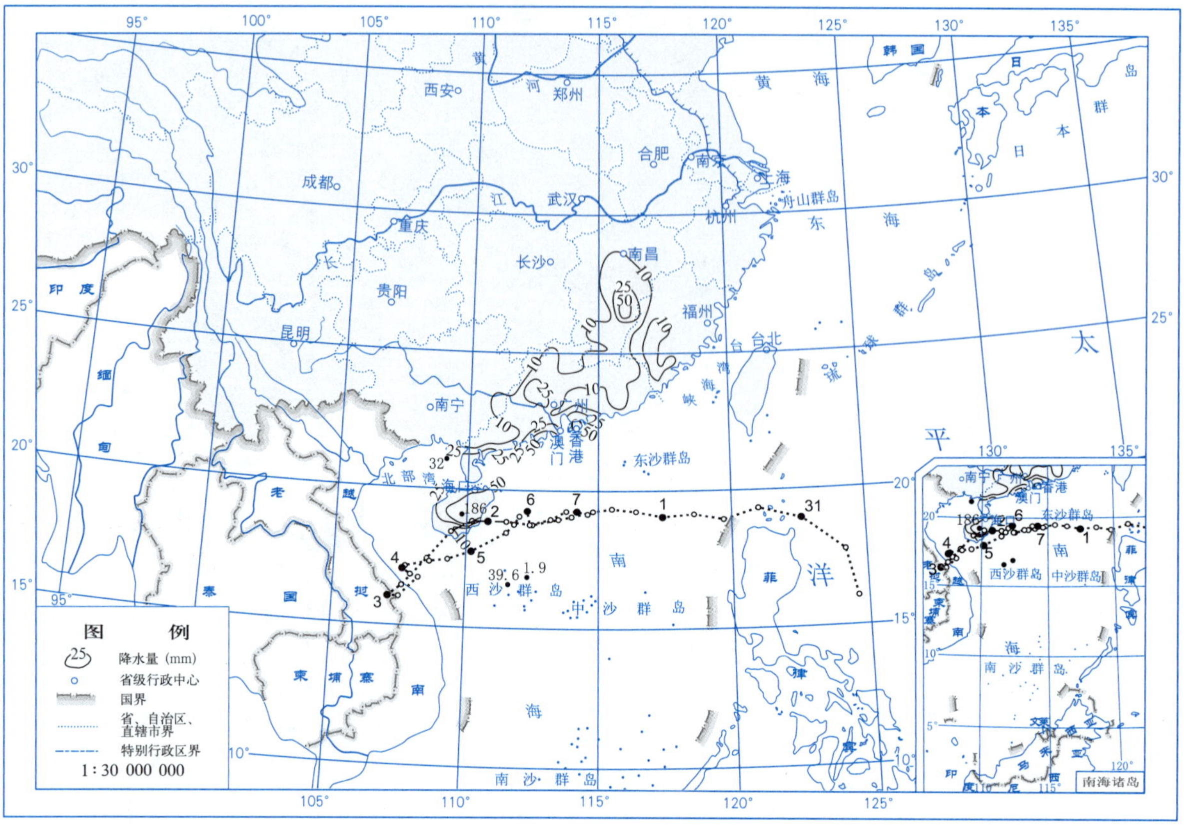

图 2.17.6　2019 年 9 月 2 日的日降水量图（mm）

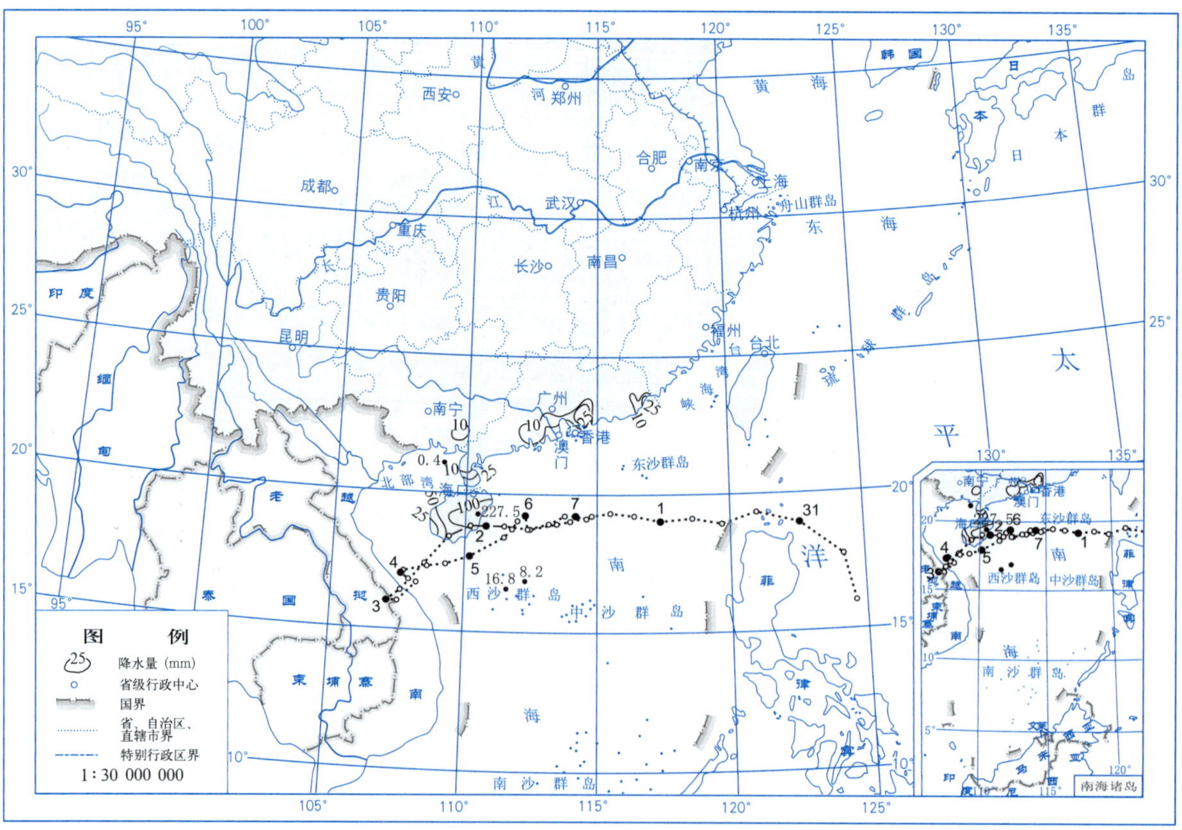

图 2.17.7　2019 年 9 月 3 日的日降水量图（mm）

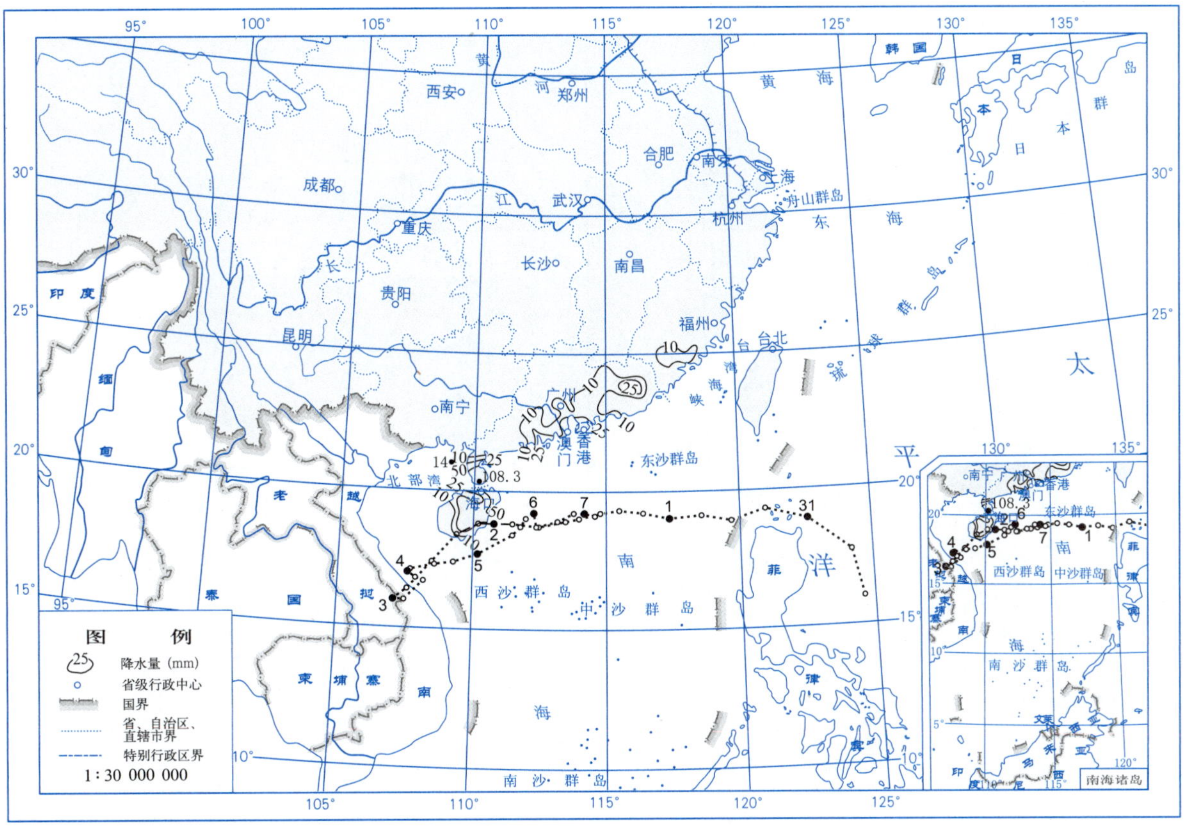

图 2.17.8　2019 年 9 月 4 日的日降水量图（mm）

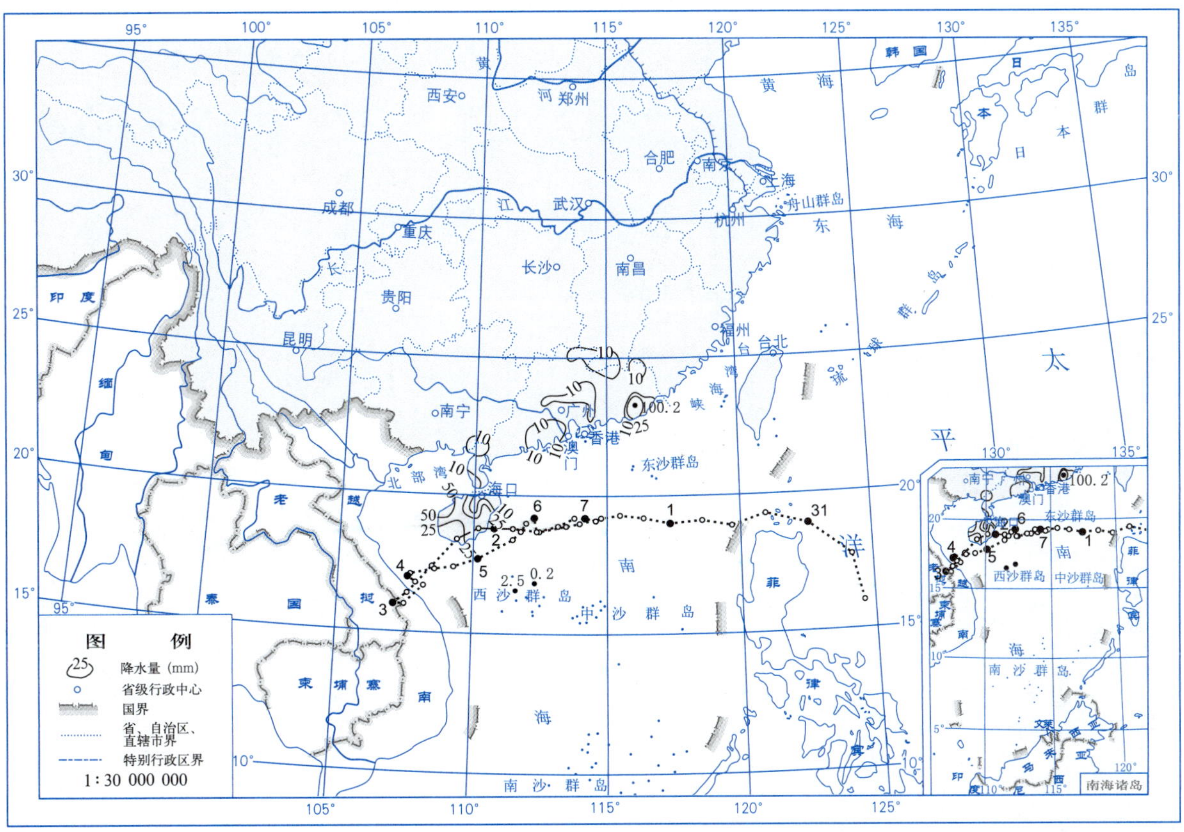

图 2.17.9　2019 年 9 月 5 日的日降水量图（mm）

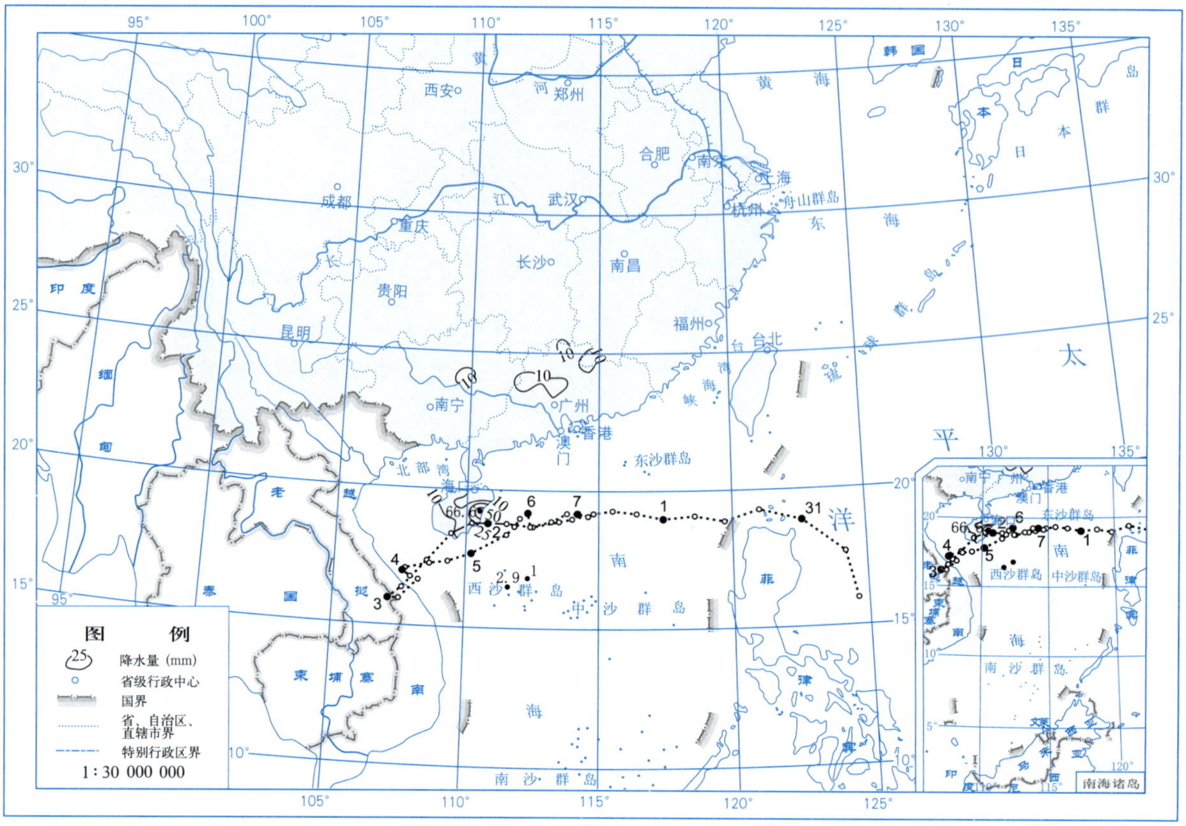

图 2.17.10　2019 年 9 月 6 日的日降水量图（mm）

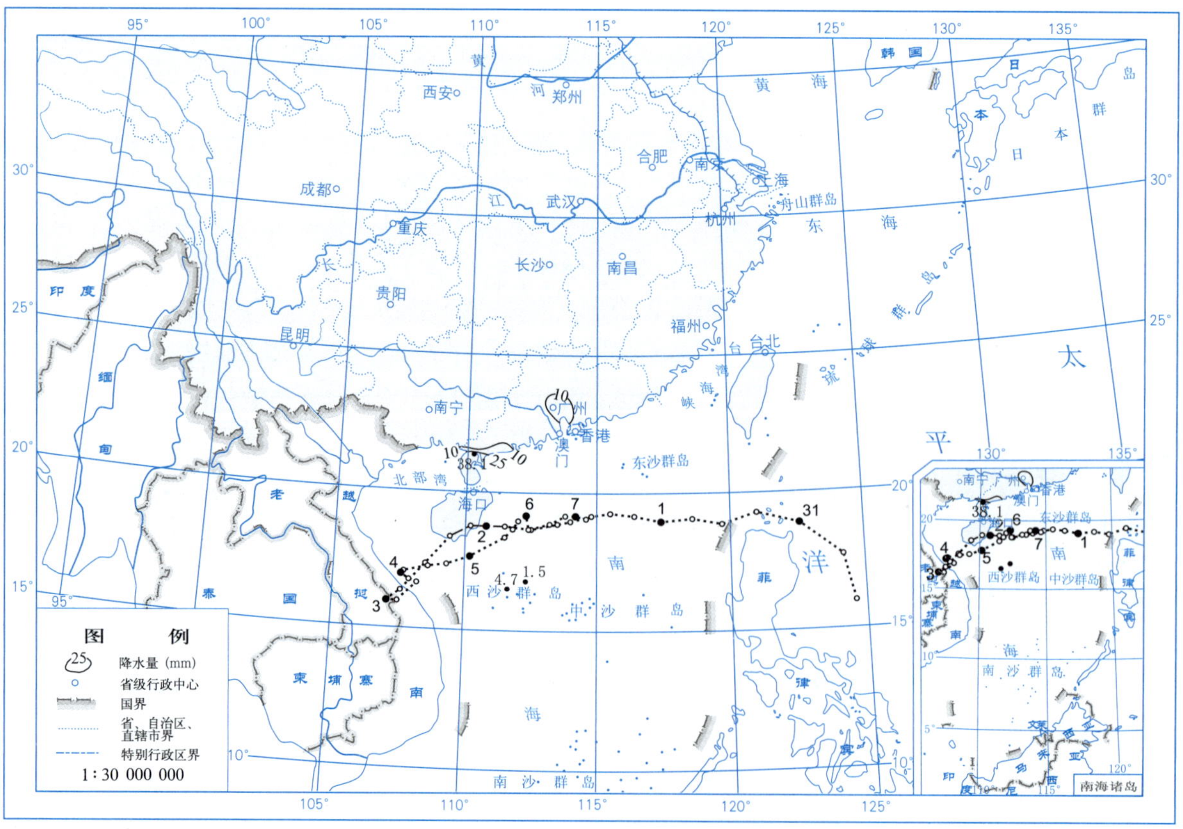

图 2.17.11　2019 年 9 月 7 日的日降水量图（mm）

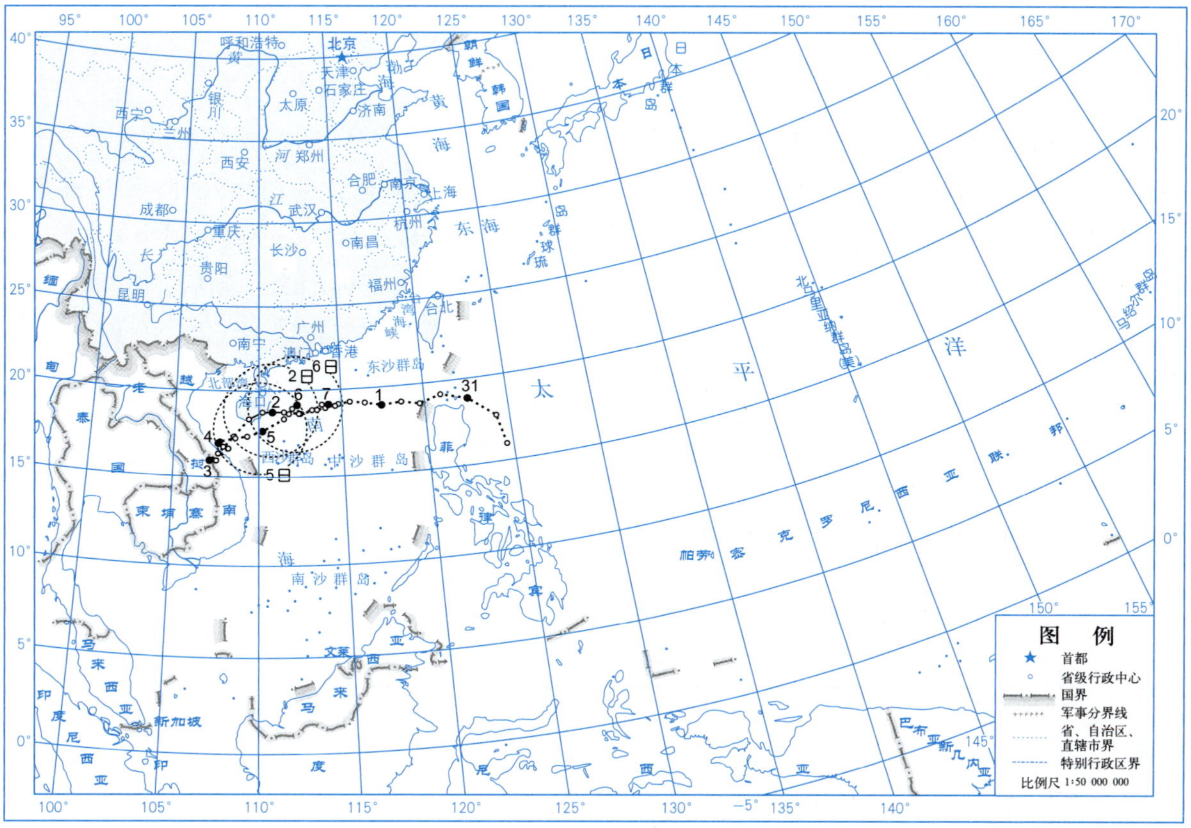

图 2.17.12　第 1914 号热带风暴“剑鱼”（Kajiki）大风区域演变图（9 月 2—6 日）

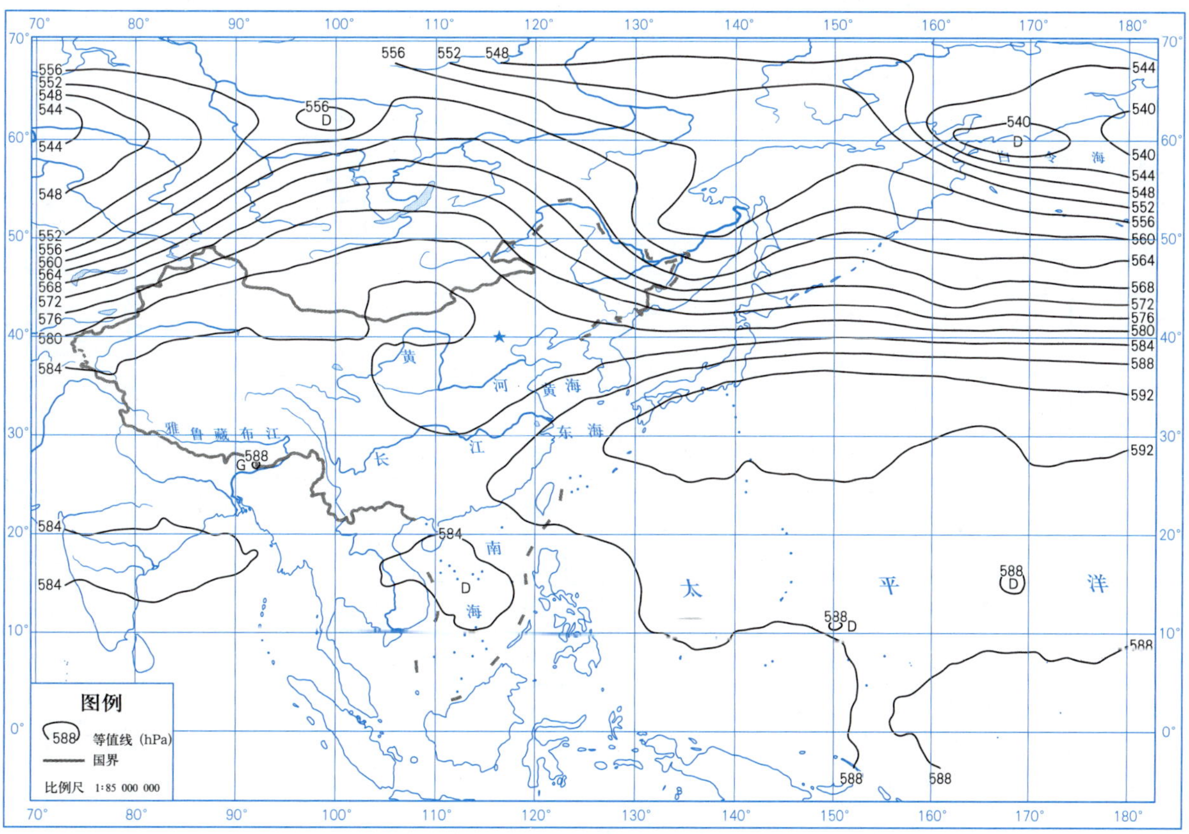

图 2.17.13　2019 年 9 月 2 日 08 时 500 hPa 高度场图（dagpm）

2.18 强台风“法茜”（Faxai）

第 1915 号强台风“法茜”是由 9 月 2 日早晨位于美国威克岛以南约 380 km 的西北太平洋洋面上一个热带低压发展形成。形成后低压中心向偏西方向移动，5 日凌晨转向为西北方向，强度逐渐增强为热带风暴，6 日夜间继续增强为强热带风暴，7 日凌晨进一步增强为台风，夜间增强至强台风，于 8 日早晨达到其生命史最大强度，近中心最大风速 50 m/s，中心最低气压 940 hPa。随后，强台风“法茜”逐渐靠近日本东岸，于 9 日凌晨先后登陆日本三浦半岛和千叶沿海，登陆后减弱为台风，之后再次入海，并折向东偏北方向，强度迅速减弱，10 日减弱为热带风暴，随即变性为温带气旋，加速向东偏北方向移动，11 日上午在西北太平洋洋面减弱消散。

表 2.18.1 是强台风“法茜”中心位置和强度。图 2.18.1 ～ 2.18.3 分别是强台风“法茜”的路径图、大风区域演变图和 2019 年 9 月 8 日 20 时 500 hPa 高度场图。

表 2.18.1 第 1915 号强台风“法茜”（Faxai）中心位置和强度

9 月 2—11 日

年	月	日	时	中心位置		中心气压（hPa）	中心风速（m/s）
				北纬（°N）	东经（°E）		
2019	9	2	8	16.0	167.9	1002	13
	9	2	14	16.2	166.5	1002	13
	9	2	20	16.4	165.3	1002	13
	9	3	2	16.9	164.1	1002	13
	9	3	8	17.0	162.8	1002	13
	9	3	14	17.0	161.4	1002	13
	9	3	20	17.1	160.6	1002	13
	9	4	2	17.4	160.0	1002	13
	9	4	8	17.8	159.4	1002	13
	9	4	14	18.1	158.5	1000	15
	9	4	20	18.3	157.5	1000	15
	9	5	2	18.6	156.7	1000	15
	9	5	8	19.2	156.1	998	18
	9	5	14	19.8	155.5	998	18
	9	5	20	20.6	154.5	995	20
	9	6	2	21.6	153.2	995	20
	9	6	8	22.5	151.8	995	20
	9	6	14	23.6	150.0	990	23

（续表）

年	月	日	时	中心位置		中心气压（hPa）	中心风速（m/s）
				北纬（°N）	东经（°E）		
2019	9	6	20	24.7	148.2	985	28
	9	7	2	25.8	146.4	975	33
	9	7	8	26.7	145.0	965	38
	9	7	14	27.9	143.4	960	40
	9	7	20	28.9	141.7	950	45
	9	8	2	30.0	140.6	945	48
	9	8	8	31.4	139.5	940	50
	9	8	14	32.8	139.0	940	50
	9	8	20	34.1	139.0	945	48
	9	9	2	35.4	139.7	955	42
	9	9	8	36.3	140.9	965	38
	9	9	14	37.3	142.4	975	33
	9	9	20	38.4	144.2	985	28
	9	10	2	39.1	146.4	990	23
△	9	10	8	39.9	148.5	995	20
	9	10	14	40.5	151.8	995	20
	9	10	20	41.5	155.0	998	18
	9	11	2	42.3	158.2	1000	15
	9	11	8	43.0	163.0	1000	15
消散							

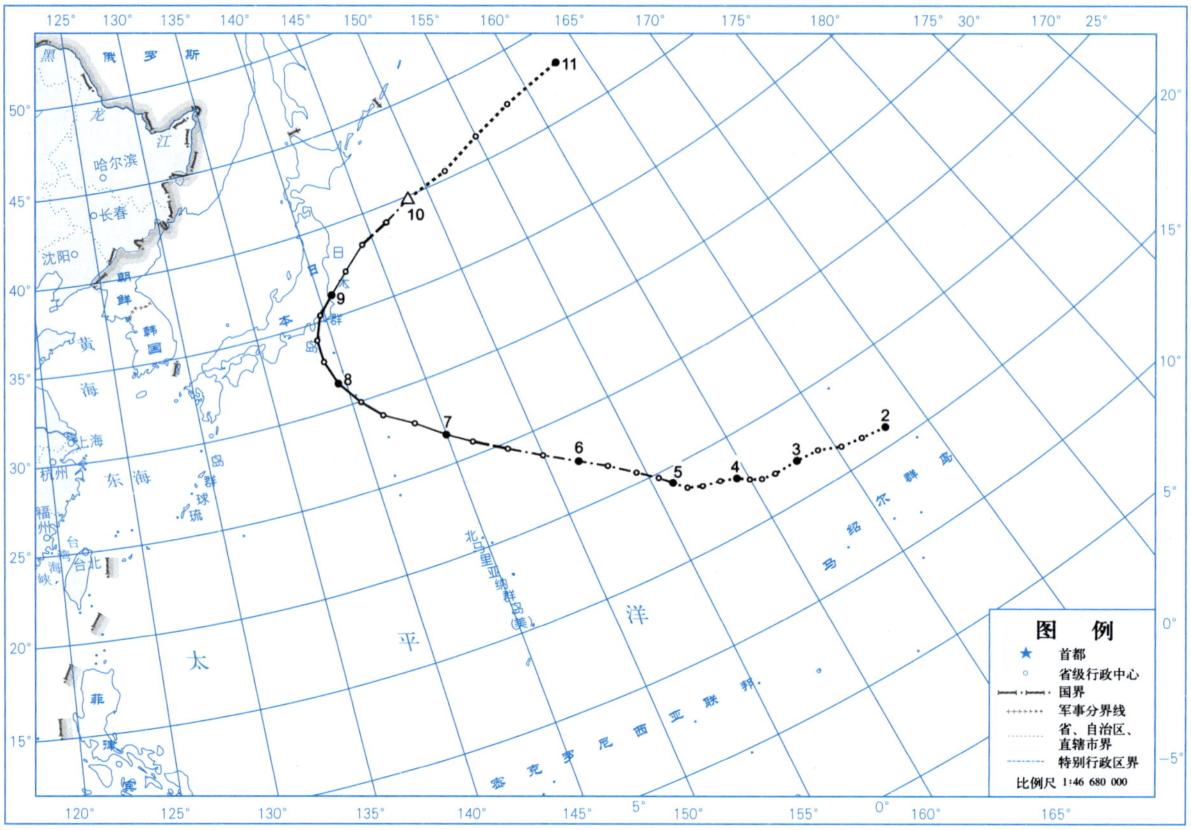

图 2.18.1 第 1915 号强台风“法茜”（Faxai）路径图

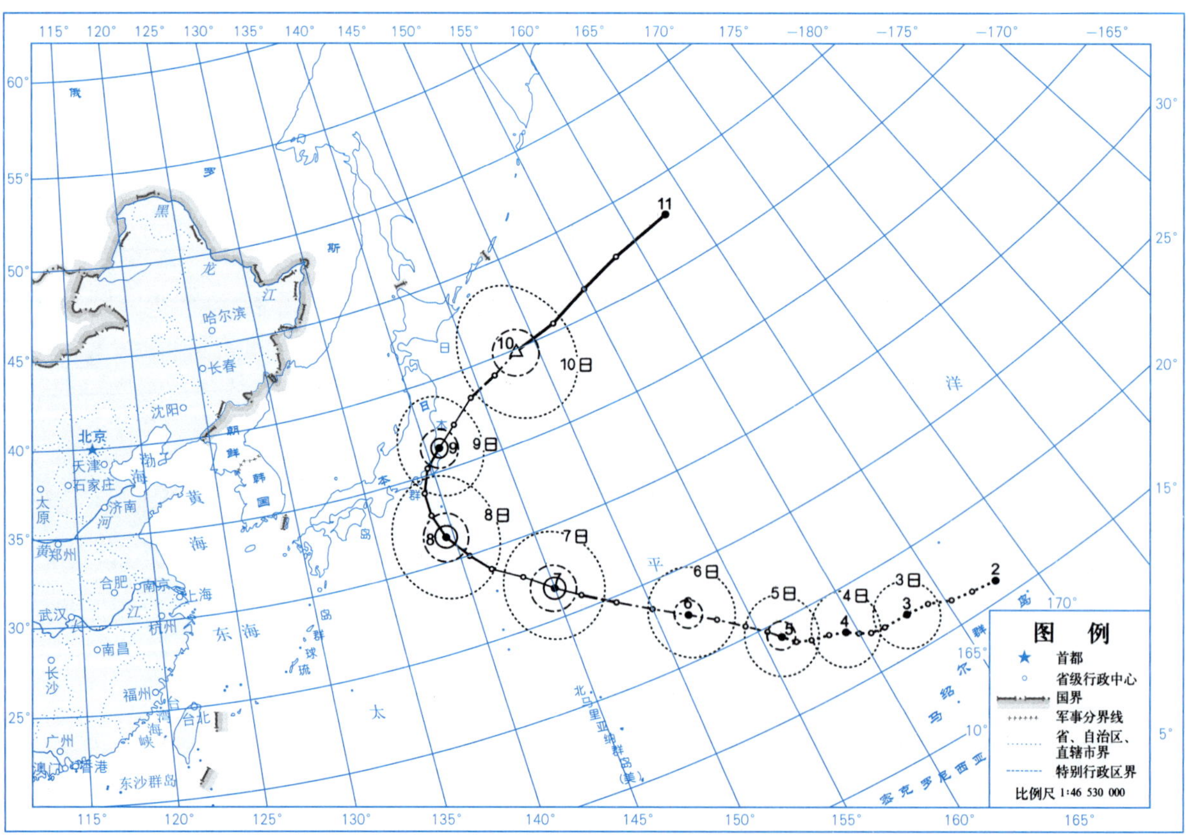

图 2.18.2 第 1915 号强台风“法茜”（Faxai）大风区域演变图（9 月 3—10 日）

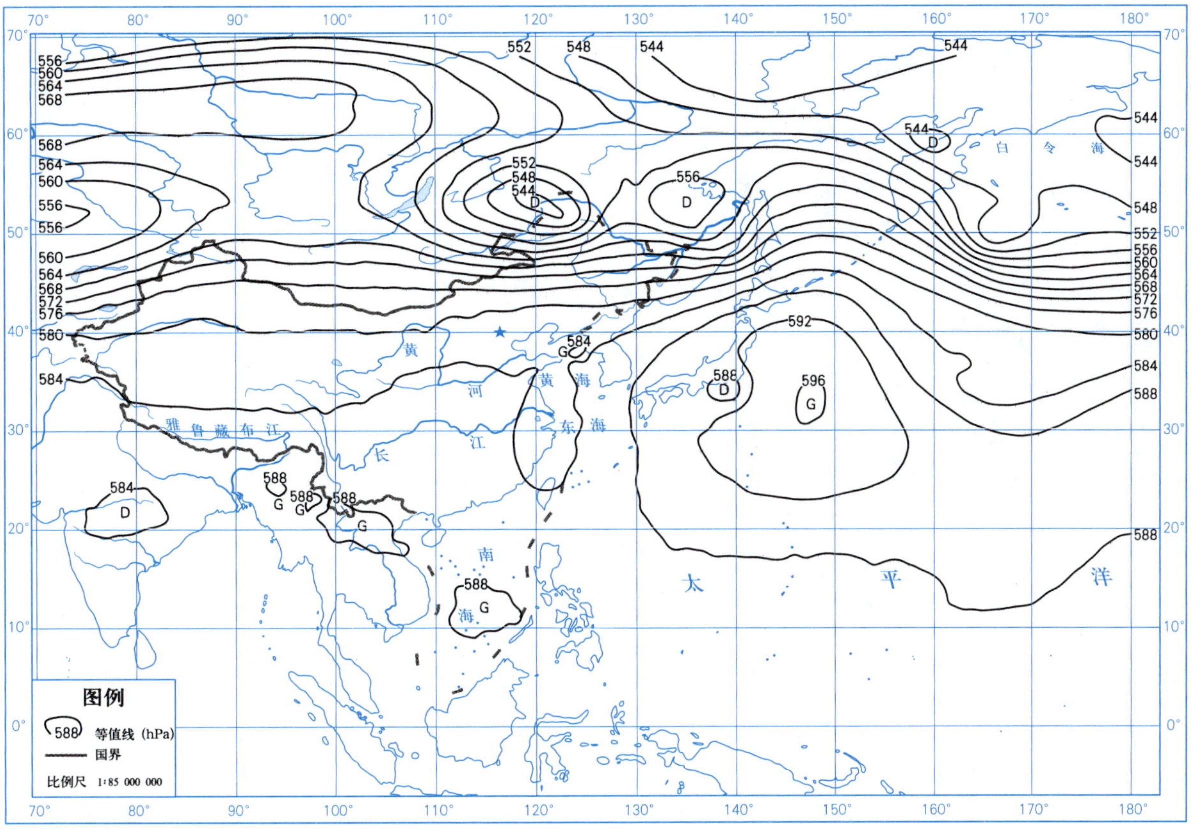

图 2.18.3　2019 年 9 月 8 日 20 时 500 hPa 高度场图（dagpm）

2.19 热带低压（TD1904）

热带低压（TD1904）于 9 月 7 日早晨在我国台湾岛以东约 150 km 的西北太平洋洋面上形成。形成后低压中心向北偏东方向移动，随后进入东海南部海域，次日早晨转向北偏西，9 日下午进入黄海南部海域，之后逐渐转向东北，于 10 日夜间登陆韩国西北部沿海，随即在韩国北部境内消散。

受热带低压影响，9 月 7 日，福建晋江出现最大风力 6 级（12.4 m/s）、阵风 8 级（20.2 m/s），为本次热带低压影响过程风极值。

受其影响，9 月 7—10 日，福建沿海部分、浙江南部沿海部分、江苏南部部分地区总雨量为 10 ~ 50 mm；福建同安和平潭、江苏海安总雨量 50 ~ 87 mm；其中，福建平潭总雨量 86.6 mm，7 日雨量 86.3 mm，7 日 12 时雨量 76.0 mm，分别为本次热带低压影响过程总雨量、日雨量和时雨量极值。

表 2.19.1 是热带低压（TD1904）的中心位置和强度。图 2.19.1 ~ 2.19.4 分别是热带低压（TD1904）路径图、总降水量图、总降水日数图和大风分布图。图 2.19.5 ~ 2.19.8 分别是 2019 年 9 月 7—10 日的日降水量图，图 2.19.9 ~ 2.19.10 分别是热带低压（TD1904）的大风区域演变图和 2019 年 9 月 9 日 14 时 500 hPa 高度场图。

表 2.19.1 热带低压（TD1904）中心位置和强度

9 月 7—11 日

年	月	日	时	中心位置		中心气压（hPa）	中心风速（m/s）
				北纬（°N）	东经（°E）		
2019	9	7	8	24.2	123.3	1002	13
	9	7	14	25.2	123.9	1002	13
	9	7	20	26.2	124.5	1000	13
	9	8	2	27.3	124.8	1000	13
	9	8	8	28.3	125.0	1000	15
	9	8	14	29.3	124.9	996	15
	9	8	20	30.1	124.6	996	15
	9	9	2	30.9	124.2	998	15
	9	9	8	31.8	123.9	1000	15
	9	9	14	32.6	123.6	1000	15
	9	9	20	33.2	123.3	1000	15
	9	10	2	34.0	123.3	1000	15
	9	10	8	34.9	123.5	1004	15
	9	10	14	35.9	124.3	1006	15

（续表）

年	月	日	时	中心位置		中心气压（hPa）	中心风速（m/s）
				北纬（°N）	东经（°E）		
2019	9	10	20	37.2	125.6	1008	15
	9	11	2	37.6	127.2	1010	13
消散							

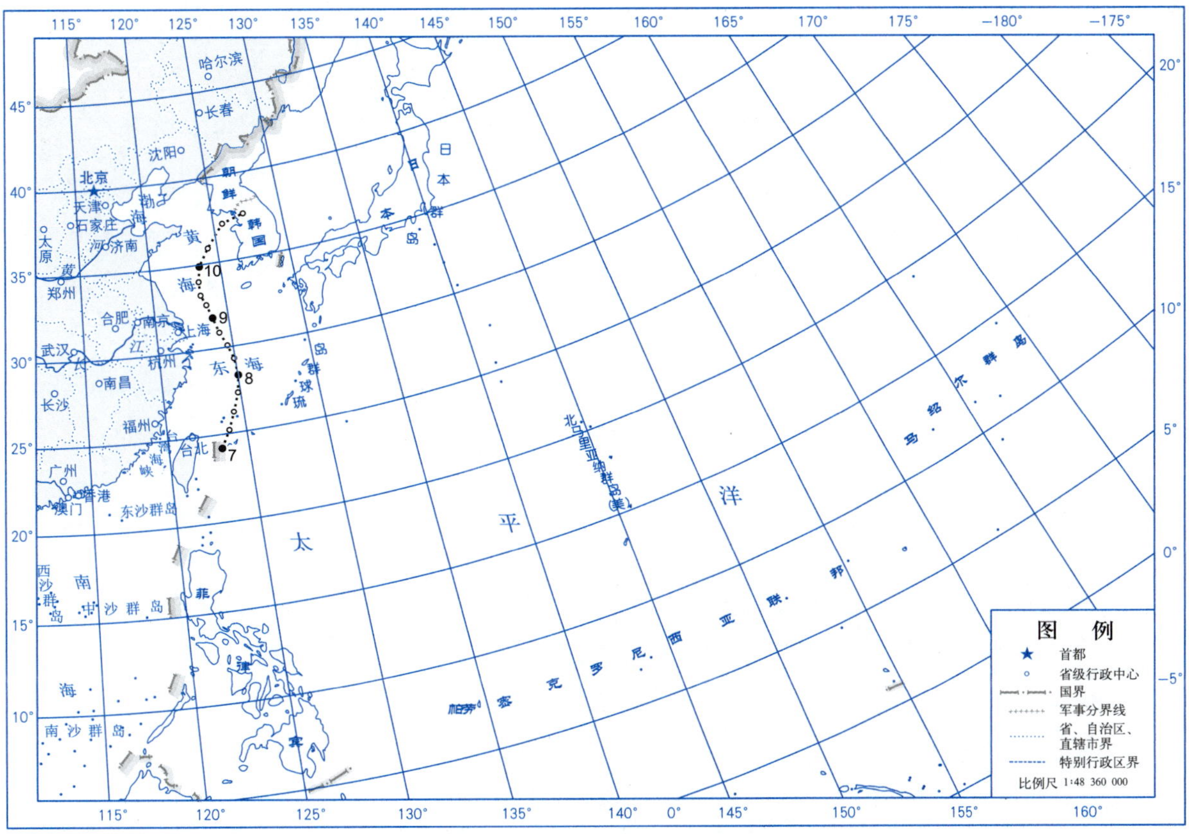

图 2.19.1　热带低压（TD1904）路径图

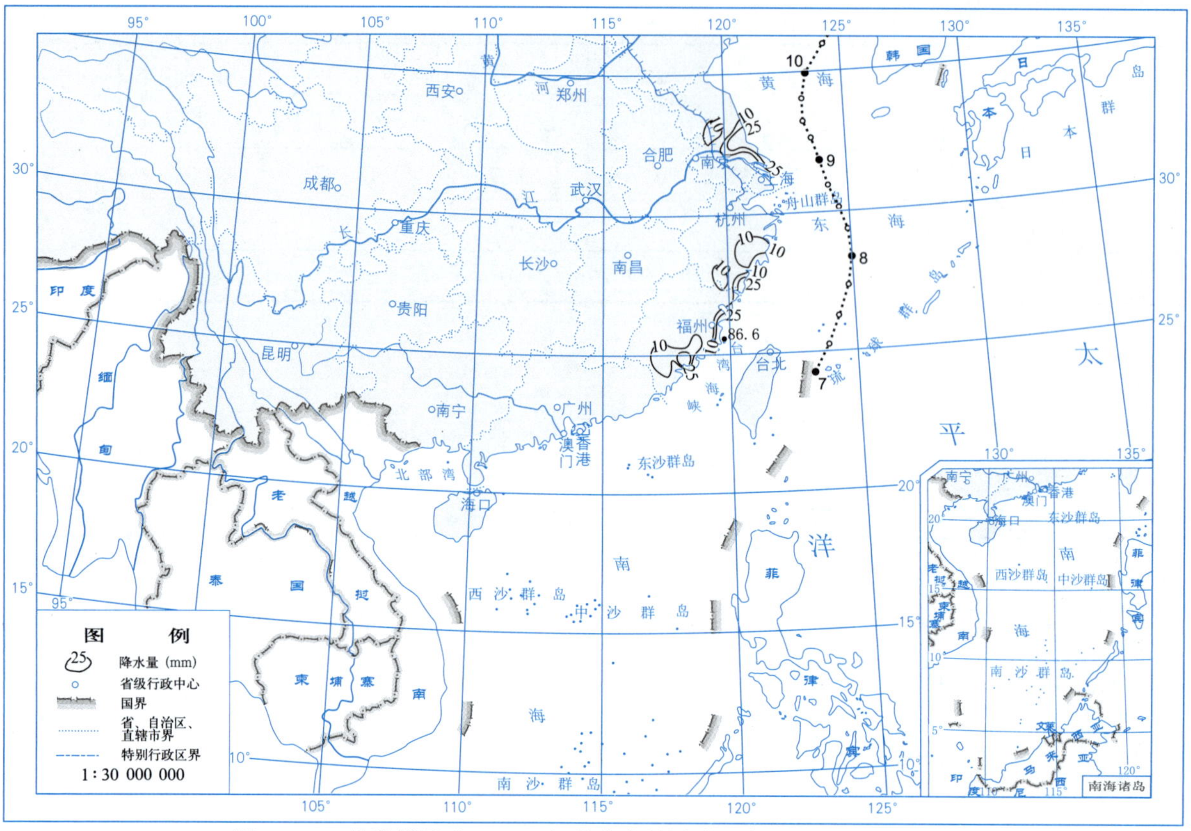

图 2.19.2　热带低压（TD1904）总降水量图（9 月 7—10 日）（mm）

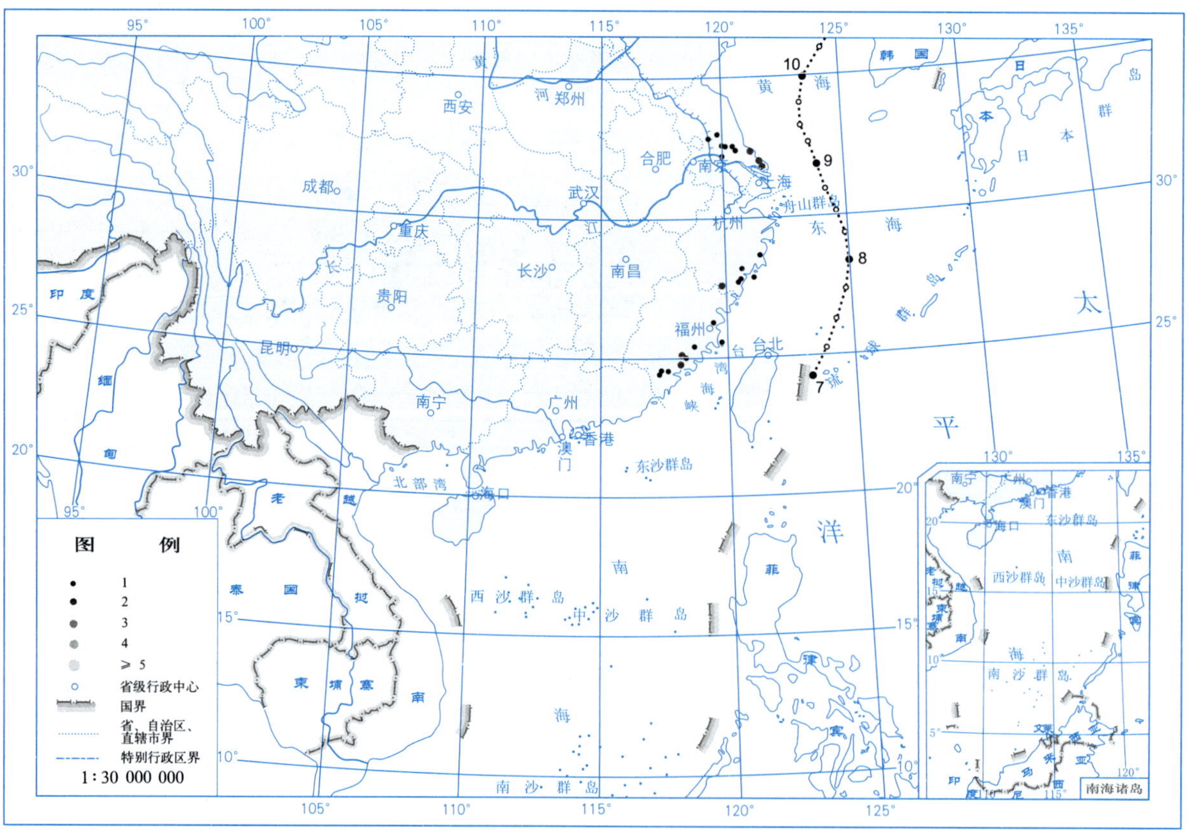

图 2.19.3　热带低压（TD1904）总降水日数图（9 月 7—10 日）（天）

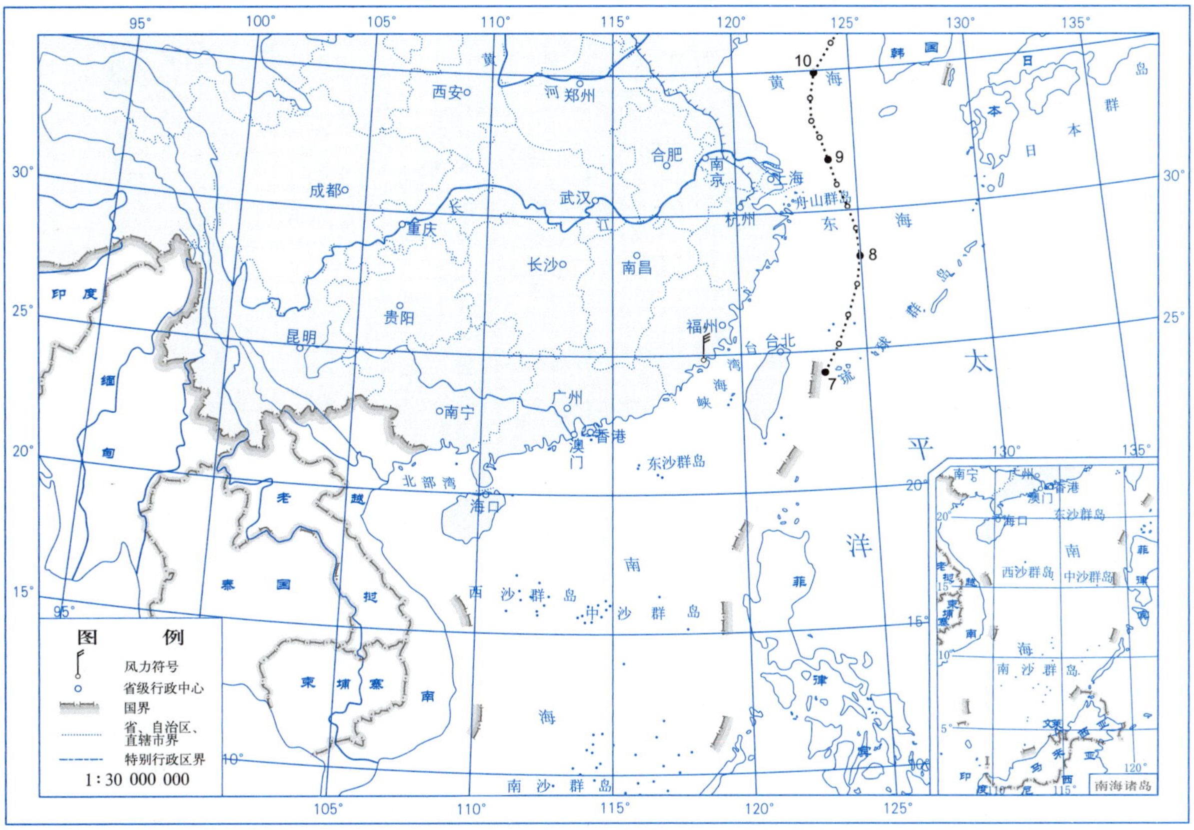

图 2.19.4　热带低压（TD1904）大风分布图（9 月 7 日）

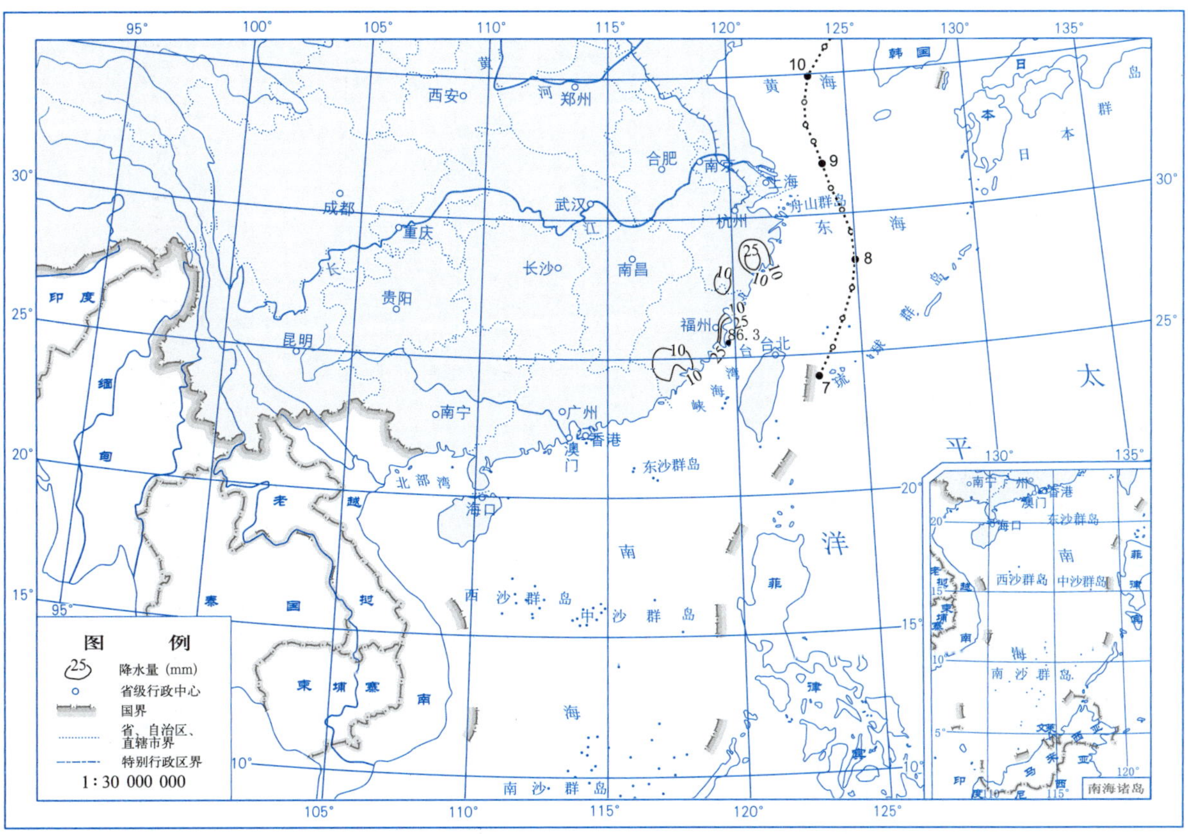

图 2.19.5　2019 年 9 月 7 日的日降水量图（mm）

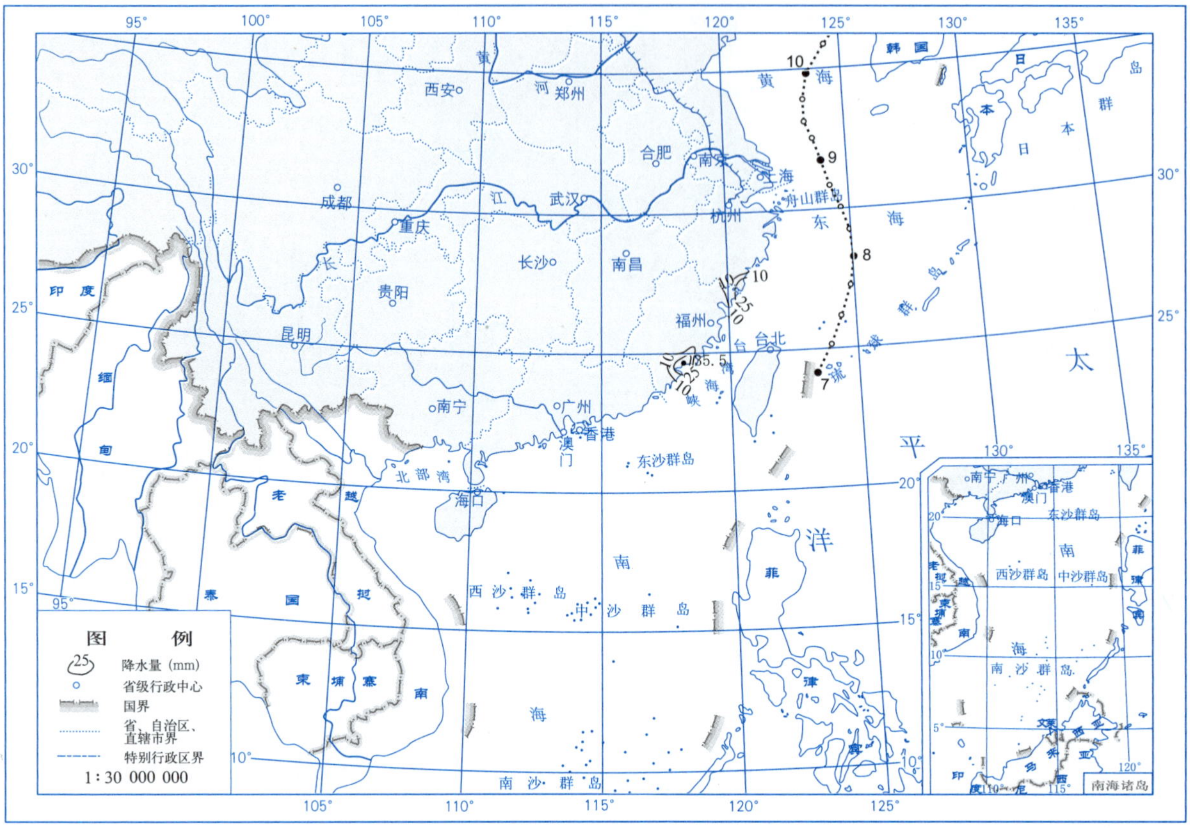

图 2.19.6　2019 年 9 月 8 日的日降水量图（mm）

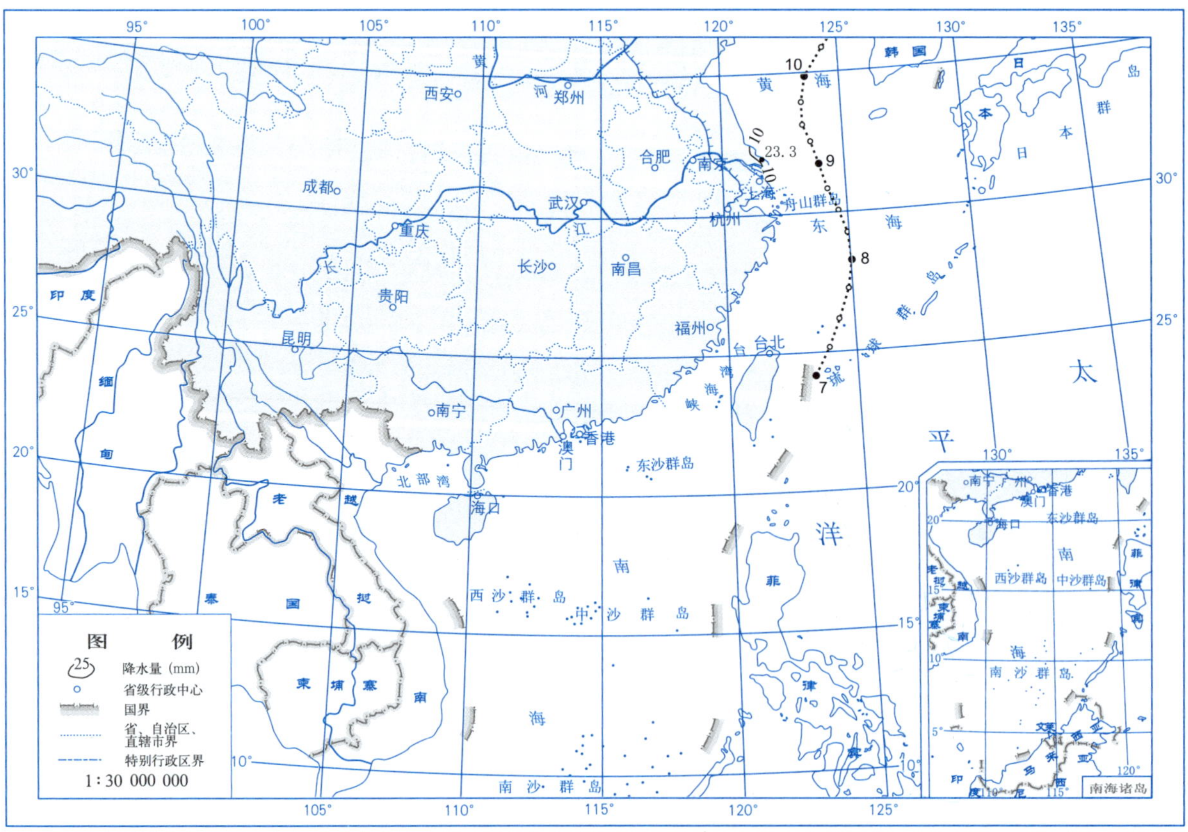

图 2.19.7　2019 年 9 月 9 日的日降水量图（mm）

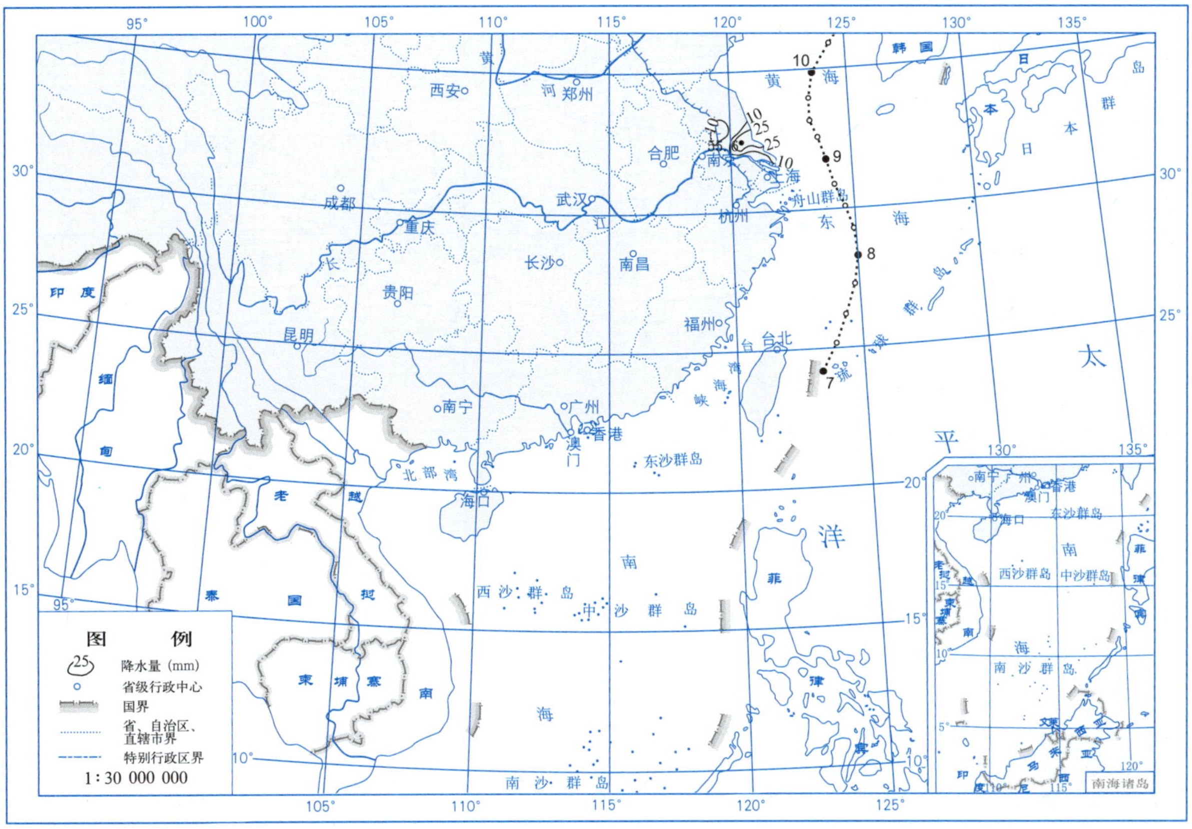

图 2.19.8　2019 年 9 月 10 日的日降水量图（mm）

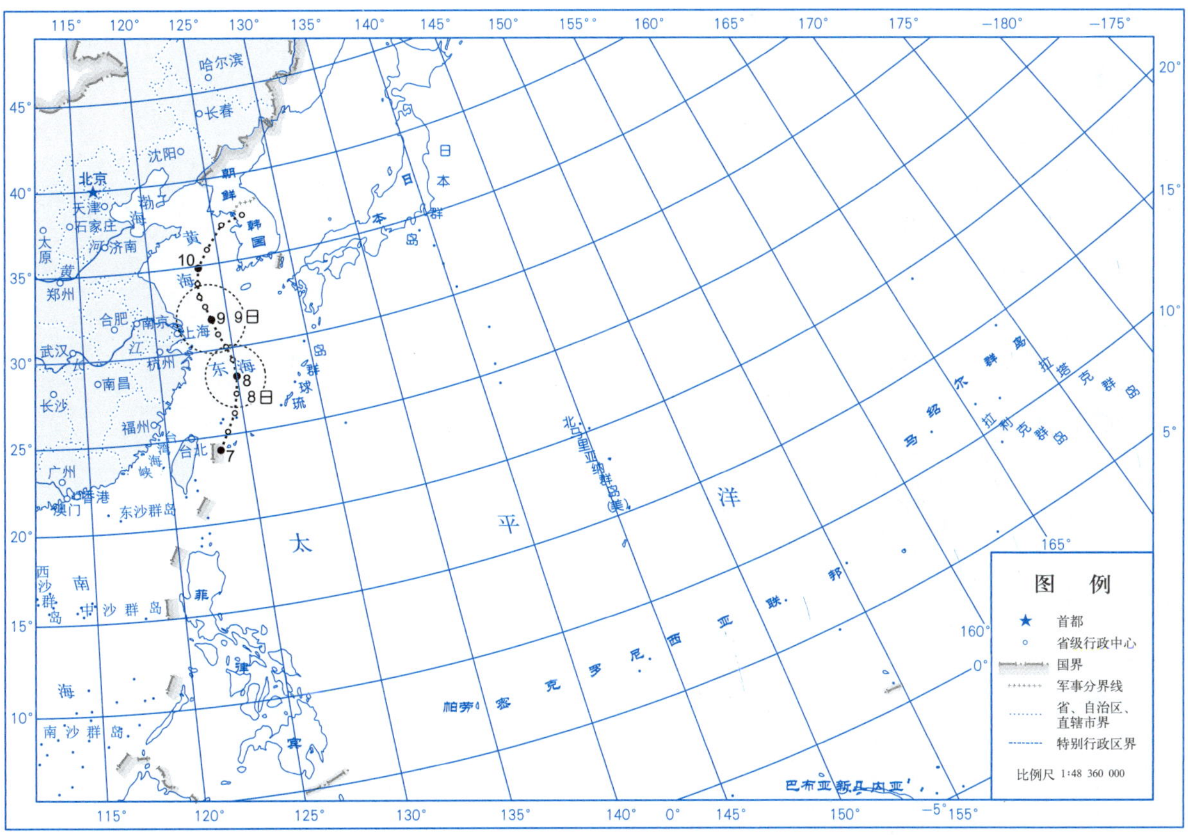

图 2.19.9　热带低压（TD1904）大风区域演变图（9 月 8—9 日）

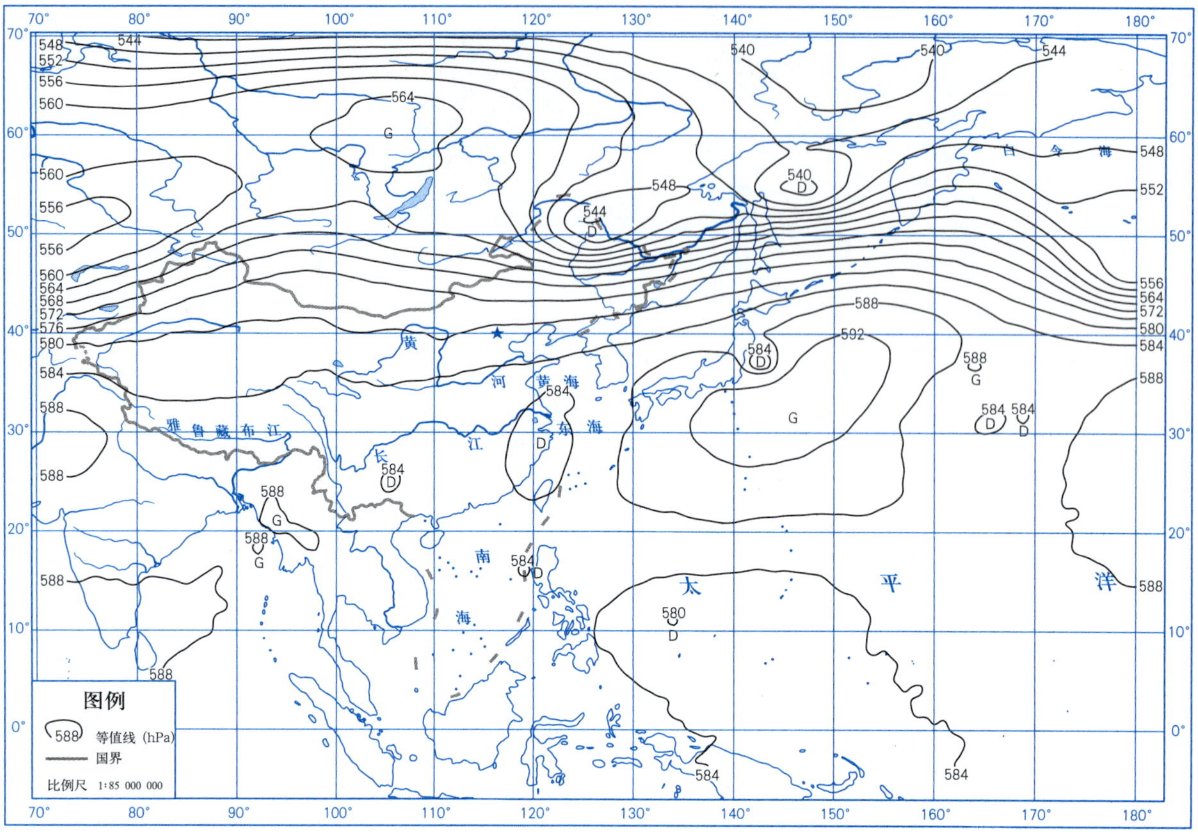

图 2.19.10　2019 年 9 月 9 日 14 时 500 hPa 高度场图（dagpm）

2.20　热带风暴“琵琶”（Peipah）

第 1916 号热带风暴“琵琶”是由 9 月 13 日位于美国关岛以东约 1500 km 的西太平洋洋面上一个热带低压发展形成。形成后低压中心向西偏北方向移动，15 日早晨增强为热带风暴，并逐渐转向北偏西，移速加快，16 日夜间强度减弱为热带低压，于次日凌晨在西北太平洋洋面消散。

表 2.20.1 是热带风暴“琵琶”的中心位置和强度。图 2.20.1 ～ 2.20.3 分别是热带风暴“琵琶”路径图、大风区域演变图和 2019 年 9 月 16 日 14 时 500 hPa 高度场图。

表 2.20.1　第 1916 号热带风暴“琵琶”（Peipah）中心位置和强度

9 月 13—17 日

年	月	日	时	中心位置		中心气压（hPa）	中心风速（m/s）
				北纬（°N）	东经（°E）		
2019	9	13	8	11.8	158.4	1002	13
	9	13	14	12.0	156.7	1002	13
	9	13	20	12.4	155.2	1002	13
	9	14	2	12.7	154.0	1002	13
	9	14	8	13.2	152.9	1002	13
	9	14	14	13.6	151.8	1002	13
	9	14	20	14.0	150.9	1002	13
	9	15	2	14.3	150.4	1000	15
	9	15	8	15.4	149.7	995	18
	9	15	14	16.7	148.9	995	18
	9	15	20	17.8	148.0	995	18
	9	16	2	19.6	146.7	995	18
	9	16	8	21.3	145.3	995	18
	9	16	14	23.3	144.0	995	18
	9	16	20	25.0	142.9	1000	15
	9	17	2	26.8	142.5	1002	13
消散							

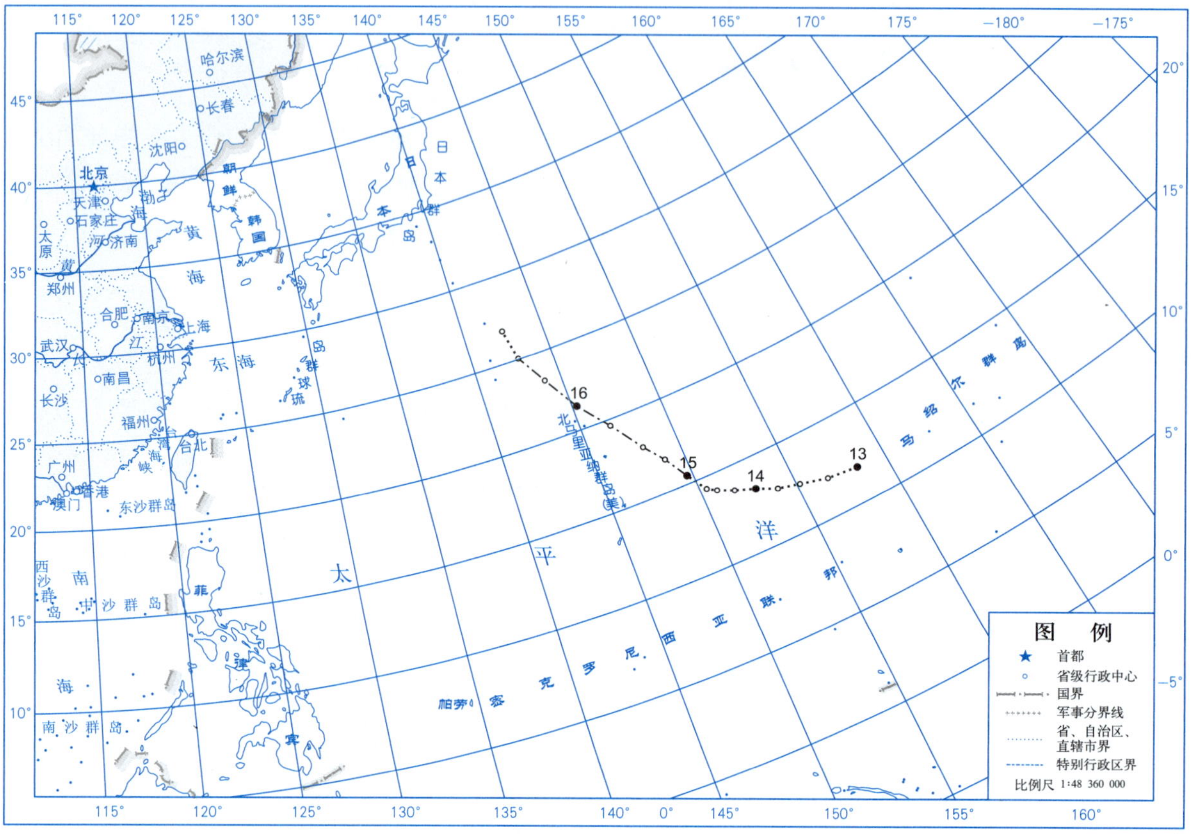

图 2.20.1　第 1916 号热带风暴“琵琶”（Peipah）路径图

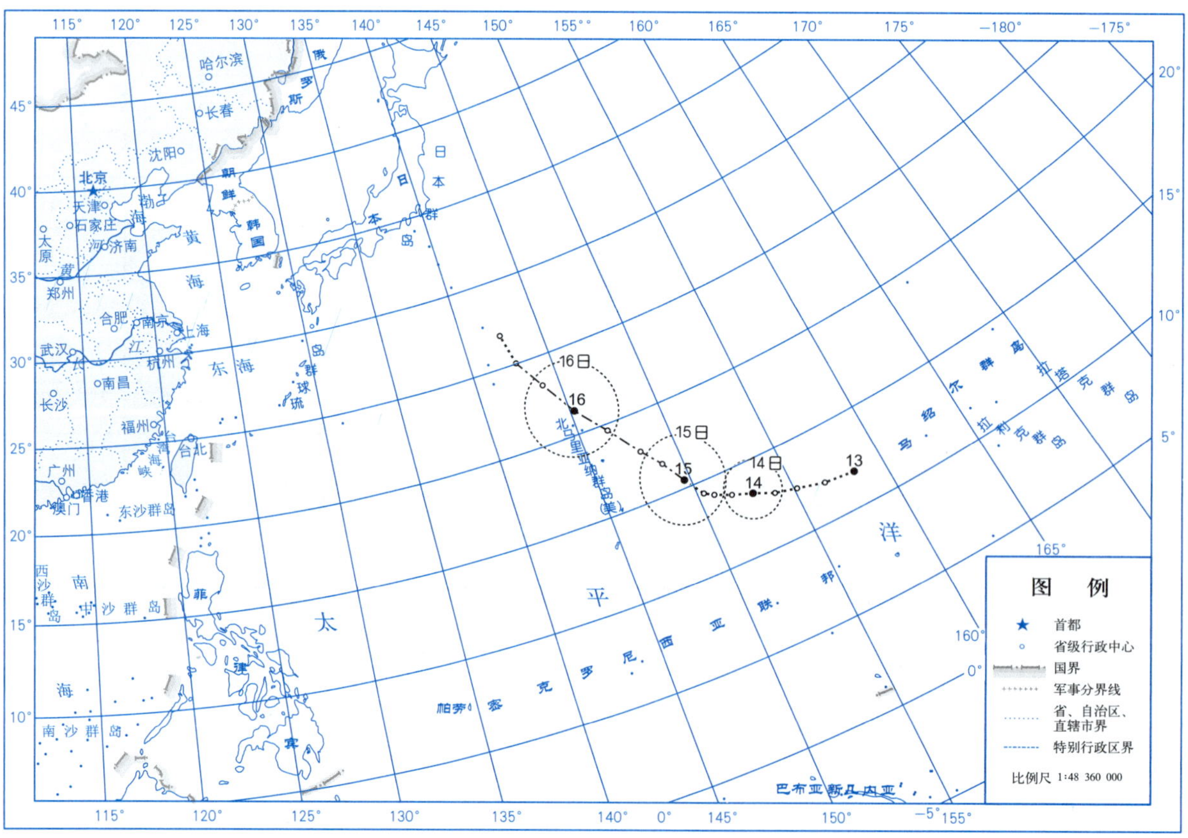

图 2.20.2　第 1916 号热带风暴“琵琶”（Peipah）路径图大风区域演变图（9 月 14—16 日）

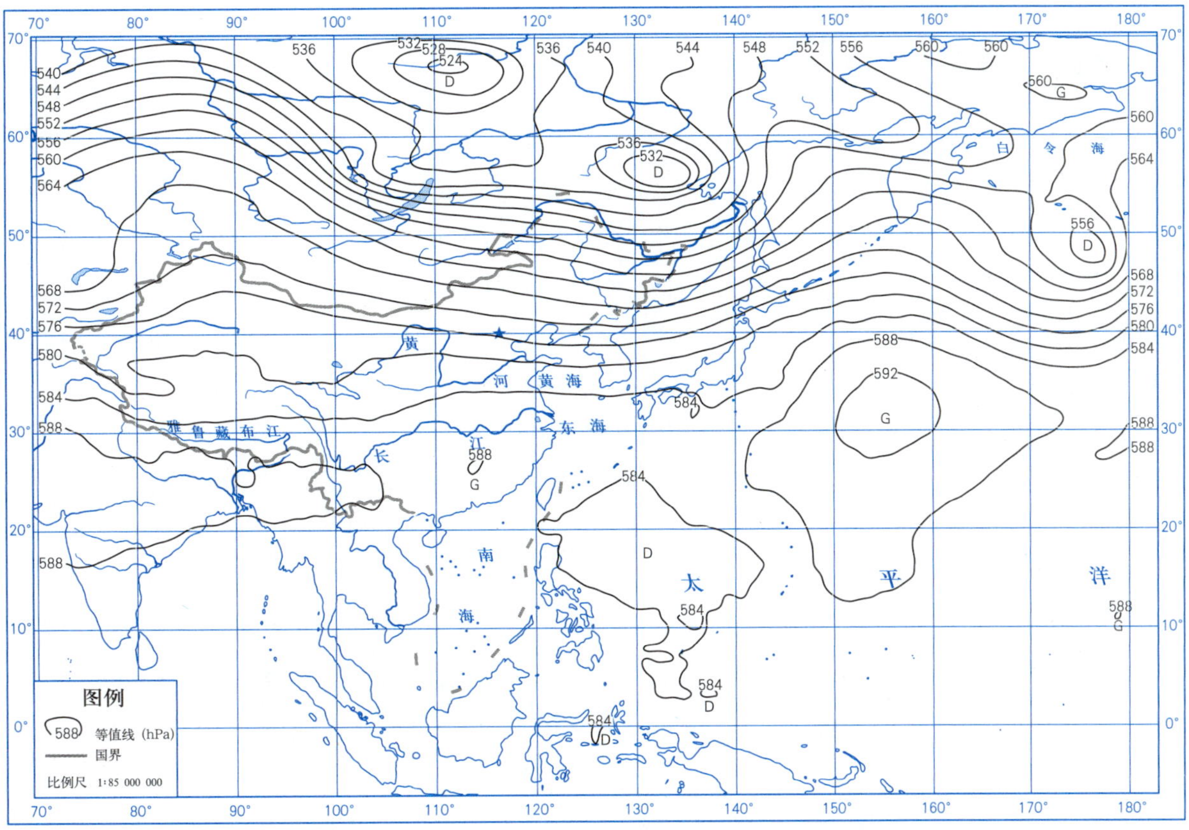

图 2.20.3　2019 年 9 月 16 日 14 时 500 hPa 高度场图（dagpm）

2.21　台风“塔巴”（Tapah）

第 1917 号台风“塔巴”是由 9 月 17 日早晨位于我国台湾岛东南约 850 km 的西北太平洋洋面上一个热带低压发展形成。形成后低压中心向偏北方向移动，移速缓慢，次日下午沿逆时针方向旋转半周后折向偏北，19 日强度增强为热带风暴，20 日继续增强为强热带风暴，之后加速向西北方向移动。21 日早晨，进一步增强为台风，并逐渐转向东北方向，随后强度开始减弱，22 日减弱为强热带风暴，穿过朝鲜海峡，进入日本海海域后快速变性为温带气旋，强度继续减弱，于 23 日夜间在日本青森近海海面消散。

受台风“塔巴”影响，9 月 20—23 日，福建九仙山和寿宁、浙江沿海大部、上海南汇、安徽黄山、江苏南部局部及西连岛、山东沿海局部及泰山、辽宁长兴岛出现最大风力 6 ~ 7 级、阵风 7 ~ 11 级；浙江平阳和大陈出现最大风力 8 ~ 9 级、阵风 10 ~ 12 级；浙江嵊泗出现最大风力 10 级（25.1 m/s）、阵风 12 级（33.5 m/s）为本次台风影响过程风极值。

受其影响，9 月 21—22 日，浙江北部沿海部分、上海大部、江苏南部局部地区总雨量为 10 ~ 50 mm；浙江北部沿海局部总雨量为 50 ~ 127 mm；其中，浙江定海总雨量 127.0 mm，21 日雨量 94.4 mm，分别为本次台风影响过程总雨量和日雨量极值，上海浦东 21 日 08 时雨量 11.4 mm，为本次台风影响过程时雨量极值。

表 2.21.1 是台风“塔巴”的中心位置和强度。图 2.21.1 ~ 2.21.8 分别是台风“塔巴”路径图、总降水量图、总降水日数图、大风分布图、2017 年 9 月 21—22 日的日降水量图、大风区域演变图和 2019 年 9 月 21 日 20 时 500 hPa 高度场图。

表 2.21.1　第 1917 号台风“塔巴”（Tapah）中心位置和强度

9 月 17 —23 日

年	月	日	时	中心位置		中心气压（hPa）	中心风速（m/s）
				北纬（°N）	东经（°E）		
2019	9	17	8	20.0	128.9	1002	13
	9	17	14	20.8	128.8	1002	13
	9	17	20	21.1	128.8	1002	13
	9	18	2	21.3	128.8	1002	13
	9	18	8	21.4	128.8	1002	13
	9	18	14	22.0	129.1	1000	15
	9	18	20	22.3	129.5	1000	15
	9	19	2	22.5	129.2	1000	15
	9	19	8	22.5	128.7	1000	15
	9	19	14	22.4	128.6	995	18

（续表）

年	月	日	时	中心位置		中心气压（hPa）	中心风速（m/s）
				北纬（°N）	东经（°E）		
2019	9	19	20	22.9	128.1	992	20
	9	20	2	22.8	127.2	992	20
	9	20	8	23.0	127.1	990	23
	9	20	14	23.4	127.1	985	25
	9	20	20	23.9	127.2	982	28
	9	21	2	25.1	126.2	980	30
	9	21	8	26.1	125.7	975	33
	9	21	14	27.3	125.6	975	33
	9	21	20	28.4	125.7	975	33
	9	22	2	29.7	126.1	975	33
	9	22	8	30.8	126.8	980	30
	9	22	14	32.4	127.8	982	28
	9	22	20	33.9	129.5	982	28
	9	23	2	35.8	131.6	985	25
△	9	23	8	38.0	134.9	990	23
	9	23	14	39.6	137.5	992	20
	9	23	20	41.0	140.0	996	18
消散							

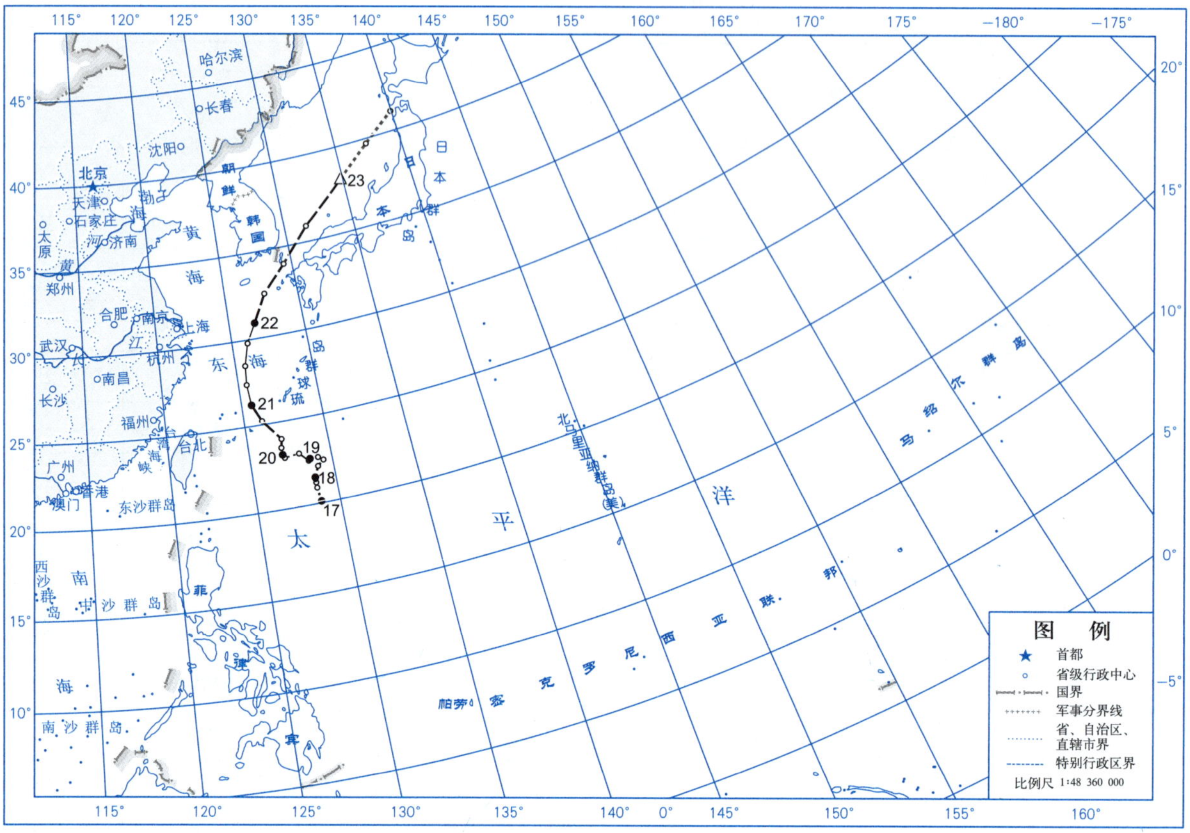

图 2.21.1 第 1917 号台风“塔巴”（Tapah）路径图

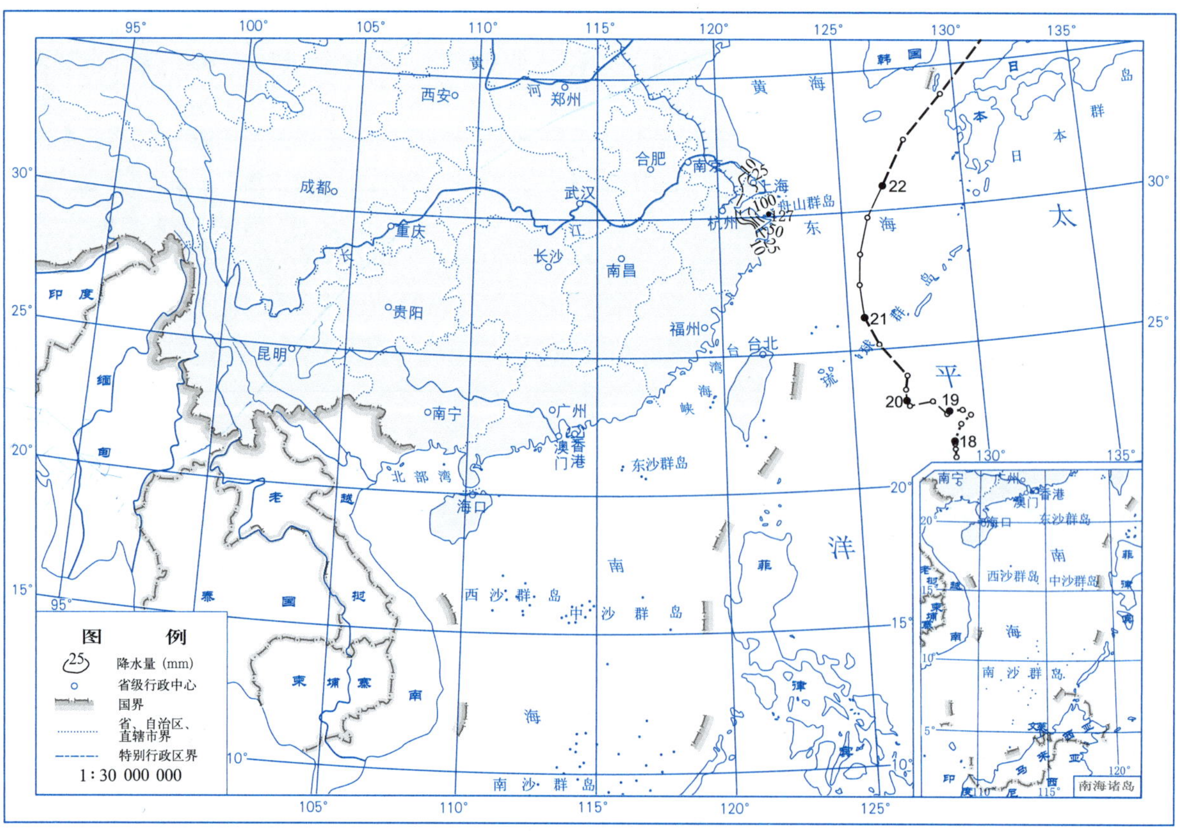

图 2.21.2 第 1917 号台风“塔巴”（Tapah）总降水量图（9 月 21—22 日）（mm）

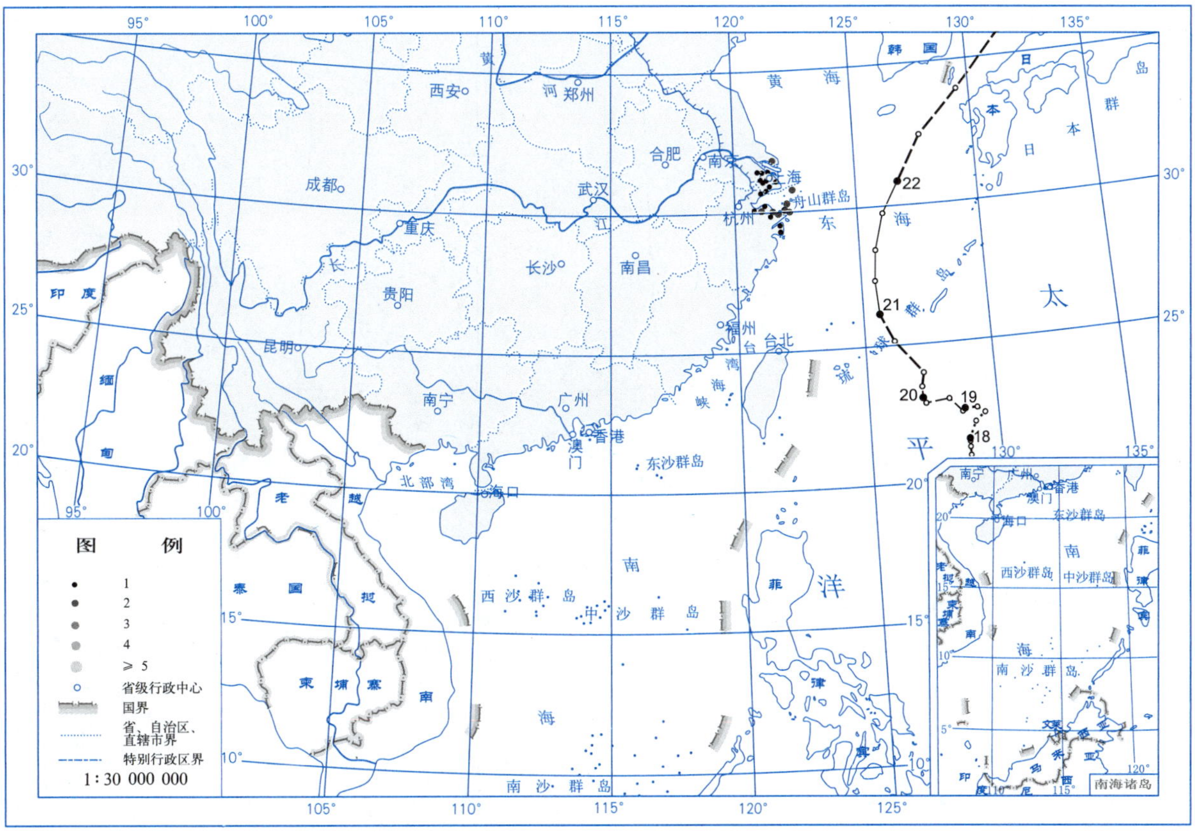

图 2.21.3　第 1917 号台风“塔巴”（Tapah）总降水日数图（9 月 21—22 日）（天）

图 2.21.4 第 1917 号台风“塔巴”（Tapah）大风分布图（9 月 20—23 日）

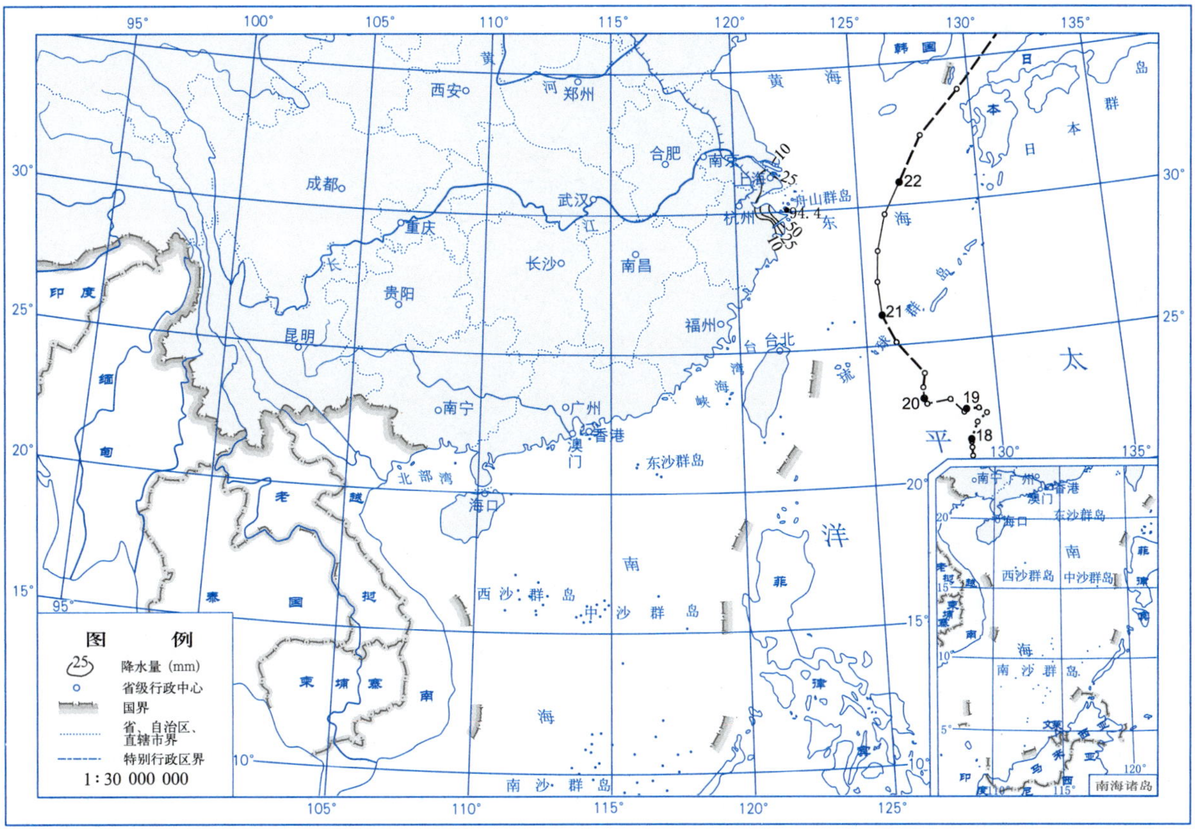

图 2.21.5 2019 年 9 月 21 日的日降水量图（mm）

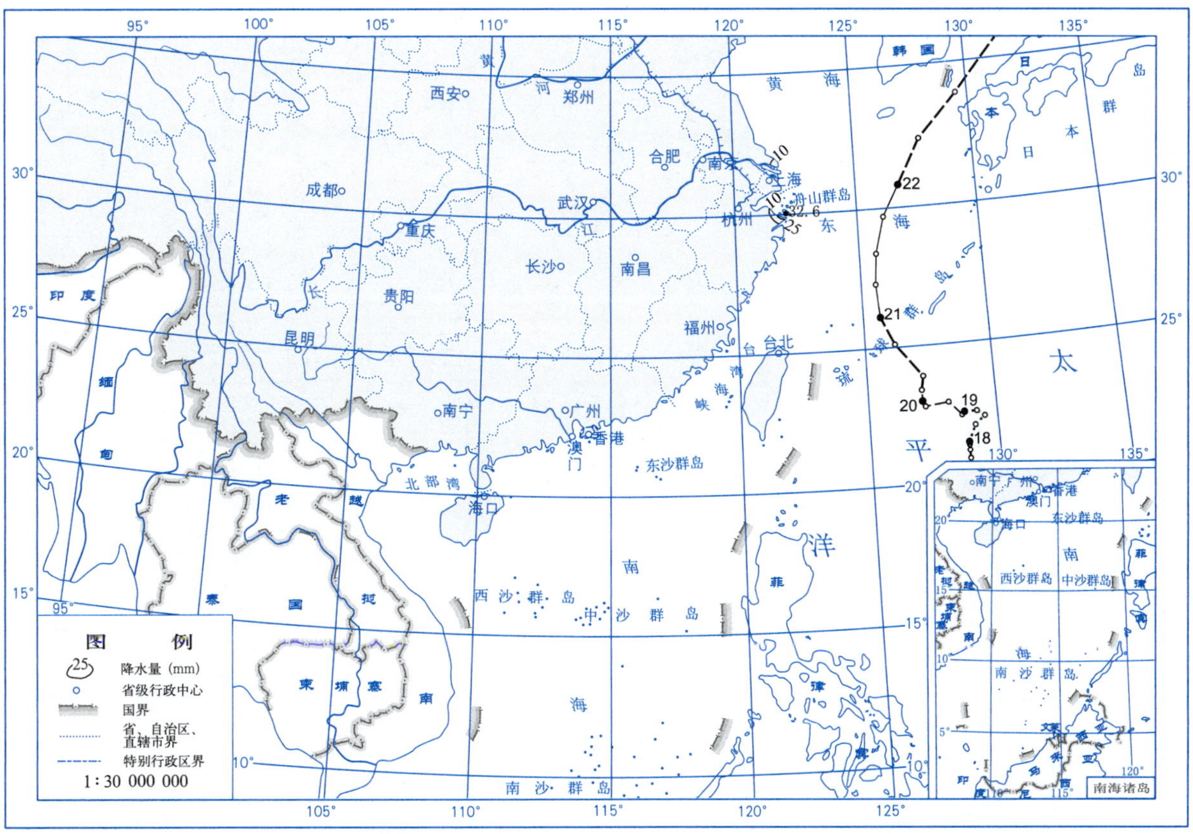

图 2.21.6 2019 年 9 月 22 日的日降水量图（mm）

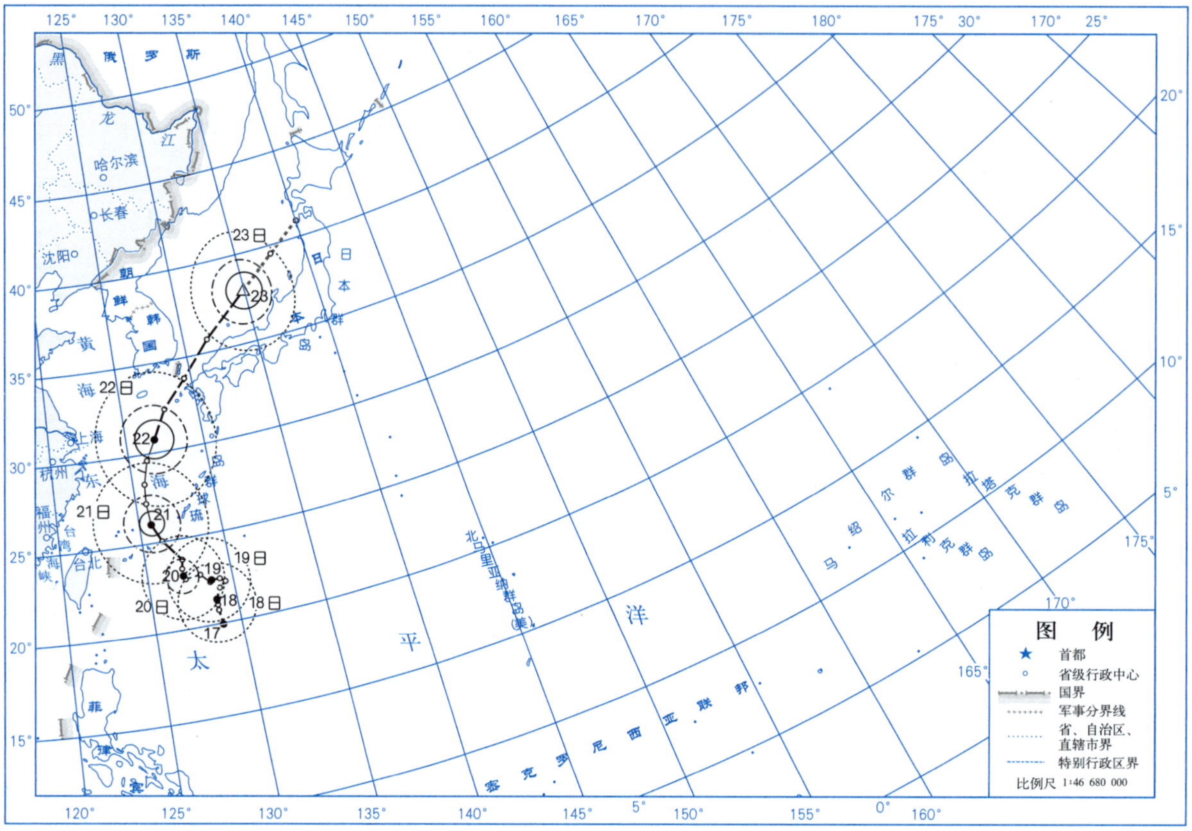

图 2.21.7　第 1917 号台风“塔巴”（Tapah）大风区域演变图（9 月 18—23 日）

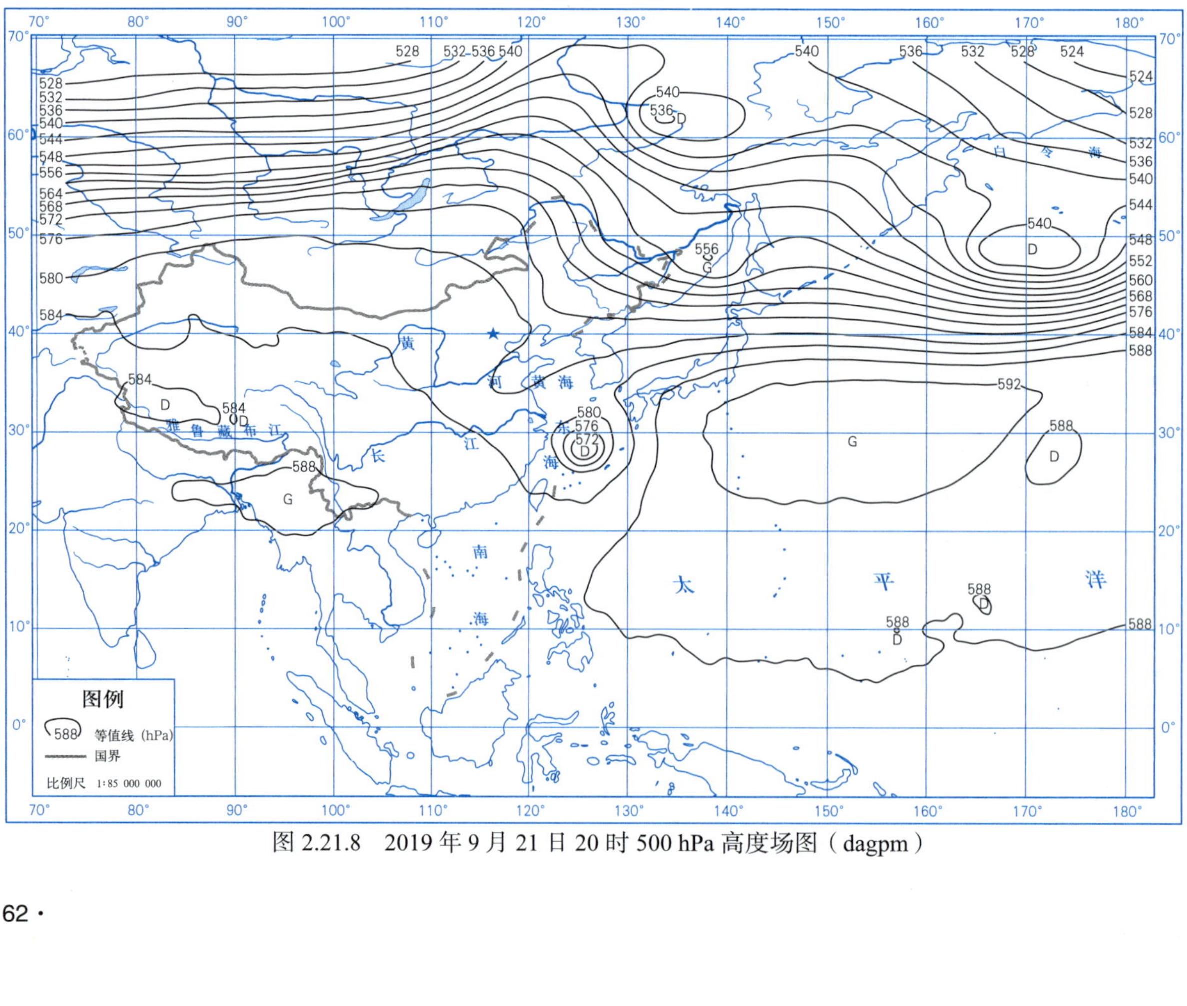

图 2.21.8　2019 年 9 月 21 日 20 时 500 hPa 高度场图（dagpm）

2.22　台风“米娜”（Mitag）

第 1918 号台风“米娜”是由 9 月 27 日早晨位于美国关岛以西约 600 km 的西北太平洋洋面上一个热带低压发展形成。形成后低压中心向西偏北方向移动，28 日下午强度增强为热带风暴，次日早晨增强为强热带风暴，夜间继续增强至台风，随后逐渐转向偏北方向移动。台风“米娜”30 日夜间进入东海南部海域，逐渐向我国华东沿岸靠近，于 1 日 20 时 20 分登陆浙江舟山沿海，登陆时近中心最大风速 33 m/s（12 级），中心最低气压 975 hPa，尔后加速向北偏东方向移动，2 日凌晨强度减弱为强热带风暴，下午减弱为热带风暴，晚间二次登陆韩国全罗南道沿海。之后，“米娜”穿过朝鲜半岛，进入日本海海域后迅速变性为温带气旋，并转向偏东，移速略有减慢，于 4 日下午三次登陆日本本州岛西部沿海，次日早晨在西北太平洋海域减弱消散。

受台风“米娜”和冷空气共同影响，9 月 30 日—10 月 4 日，福建沿海中部部分、浙江沿海部分、上海南汇和松江、江苏吕泗、山东成山头、辽宁局部出现最大风力 6 ~ 7 级、阵风 7 ~ 11 级；福建三沙、浙江沿海部分出现最大风力 8 级、阵风 10 ~ 12 级；浙江嵊泗和石浦出现最大风力 10 ~ 11 级、阵风 12 ~ 14 级；浙江大陈出现最大风力 12 级（35.3 m/s）、阵风 15 级（47.3 m/s）为本次台风影响过程风极值。

受其影响，9 月 30 日—10 月 2 日，福建北部沿海局部、浙江中东部部分、江苏中南部局部地区总雨量为 10 ~ 50 mm；浙江东部部分、上海大部、江苏南部局部地区总雨量为 50 ~ 150 mm；浙江东北部沿海大部及温岭、上海浦东总雨量 150 ~ 351 mm；其中，浙江定海总雨量 350.9 mm，1 日雨量 289.1 mm，1 日 20 时雨量 61.1 mm，分别为本次台风影响过程总雨量、日雨量和时雨量极值。

受“米娜”在浙江沿海岛屿登陆影响，10 月 1 日，浙江中北部沿海普降暴雨到大暴雨，局部特大暴雨，上海中东部也出现了大面积暴雨；2 日，雨势减弱，在苏浙沪出现了局部暴雨。

受其影响，上海和浙江省（市）出现了一定程度的灾情，总计受灾人数达到 82 万人，死亡人口 4 人，紧急转移人口 27.2 万人，农作物受灾面积达到 47.8 千公顷，农作物绝收面积 3.8 千公顷，直接经济损失达到 32.1 亿元（表 2.22.2）。

表 2.22.1 是台风“米娜”的中心位置和强度。表 2.22.2 是台风“米娜”引发的灾情。图 2.22.1 ~ 2.22.4 分别是台风“米娜”的路径图、总降水量图、总降水日数图、大风分布图。图 2.22.5 ~ 2.22.7 分别是 2019 年 9 月 30 日—10 月 2 日的日降水量图，图 2.22.8 ~ 2.22.9 分别是台风“米娜”的大风区域演变图和 2019 年 10 月 1 日 20 时 500 hPa 高度场图。

表 2.22.1　第 1918 号台风“米娜”（Mitag）中心位置和强度

9 月 27 日—10 月 5 日

年	月	日	时	中心位置		中心气压（hPa）	中心风速（m/s）
				北纬（°N）	东经（°E）		
2019	9	27	8	13..0	138.9	1004	13
	9	27	14	13.8	137.2	1004	13
	9	27	20	14.2	135.8	1004	13

（续表）

年	月	日	时	中心位置		中心气压（hPa）	中心风速（m/s）
				北纬（°N）	东经（°E）		
2019	9	28	2	14.9	134.3	1004	13
	9	28	8	15.9	132.1	998	15
	9	28	14	17.2	130.5	998	18
	9	28	20	17.7	129.3	990	23
	9	29	2	17.8	127.7	990	23
	9	29	8	18.3	126.9	982	28
	9	29	14	19.4	126.0	982	28
	9	29	20	20.3	124.9	975	33
	9	30	2	20.9	123.8	975	33
	9	30	8	21.7	123.0	975	33
	9	30	14	22.8	122.9	970	35
	9	30	20	24.6	122.9	960	40
	9	30	23	25.4	122.7	960	40
	10	1	2	26.2	122.5	960	40
	10	1	5	27.0	122.3	960	40
	10	1	8	27.6	122.2	965	38
	10	1	11	28.1	122.2	965	38
	10	1	14	28.7	122.2	970	35
	10	1	17	29.3	122.2	970	35
	10	1	20	29.9	122.3	975	33
	10	2	2	30.6	122.8	980	28
	10	2	8	31.9	123.9	985	25
	10	2	14	33.3	124.6	988	23
	10	2	20	34.4	126.2	990	23
	10	3	2	35.8	128.2	995	20
	10	3	8	37.6	129.8	990	20
△	10	3	14	38.3	131.3	990	20
	10	3	20	38.9	132.5	995	18
	10	4	2	39.1	134.2	1000	18
	10	4	8	39.0	136.2	1000	18
	10	4	14	39.0	138.3	1000	18

（续表）

年	月	日	时	中心位置		中心气压（hPa）	中心风速（m/s）
				北纬（°N）	东经（°E）		
2019	10	4	20	39.0	140.3	1000	18
	10	5	2	39.1	143.1	1002	18
	10	5	8	39.0	145.8	1002	15
消散							

表 2.22.2　第 1918 号台风“米娜”（Mitag）上海和浙江省（市）引发的灾情

受灾省（市）	受灾人口（万人）	死亡人口（人）	失踪人口（人）	紧急转移人口（万人）	农作物		倒塌房屋（万间）	直接经济损失（亿元）
					受灾面积（千公顷）	绝收面积（千公顷）		
上海市	0.5	0	0	0.1	5.1	0.1	0	0.7
浙江省	81.5	4	0	27.1	42.7	3.7	0	31.4
合计	82	4	0	27.2	47.8	3.8	0	32.1

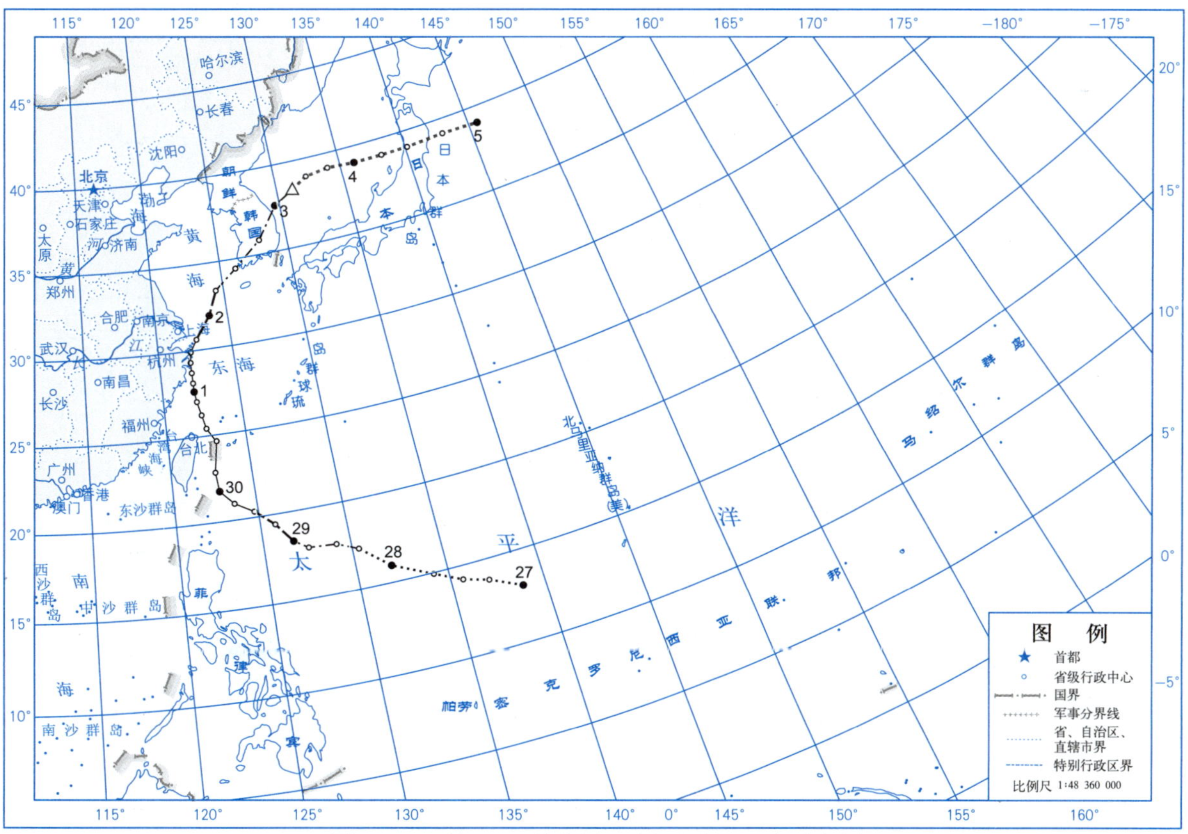

图 2.22.1　第 1918 号台风“米娜”（Mitag）路径图

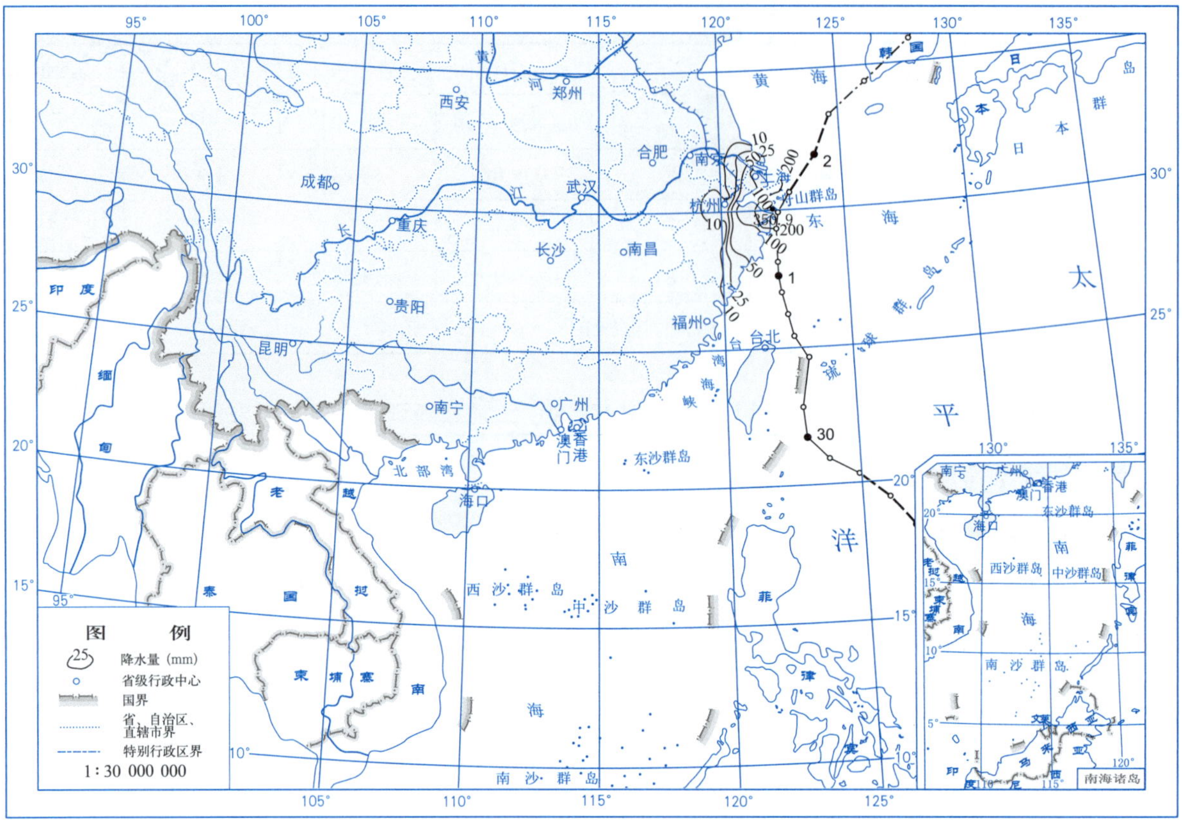

图 2.22.2　第 1918 号台风“米娜”（Mitag）总降水量图（9 月 30 日—10 月 2 日）（mm）

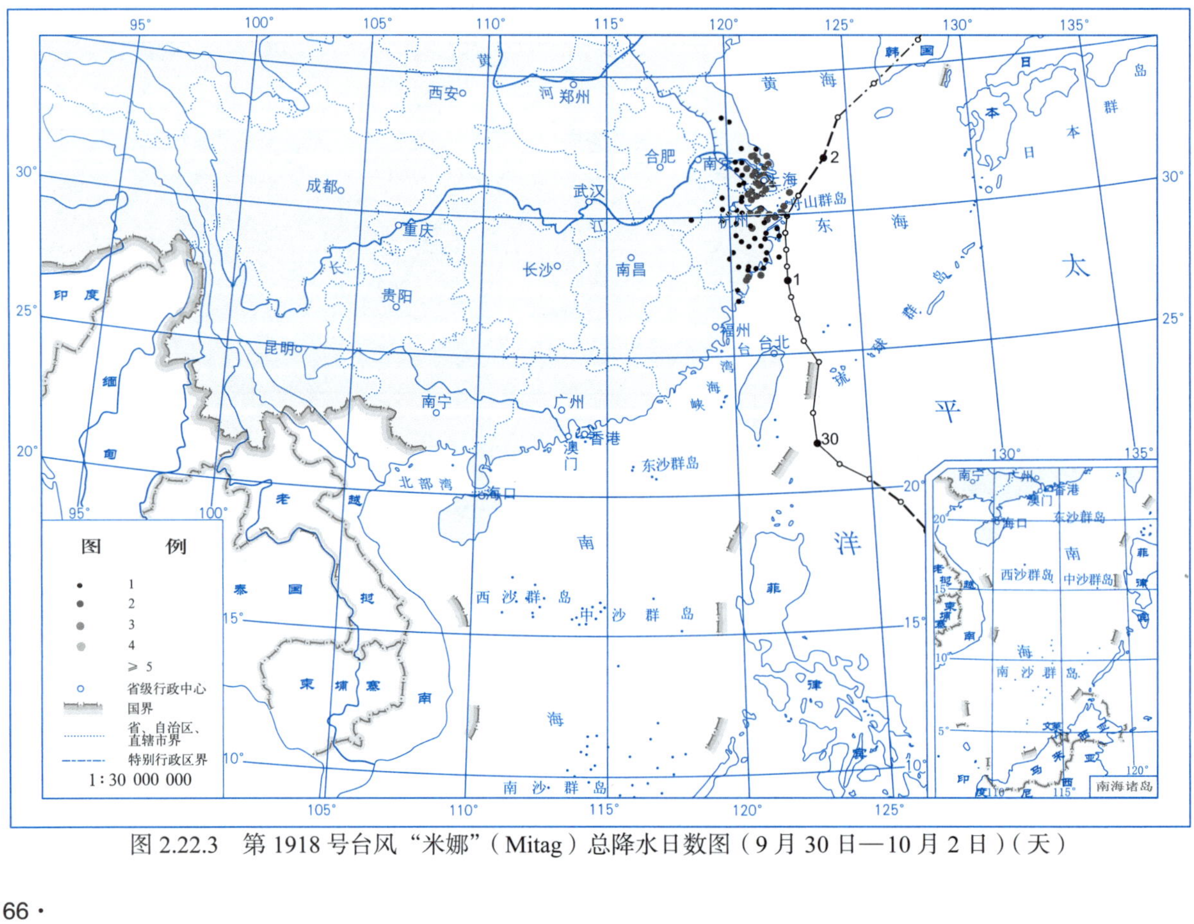

图 2.22.3　第 1918 号台风“米娜”（Mitag）总降水日数图（9 月 30 日—10 月 2 日）（天）

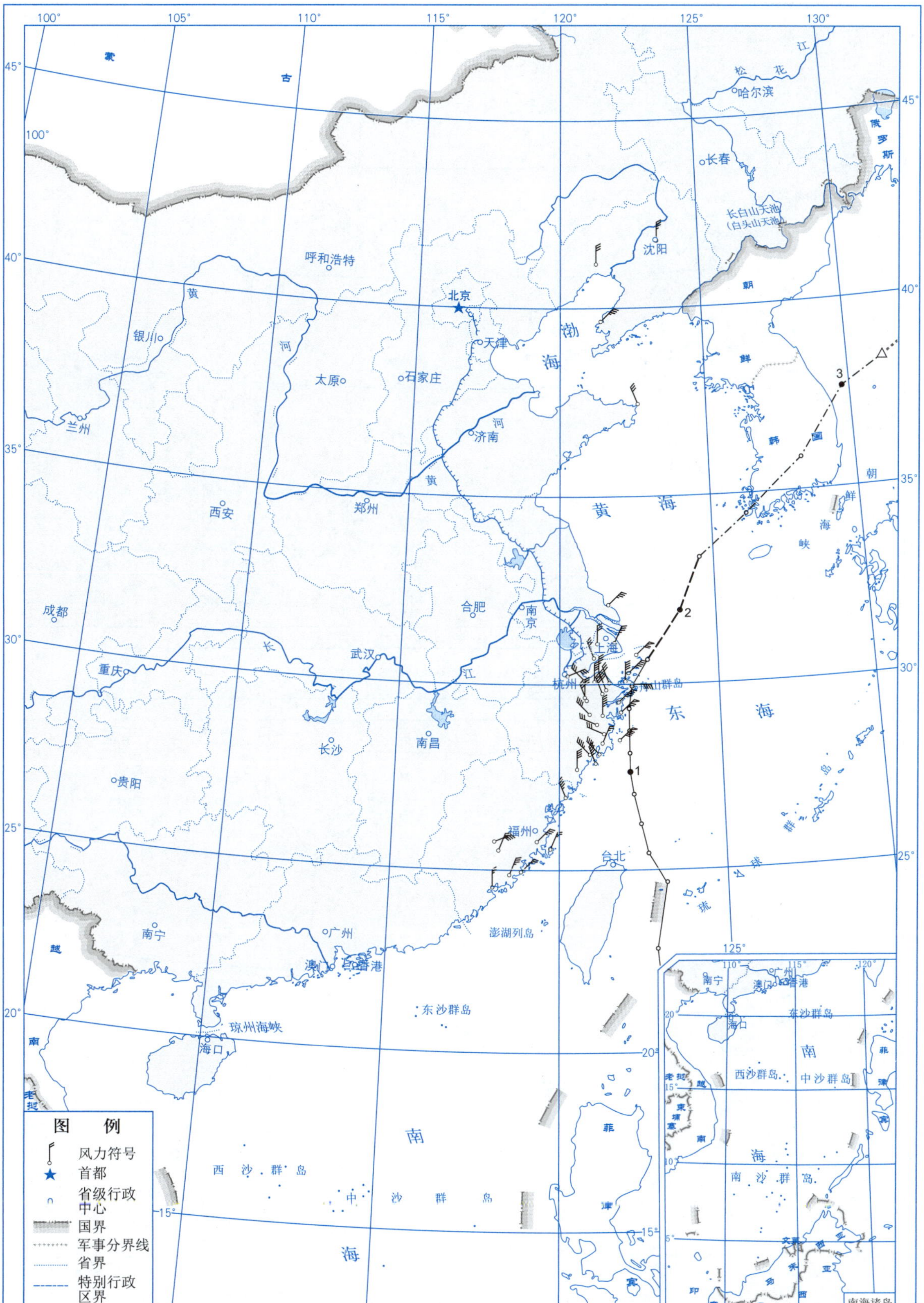

图 2.22.4 第 1918 号台风“米娜”（Mitag）大风分布图（9 月 30 日—10 月 4 日）

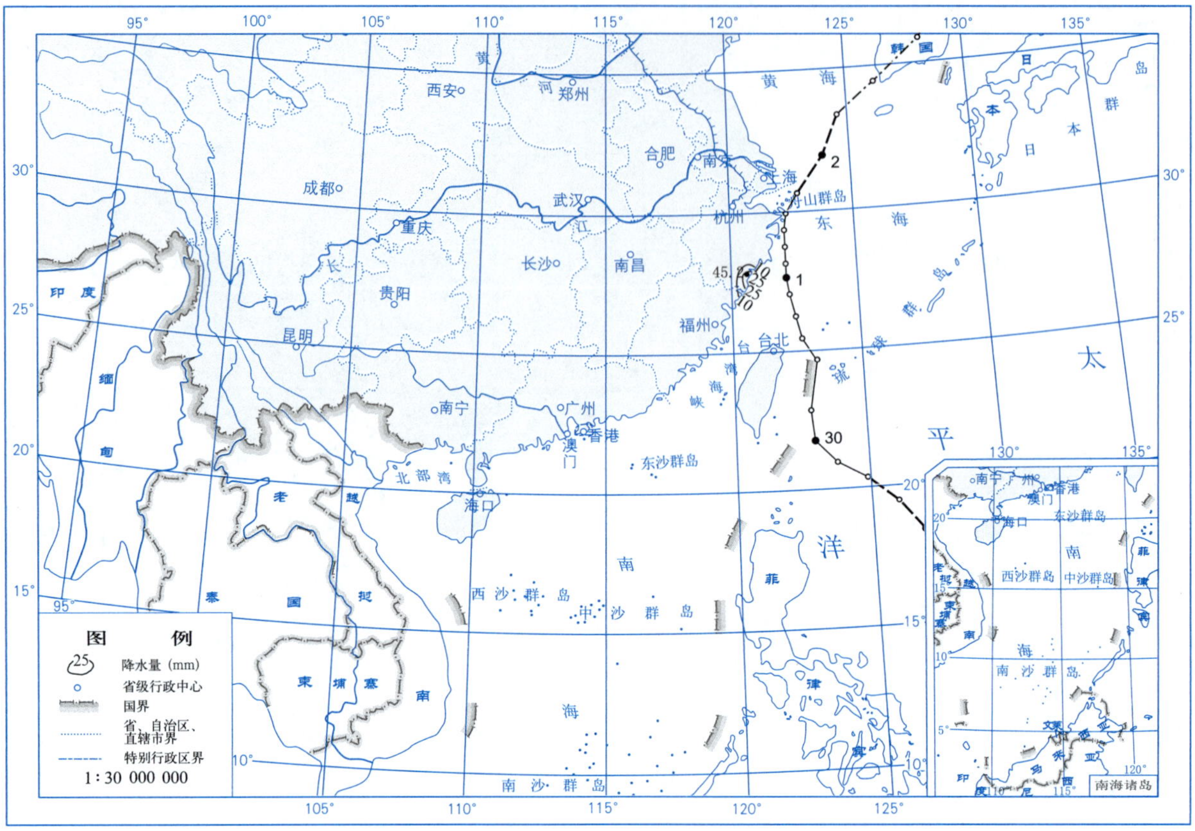

图 2.22.5　2019 年 9 月 30 日降水量图（mm）

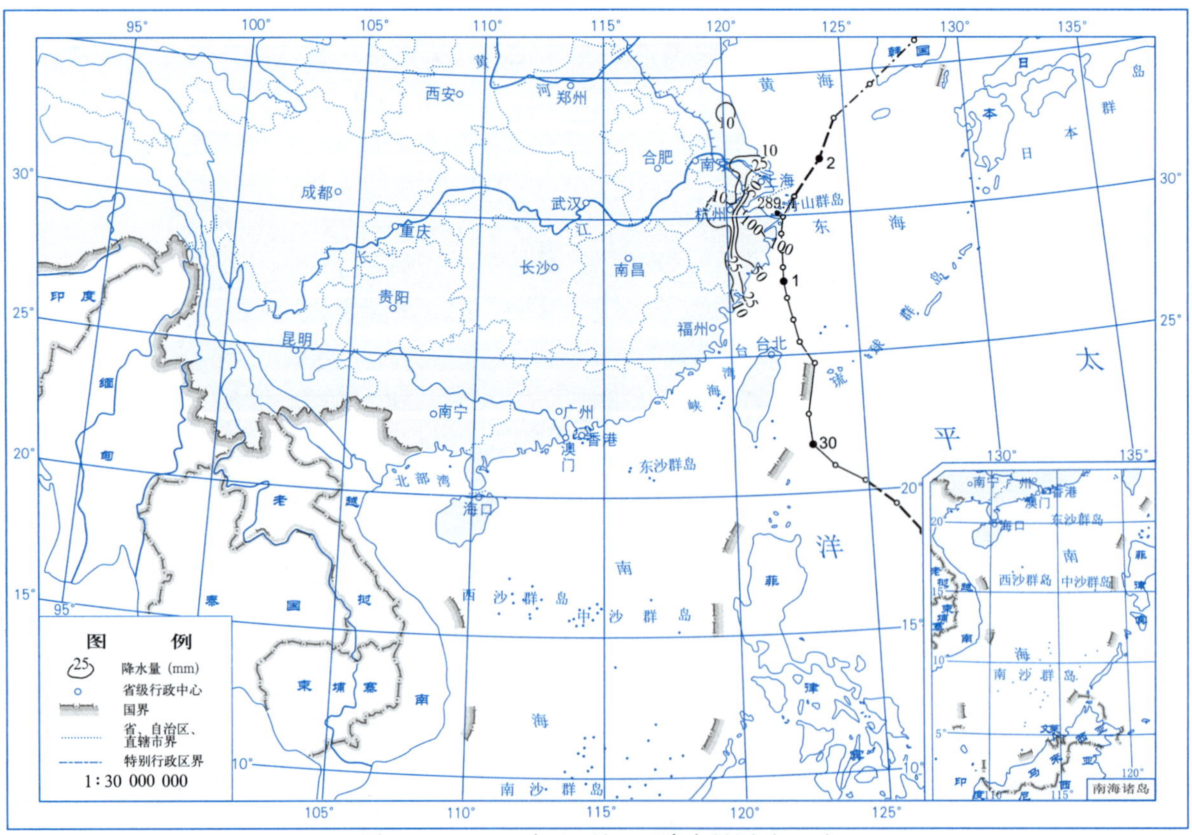

图 2.22.6　2019 年 10 月 1 日降水量图（mm）

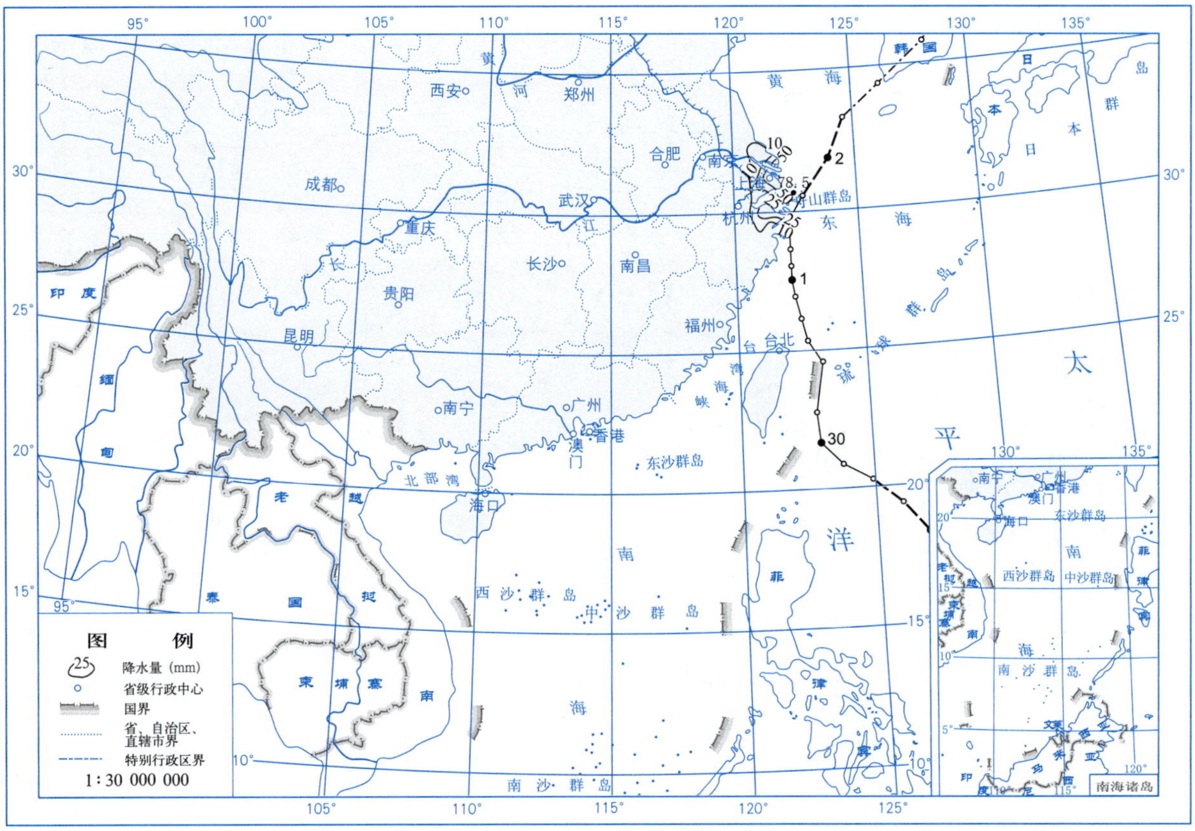

图 2.22.7　2019 年 10 月 2 日降水量图（mm）

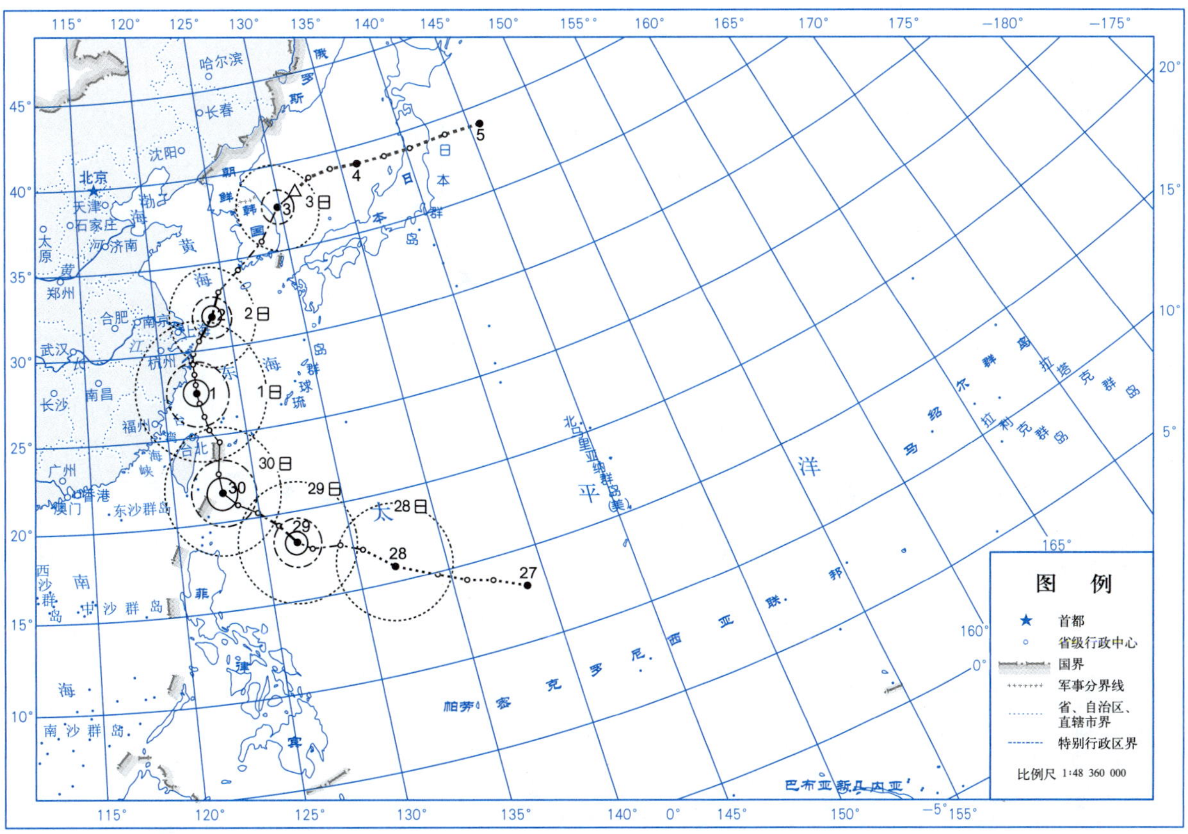

图 2.22.8　第 1918 号台风“米娜”（Mitag）大风区域演变图（9 月 28 日—10 月 3 日）

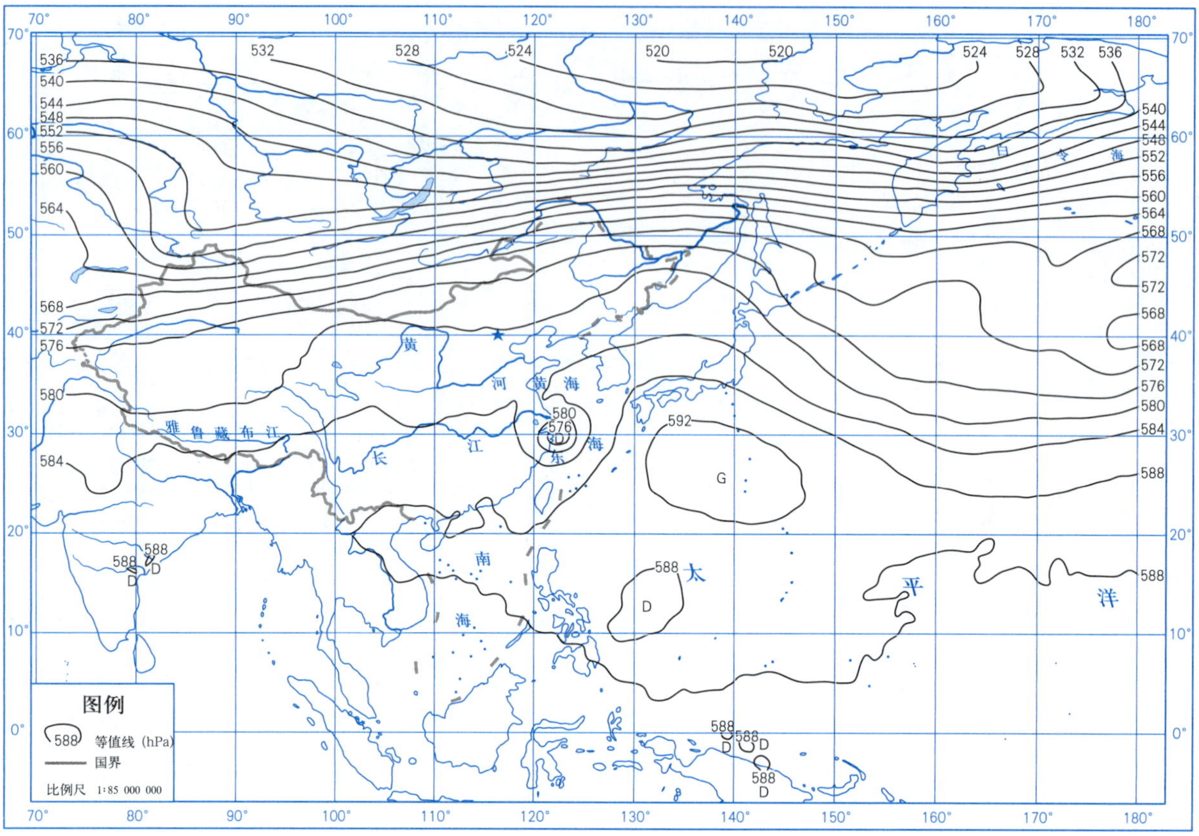

图 2.22.9　2019 年 10 月 1 日 20 时 500 hPa 高度场图（dagpm）

2.23　超强台风“海贝思”（Hagibis）

第 1919 号超强台风“海贝思”是由 10 月 5 日早晨位于美国威克岛西南约 630 km 的西北太平洋洋面上一个热带低压发展形成。形成后低压中心向偏西方向移动，强度快速增强，6 日凌晨增强为热带风暴，下午增强为强热带风暴，次日凌晨继续增强至台风，下午增强为强台风，夜间进一步增强至超强台风，达到其生命史最大强度，近中心最大风速 65 m/s（17 级以上），中心附近最低气压 915 hPa。之后，超强台风“海贝思”转向西北，强度略有减弱后再次增强，9 日下午加大其向北移动的分量，强度逐渐减弱，11 日减弱为强台风，并逐渐靠近日本以东洋面，于 12 日傍晚登陆日本伊豆半岛沿海。登陆后“海贝思”减弱为台风，随即加速东北行，并再次入海，13 日早晨快速变性为温带气旋后，强度减弱，14 日经过阿留申群岛后进入白令海海域，于夜间移出西北太平洋海域。

表 2.23.1 是超强台风“海贝思”的中心位置和强度。图 2.23.1 ~ 2.23.3 分别是超强台风“海贝思”的路径图、大风区域演变图和 2019 年 10 月 9 日 14 时 500 hPa 高度场图。

表 2.23.1　第 1919 号超强台风“海贝思”（Hagibis）中心位置和强度

10 月 5 —14 日

年	月	日	时	中心位置		中心气压（hPa）	中心风速（m/s）
				北纬（°N）	东经（°E）		
2019	10	5	8	15.2	162.5	1002	13
	10	5	14	15.2	161.1	1000	15
	10	5	20	15.1	160.0	1000	15
	10	6	2	15.1	158.2	995	18
	10	6	8	14.7	155.7	990	23
	10	6	14	14.4	154.2	985	25
	10	6	20	14.5	152.8	980	30
	10	7	2	14.9	151.1	970	35
	10	7	8	15.2	149.5	955	45
	10	7	14	15.5	148.2	935	55
	10	7	20	16.1	146.5	915	65
	10	8	2	16.5	144.9	915	65
	10	8	8	16.9	143.8	925	60
	10	8	14	17.7	142.7	935	55
	10	8	20	18.4	141.8	925	60
	10	9	2	19.3	140.8	925	60
	10	9	8	19.8	140.4	920	62

（续表）

年	月	日	时	中心位置		中心气压（hPa）	中心风速（m/s）
				北纬（°N）	东经（°E）		
2019	10	9	14	20.6	139.9	920	62
	10	9	20	21.2	139.7	930	58
	10	10	2	22.0	139.7	930	58
	10	10	8	23.2	139.8	930	58
	10	10	14	24.4	139.4	935	55
	10	10	20	25.3	138.9	940	52
	10	11	2	26.3	138.5	945	50
	10	11	8	27.5	137.9	945	50
	10	11	14	28.8	137.5	945	50
	10	11	20	29.9	137.1	950	48
	10	12	2	30.8	137.0	955	45
	10	12	8	32.1	137.4	955	45
	10	12	14	33.7	138.2	960	42
	10	12	20	35.6	139.4	965	38
	10	13	2	38.1	141.7	970	33
△	10	13	8	39.9	144.9	975	30
	10	13	14	42.0	149.6	980	25
	10	13	20	44.4	156.2	985	23
	10	14	2	47.2	163.8	985	20
	10	14	8	50.6	171.0	980	20
	10	14	14	53.4	175.8	975	20
	10	14	20	57.0	179.7	970	20
消散							

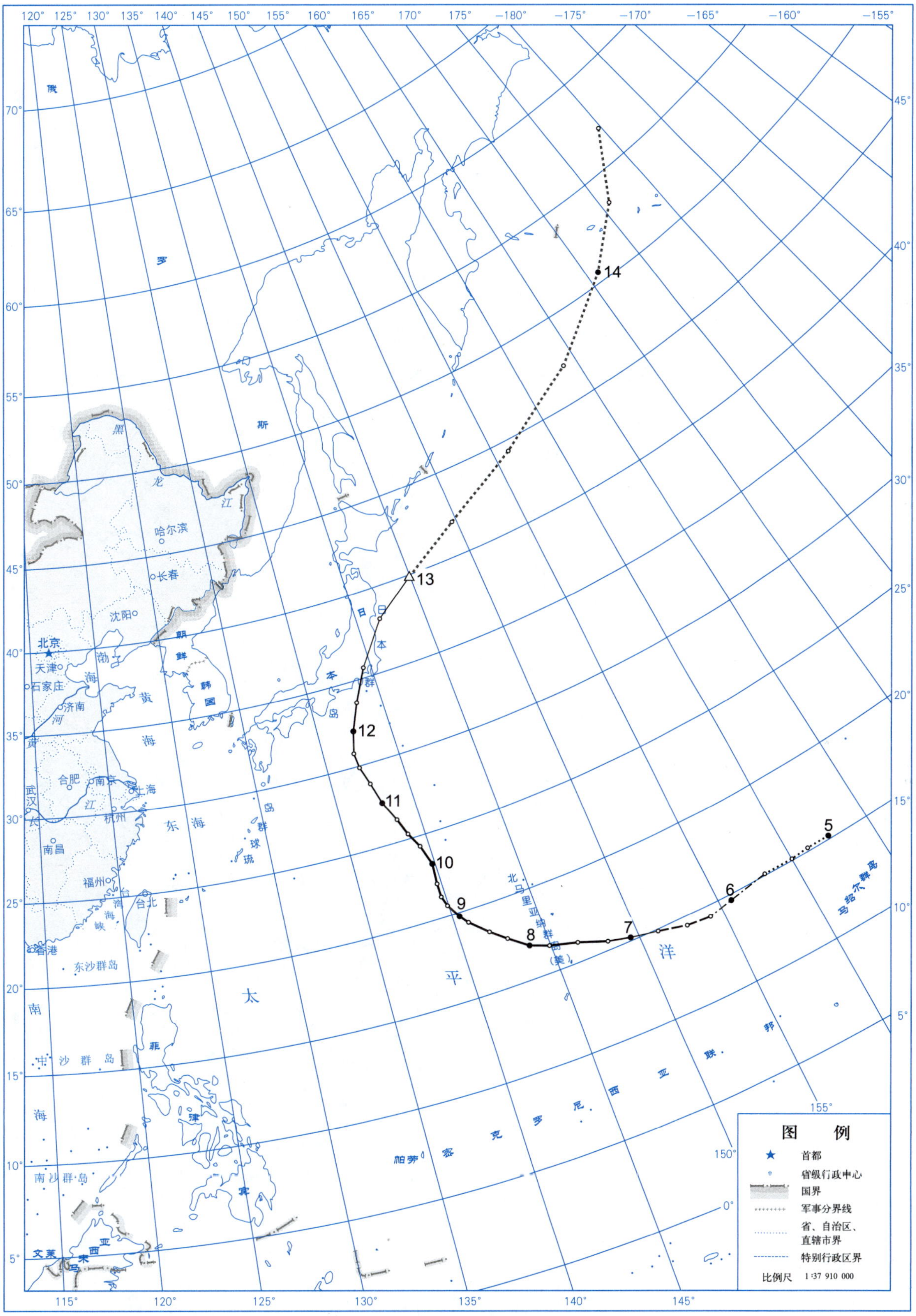

图 2.23.1 第 1919 号超强台风“海贝思”（Hagibis）路径图

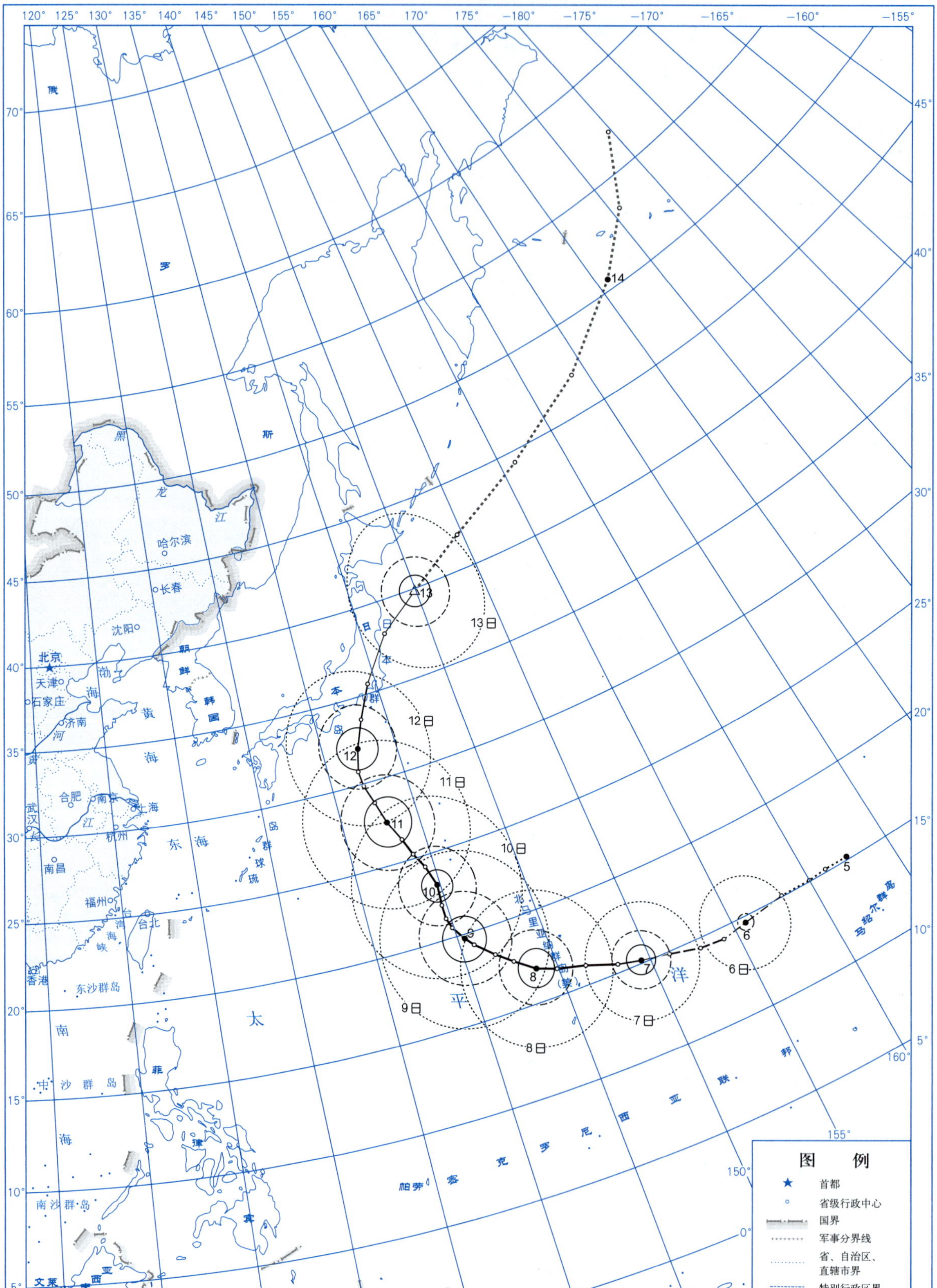

图 2.23.2　第 1919 号超强台风“海贝思”（Hagibis）大风区域演变图（10 月 6—13 日）

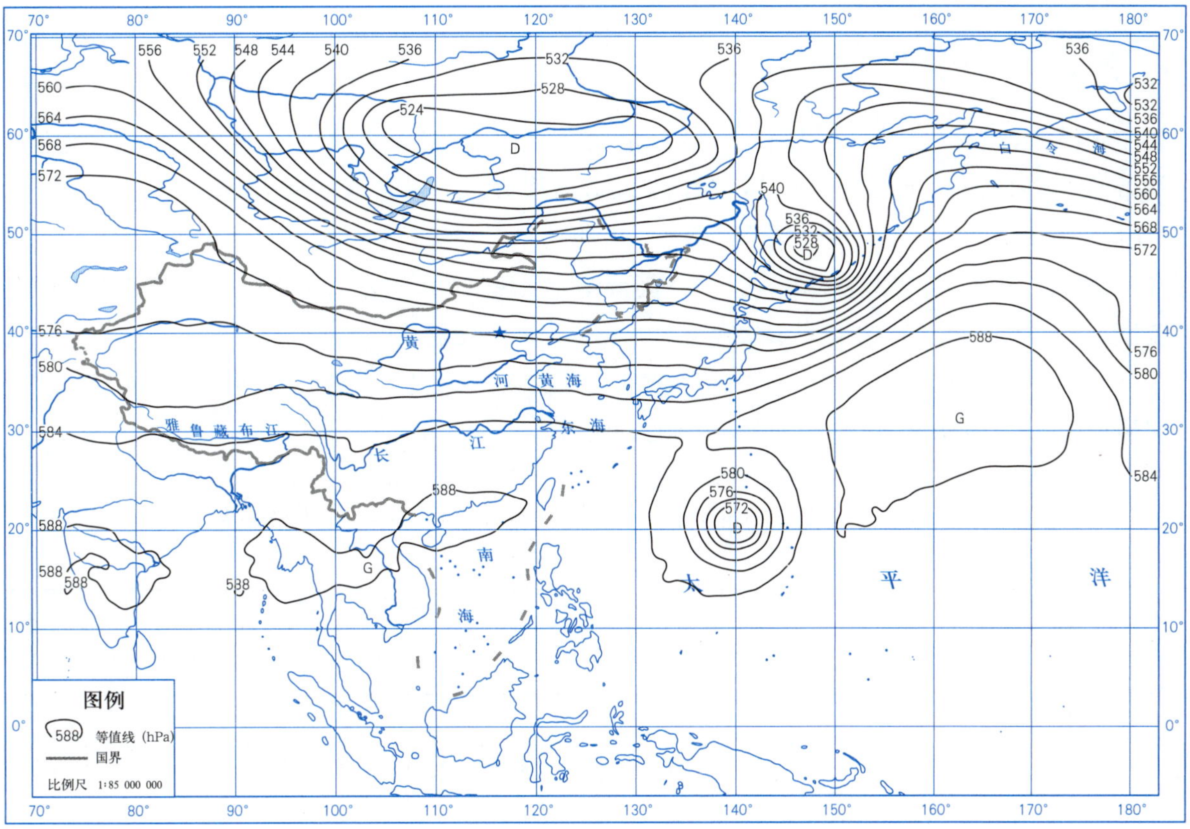

图 2.23.3　2019 年 10 月 9 日 14 时 500 hPa 高度场图（dagpm）

2.24 强台风“浣熊”(Neoguri)

第 1920 号强台风“浣熊”是由 10 月 15 日早晨位于美国关岛以西约 970 km 的西北太平洋洋面上一个热带低压发展形成。形成后低压中心向西偏北方向移动，17 日增强为热带风暴，随后转向北偏西，19 日增强为强热带风暴，夜间继续增强为台风，并折向东北，次日凌晨增强至强台风。之后，“浣熊”加速向东北方向移动，强度迅速减弱，20 日夜间减弱为强热带风暴，次日下午进一步减弱为热带风暴，夜间变性为温带气旋后，于 22 日早晨快速在日本以东洋面上减弱消散。

表 2.24.1 是强台风“浣熊”的中心位置和强度。图 2.24.1 ~ 2.24.3 分别是强台风“浣熊”的路径图、大风区域演变图和 2019 年 10 月 20 日 08 时 500 hPa 高度场图。

表 2.24.1 第 1920 号强台风“浣熊”(Neoguri)中心位置和强度

10 月 15—16 日

年	月	日	时	中心位置		中心气压(hPa)	中心风速(m/s)
				北纬(°N)	东经(°E)		
2019	10	15	8	15.8	135.9	1002	13
	10	15	14	16.1	135.2	1002	13
	10	15	20	16.5	134.5	1002	13
	10	16	2	16.9	133.7	1000	15
	10	16	8	17.4	132.8	1000	15
	10	16	14	17.9	131.9	1000	15
	10	16	20	18.2	131.3	1000	15
	10	17	2	18.4	130.7	1000	15
	10	17	8	18.7	130.3	998	18
	10	17	14	19.1	130.0	998	18
	10	17	20	19.4	129.9	998	18
	10	18	2	19.6	129.8	995	20
	10	18	8	19.8	129.7	995	20
	10	18	14	20.0	129.6	990	23
	10	18	20	20.4	129.3	990	23
	10	19	2	20.8	128.6	988	25
	10	19	8	21.0	127.8	985	28
	10	19	14	21.4	127.3	980	30
	10	19	20	21.8	127.2	970	35
	10	20	2	22.5	127.5	960	42

（续表）

年	月	日	时	中心位置		中心气压（hPa）	中心风速（m/s）
				北纬（°N）	东经（°E）		
2019	10	20	8	23.4	127.9	965	40
	10	20	14	24.5	129.1	970	38
	10	20	20	25.7	130.1	980	30
	10	21	2	27.3	131.4	980	30
	10	21	8	29.1	133.0	985	25
	10	21	14	30.3	134.0	990	23
△	10	21	20	31.1	135.2	995	20
	10	22	2	31.8	136.8	1000	18
	10	22	8	32.1	138.1	1002	15
消散							

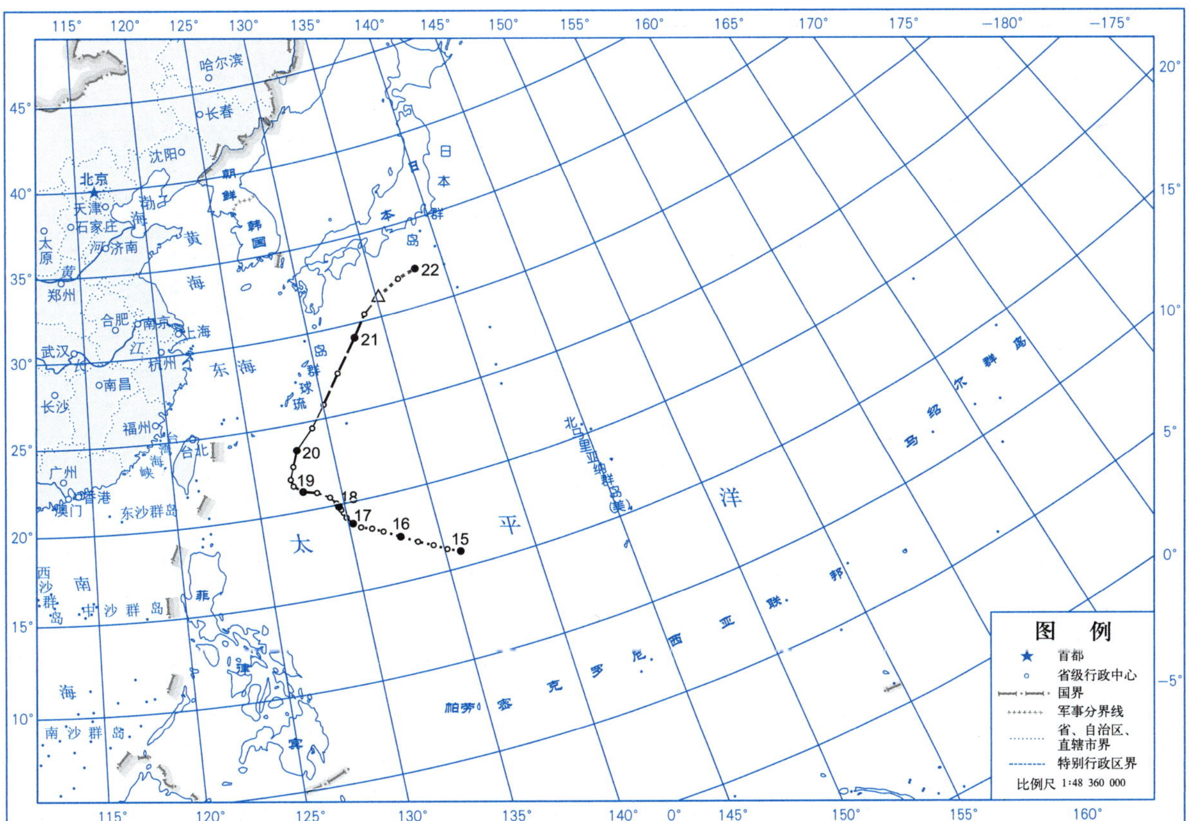

图 2.24.1　第 1920 号强台风“浣熊”（Neoguri）路径图

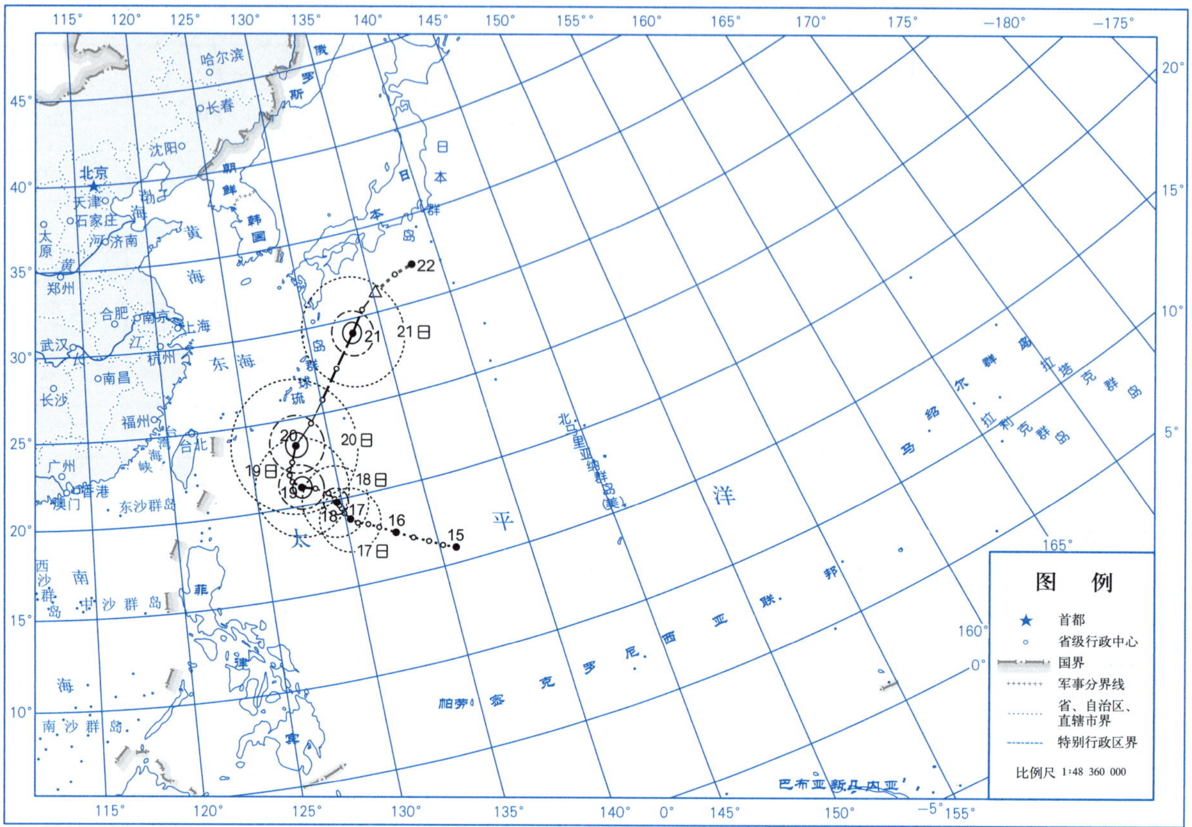

图 2.24.2　第 1920 号强台风“浣熊”（Neoguri）大风区域演变图（10 月 17—21 日）

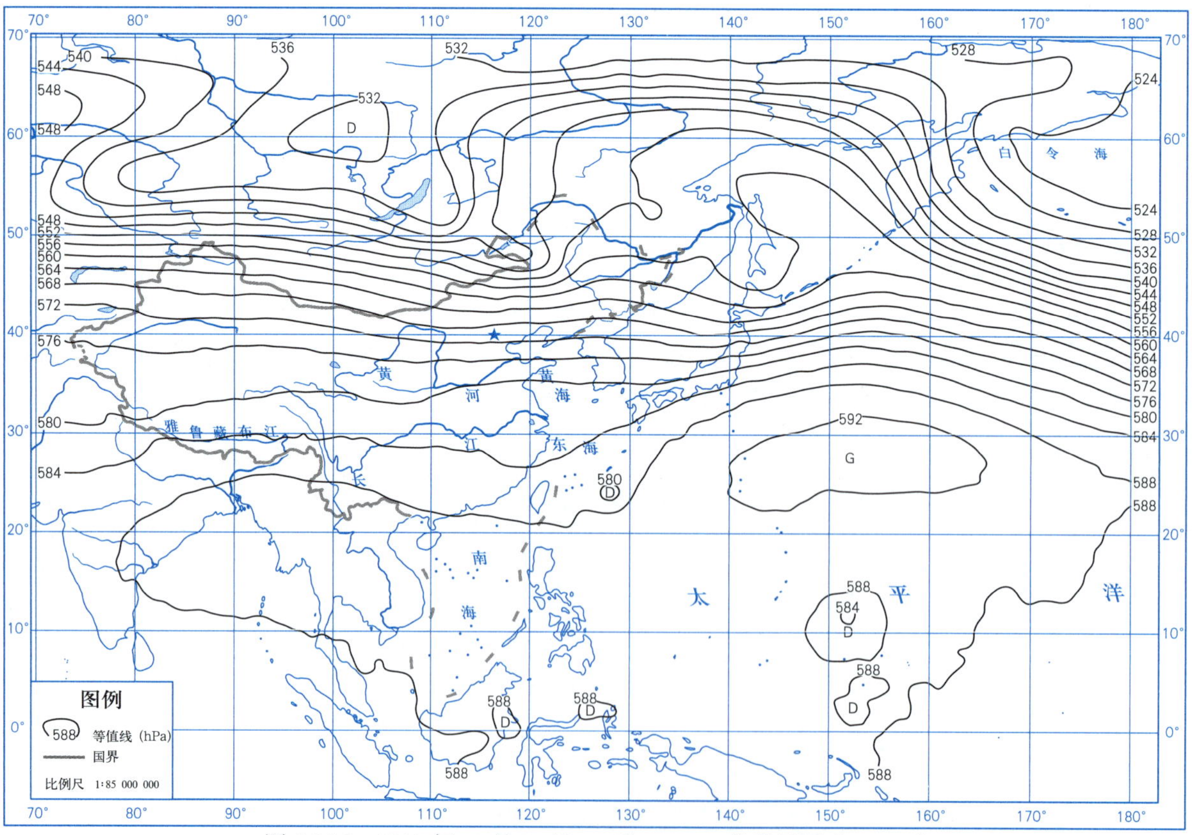

图 2.24.3　2019 年 10 月 20 日 08 时 500 hPa 高度场图（dagpm）

2.25 超强台风“博罗依”（Bualoi）

第 1921 号超强台风“博罗依”是由 10 月 18 日夜间位于马绍尔群岛附近的西北太平洋洋面上一个热带低压发展形成。形成后低压中心向西偏北方向移动，强度快速增强，19 日下午增强为热带风暴，20 日夜间增强为台风，并逐渐转向北偏西方向移动，22 日下午继续增强为强台风，次日增强至超强台风，近中心最大风速 58 m/s（17 级），中心最低气压 925 hPa。之后，“博罗依”转向偏北，强度减弱，23 日减弱为强台风，次日继续减弱为台风，并转向东北，25 日夜间强度进一步减弱，变性为温带气旋，尔后在日本本州岛以东约 700 km 的西北太平洋洋面上消散。

表 2.25.1 是超强台风“博罗依”的中心位置和强度。图 2.25.1 ～ 2.25.3 分别是超强台风“博罗依”路径图、大风区域演变图和 2019 年 10 月 22 日 14 时 500 hPa 高度场图。

表 2.25.1 第 1921 号超强台风“博罗依”（Bualoi）中心位置和强度

10 月 18—26 日

年	月	日	时	中心位置		中心气压（hPa）	中心风速（m/s）
				北纬（°N）	东经（°E）		
2019	10	18	20	8.9	159.6	1004	13
	10	19	2	9.3	157.8	1004	13
	10	19	8	10.1	156.4	1002	15
	10	19	14	10.6	155.0	1000	18
	10	19	20	10.8	153.8	995	20
	10	20	2	10.9	152.6	992	23
	10	20	8	11.4	151.5	990	25
	10	20	14	12.1	150.5	985	28
	10	20	20	12.6	149.9	975	33
	10	21	2	13.2	149.1	970	35
	10	21	8	14.0	148.2	965	38
	10	21	14	14.6	147.6	950	45
	10	21	20	15.4	146.8	950	45
	10	22	2	16.3	146.0	940	50
	10	22	8	17.1	145.0	940	50
	10	22	14	18.1	144.4	925	58
	10	22	20	19.1	143.6	925	58
	10	23	2	20.3	143.1	930	55
	10	23	8	21.6	142.4	940	50

（续表）

年	月	日	时	中心位置		中心气压（hPa）	中心风速（m/s）
				北纬（°N）	东经（°E）		
2019	10	23	14	22.7	142.0	945	48
	10	23	20	24.0	141.9	945	48
	10	24	2	25.3	141.8	945	48
	10	24	8	26.7	142.0	950	45
	10	24	14	28.1	142.6	955	40
	10	24	20	29.4	143.5	965	38
	10	25	2	30.9	144.9	965	38
	10	25	8	32.4	146.4	970	35
	10	25	14	33.9	148.0	975	33
△	10	25	20	35.3	148.7	995	20
	10	26	2	36.4	149.1	1004	15
消散							

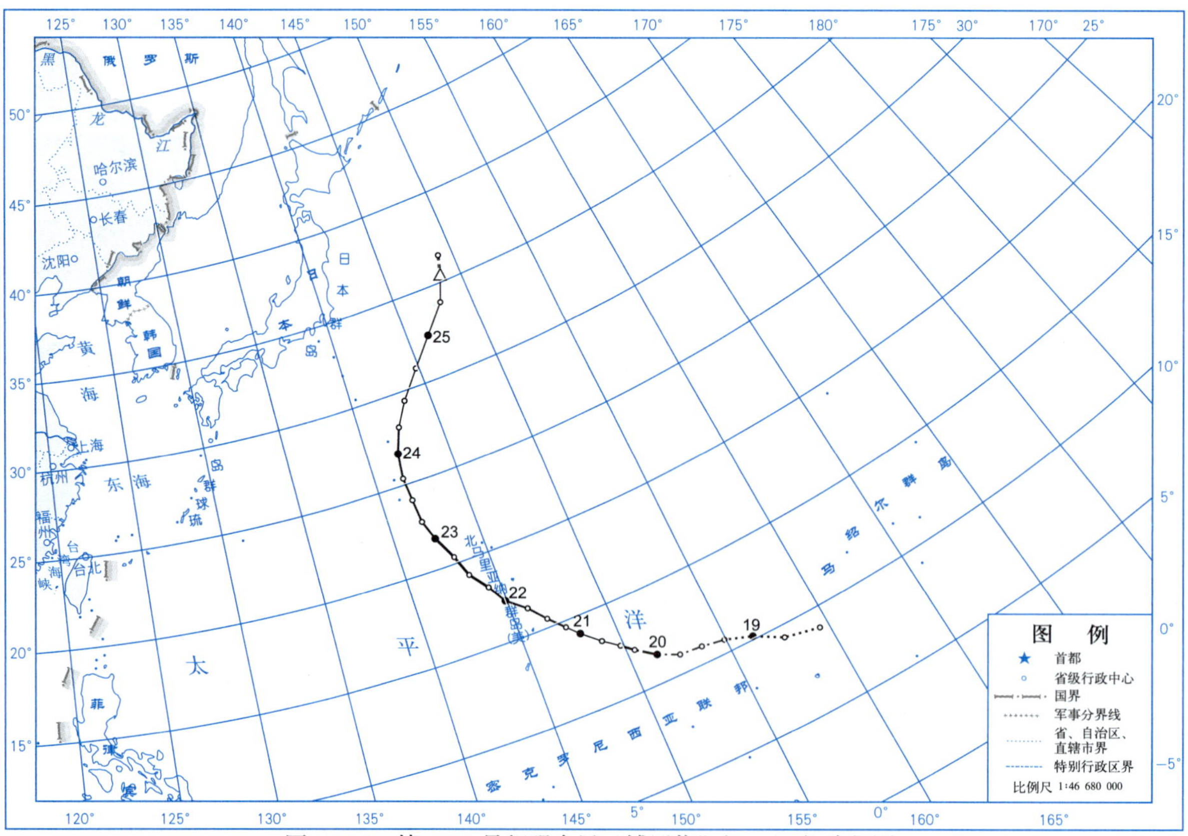

图 2.25.1 第 1921 号超强台风“博罗依”（Bualoi）路径图

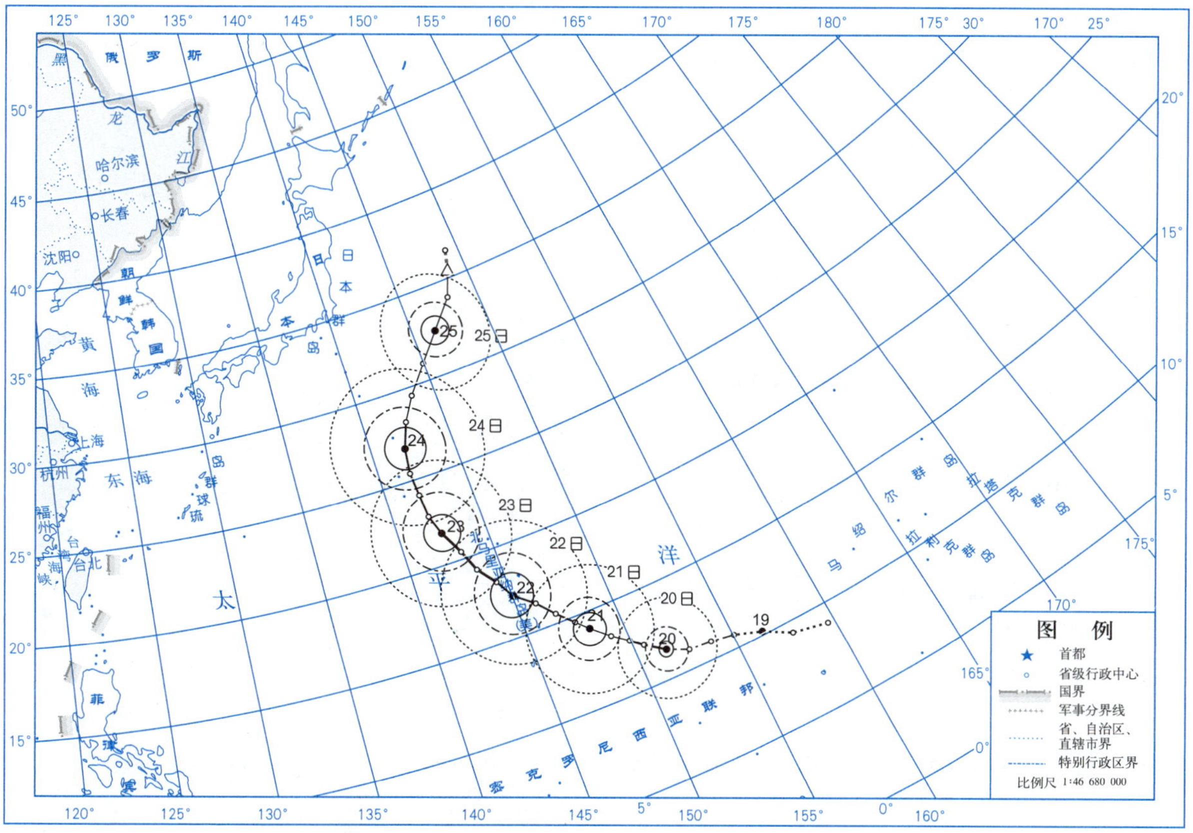

图 2.25.2　第 1921 号超强台风“博罗依”（Bualoi）大风区域演变图（10 月 20—25 日）

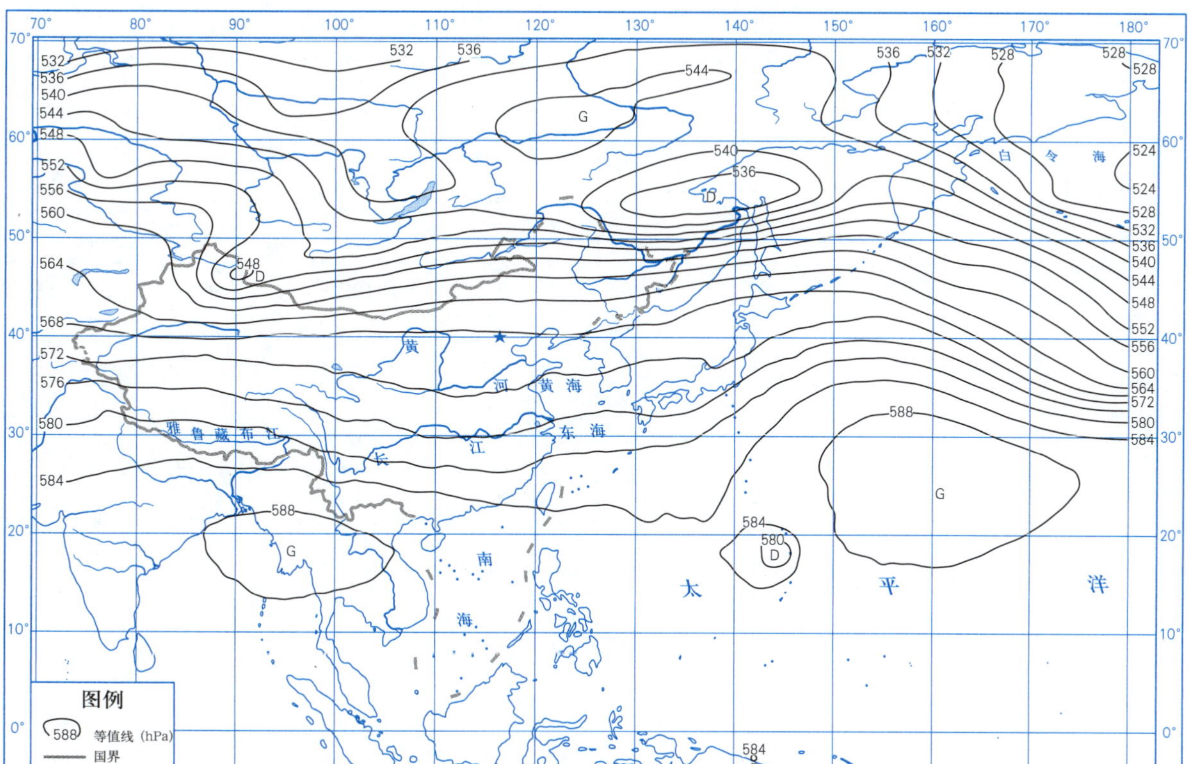

图 2.25.3　2019 年 10 月 22 日 14 时 500 hPa 高度场图（dagpm）

2.26 强热带风暴“麦德姆”（Matmo）

第 1922 号强热带风暴“麦德姆”是由 10 月 29 日凌晨位于巴拉望岛西偏北约 290 km 的南海海面上一个热带低压发展形成。形成后低压中心向西北方向移动，30 日凌晨增强为热带风暴后转向偏西方向移动，逐渐靠近越南沿海，夜间增强为强热带风暴，于凌晨前后登陆越南富安省沿海。登陆后，“麦德姆”继续西行，强度减弱，31 日减弱为热带风暴，1 日凌晨在柬埔寨北部境内减弱消散。

受强热带风暴“麦德姆”影响，10 月 30 日—11 月 1 日，我国海南三亚出现最大风力 7 级（15.3 m/s）、阵风 9 级（23.8 m/s），为本次强热带风暴影响过程风极值。

受其影响，10 月 29—31 日，海南中南部部分总雨量为 10 ~ 50 mm；海南琼中、万宁和西沙总雨量为 50 ~ 150 mm；海南珊瑚总雨量 215.9 mm，30 日雨量 118.5 mm，31 日 02 时雨量 30.4 mm，分别为本次强热带风暴影响过程总雨量、日雨量和时雨量极值。

表 2.26.1 是强热带风暴“麦德姆”的中心位置和强度。图 2.26.1 ~ 2.26.8 分别是强热带风暴“麦德姆”路径图、总降水量图、总降水日数图、大风分布图、2019 年 10 月 30—31 日的降水量图、大风区域演变图和 2019 年 10 月 30 日 20 时 500 hPa 高度场图。

表 2.26.1 第 1922 号强热带风暴“麦德姆”（Matmo）中心位置和强度

10 月 29 日—11 月 1 日

年	月	日	时	中心位置		中心气压（hPa）	中心风速（m/s）
				北纬（°N）	东经（°E）		
2017	10	29	2	11.6	116.7	1002	13
	10	29	8	12.4	115.8	1002	13
	10	29	14	13.0	114.8	1000	15
	10	29	20	13.3	113.8	1000	15
	10	30	2	13.4	112.7	998	18
	10	30	8	13.4	111.8	995	20
	10	30	14	13.3	110.7	992	23
	10	30	20	13.3	110.2	990	25
	10	31	2	13.5	108.9	990	25
	10	31	8	13.7	107.2	998	18
	10	31	14	13.7	105.9	1000	15
	10	31	20	13.8	105.0	1000	15
	11	1	2	14.1	103.8	1002	13
消散							

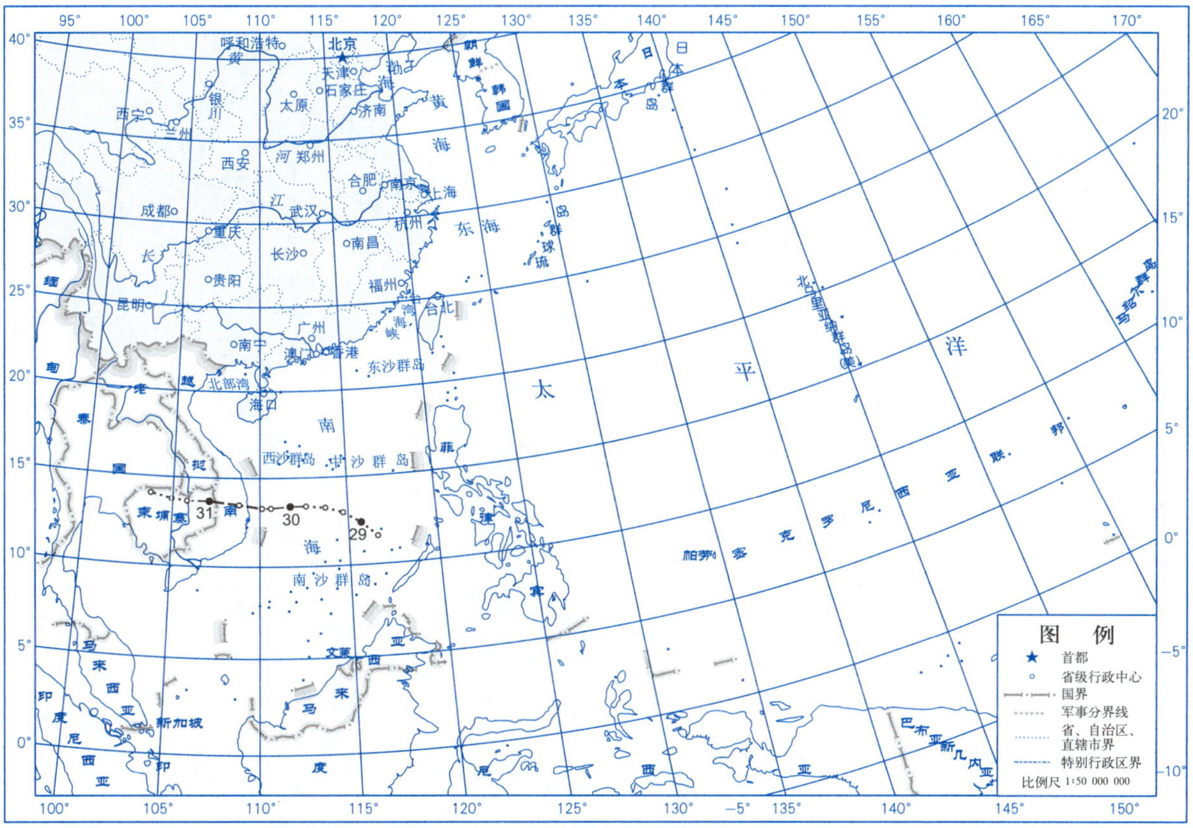

图 2.26.1　第 1922 号强热带风暴“麦德姆”（Matmo）路径图

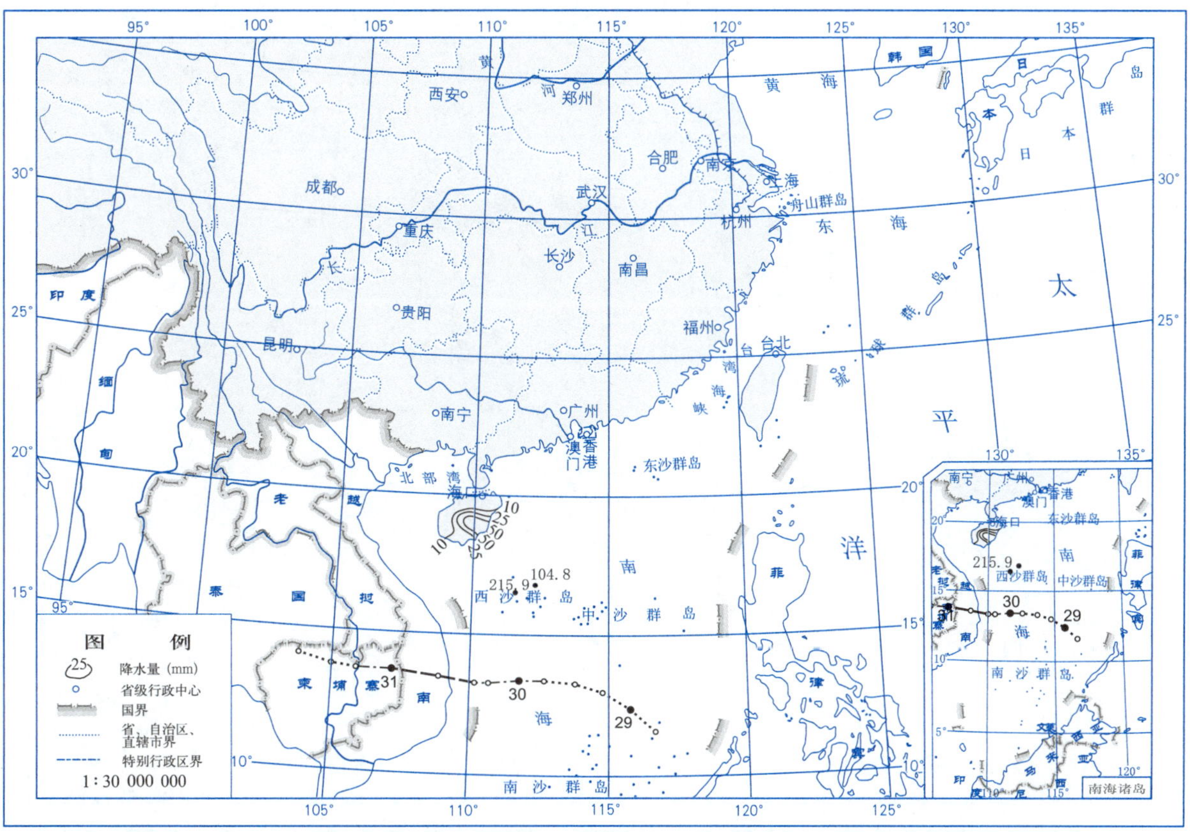

图 2.26.2　第 1922 号强热带风暴“麦德姆”（Matmo）总降水量图（10 月 29—31 日）（mm）

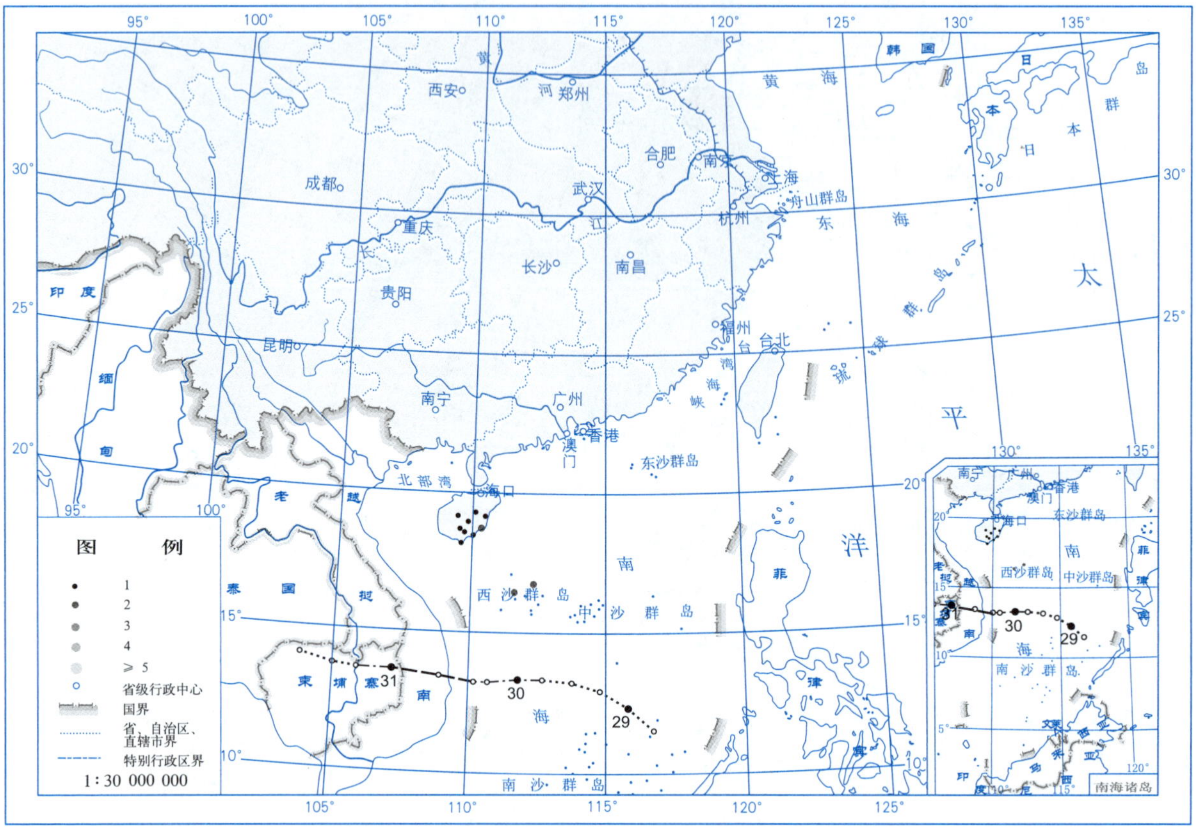

图 2.26.3　第 1922 号强热带风暴“麦德姆”（Matmo）总降水日数图（10 月 29—31 日）（天）

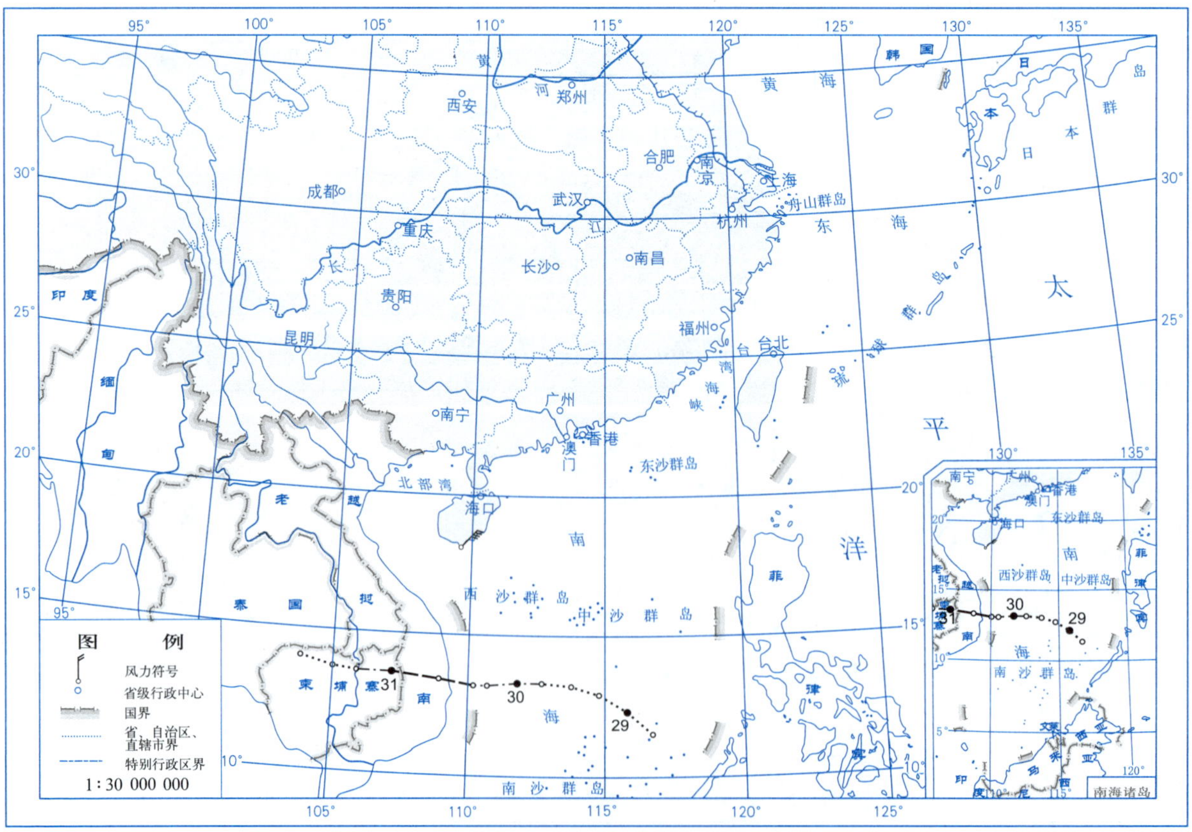

图 2.26.4　第 1922 号强热带风暴“麦德姆”（Matmo）大风分布图（10 月 30 日—11 月 1 日）

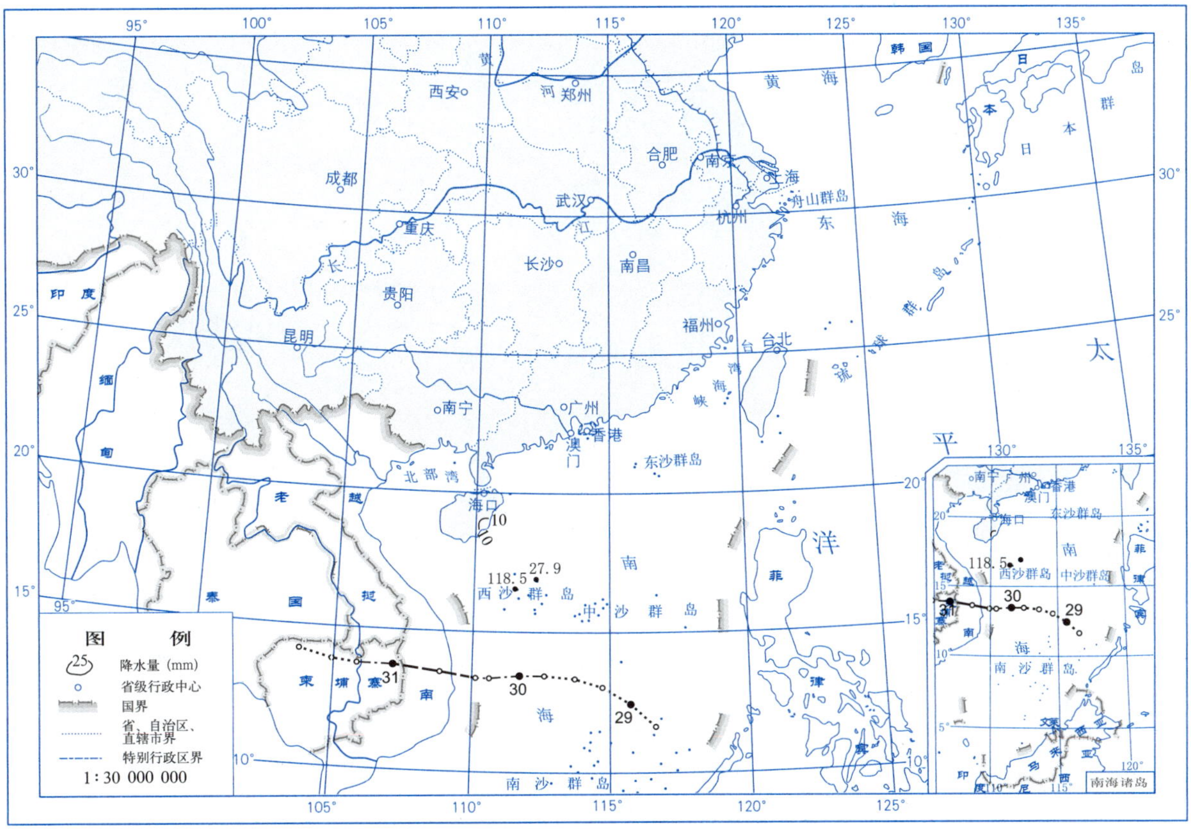

图 2.26.5 2019 年 10 月 30 日降水量图（mm）

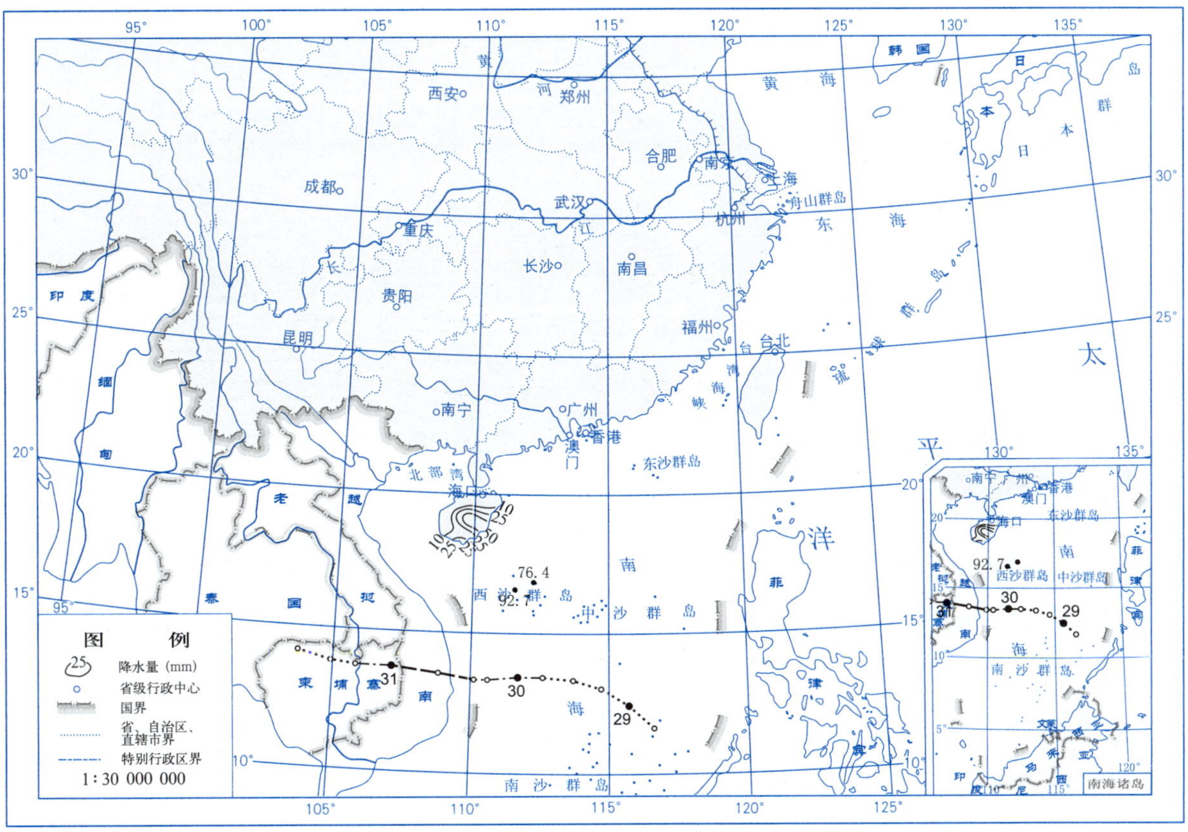

图 2.26.6 2019 年 10 月 31 日降水量图（mm）

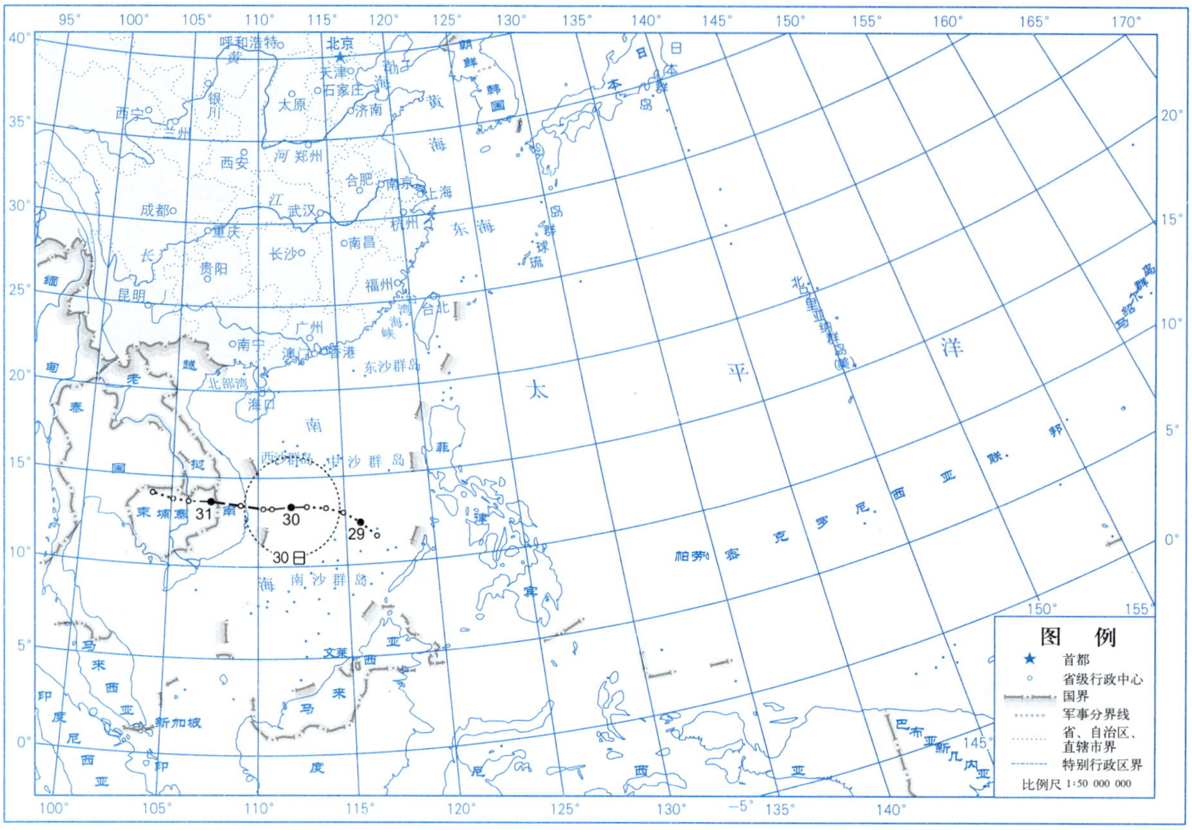

图 2.26.7　第 1922 号强热带风暴“麦德姆”（Matmo）大风区域演变图（10 月 30 日）

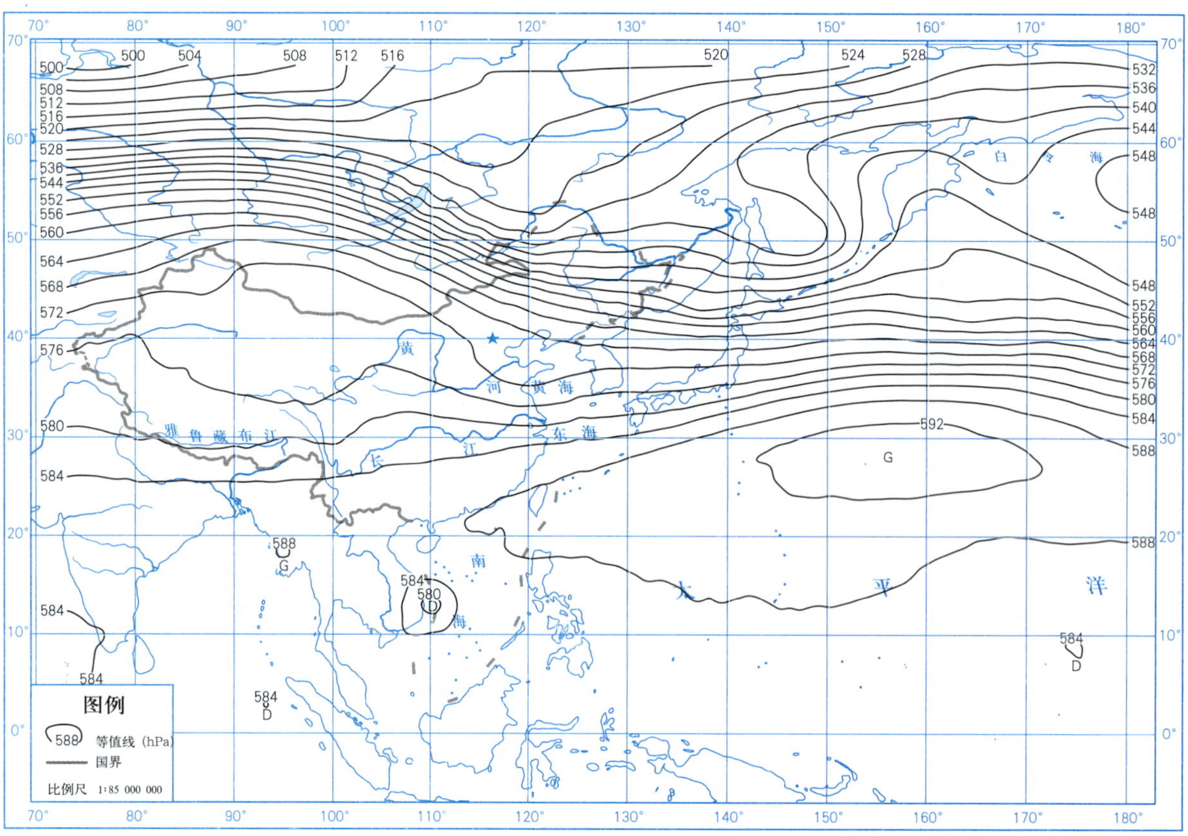

图 2.26.8　2019 年 10 月 30 日 20 时 500 hPa 高度场图（dagpm）

2.27　超强台风“夏浪”（Halong）

第 1923 号超强台风“夏浪”是由 11 月 2 日凌晨位于美国威克岛南偏西约 1140 km 的西北太平洋洋面上一个热带低压发展形成。形成后低压中心向西北方向移动，3 日凌晨增强为热带风暴，夜间增强为强热带风暴，次日上午增强为台风，5 日早晨快速增强至超强台风，在 6 日凌晨达到其生命史最大强度，近中心最大风速 68 m/s（17 级以上），中心最低气压 905 hPa。随后，超强台风“夏浪”逐渐转向东北，强度持续减弱，7 日减弱为强台风，8 日减弱为台风，移速加快，夜间变性为温带气旋，之后强度继续减弱，于 10 日在西北太平洋洋面消散。

表 2.27.1 是超强台风“夏浪”的中心位置和强度。图 2.27.1 ～ 2.27.3 分别是超强台风“夏浪”的路径图、大风区域演变图和 2019 年 11 月 6 日 08 时 500 hPa 高度场图。

表 2.27.1　第 1923 号超强台风“夏浪”（Halong）中心位置和强度

11 月 2—10 日

年	月	日	时	中心位置		中心气压（hPa）	中心风速（m/s）
				北纬（°N）	东经（°E）		
2019	11	2	2	10.7	160.8	1002	13
	11	2	8	11.7	159.5	1000	15
	11	2	14	12.8	158.5	1000	15
	11	2	20	13.5	157.6	1000	15
	11	3	2	14.3	156.4	998	18
	11	3	8	14.9	155.2	998	18
	11	3	14	15.4	154.6	995	20
	11	3	20	15.9	154.2	990	25
	11	4	2	16.5	153.8	985	28
	11	4	8	17.1	153.5	975	33
	11	4	14	17.8	153.2	970	35
	11	4	20	18.2	152.7	960	40
	11	5	2	18.8	152.3	945	48
	11	5	8	19.1	151.8	935	52
	11	5	14	19.7	151.3	925	58
	11	5	20	19.9	150.8	915	62
	11	6	2	20.3	150.5	905	68
	11	6	8	20.8	150.4	905	68
	11	6	14	21.2	150.5	915	62

（续表）

年	月	日	时	中心位置		中心气压（hPa）	中心风速（m/s）
				北纬（°N）	东经（°E）		
2019	11	6	20	21.6	150.7	930	55
	11	7	2	22.2	151.0	935	52
	11	7	8	23.2	151.2	945	48
	11	7	14	23.9	151.3	950	45
	11	7	20	24.8	152.0	955	42
	11	8	2	25.6	152.9	960	40
	11	8	8	26.7	154.6	965	38
	11	8	14	28.3	156.4	970	35
△	11	8	20	29.5	158.5	980	30
	11	9	2	30.5	159.7	990	25
	11	9	8	31.3	160.8	998	18
	11	9	14	31.6	162.5	1000	15
	11	9	20	32.1	164.7	1002	13
	11	10	2	32.4	166.6	1002	13
	11	10	8	32.6	168.7	1002	13
消散							

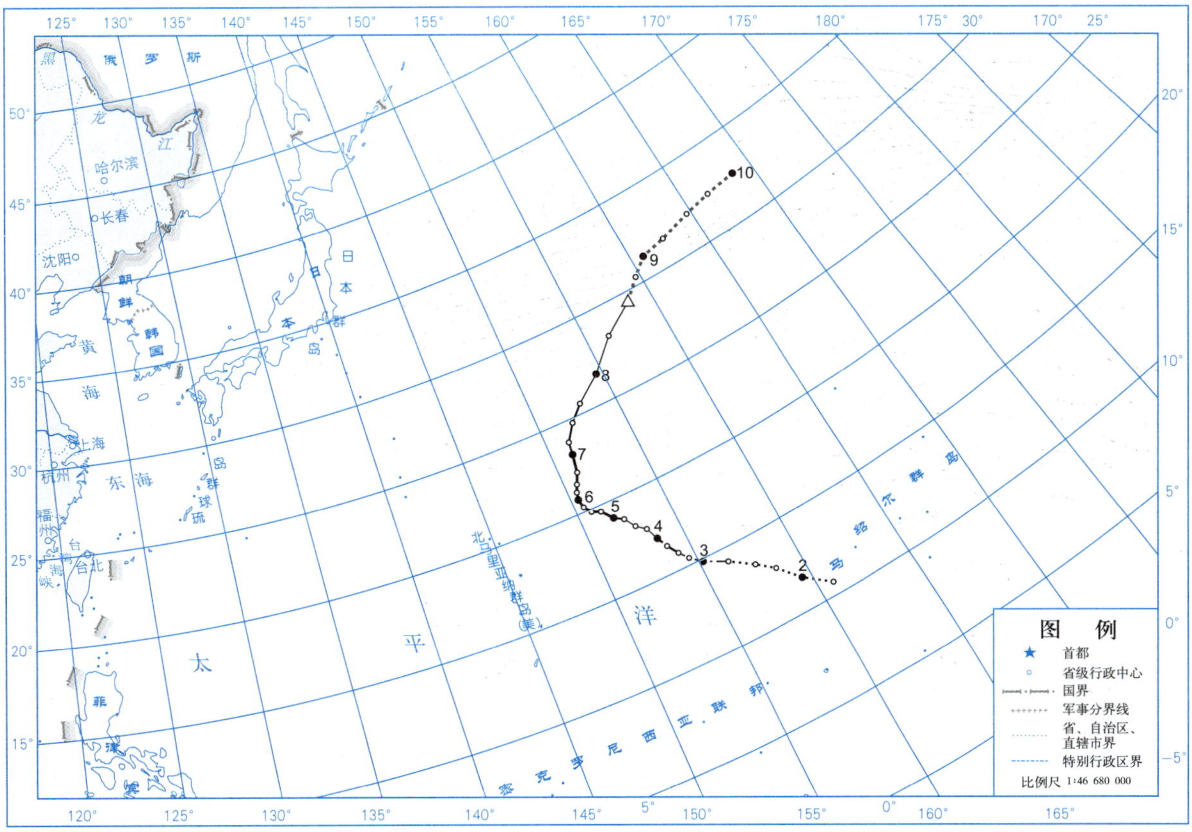

图 2.27.1　第 1923 号超强台风“夏浪”（Halong）路径图

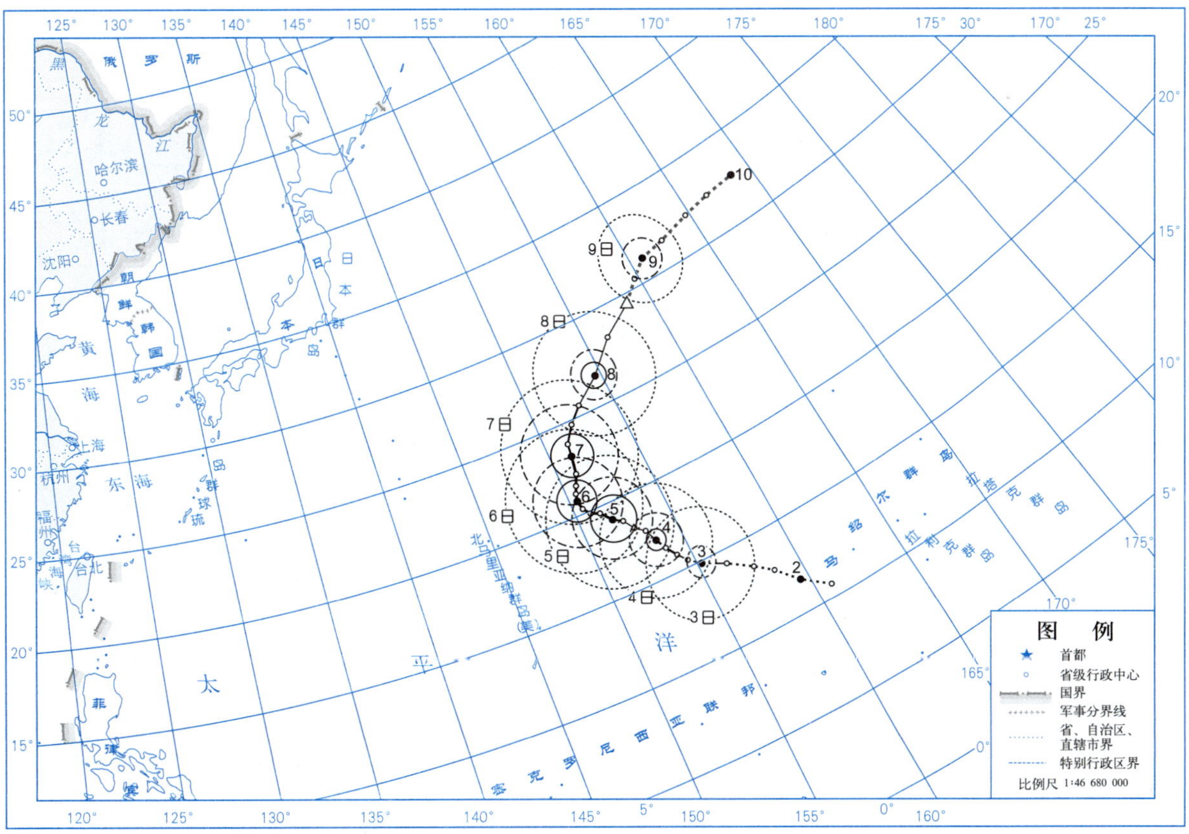

图 2.27.2　第 1923 号超强台风“夏浪”（Halong）大风区域演变图（11 月 3—9 日）

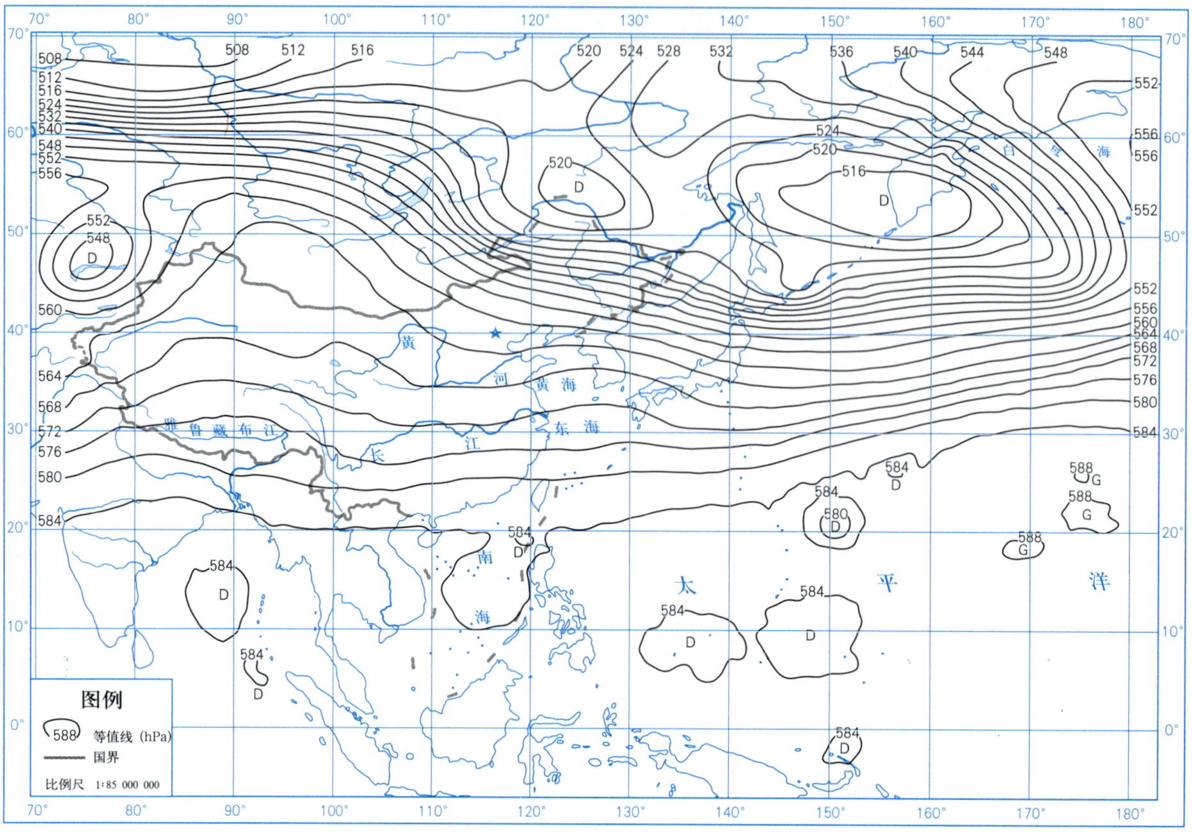

图 2.27.3　2019 年 11 月 6 日 08 时 500 hPa 高度场图（dagpm）

2.28　台风“娜基莉”（Nakri）

第 1924 号台风“娜基莉”是由 11 月 4 日夜间位于我国中沙群岛以南约 170 km 的南海海面上一个热带低压发展形成。形成后低压中心向偏东方向移动，5 日夜间增强为热带风暴，7 日早晨增强为强热带风暴，随后折向西南，移速加快，8 日继续增强为台风，并转向偏西方向移动，逐渐靠近越南东部沿海。之后，“娜基莉”强度减弱，9 日夜间减弱为强热带风暴，于 11 日凌晨前后登陆越南庆和省沿海，登陆后强度快速减弱，下午在柬埔寨东部境内消散。

受台风“娜基莉”与冷空气共同影响，11 月 9—11 日，海南三亚出现最大风力 6 级（12.3 m/s）、阵风 8 级（17.7 m/s），为本次台风影响过程风极值。受其影响，11 月 4—11 日，海南西沙和珊瑚总雨量为 41 ～ 44 mm。

表 2.28.1 是台风“娜基莉”的中心位置和强度。图 2.28.1 ～ 2.28.4 分别是台风“娜基莉”路径图、总降水量图、总降水日数图和大风分布图。图 2.28.5 ～ 2.28.6 分别是台风“娜基莉”的大风区域演变图和 2019 年 11 月 9 日 14 时 500 hPa 高度场图。

表 2.28.1　第 1924 号台风“娜基莉”（Nakri）中心位置和强度

11 月 4—11 日

年	月	日	时	中心位置		中心气压（hPa）	中心风速（m/s）
				北纬（°N）	东经（°E）		
2019	11	4	20	13.8	114.2	1002	13
	11	5	2	13.8	114.6	1002	13
	11	5	8	13.9	114.9	1000	15
	11	5	14	13.9	115.2	1000	15
	11	5	20	13.8	115.6	998	18
	11	6	2	13.6	115.9	998	18
	11	6	8	13.5	116.3	998	18
	11	6	14	13.5	116.5	998	18
	11	6	20	13.5	116.6	995	20
	11	7	2	13.5	116.7	990	23
	11	7	8	13.5	116.8	988	25
	11	7	14	13.5	117.0	988	25
	11	7	20	13.4	117.1	985	28
	11	8	2	13.1	116.9	980	30
	11	8	8	12.8	116.6	980	30
	11	8	14	12.7	116.2	975	33

（续表）

年	月	日	时	中心位置		中心气压（hPa）	中心风速（m/s）
				北纬（°N）	东经（°E）		
2019	11	8	20	12.5	115.8	975	33
	11	9	2	12.4	115.3	975	33
	11	9	8	12.4	114.8	975	33
	11	9	14	12.4	113.9	975	33
	11	9	20	12.5	113.1	980	30
	11	10	2	12.7	112.5	980	30
	11	10	8	12.7	111.5	980	30
	11	10	14	12.7	110.6	980	30
	11	10	20	12.7	109.9	985	28
	11	11	2	12.8	109.3	990	23
	11	11	8	13.1	108.4	1002	15
	11	11	14	13.4	107.4	1004	13
消散							

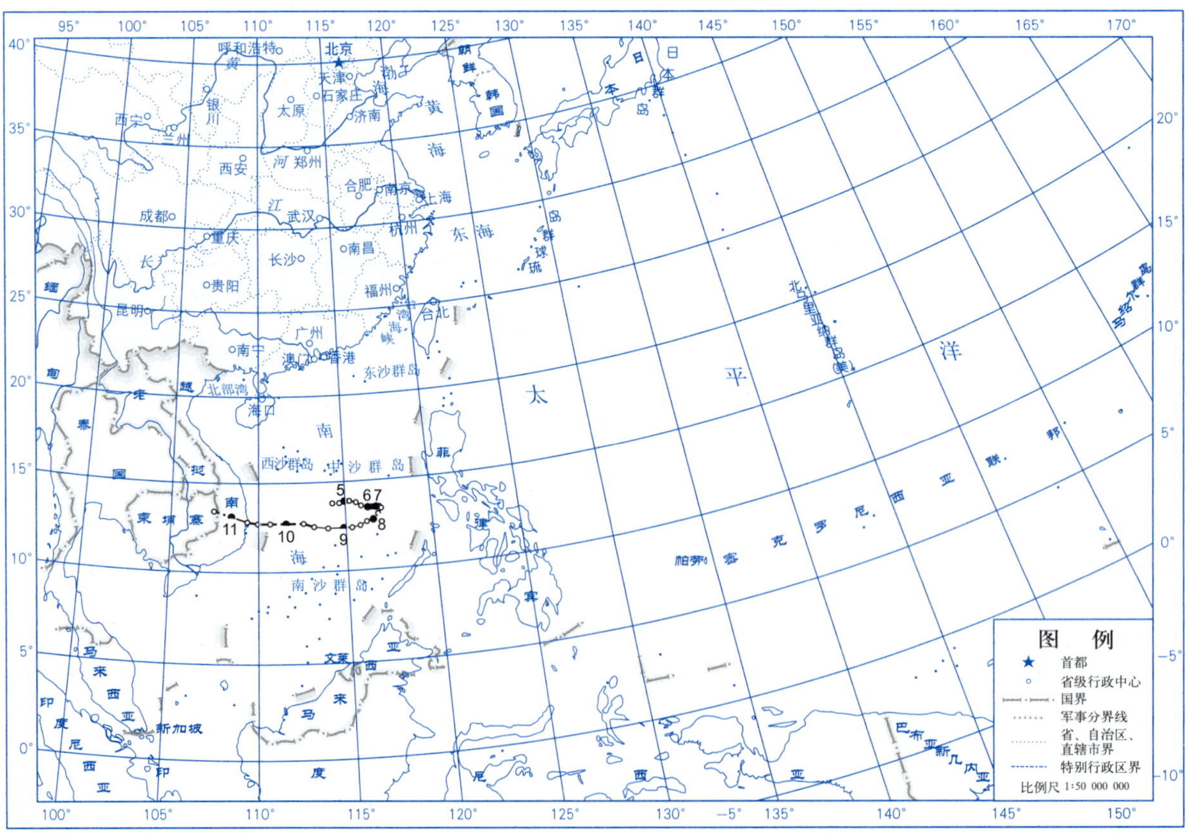

图 2.28.1　第 1924 号台风“娜基莉”（Nakri）路径图

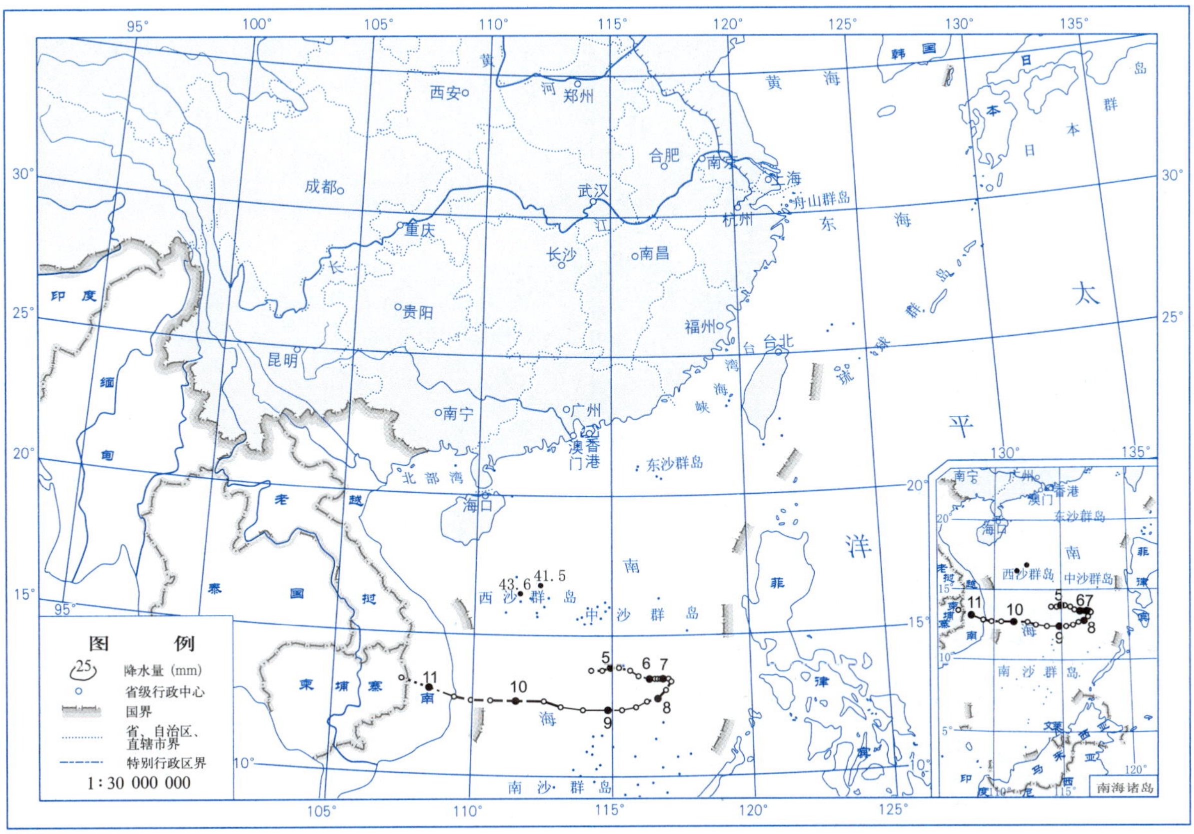

图 2.28.2　第 1924 号台风“娜基莉”（Nakri）总降水量图（11 月 4—11 日）（mm）

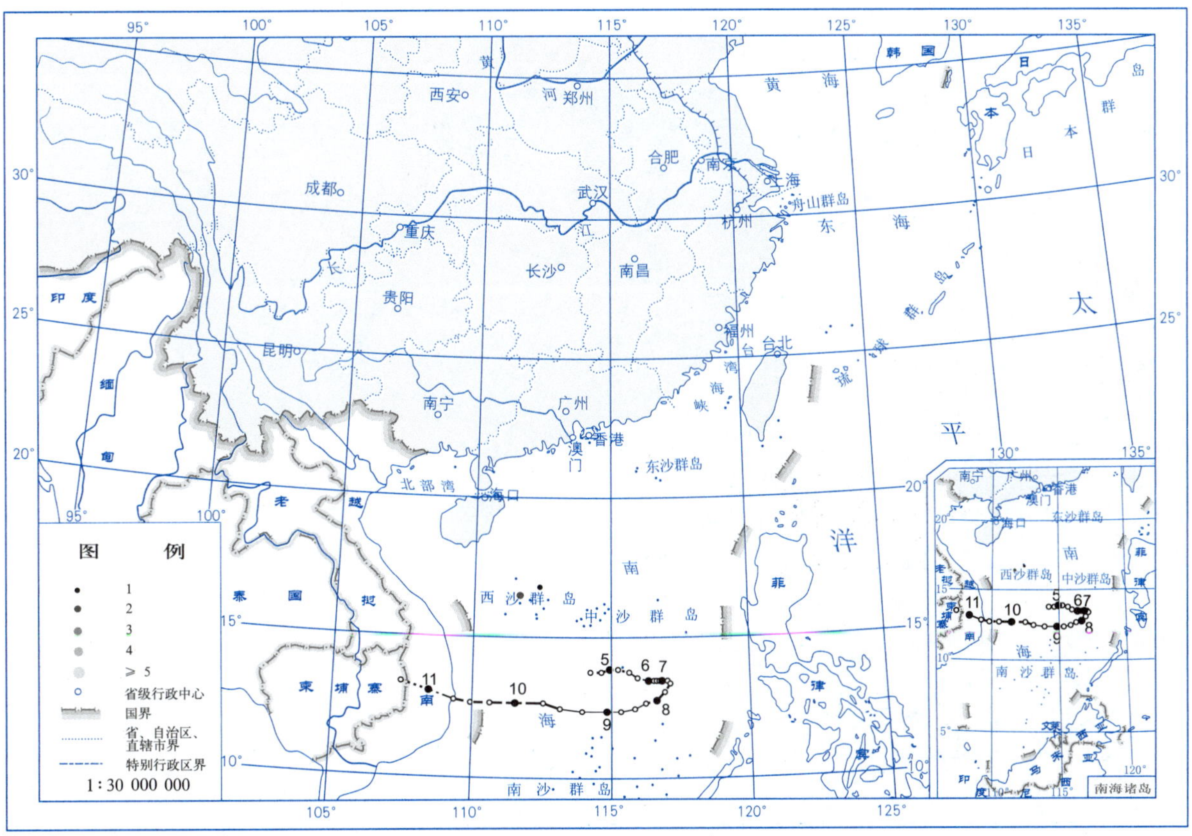

图 2.28.3　第 1924 号台风“娜基莉”（Nakri）总降水日数图（11 月 4—11 日）（天）

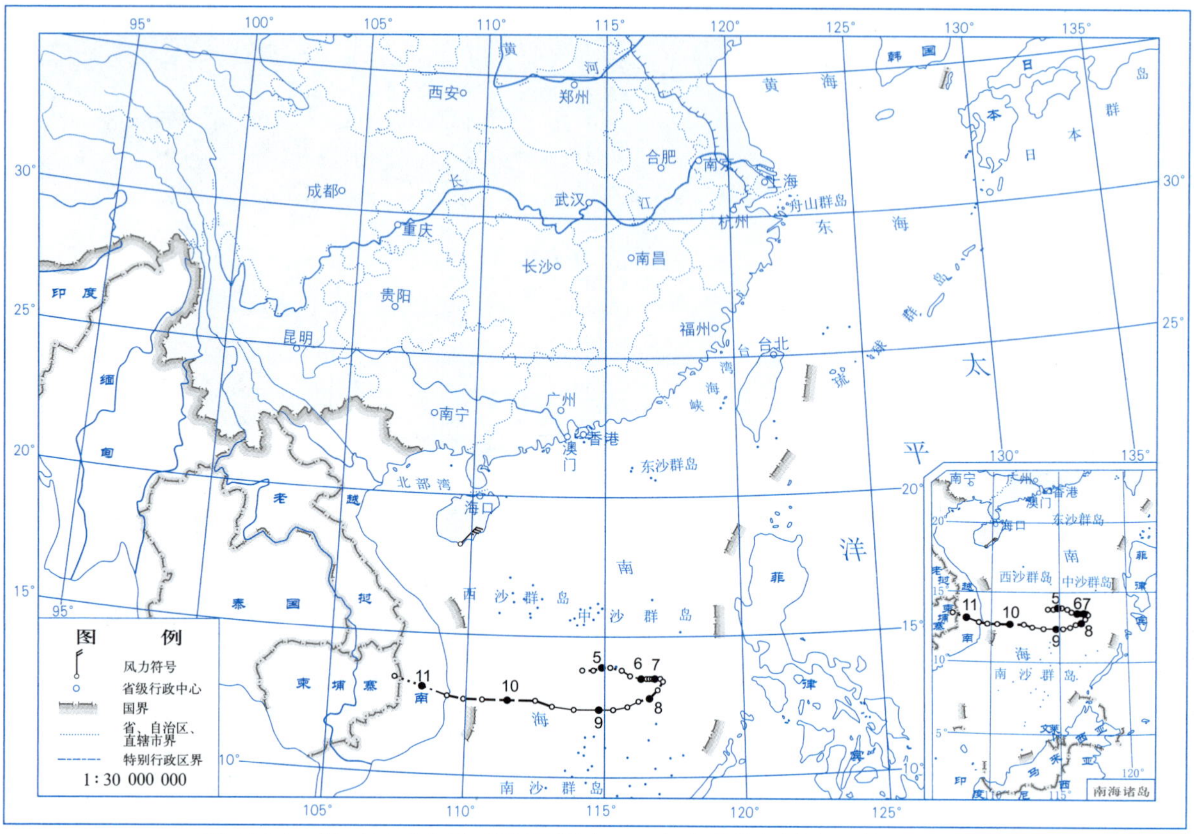

图 2.28.4　第 1924 号台风“娜基莉”（Nakri）大风分布图（11 月 9—11 日）

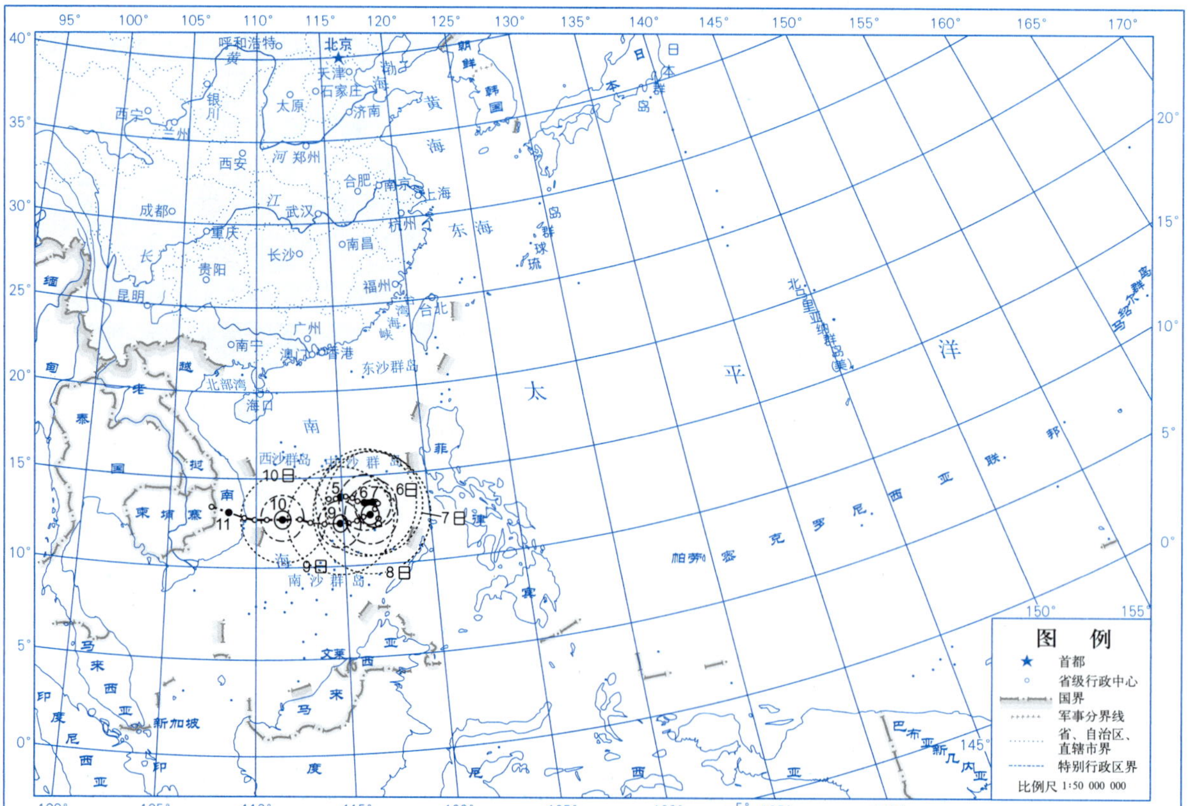

图 2.28.5　第 1924 号台风“娜基莉”（Nakri）大风区域演变图（11 月 6—10 日）

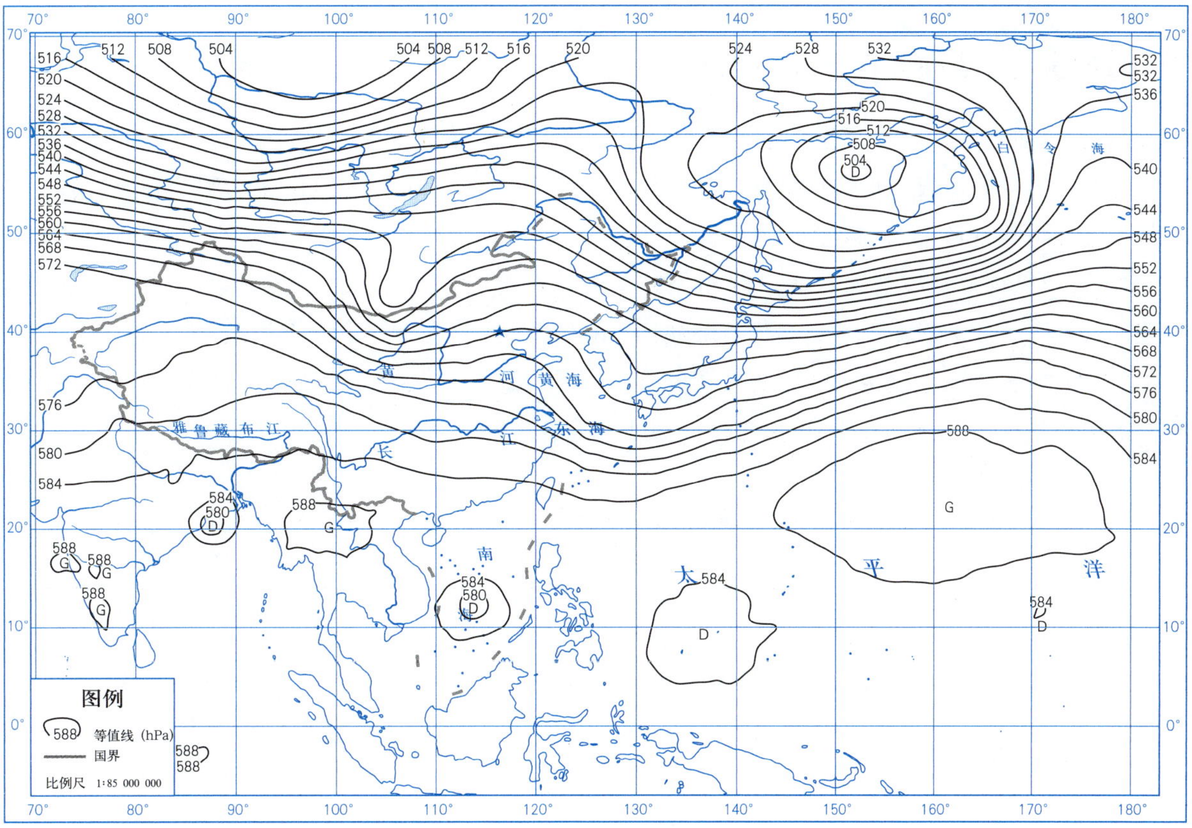

图 2.28.6 2019 年 11 月 9 日 14 时 500 hPa 高度场图（dagpm）

2.29 强台风“风神”(Fengshen)

第 1925 号强台风“风神”是由 11 月 11 日早晨位于马绍尔群岛以北约 450 km 的西北太平洋洋面上一个热带低压发展形成。形成后低压中心稳定地向偏西方向移动，12 日下午增强为热带风暴，次日增强为强热带风暴，15 日凌晨增强为台风，其后快速增强为强台风，并沿顺时针方向移动半周后转向偏东。之后，“风神”强度快速减弱，17 日下午减弱至强热带风暴，夜间变性为温带气旋，18 日凌晨折向偏南方向移动，下午在距离威克岛西偏北约 970 km 的西北太平洋洋面上消散。

表 2.29.1 是强台风“风神”的中心位置和强度。图 2.29.1 ~ 2.29.3 分别是强台风“风神”路径图、大风区域演变图和 2019 年 11 月 15 日 20 时 500 hPa 高度场图。

表 2.29.1 第 1925 号强台风“风神”(Fengshen) 中心位置和强度

11 月 11—18 日

年	月	日	时	中心位置		中心气压（hPa）	中心风速（m/s）
				北纬（°N）	东经（°E）		
2019	11	11	8	13.7	168.0	1002	13
	11	11	14	13.8	166.3	1002	13
	11	11	20	14.1	165.2	1000	15
	11	12	2	14.5	164.1	1000	15
	11	12	8	15.0	162.3	1000	15
	11	12	14	15.6	160.5	998	18
	11	12	20	16.2	159.1	998	18
	11	13	2	16.7	157.7	995	20
	11	13	8	17.0	156.0	990	23
	11	13	14	16.8	154.5	988	25
	11	13	20	16.9	153.4	988	25
	11	14	2	17.0	151.8	988	25
	11	14	8	17.0	149.8	988	25
	11	14	14	17.1	148.3	985	28
	11	14	20	17.6	146.8	980	30
	11	15	2	18.3	145.1	970	35
	11	15	8	19.1	143.8	955	42
	11	15	14	20.1	142.7	940	50
	11	15	20	21.1	142.2	940	50
	11	16	2	22.4	142.4	940	50

（续表）

年	月	日	时	中心位置		中心气压（hPa）	中心风速（m/s）
				北纬（°N）	东经（°E）		
2019	11	16	8	23.7	143.2	950	45
	11	16	14	24.8	144.7	945	48
	11	16	20	25.9	146.7	945	48
	11	17	2	26.5	149.0	950	45
	11	17	8	26.8	152.0	965	38
	11	17	14	26.6	155.0	980	30
△	11	17	20	26.1	156.5	995	20
	11	18	2	25.0	157.8	1000	15
	11	18	8	23.8	158.2	1002	13
	11	18	14	22.3	157.7	1002	13
消散							

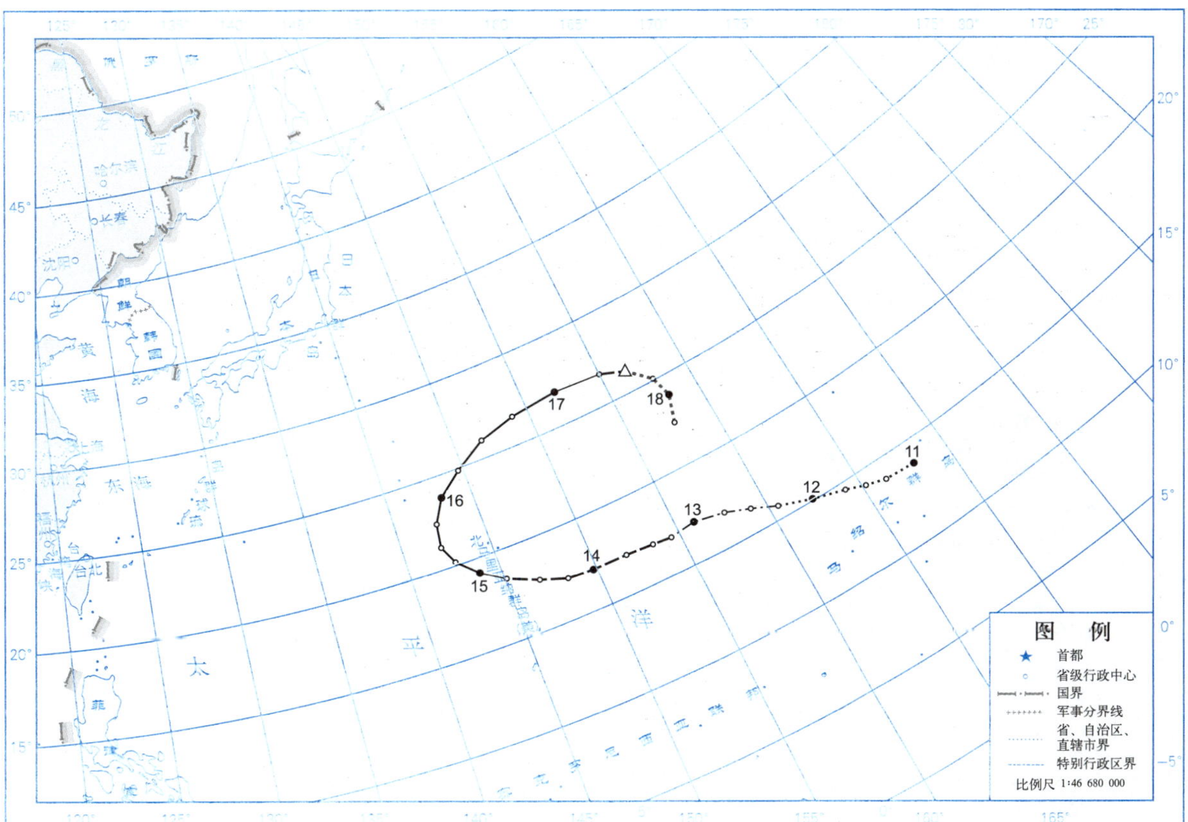

图 2.29.1　第 1925 号强台风“风神”（Fengshen）路径图

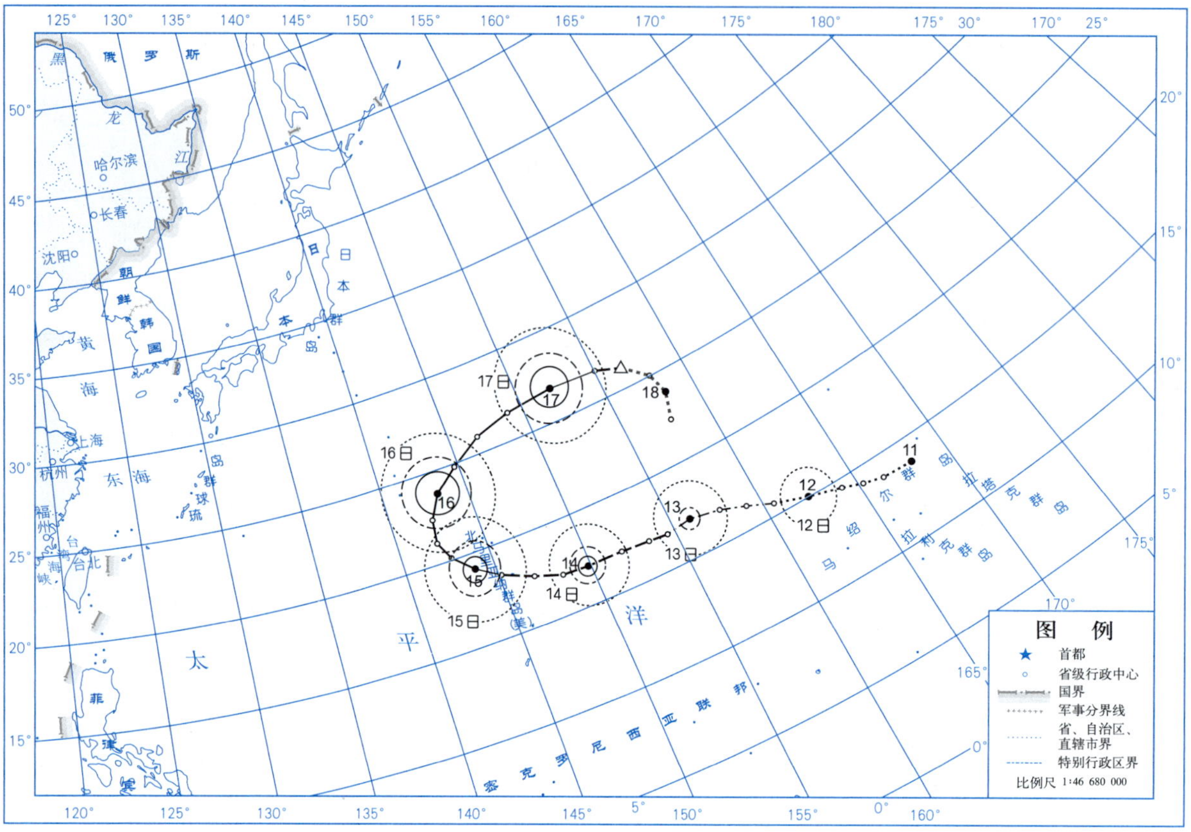

图 2.29.2　第 1925 号强台风“风神”（Fengshen）大风区域演变图（11 月 12—17 日）

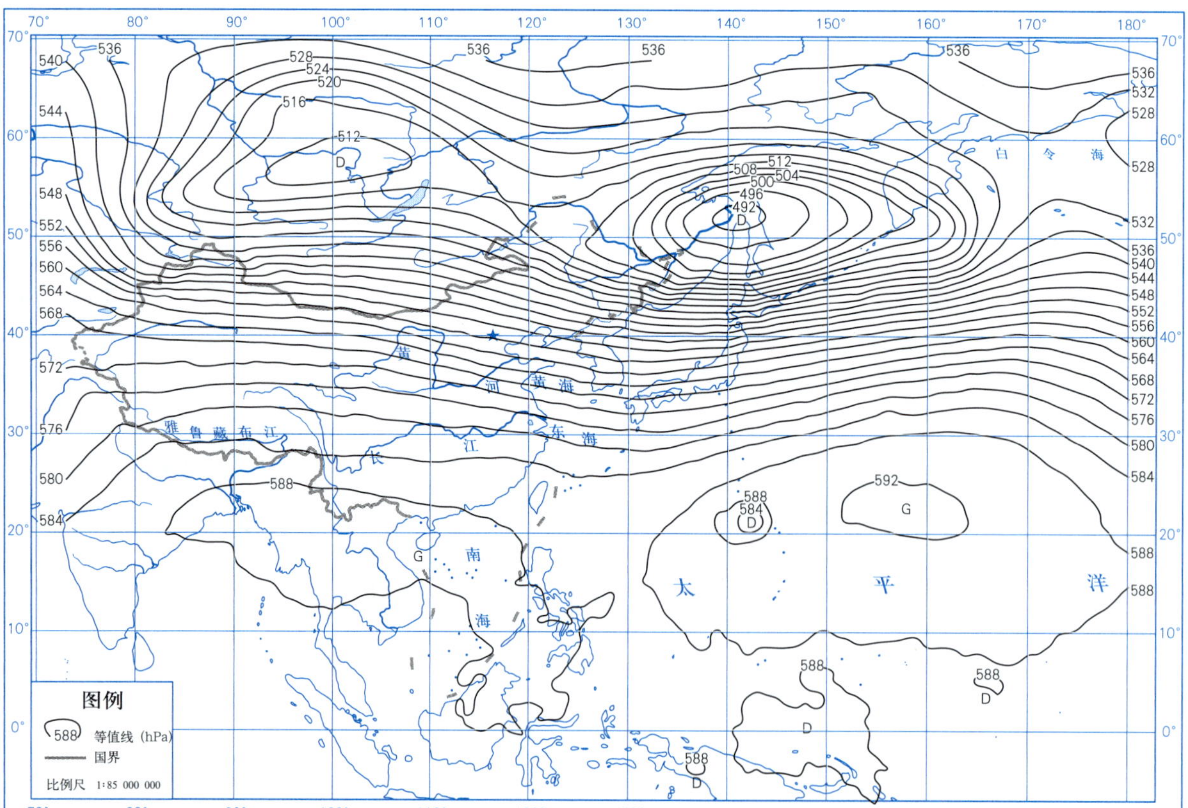

图 2.29.3　2019 年 11 月 15 日 20 时 500 hPa 高度场图（dagpm）

2.30　台风“海鸥”（Kalmaegi）

第 1926 号台风“海鸥”是由 11 月 11 日早晨位于帕劳以北约 630 km 的西北太平洋洋面上一个热带低压发展形成。形成后低压中心向西南方向移动，强度维持，12 日夜间转向西北，在距离菲律宾吕宋岛以东约 350 km 的菲律宾海域顺时针回旋，随后强度增强为热带风暴，并加速向北偏西方向移动，18 日继续增强为强热带风暴，19 日进一步增强为台风。之后，“海鸥”迅速折向西南，强度减弱，于 20 日凌晨登陆吕宋岛北部沿海，登陆后移速加快，当日下午减弱为热带低压，夜间进入我国南海海域，22 日凌晨在距离我国南沙群岛北部约 80 km 的海域上消散。

受台风“海鸥”与冷空气共同影响，11 月 19—20 日，福建南部沿海局部出现最大风力 6 ～ 7 级、阵风 8 ～ 9 级；其中，福建东山出现最大风力 7 级（16.8 m/s）、阵风 9 级（22.1 m/s），为本次台风影响过程风极值。

表 2.30.1 是台风“海鸥”的中心位置和强度。图 2.30.1 ～ 2.30.4 分别是台风“海鸥”路径图、大风分布图、大风区域演变图和 2019 年 11 月 19 日 08 时 500 hPa 高度场图。

表 2.30.1　第 1926 号台风“海鸥”（Kalmaegi）中心位置和强度

11 月 11 —22 日

年	月	日	时	中心位置		中心气压（hPa）	中心风速（m/s）
				北纬（°N）	东经（°E）		
2019	11	11	8	13.2	134.7	1002	13
	11	11	14	13.0	133.7	1002	13
	11	11	20	12.6	133.0	1002	13
	11	12	2	12.1	132.6	1002	13
	11	12	8	11.9	132.1	1002	13
	11	12	14	11.9	131.5	1002	13
	11	12	20	12.0	130.8	1002	13
	11	13	2	12.2	129.7	1000	15
	11	13	8	12.9	129.1	1000	15
	11	13	14	13.0	128.4	1000	15
	11	13	20	13.1	128.0	1000	15
	11	14	2	13.6	127.1	1000	15
	11	14	8	14.4	126.4	1000	15
	11	14	14	15.1	126.3	1000	15
	11	14	20	15.7	126.2	1000	15
	11	15	2	16.3	126.0	1000	15

（续表）

年	月	日	时	中心位置		中心气压（hPa）	中心风速（m/s）
				北纬（°N）	东经（°E）		
2019	11	15	8	16.7	125.9	1000	15
	11	15	14	16.9	126.2	1000	15
	11	15	20	16.7	126.4	1000	15
	11	16	2	16.4	126.4	998	18
	11	16	8	16.3	126.1	998	18
	11	16	14	16.3	125.8	998	18
	11	16	20	16.2	125.5	998	18
	11	17	2	16.1	125.2	998	18
	11	17	8	16.1	124.9	998	18
	11	17	14	16.5	124.5	995	20
	11	17	20	16.8	123.9	992	23
	11	18	2	17.2	123.6	992	23
	11	18	8	17.5	123.3	990	25
	11	18	14	18.1	123.1	980	30
	11	18	20	18.9	122.9	980	30
	11	19	2	19.2	122.5	970	35
	11	19	8	19.3	122.5	970	35
	11	19	14	19.4	122.6	970	35
	11	19	20	19.5	122.5	980	30
	11	20	2	18.6	122.1	985	28
	11	20	8	17.3	121.6	995	20
	11	20	14	16.3	120.6	1000	15
	11	20	20	15.4	120.0	1000	15
	11	21	2	14.5	119.2	1002	13
	11	21	8	14.0	117.8	1002	13
	11	21	14	13.6	116.8	1002	13
	11	21	20	13.1	115.8	1002	13
	11	22	2	12.2	114.7	1002	13
消散							

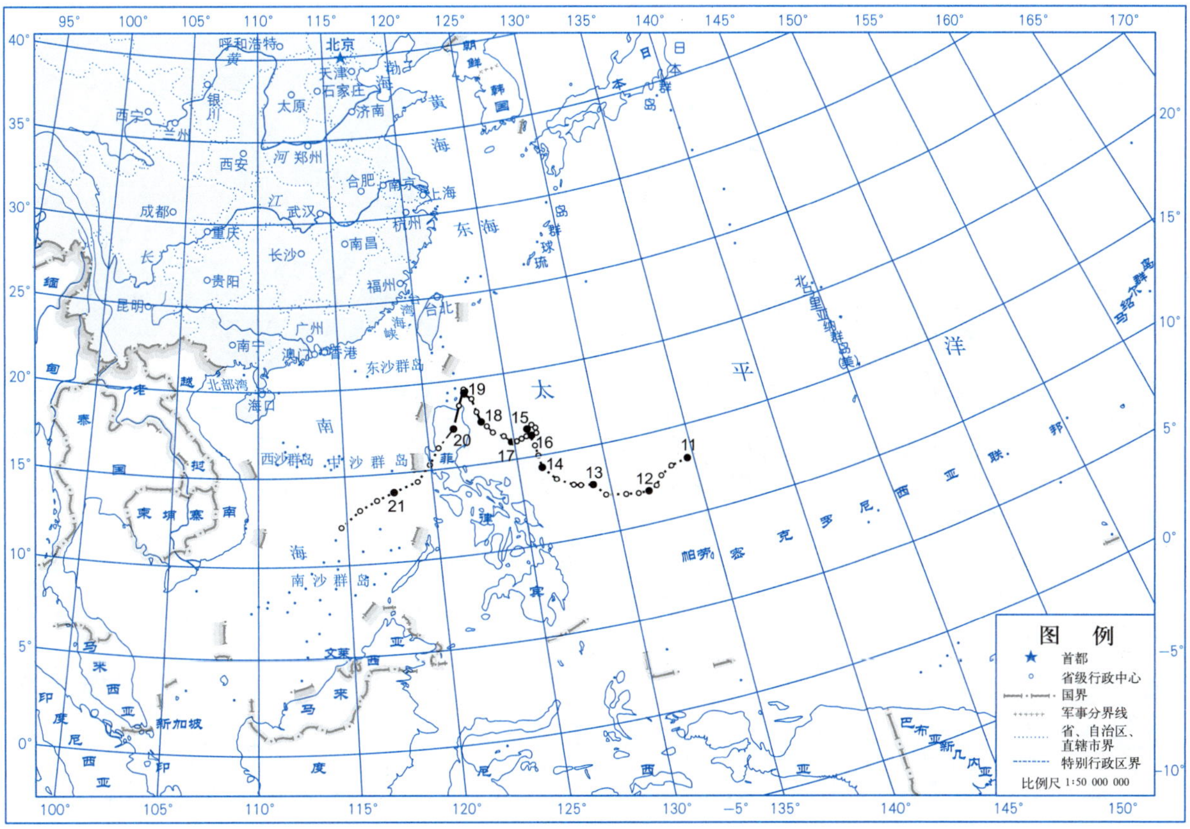

图 2.30.1 第 1926 号台风“海鸥”（Kalmaegi）路径图

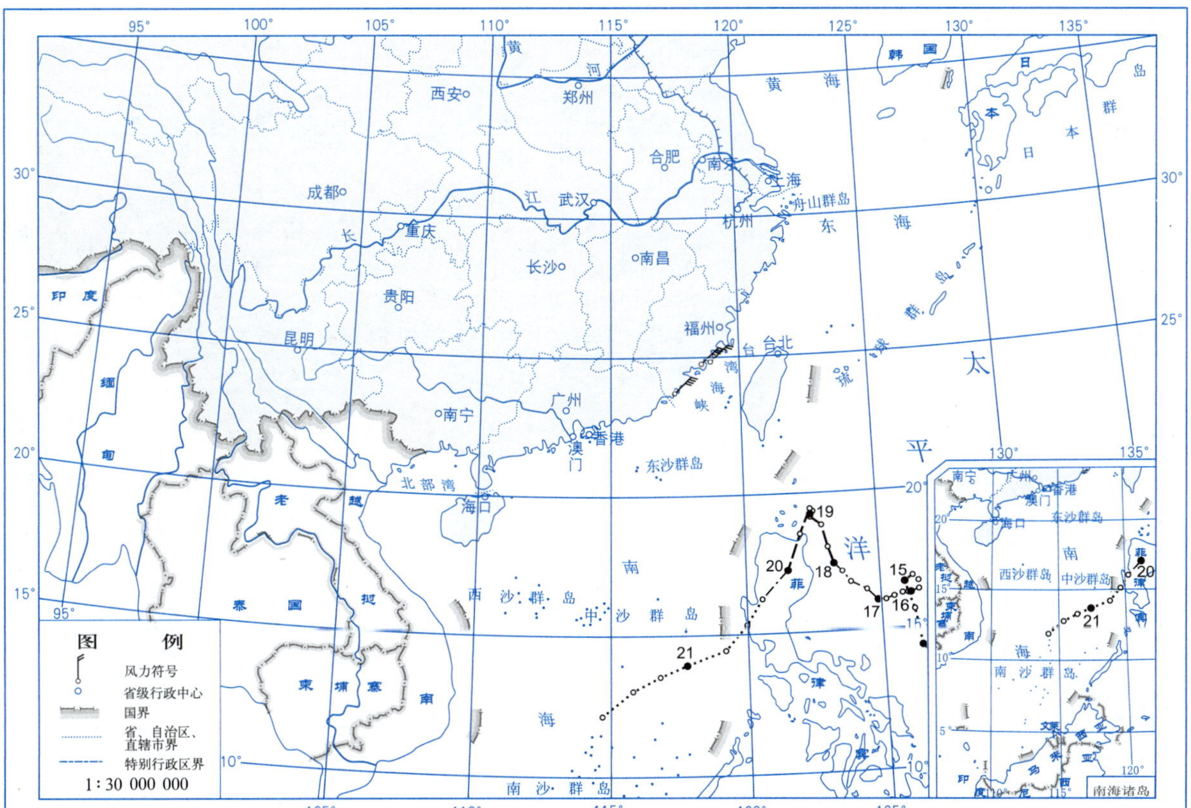

图 2.30.2 第 1926 号台风“海鸥”（Kalmaegi）大风分布图（11 月 19—20 日）

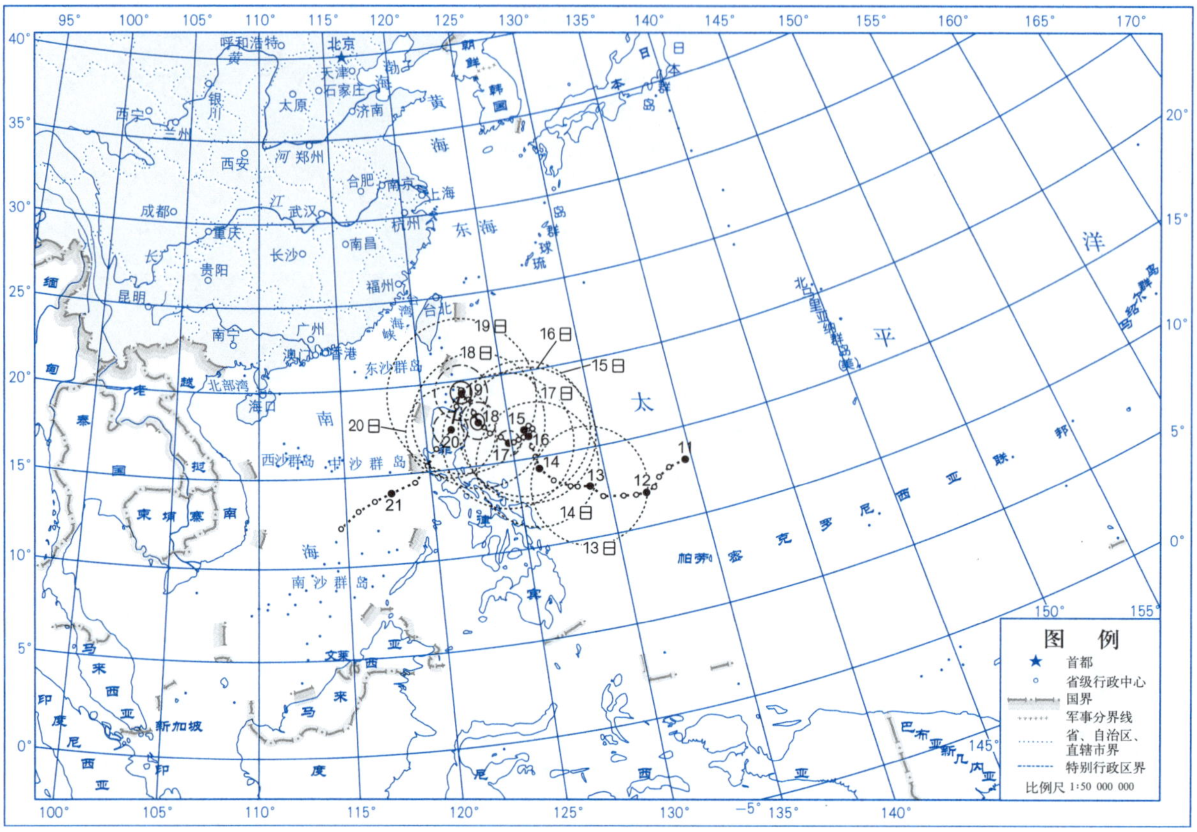

图 2.30.3 第 1926 号台风“海鸥”（Kalmaegi）大风区域演变图（11 月 13—20 日）

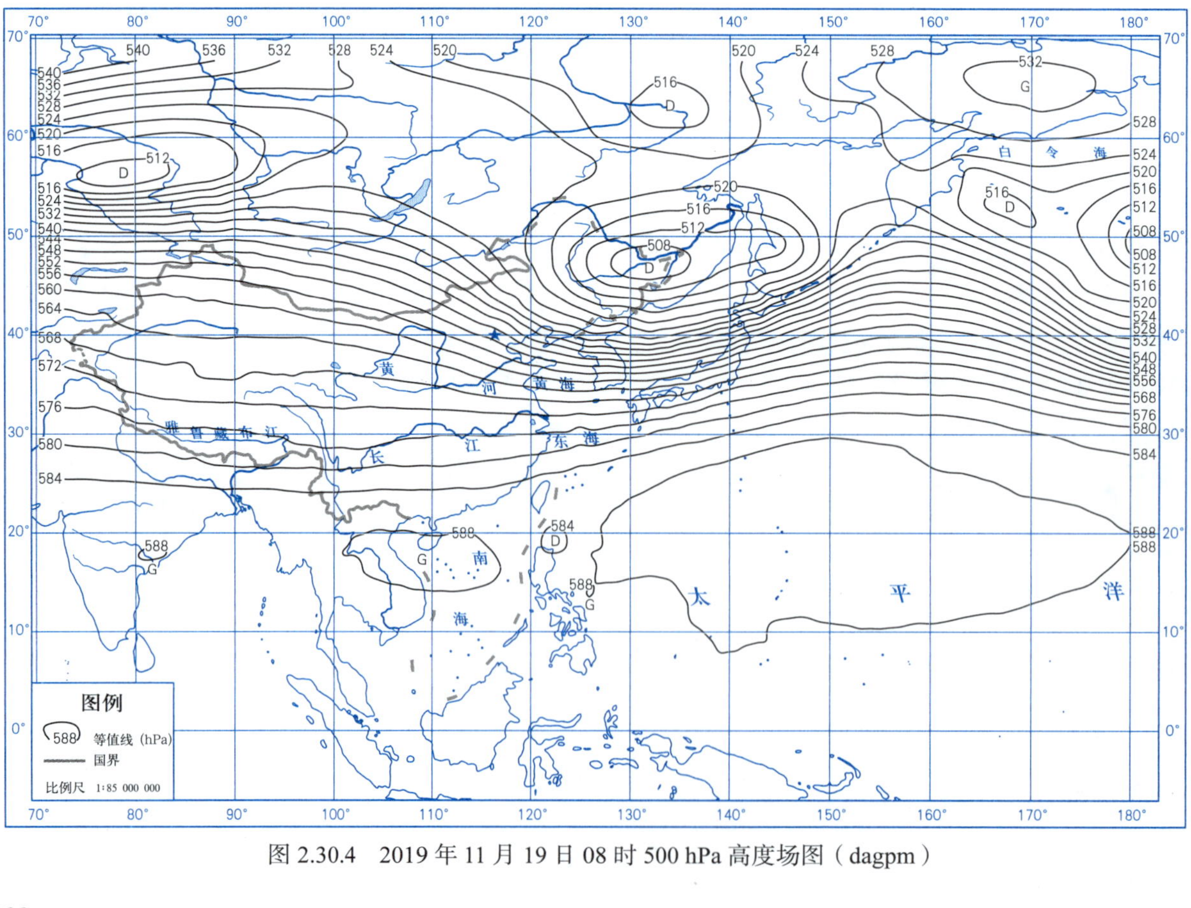

图 2.30.4 2019 年 11 月 19 日 08 时 500 hPa 高度场图（dagpm）

2.31　强热带风暴“凤凰”（Fung-wong）

第 1927 号强热带风暴“凤凰”是由 11 月 18 日早晨位于美国关岛西南约 540 km 的西北太平洋洋面上一个热带低压发展形成。热带低压形成后向西偏北方向移动，20 日早晨加强为热带风暴，并转向西北，次日早晨加强为强热带风暴，之后在我国台湾岛以东约 300 km 的洋面上转向北偏东，移动缓慢。之后，“凤凰”22 日减弱为热带风暴，夜间进入东海南部海域，并继续减弱为热带低压，23 日夜间加速北行，于次日早晨在距上海以东约 460 km 的东海北部海域消散。

受强热带风暴“凤凰”与冷空气共同影响，11 月 21—22 日，福建北部沿海局部及九仙山出现最大风力 6 级、阵风 7 ~ 8 级；其中，福建三沙出现最大风力 6 级（12.9 m/s）、阵风 8 级（18.8 m/s），为本次强热带风暴影响过程风极值。

表 2.31.1 是强热带风暴“凤凰”的中心位置和强度。图 2.31.1 ~ 2.31.4 分别是强热带风暴“凤凰”路径图、大风分布图、大风区域演变图和 2017 年 7 月 25 日 14 时 500 hPa 高度场图。

表 2.31.1　第 1927 号强热带风暴“凤凰”（Fung-wong）中心位置和强度

11 月 18—24 日

年	月	日	时	中心位置		中心气压（hPa）	中心风速（m/s）
				北纬（°N）	东经（°E）		
2019	11	18	8	11.4	140.1	1002	13
	11	18	14	11.9	138.4	1002	13
	11	18	20	12.3	136.8	1002	13
	11	19	2	12.7	135.0	1002	13
	11	19	8	13.2	132.9	1002	13
	11	19	14	13.9	131.1	1002	13
	11	19	20	14.5	129.6	1000	15
	11	20	2	15.2	128.7	1000	15
	11	20	8	16.5	127.9	998	18
	11	20	14	17.8	127.1	998	18
	11	20	20	18.9	126.3	998	18
	11	21	2	19.7	125.3	998	18
	11	21	8	20.1	124.8	980	30
	11	21	14	20.6	124.3	980	30
	11	21	20	21.3	124.2	985	28
	11	22	2	22.0	124.2	985	28
	11	22	8	22.8	124.6	988	25

（续表）

年	月	日	时	中心位置		中心气压（hPa）	中心风速（m/s）
				北纬（°N）	东经（°E）		
2019	11	22	14	23.7	125.1	990	23
	11	22	20	24.5	125.4	1000	18
	11	23	2	24.9	125.5	1004	15
	11	23	8	25.2	125.7	1008	13
	11	23	14	25.4	125.8	1008	13
	11	23	20	25.9	126.0	1008	13
	11	24	2	28.5	125.8	1008	13
	11	24	8	30.0	126.5	1008	13
消散							

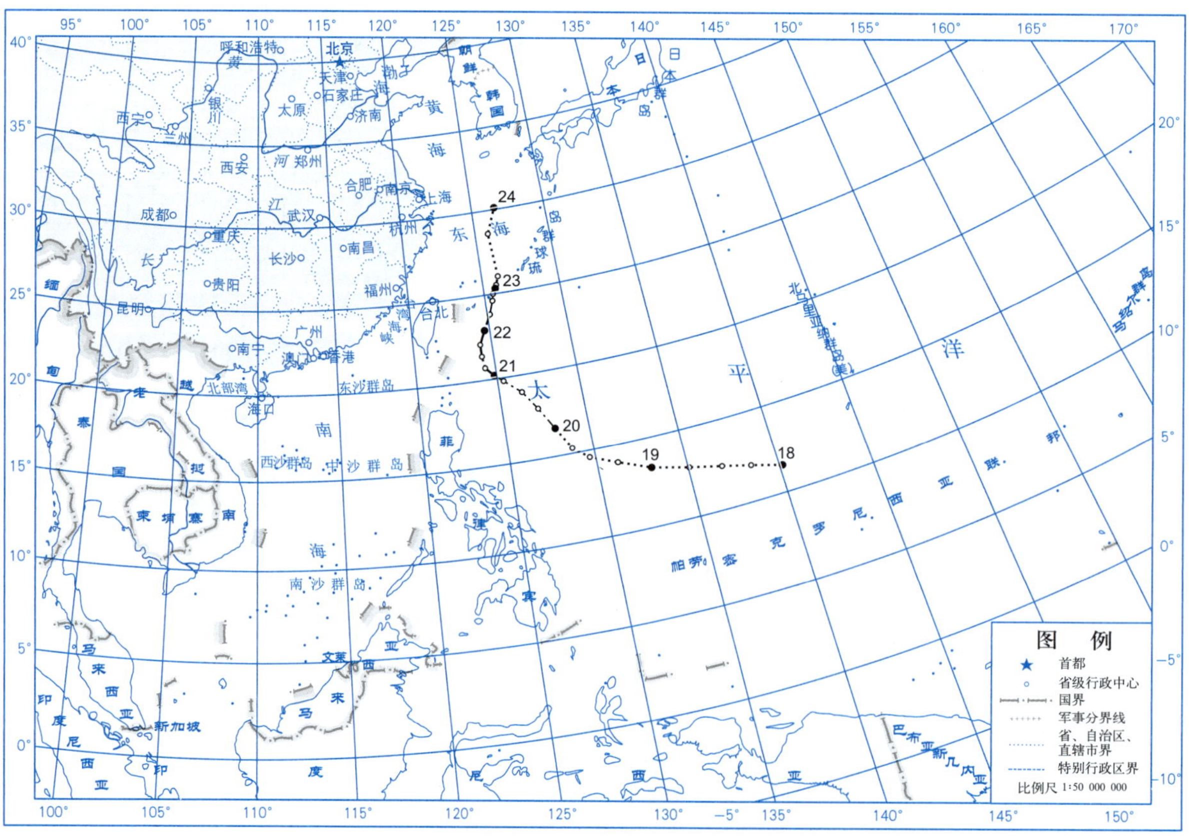

图 2.31.1 第 1927 号强热带风暴“凤凰”（Fung-wong）路径图

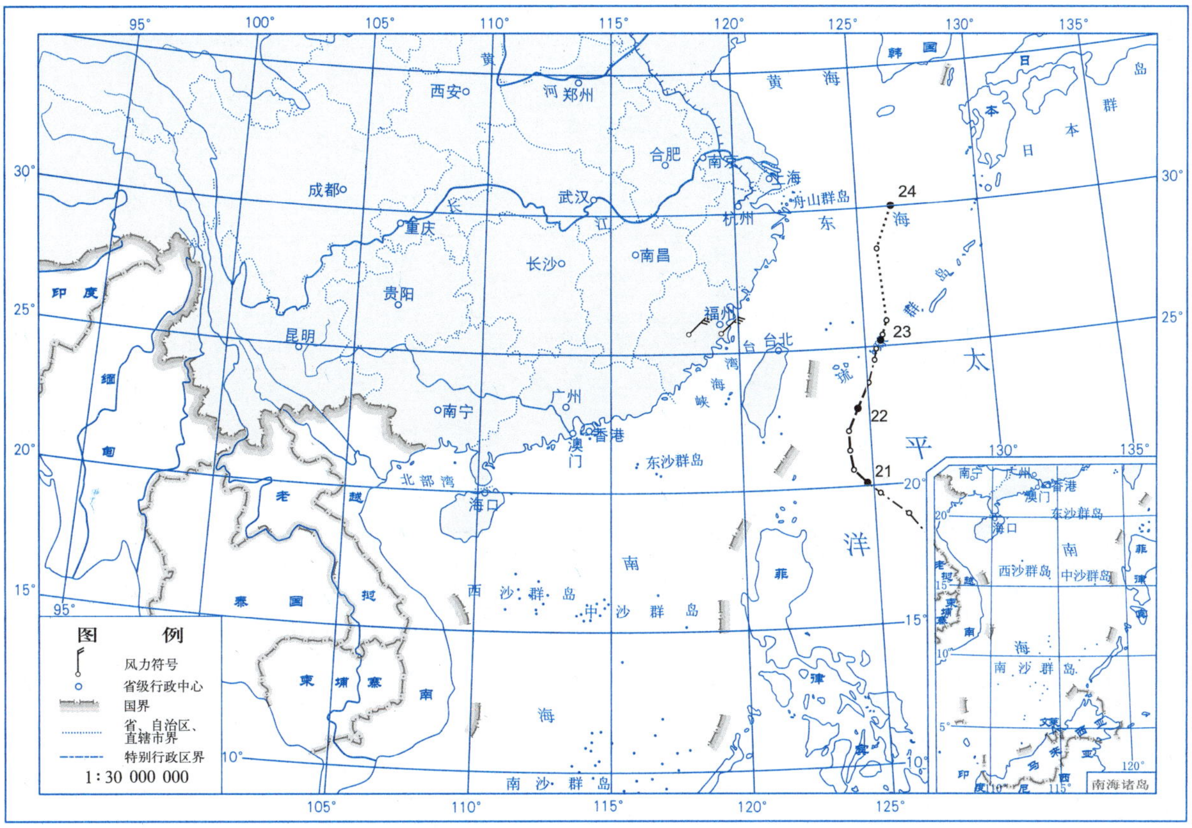

图 2.31.2　第 1927 号强热带风暴“凤凰”（Fung-wong）大风分布图（11 月 21—22 日）

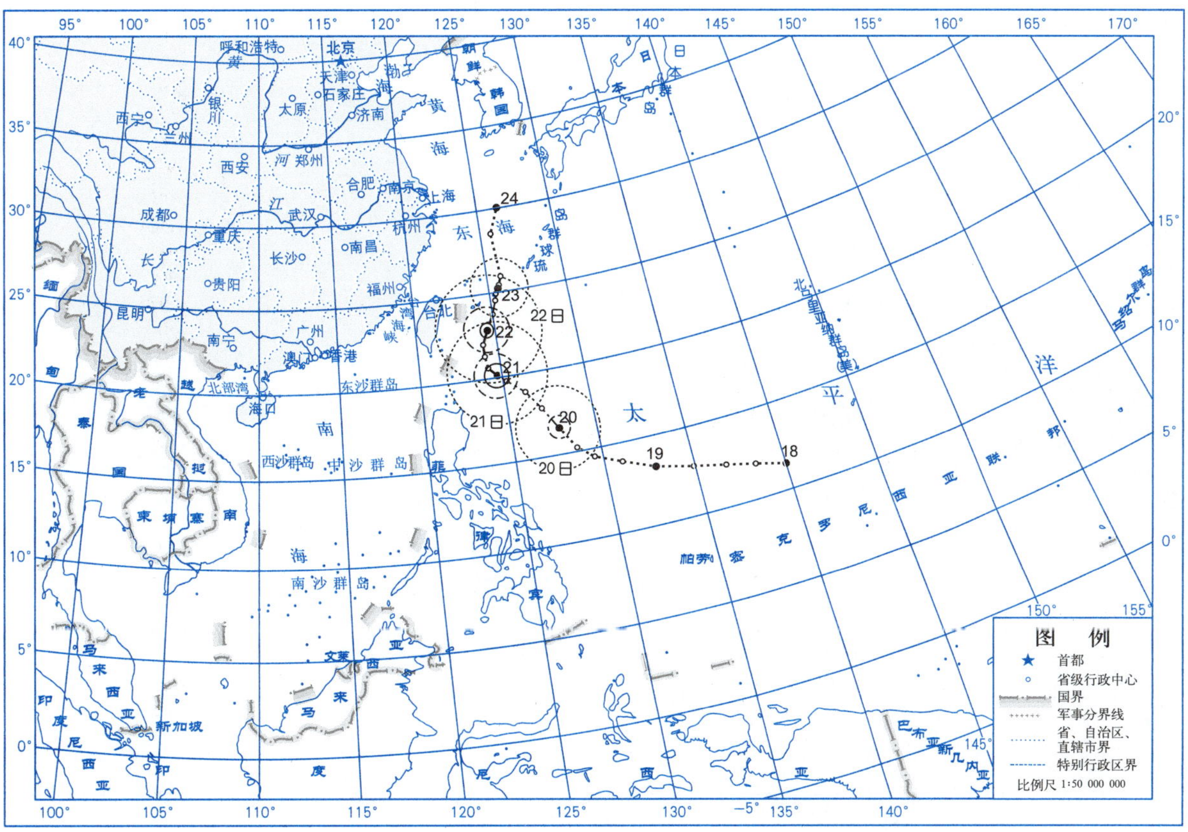

图 2.31.3　第 1927 号强热带风暴“凤凰”（Fung-wong）大风区域演变图（11 月 20—23 日）

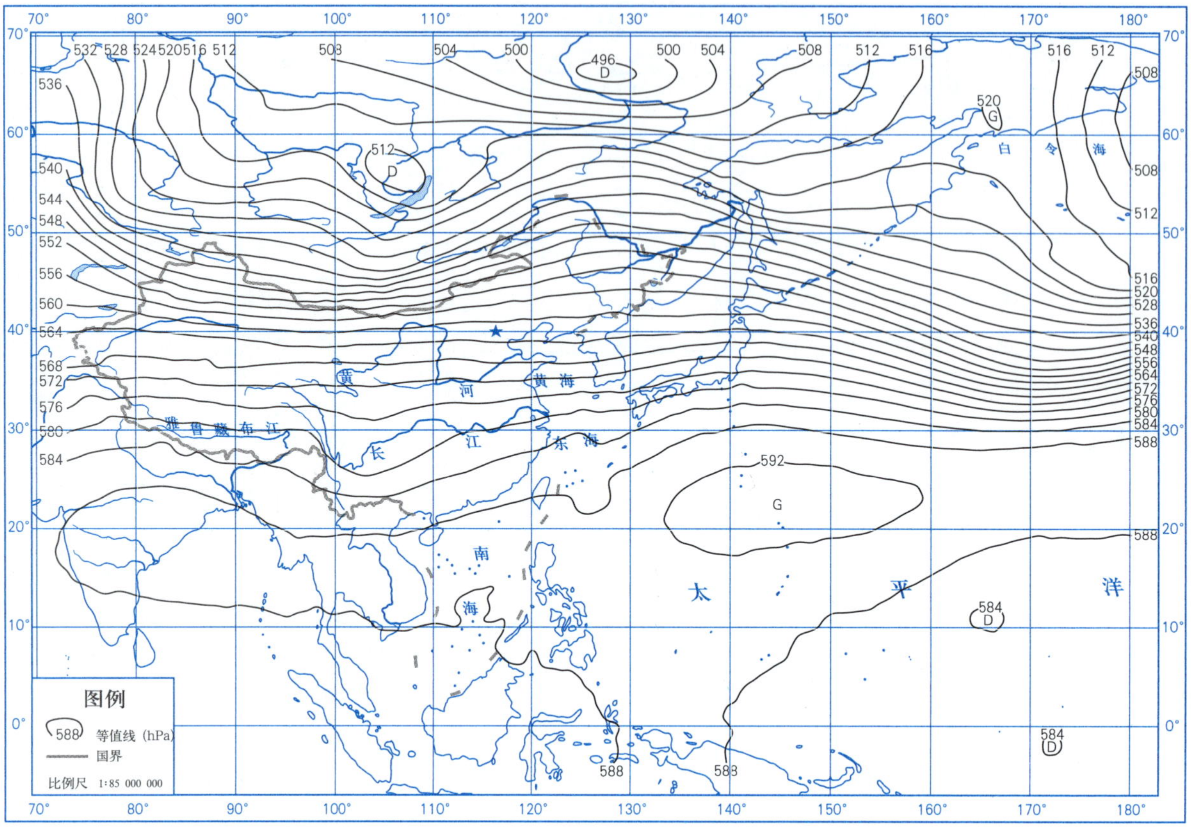

图 2.31.4　2019 年 11 月 22 日 08 时 500 hPa 高度场图（dagpm）

2.32　强台风“北冕”（Kammuri）

第 1928 号强台风“北冕”是由 11 月 25 日夜间位于霍尔群岛以东约 110 km 的西北太平洋洋面上一个热带低压发展形成。形成后低压中心向偏西方向移动，强度逐渐增强，27 日下午增强为强热带风暴，随后转向偏北后又迅速折向偏西方向移动。其后，“北冕”强度持续增强，30 日增强为台风，2 日早晨增强为强台风，并逐渐靠近菲律宾东部沿海。强台风“北冕”于 3 日凌晨前后登陆菲律宾黎加实比沿海，尔后穿过菲律宾众多岛屿，当晚进入南海海域，强度快速减弱，次日夜间减弱至热带风暴，并折向偏南方向移动，强度继续减弱为热带低压，于 6 日夜间在我国南沙群岛附近的海域消散。

表 2.32.1 是强台风“北冕”的中心位置和强度。图 2.32.1 ~ 2.32.3 分别是强台风“北冕”路径图、大风区域演变图和 2019 年 12 月 2 日 20 时 500 hPa 高度场图。

表 2.32.1　第 1928 号强台风“北冕”（Kammuri）中心位置和强度

11 月 25 日—12 月 6 日

年	月	日	时	中心位置		中心气压（hPa）	中心风速（m/s）
				北纬（°N）	东经（°E）		
2019	11	25	20	9.0	153.1	1002	13
	11	26	2	9.5	151.5	1000	15
	11	26	8	10.2	149.7	998	18
	11	26	14	11.1	147.4	998	18
	11	26	20	11.6	145.5	998	18
	11	27	2	11.7	143.8	995	20
	11	27	8	11.4	142.1	990	23
	11	27	14	11.5	141.0	988	25
	11	27	20	11.7	140.2	985	28
	11	28	2	11.9	139.5	985	28
	11	28	8	12.1	138.9	980	30
	11	28	14	12.6	138.4	980	30
	11	28	20	13.6	138.1	980	30
	11	29	2	14.2	138.1	980	30
	11	29	8	14.6	138.1	980	30
	11	29	14	14.5	137.5	980	30
	11	29	20	14.3	136.9	980	30
	11	30	2	14.0	136.4	980	30
	11	30	8	13.8	135.9	980	30

（续表）

年	月	日	时	中心位置		中心气压（hPa）	中心风速（m/s）
				北纬（°N）	东经（°E）		
2019	11	30	14	13.7	134.9	980	30
	11	30	20	13.5	133.8	975	33
	12	1	2	13.3	132.5	975	33
	12	1	8	13.2	130.9	970	35
	12	1	14	13.2	130.0	970	35
	12	1	20	13.2	129.2	965	38
	12	2	2	13.0	127.8	960	40
	12	2	8	12.9	126.5	955	42
	12	2	14	13.0	125.6	945	48
	12	2	20	13.0	124.6	940	50
	12	3	2	13.1	123.5	940	50
	12	3	8	13.2	122.2	945	48
	12	3	14	13.2	121.0	955	42
	12	3	20	13.5	119.7	965	38
	12	4	2	13.9	118.7	975	33
	12	4	8	14.2	117.9	985	28
	12	4	14	14.4	117.0	985	28
	12	4	20	14.6	116.3	990	23
	12	5	2	14.8	115.4	998	18
	12	5	8	14.4	114.3	998	18
	12	5	14	13.8	113.7	1000	15
	12	5	20	13.0	113.3	1000	15
	12	6	2	12.1	113.3	1000	15
	12	6	8	11.0	113.5	1002	13
	12	6	14	9.8	113.7	1002	13
	12	6	20	8.5	113.8	1002	13
消散							

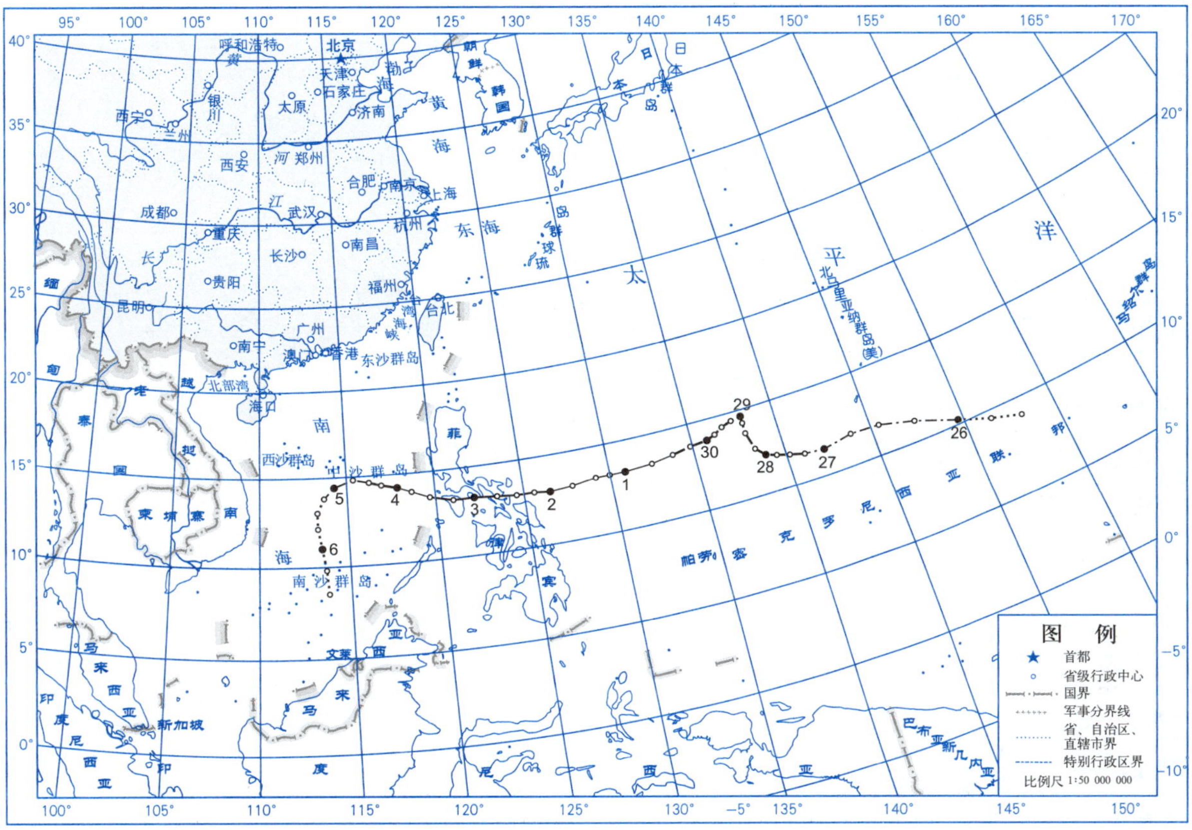

图 2.32.1　第 1928 号强台风“北冕”（Kammuri）路径图

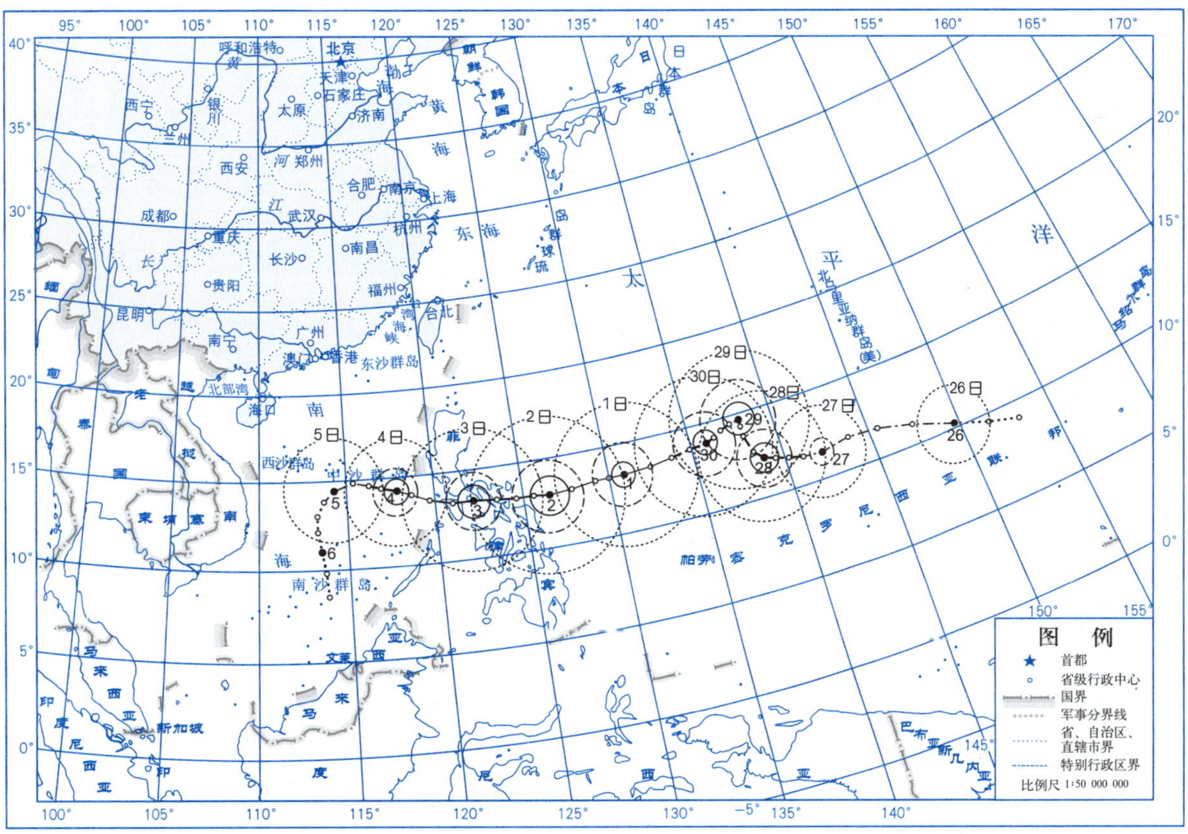

图 2.32.2　第 1928 号强台风“北冕”（Kammuri）大风区域演变图（11 月 26 日—12 月 5 日）

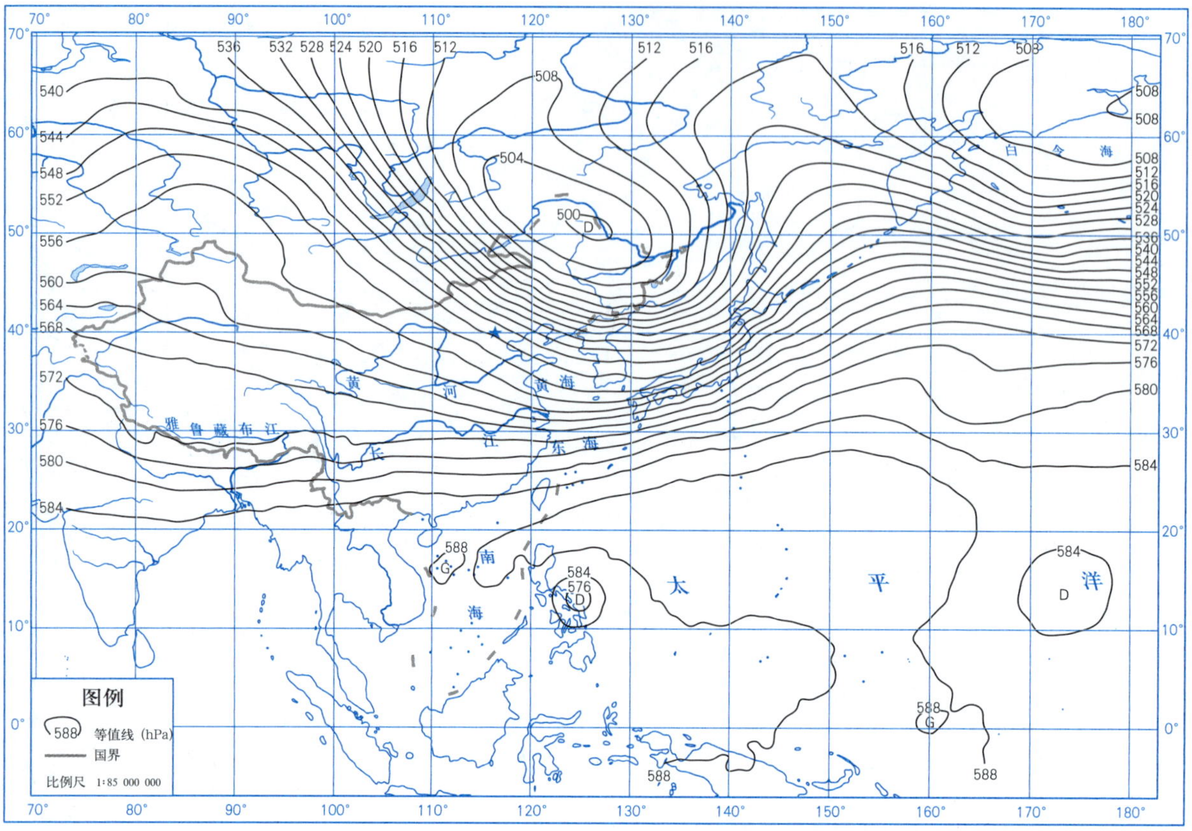

图 2.32.3　2019 年 12 月 2 日 20 时 500 hPa 高度场图（dagpm）

2.33　强台风“巴蓬”（Phanfone）

第 1929 号强台风“巴蓬”是由 12 月 20 日早晨位于霍尔群岛西南约 550 km 的西北太平洋洋面上一个热带低压发展形成。形成后低压中心向偏西方向移动，21 日下午转向西偏北，随即增强为热带风暴，24 日凌晨继续增强为强热带风暴，于傍晚前后登陆菲律宾萨马岛沿海。登陆后，“巴蓬”继续增强为强台风，穿过菲律宾群岛，进入民都洛海峡，强度开始逐渐减弱，25 日夜间进入我国南海海域，并转向西北。之后，“巴蓬”27 日减弱为强热带风暴，次日凌晨继续减弱为热带风暴，并转向西行，穿过中沙群岛，进一步减弱为热带低压，于 29 日早晨在西沙群岛以南约 140 km 的南海海面上消散。

受强台风“巴蓬”影响，12 月 29 日，海南西沙和珊瑚出现小到中雨。

表 2.33.1 是强台风“巴蓬”的中心位置和强度。图 2.33.1 ~ 2.33.5 分别是强台风“巴蓬”路径图、总降水量图、总降水日数图、大风区域演变图和 2019 年 12 月 25 日 08 时 500 hPa 高度场图。

表 2.33.1　第 1929 号强台风“巴蓬”（Phanfone）中心位置和强度

12 月 20—29 日

年	月	日	时	中心位置		中心气压（hPa）	中心风速（m/s）
				北纬（°N）	东经（°E）		
19	12	20	8	4.9	148.6	1002	13
	12	20	14	5.0	147.4	1002	13
	12	20	20	5.0	146.2	1002	13
	12	21	2	5.0	144.9	1002	13
	12	21	8	5.0	143.7	1002	13
	12	21	14	5.3	142.4	1002	13
	12	21	20	6.0	141.1	1000	15
	12	22	2	6.8	140.2	1000	15
	12	22	8	7.3	139.0	998	18
	12	22	14	7.9	137.9	998	18
	12	22	20	8.6	136.7	998	18
	12	23	2	8.9	135.3	995	20
	12	23	8	9.5	133.6	995	20
	12	23	14	10.0	132.1	995	20
	12	23	20	10.5	131.0	990	23
	12	24	2	10.8	129.6	985	28
	12	24	8	10.8	128.0	980	30
	12	24	14	11.0	126.3	975	33

（续表）

年	月	日	时	中心位置		中心气压（hPa）	中心风速（m/s）
				北纬（°N）	东经（°E）		
19	12	24	20	11.4	124.9	955	42
	12	25	2	11.7	123.5	955	42
	12	25	8	11.9	122.3	955	42
	12	25	14	12.4	121.3	955	42
	12	25	20	12.7	120.1	960	40
	12	26	2	12.9	119.3	960	40
	12	26	8	13.1	118.6	960	40
	12	26	14	13.4	118.0	960	40
	12	26	20	13.9	117.7	965	38
	12	27	2	14.4	117.3	965	38
	12	27	8	14.8	116.9	970	35
	12	27	14	15.0	116.4	980	30
	12	27	20	14.9	116.0	985	28
	12	28	2	14.7	115.7	990	23
	12	28	8	14.5	115.1	998	18
	12	28	14	14.5	113.9	1000	15
	12	28	20	14.4	112.9	1002	13
	12	29	2	14.5	112.1	1002	13
	12	29	8	14.7	111.4	1002	13
消散							

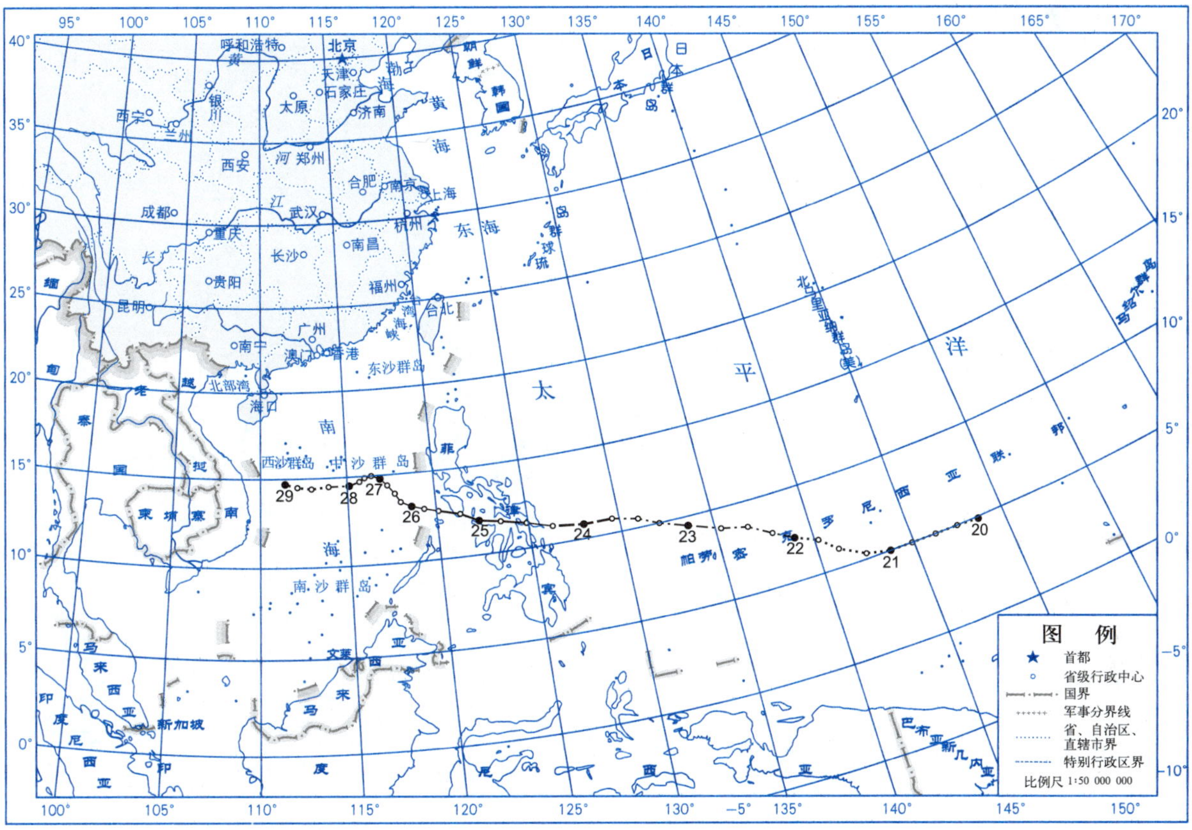

图 2.33.1　第 1929 号强台风“巴蓬”（Phanfone）路径图

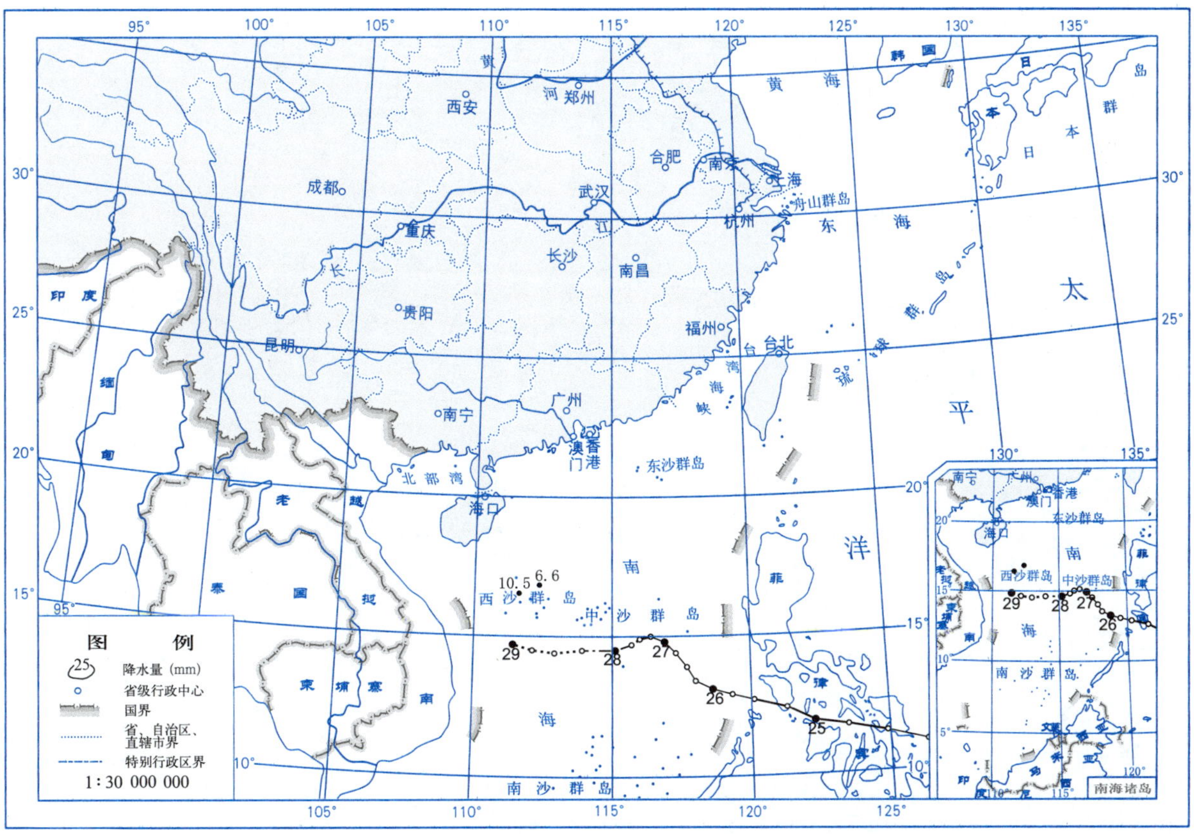

图 2.33.2　第 1929 号强台风“巴蓬”（Phanfone）总降水量（mm）

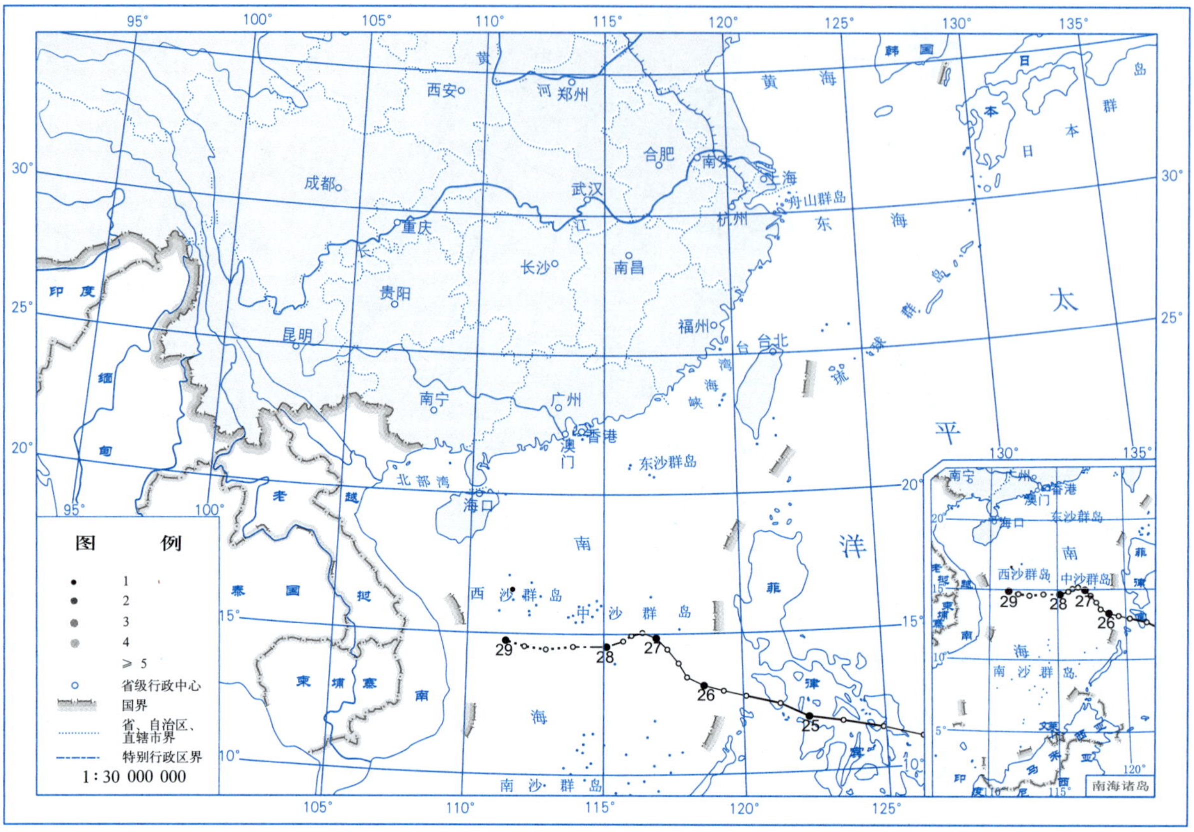

图 2.33.3　第 1929 号强台风“巴蓬”（Phanfone）总降水日数（天）

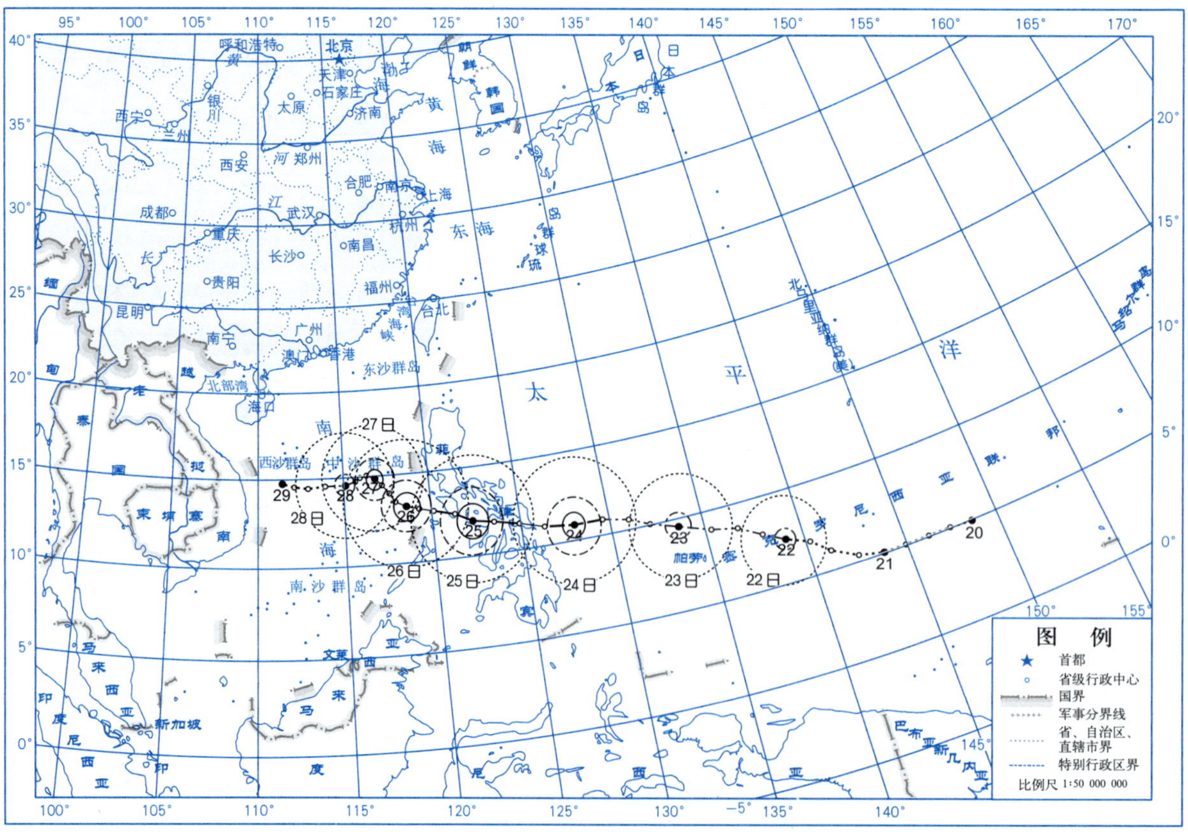

图 2.33.4　第 1929 号强台风“巴蓬”（Phanfone）大风区域演变图（12 月 22—28 日）

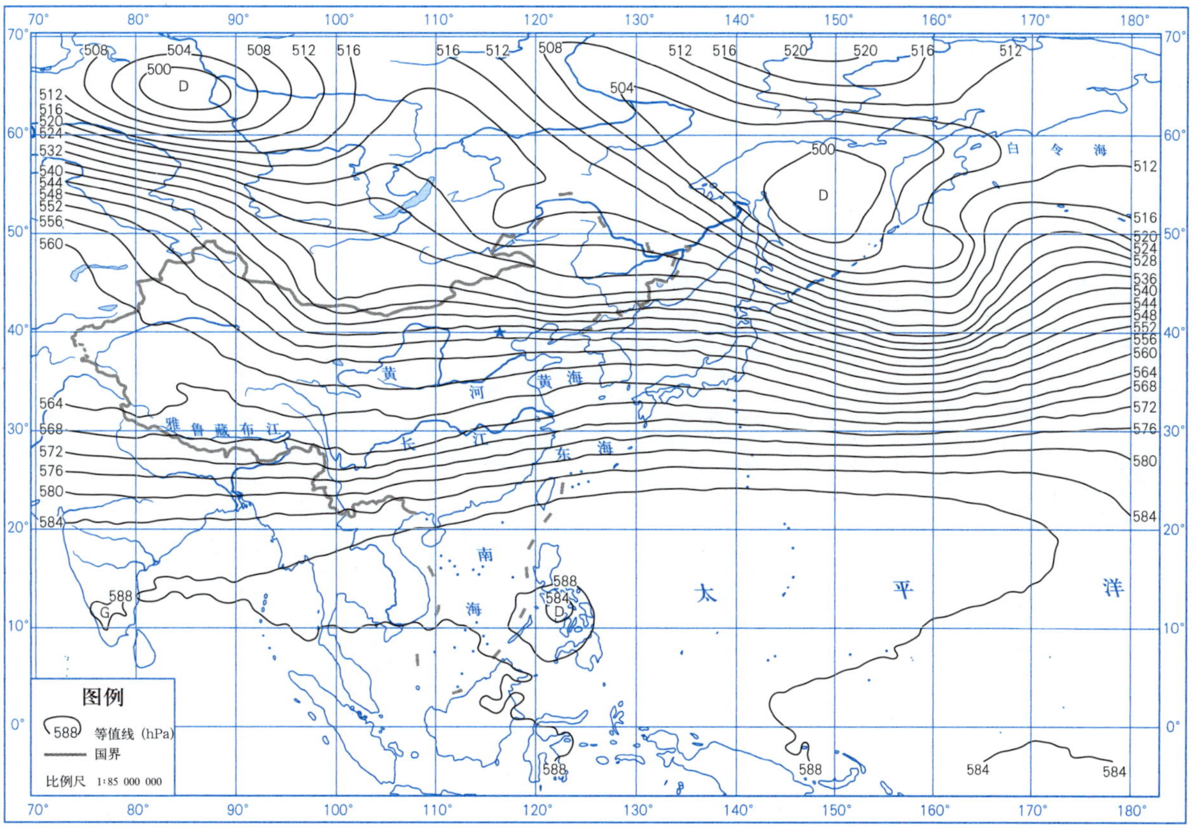

图 2.33.5　2019 年 12 月 25 日 08 时 500 hPa 高度场图（dagpm）

附录 A 台风委员会西北太平洋和南海热带气旋命名方案

表 A.1 台风委员会西北太平洋和南海热带气旋命名表

（2019 年 3 月起执行）

第 1 组		第 2 组		第 3 组		第 4 组		第 5 组		备 注
英文名	中文名	英文名	中文名	英文名	中文名	英文名	中文名	英文名	中文名	名字来源
Damrey	达维	Kong-rey	康妮	Nakri	娜基莉	Krovanh	科罗旺	Trases	翠丝	柬埔寨
Haikui	海葵	Yutu	玉兔	Fengshen	风神	Dujuan	杜鹃	Mulan	木兰	中国
Kirogi	鸿雁	Toraji	桃芝	Kalmaegi	海鸥	Surigae	舒力基	Meari	米雷	朝鲜
Yun-Yeung*	鸳鸯	Man-yi	万宜	Fung-wong	凤凰	Choi-wan	彩云	Ma-on	马鞍	中国香港
Koinu*	小犬	Usagi	天兔	Kammuri	北冕	Koguma	小熊	Tokage	蝎虎	日本
Bolaven	布拉万	Pabuk	帕布	Phanfone	巴蓬	Champi	蔷琵	Hinnamnor	轩岚诺	老挝
Sanba	三巴	Wutip	蝴蝶	Vongfong	黄蜂	In-fa	烟花	Muifa	梅花	中国澳门
Jelawat	杰拉华	Sepat	圣帕	Nuri	鹦鹉	Cempaka	查帕卡	Merbok	苗柏	马来西亚
Ewiniar	艾云尼	Mun	木恩	Sinlaku	森拉克	Nepartak	尼伯特	Namadol	南玛都	密克罗尼西亚
Maliksi	马力斯	Danas	丹娜丝	Hagupit	黑格比	Lupit	卢碧	Talas	塔拉斯	菲律宾
Gaemi	格美	Nari	百合	Jangmi	蔷薇	Mirinae	银河	Noru	奥鹿	韩国
Prapiroon	派比安	Wipha	韦帕	Mekkhala	米克拉	Nida	妮姐	Kulap	玫瑰	泰国
Maria	玛莉亚	Francisco	范斯高	Higos	海高斯	Omais	奥麦斯	Roke	洛克	美国
Son-Tinh	山神	Lekima	利奇马	Bavi	巴威	Conson	康森	Sonca	桑卡	越南
Ampil	安比	Krosa	罗莎	Maysak	美莎克	Chanthu	灿都	Nesat	纳沙	柬埔寨
Wukong	悟空	Bailu	白鹿	Haishen	海神	Dianmu	电母	Haitang	海棠	中国
Jongdari	云雀	Podul	杨柳	Noul	红霞	Mindulle	蒲公英	Nalgae	尼格	朝鲜
Shanshan	珊珊	Lingling	玲玲	Dolphin	白海豚	Lionrock	狮子山	Banyan	榕树	中国香港
Yagi	摩羯	Kajiki	剑鱼	Kujira	鲸鱼	Kompasu	圆规	Yamaneko*	山猫	日本
Leepi	丽琵	Faxai	法茜	Chan-hom	灿鸿	Namtheun	南川	Pakhar	帕卡	老挝
Bebinca	贝碧嘉	Peipah	琵琶	Linfa	莲花	Malou	玛瑙	Sanvu	珊瑚	中国澳门
Rumbia**	温比亚	Tapah	塔巴	Nangka	浪卡	Nyatoh	妮亚图	Mawar	玛娃	马来西亚
Soulik	苏力	Mitag	米娜	Saudel	沙德尔	Rai	雷伊	Guchol	古超	密克罗尼西亚
Cimaron	西马仑	Hagibis	海贝思	Molave	莫拉菲	Malakas	马勒卡	Talim	泰利	菲律宾
Jebi	飞燕	Neoguri	浣熊	Goni	天鹅	Megi	鲇鱼	Doksuri	杜苏芮	韩国
Mangkhut**	山竹	Bualoi	芭洛	Atsani	艾莎尼	Chaba	暹芭	Khanun	卡努	泰国
Barijat	百里嘉	Matmo	麦德姆	Etau	艾涛	Aere	艾利	Lan	兰恩	美国
Trami	潭美	Halong	夏浪	Vamco	环高	Songda	桑达	Saola	苏拉	越南

* 根据 2019 年 2 月亚太经社理事会 / 世界气象组织（ESCAP/WMO）台风委员会第 51 届会的决定，由“鸳鸯”（Yun-Yeung）取代“启德”（Kai-Tak）、“小犬”（Koinu）取代“天秤”（Tembin）、“山猫”（Yamaneko）取代“天鸽”（Hato）。

** “山竹”（Mangkhut）、“温比亚”（Rumbia）被从命名表中除名，新的名字将在 2020 年初举行的第 52 届台风委员会届会进行审议后，再行给出新的命名。

表 A.2 西北太平洋和南海热带气旋名称的意义

第 1 组			
英文名	中文名	名字来源	意 义
Damrey	达维	柬埔寨	大象
Haikui	海葵	中国	一种形状如花朵的海洋动物
Kirogi	鸿雁	朝鲜	一种候鸟，在朝鲜秋来春去，和台风的活动很相似
Yun-yeung	鸳鸯	中国香港	一种水鸟
Koinu	小犬	日本	星座名称
Bolaven	布拉万	老挝	高原
Sanba	三巴	中国澳门	澳门旅游名胜
Jelawat	杰拉华	马来西亚	一种淡水鱼
Ewiniar	艾云尼	密克罗尼西亚	传统的风暴神（Chuuk 语）
Maliksi	马力斯	菲律宾	快速
Gaemi	格美	韩国	蚂蚁
Prapiroon	派比安	泰国	雨神
Maria	玛莉亚	美国	女士名（Chamarro 语）
Son-Tinh	山神	越南	山神
Ampil	安比	柬埔寨	罗望子
Wukong	悟空	中国	孙悟空
Jongdar	云雀	朝鲜	云雀
Shanshan	珊珊	中国香港	女孩儿名
Yagi	摩羯	日本	摩羯星座
Leepi	丽琵	老挝	老挝南部最美丽的瀑布
Bebinca	贝碧嘉	中国澳门	澳门牛奶布丁
Rumbia	温比亚	马来西亚	棕榈树
Soulik	苏力	密克罗尼西亚	传统的 Pohnpei 酋长头衔
Cimaron	西马仑	菲律宾	菲律宾野牛
Jebi	飞燕	韩国	燕子
Mangkhut	山竹	泰国	一种水果
Barijat	百里嘉	美国	沿岸地区受风浪影响的意思（马绍尔语）
Trami	潭美	越南	一种花

（续表）

第 2 组			
英文名	中文名	名字来源	意义
Kong-rey	康妮	柬埔寨	高棉传说中的可爱女孩儿
Yutu	玉兔	中国	神话传说中的兔子
Toraji	桃芝	朝鲜	朝鲜深山中的一种花，开花时无声无息不惹人注意，花能食用和入药
Man-yi	万宜	中国香港	海峡名，现为水库
Usagi	天兔	日本	天兔星座
Pabuk	帕布	老挝	大淡水鱼
Wutip	蝴蝶	中国澳门	一种昆虫
Sepat	圣帕	马来西亚	一种淡水鱼
Mun	木恩	密克罗尼西亚	六月的意思（Yapese 语）
Danas	丹娜丝	菲律宾	经历
Nari	百合	韩国	一种花
Wipha	韦帕	泰国	女士名字
Francisco	范斯高	美国	男子名（Chamarro 语）
Lekima	利奇马	越南	一种水果
Krosa	罗莎	柬埔寨	鹤
Bailu	白鹿	中国	白色的鹿，意指吉祥
Podul	杨柳	朝鲜	一种在城乡均有种植的树，闷热天气时人们喜欢在其树荫下休息聊天
Lingling	玲玲	中国香港	女孩儿名
Kajiki	剑鱼	日本	剑鱼星座
Faxai	法茜	老挝	女士名字
Peipah	琵琶	中国澳门	一种在澳门受欢迎的宠物鱼
Tapah	塔巴	马来西亚	一种淡水鱼
Mitag	米娜	密克罗尼西亚	女士名字（Yap 语）
Hagibis	海贝思	菲律宾	褐雨燕
Neoguri	浣熊	韩国	狗
Bualoi	芭洛	泰国	泰式椰奶
Matmo	麦德姆	美国	大雨
Halong	夏浪	越南	越南一海湾名

（续表）

第 3 组			
英文名	中文名	名字来源	意 义
Nakri	娜基莉	柬埔寨	一种花
Fengshen	风神	中国	神话中的风之神
Kalmaegi	海鸥	朝鲜	一种海鸟
Fung-wong	凤凰	中国香港	山峰名
Kammuri	北冕	日本	北冕星座
Phanfone	巴蓬	老挝	动物
Vongfong	黄蜂	中国澳门	一类昆虫
Nuri	鹦鹉	马来西亚	一种蓝色冠羽的鹦鹉
Sinlaku	森拉克	密克罗尼西亚	传说中的 Kosrae 女神
Hagupit	黑格比	菲律宾	鞭子
Jangmi	蔷薇	韩国	花名
Mekkhala	米克拉	泰国	雷天使
Higos	海高斯	美国	无花果（Chamarro 语）
Bavi	巴威	越南	越南北部一山名
Maysak	美莎克	柬埔寨	一种树
Haishen	海神	中国	神话中的大海之神
Noul	红霞	朝鲜	红色的天空
Dolphin	白海豚	中国香港	生活在香港水域的中华白海豚，亦是香港的吉祥物
Kujira	鲸鱼	日本	鲸鱼星座
Chan-hom	灿鸿	老挝	一种树
Linfa	莲花	中国澳门	一种花
Nangka	浪卡	马来西亚	一种水果
Saudel	沙德尔	密克罗尼西亚	传说中的将领“苏迪罗”的首席守卫 / 士兵
Molave	莫拉菲	菲律宾	一种常用于制造家具的硬木
Goni	天鹅	韩国	一种鸟
Atsani	艾莎尼	泰国	闪电
Etau	艾涛	美国	风暴云（Palauan）
Vamco	环高	越南	越南南部一河流

（续表）

第 4 组			
英文名	中文名	名字来源	意　义
Krovanh	科罗旺	柬埔寨	一种树
Dujuan	杜鹃	中国	一种花
Surigae	舒力基	朝鲜	一种鹰
Choi-wan	彩云	中国香港	天上的云彩
Koguma	小熊	日本	小熊星座
Champi	蔷琵	老挝	一种花
In-Fa	烟花	中国澳门	烟花
Cempaka	查帕卡	马来西亚	以其芬芳的花闻名的植物
Nepartak	尼伯特	密克罗尼西亚	著名的勇士（Kosrae 语）
Lupit	卢碧	菲律宾	残酷
Mirinae	银河	韩国	宇宙的银河
Nida	妮妲	泰国	女士名字
Omais	奥麦斯	美国	漫游（Palauan 语）
Conson	康森	越南	古迹
Chanthu	灿都	柬埔寨	一种花
Dianmu	电母	中国	神话中的雷电之神
Mindulle	蒲公英	朝鲜	一种小黄花，春天开放，蒲公英属，是朝鲜妇女淳朴识礼的象征
Lionrock	狮子山	中国香港	香港一座远眺九龙半岛的山峰名称
Kompasu	圆规	日本	圆规星座
Namtheun	南川	老挝	河
Malou	玛瑙	中国澳门	玛瑙
Nyatoh	妮亚图	马来西亚	一种在东南亚热带雨林环境中生长的树木
Rai	雷伊	密克罗尼西亚	雅浦岛石币
Malakas	马勒卡	菲律宾	强壮，有力
Megi	鲇鱼	韩国	鱼
Chaba	暹芭	泰国	热带花
Aere	艾利	美国	风暴（Marshalese 语）
Songda	桑达	越南	越南西北部一河

（续表）

第 5 组			
英文名	中文名	名字来源	意 义
Trases	翠丝	柬埔寨	啄木鸟
Mulan	木兰	中国	木兰花——一种原产于中国的花
Meari	米雷	朝鲜	回波
Ma-on	马鞍	中国香港	山峰名
Tokage	蝎虎	日本	蝎虎星座
Hinnamnor	轩岚诺	老挝	老挝一个国家保护区的名称
Muifa	梅花	中国澳门	一种花
Merbok	苗柏	马来西亚	一种鸟
Namadol	南玛都	密克罗尼西亚	著名的 Pohnpei 废墟
Talas	塔拉斯	菲律宾	锐利
Noru	奥鹿	韩国	狍鹿
Kulap	玫瑰	泰国	一种花
Roke	洛克	美国	男子名（Chamarro 语）
Sonca	桑卡	越南	一种会唱歌的鸟
Nesat	纳沙	柬埔寨	渔夫
Haitang	海棠	中国	花
Nalgae	尼格	朝鲜	有生气，自由翱翔
Banyan	榕树	中国香港	一种树
Yamaneko	山猫	日本	一种动物
Pakhar	帕卡	老挝	生长在湄公河下游的一种淡水鱼
Sanvu	珊瑚	中国澳门	一种水生物
Mawar	玛娃	马来西亚	玫瑰花
Guchol	古超	密克罗尼西亚	一种香料（调味品）（Yapese 语）
Talim	泰利	菲律宾	明显的边缘
Doksuri	杜苏芮	韩国	一种猛禽
Khanun	卡努	泰国	泰国水果
Lan	兰恩	美国	风暴的意思（马绍尔语）
Saola	苏拉	越南	越南最近发现的一种珍贵动物

附录 B　2019 年热带气旋在西北太平洋和南海活动时的气象卫星云图

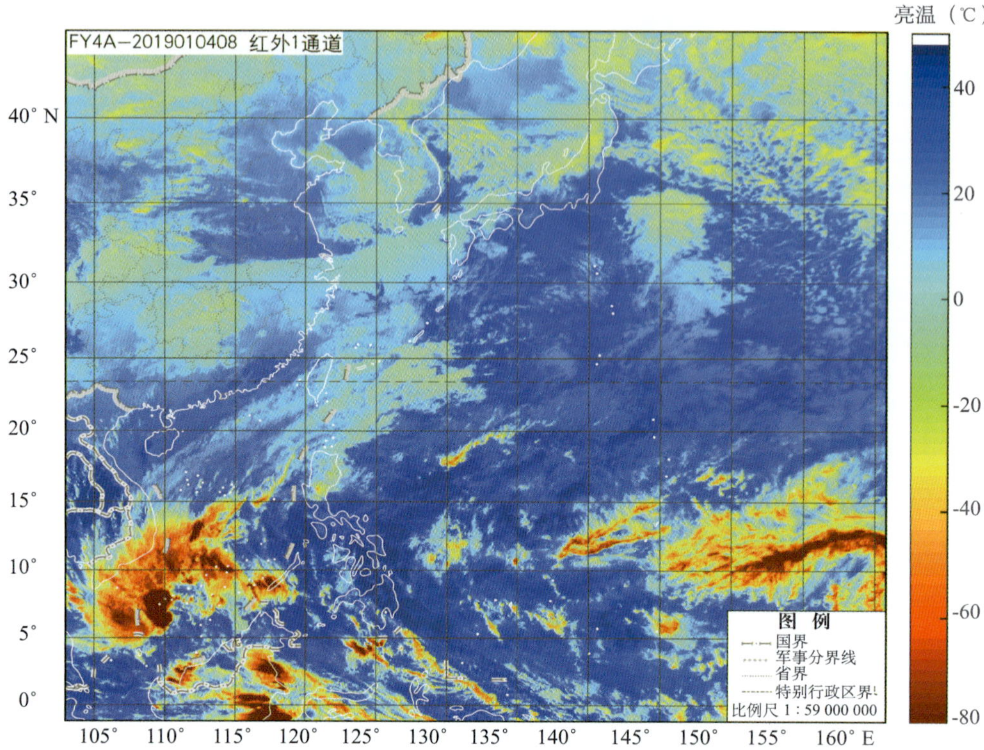

第 1901 号强热带风暴“帕布”（Pabuk）

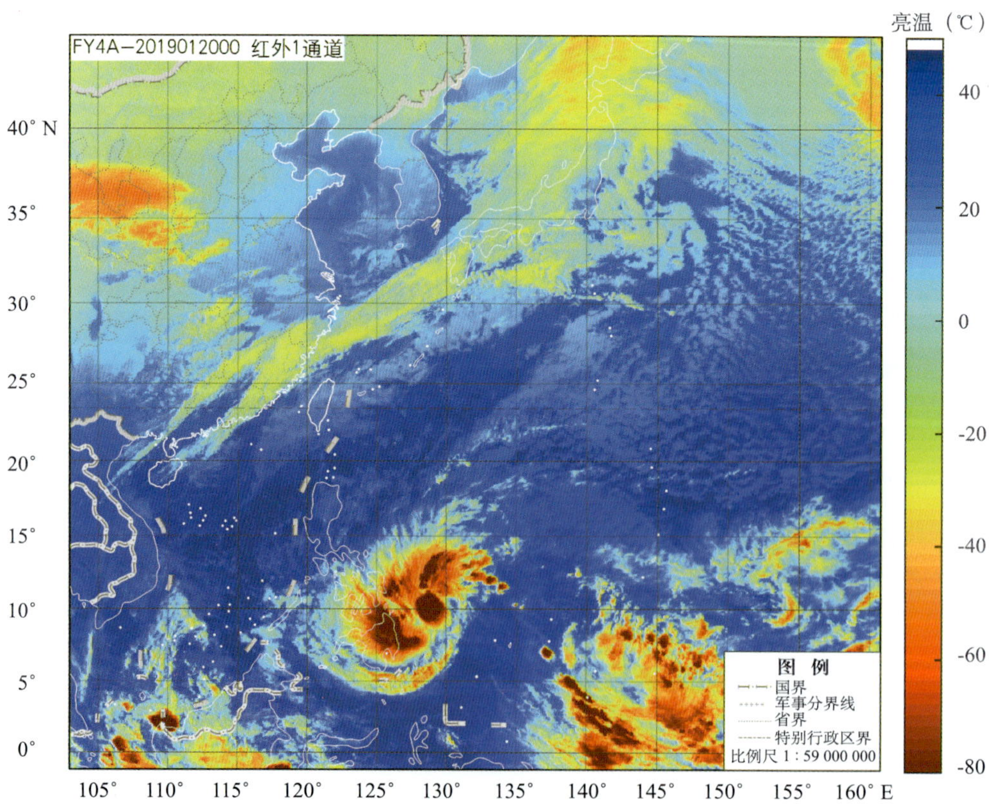

热带低压（TD1901）

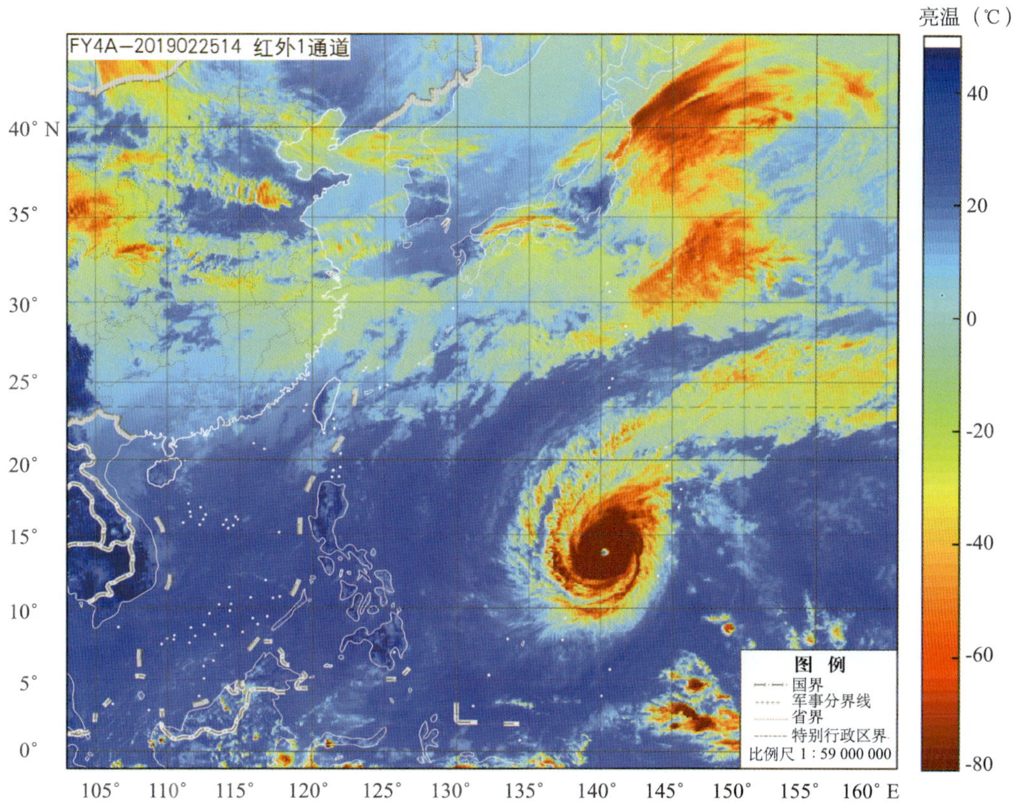

第 1902 号超强台风“蝴蝶”（Wutip）

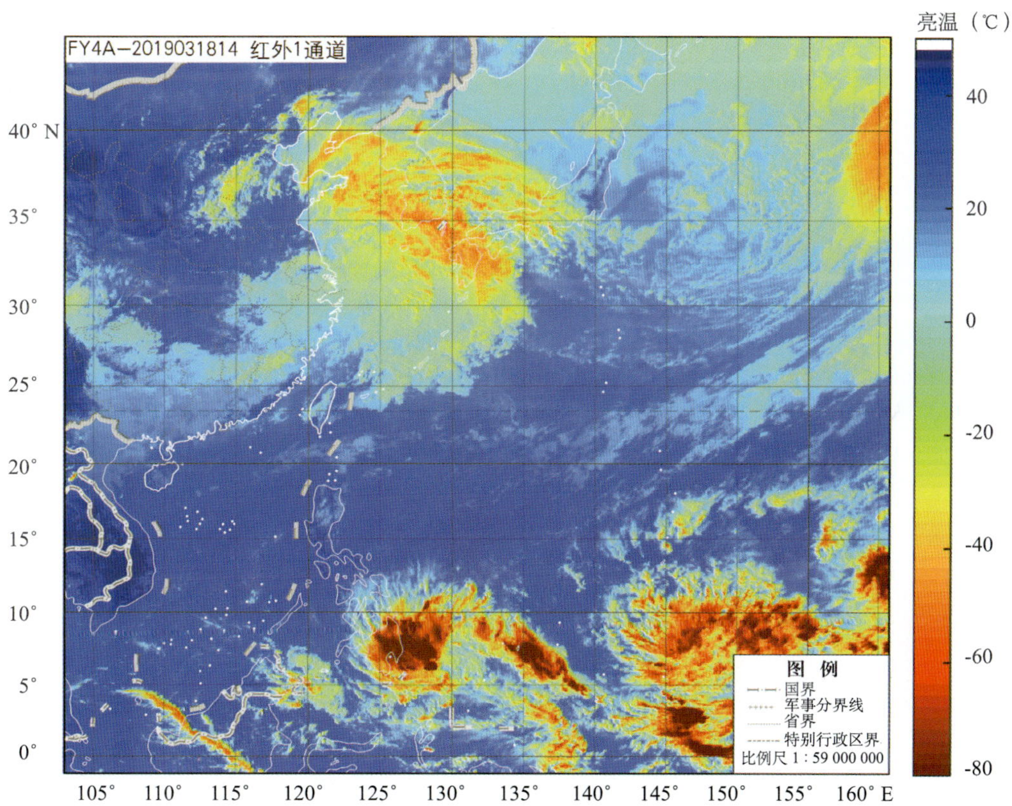

热带低压（TD1902）

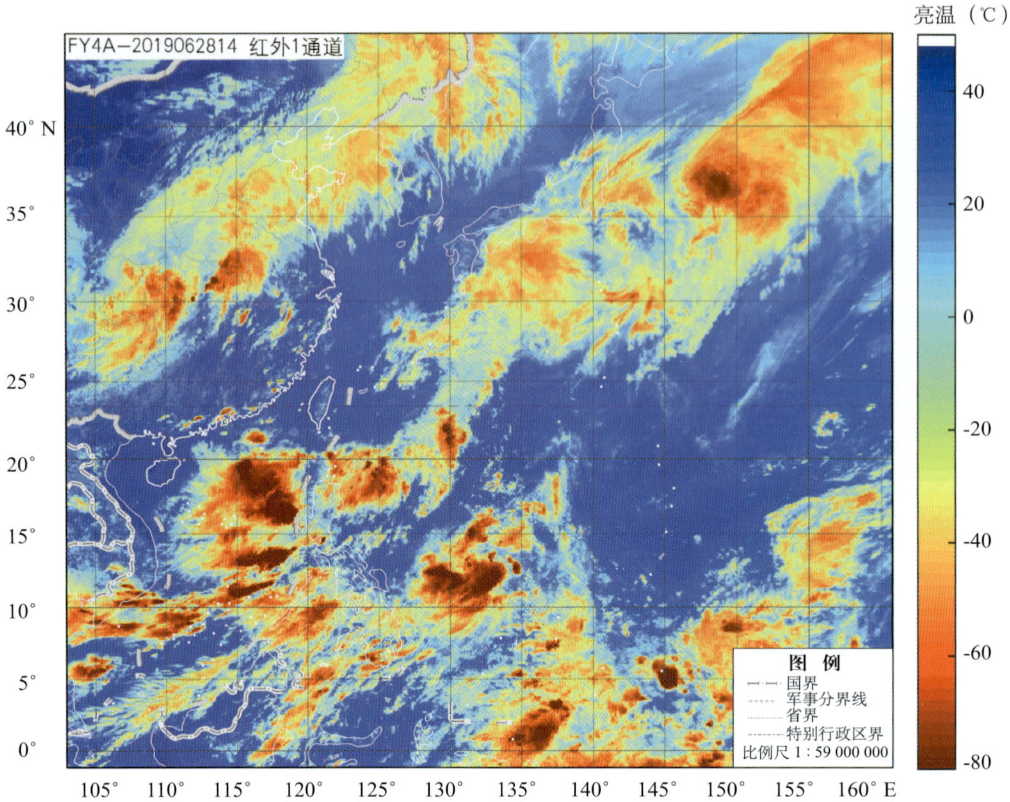

第 1903 号热带风暴“圣帕”（Sepat）

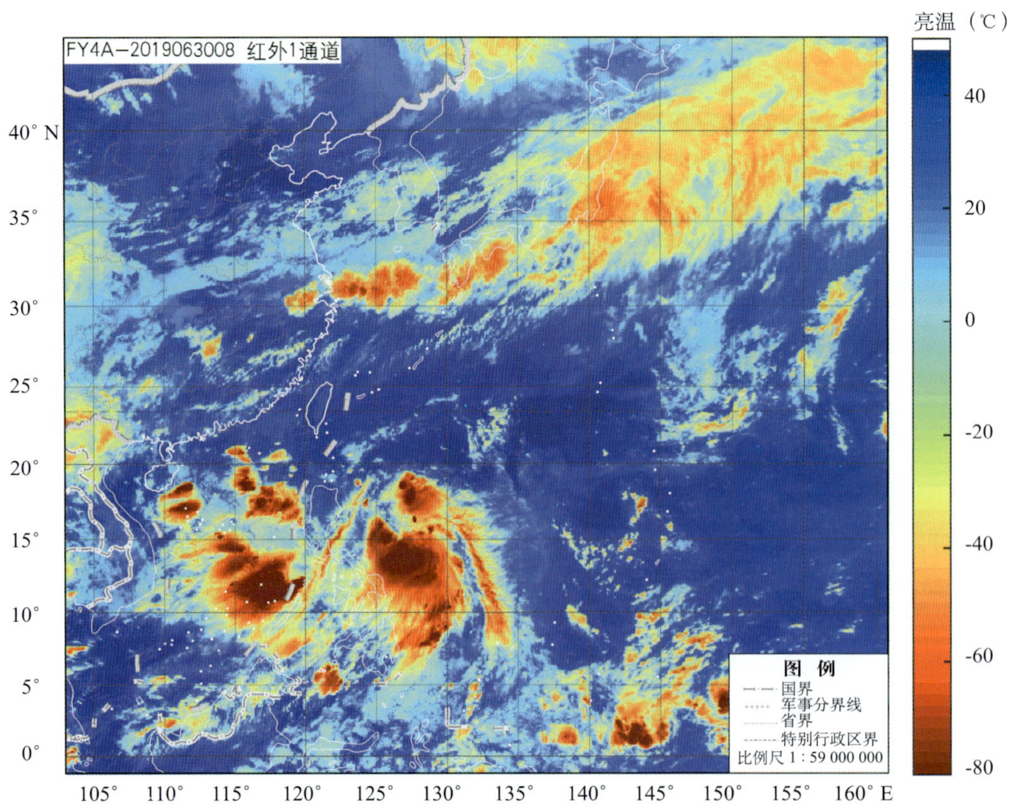

热带低压（TD1903）

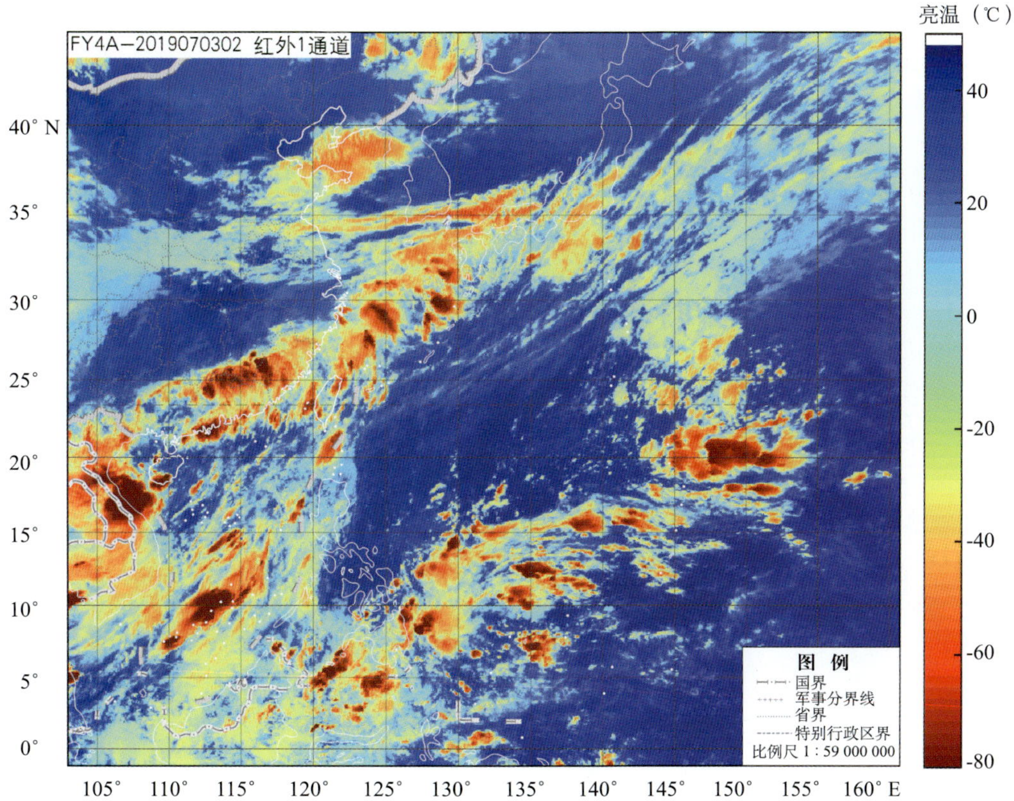

第 1904 号热带风暴“木恩”（Mun）

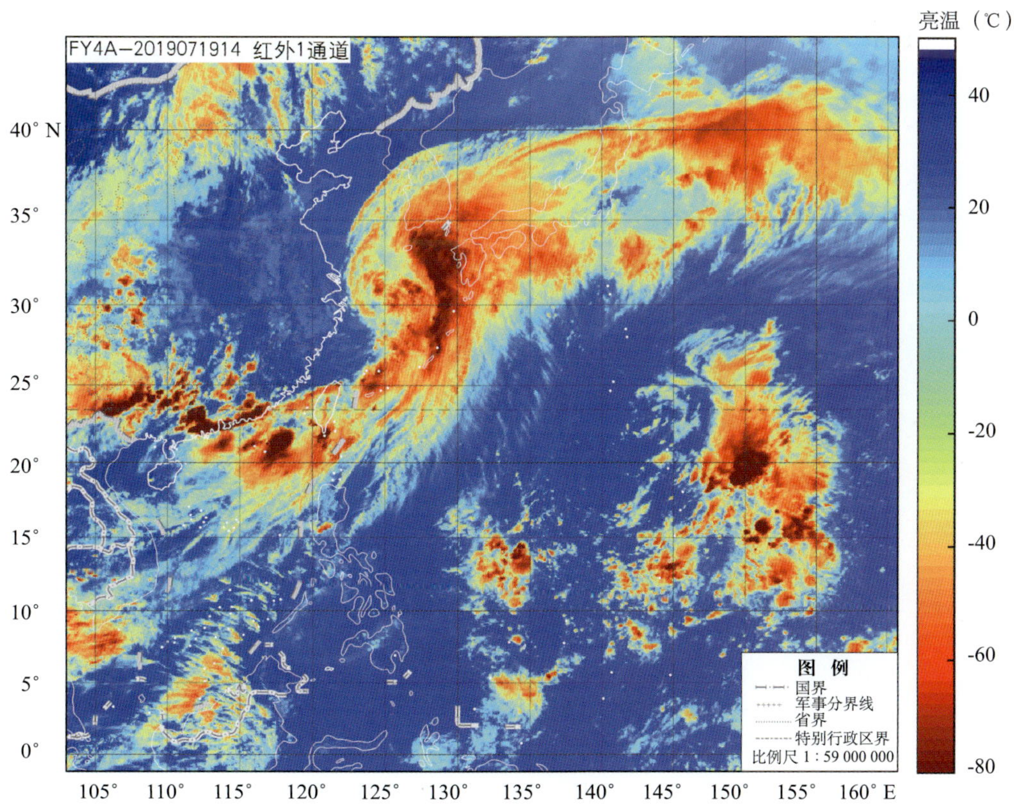

第 1905 号热带风暴“丹娜丝”（Danas）

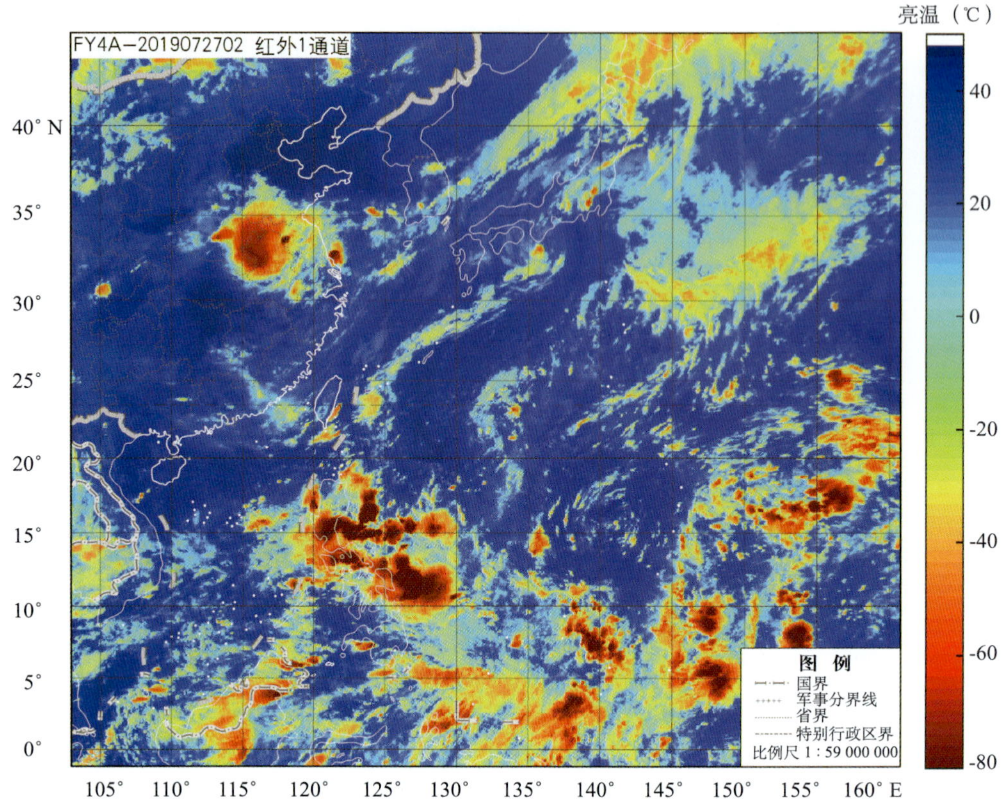

第 1906 号热带风暴“百合”（Nari）

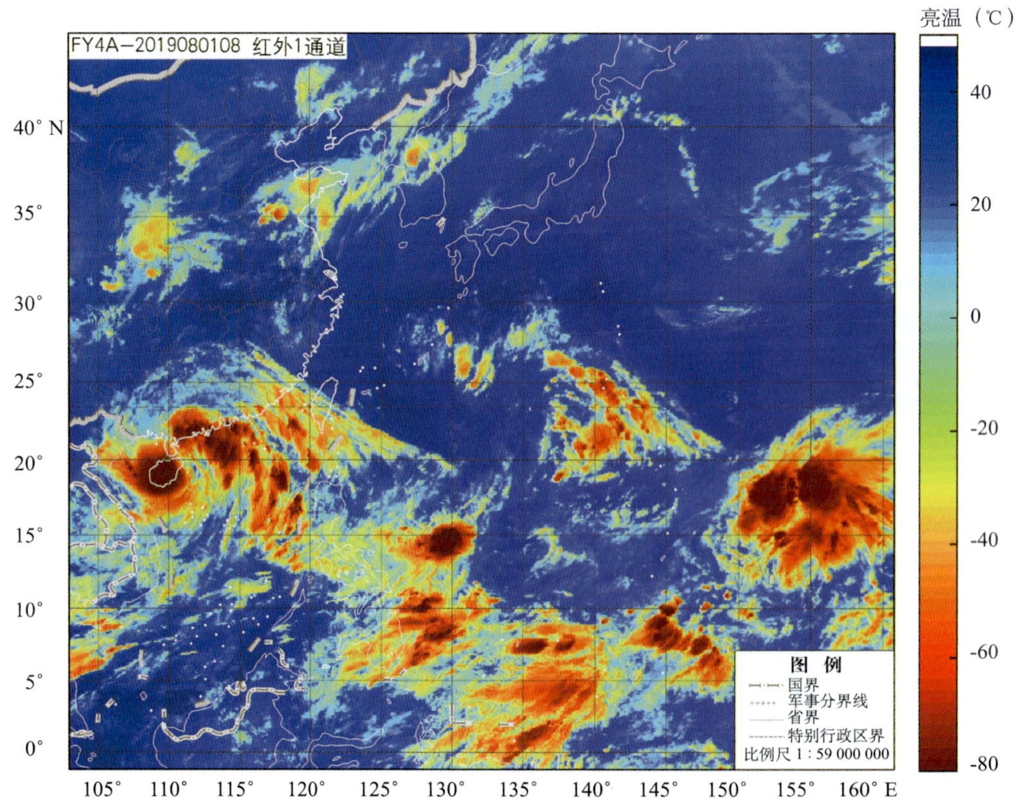

第 1907 号热带风暴“韦帕”（Wipha）

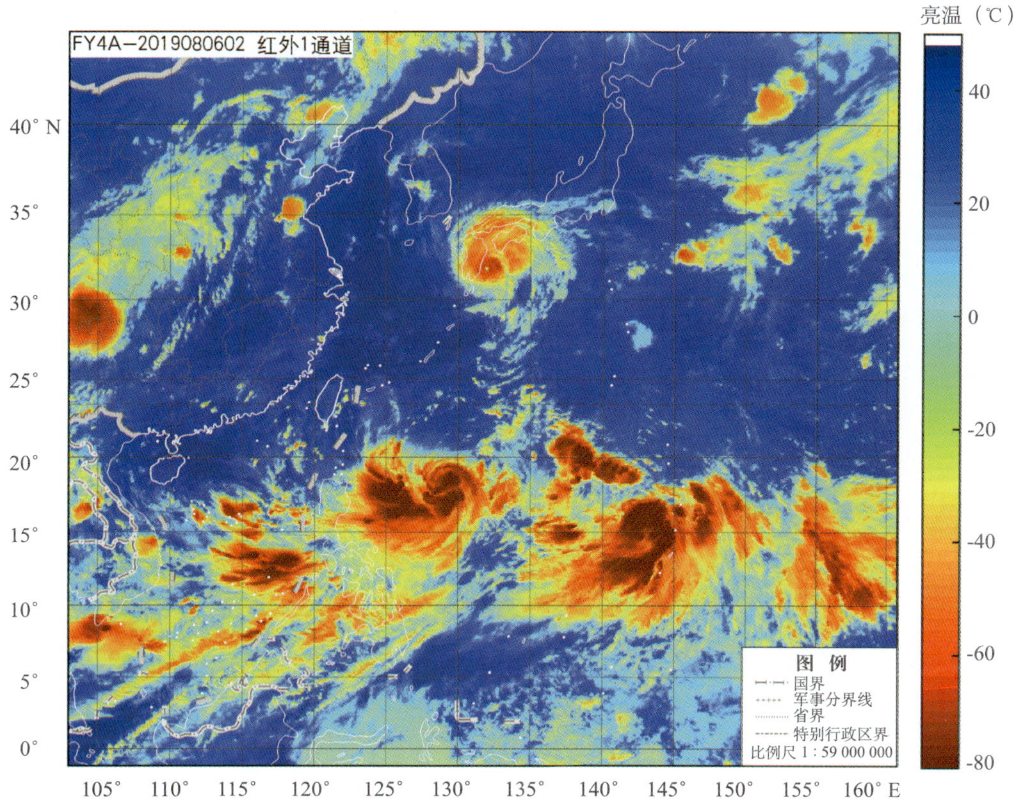

第 1908 号台风“范斯高”（Francisco）

第 1909 号超强台风“利奇马”（Lekima）

第 1910 号强台风“罗莎”（Krosa）

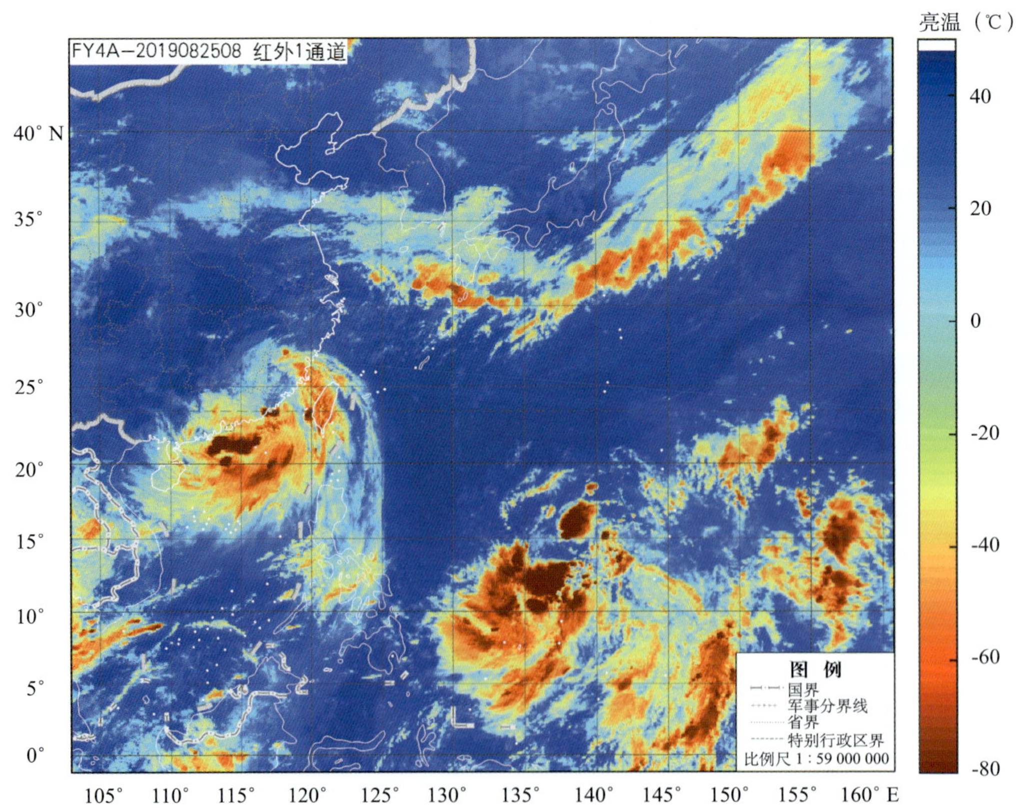

第 1911 号强热带风暴“白鹿”（Bailu）

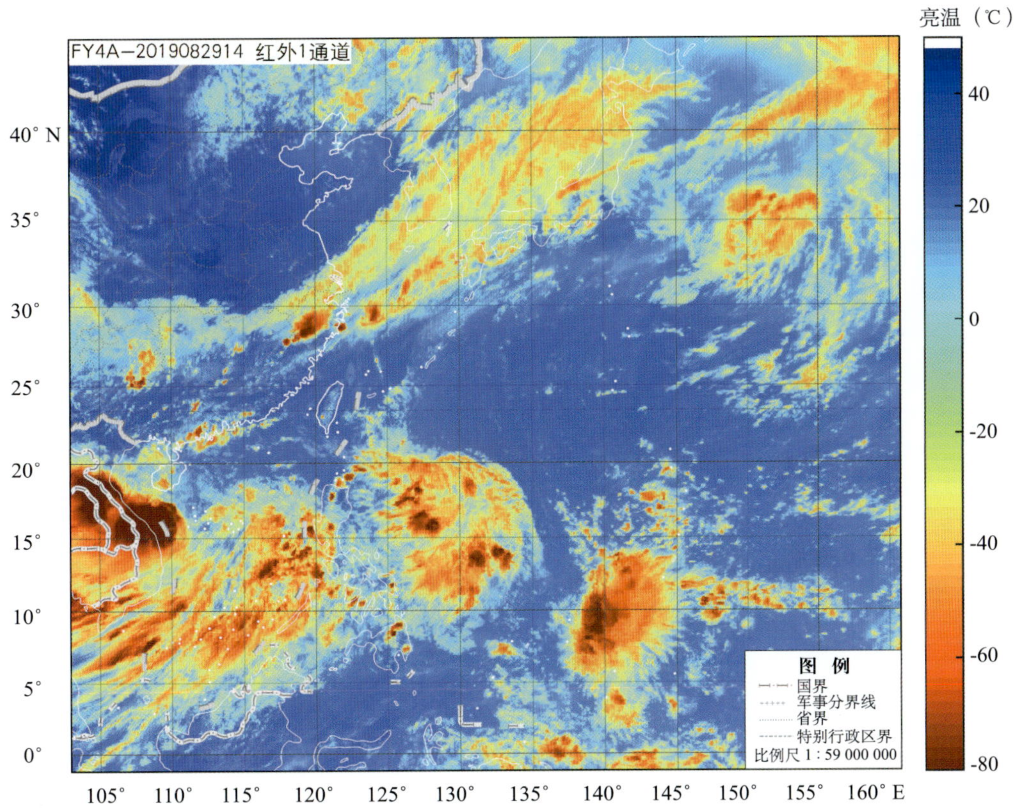

第 1912 号热带风暴“杨柳”（Podul）

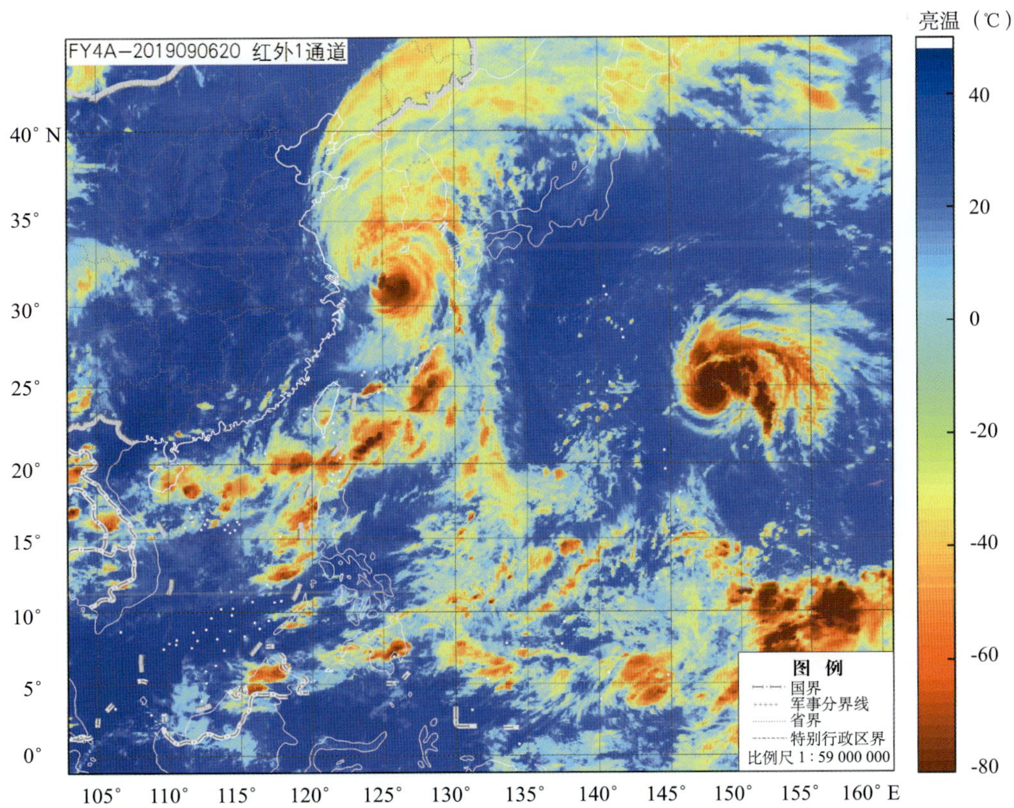

第 1913 号超强台风“玲玲”（Lingling）

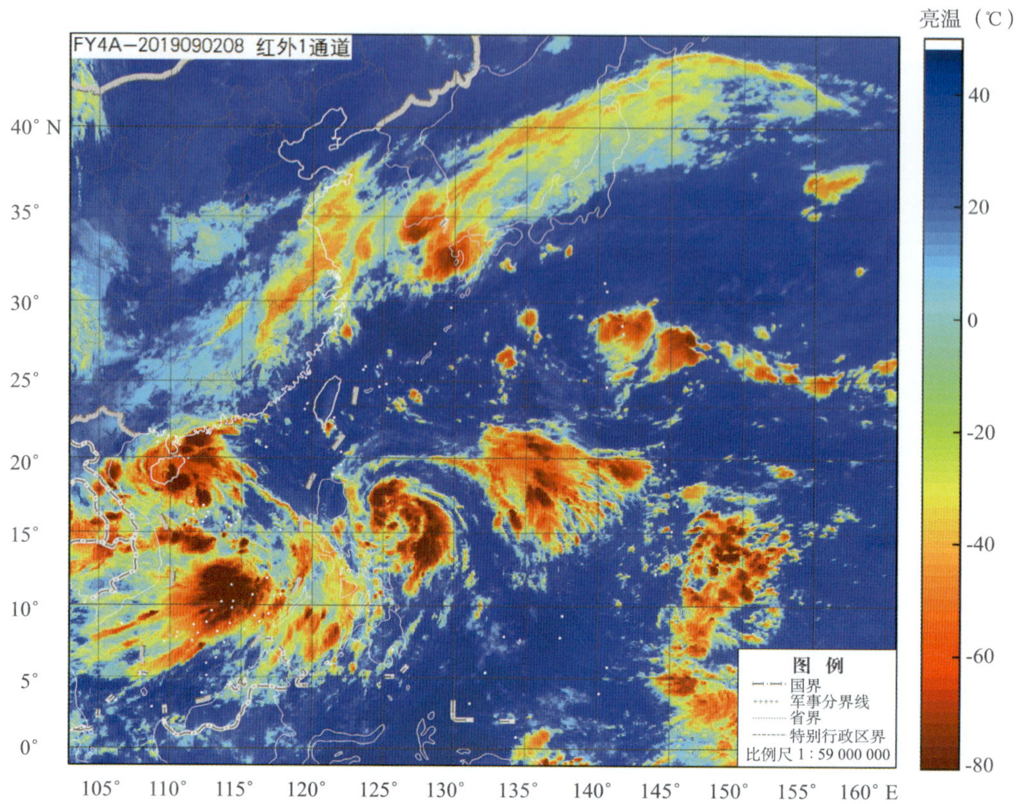

第 1914 号热带风暴“剑鱼”（Kajiki）

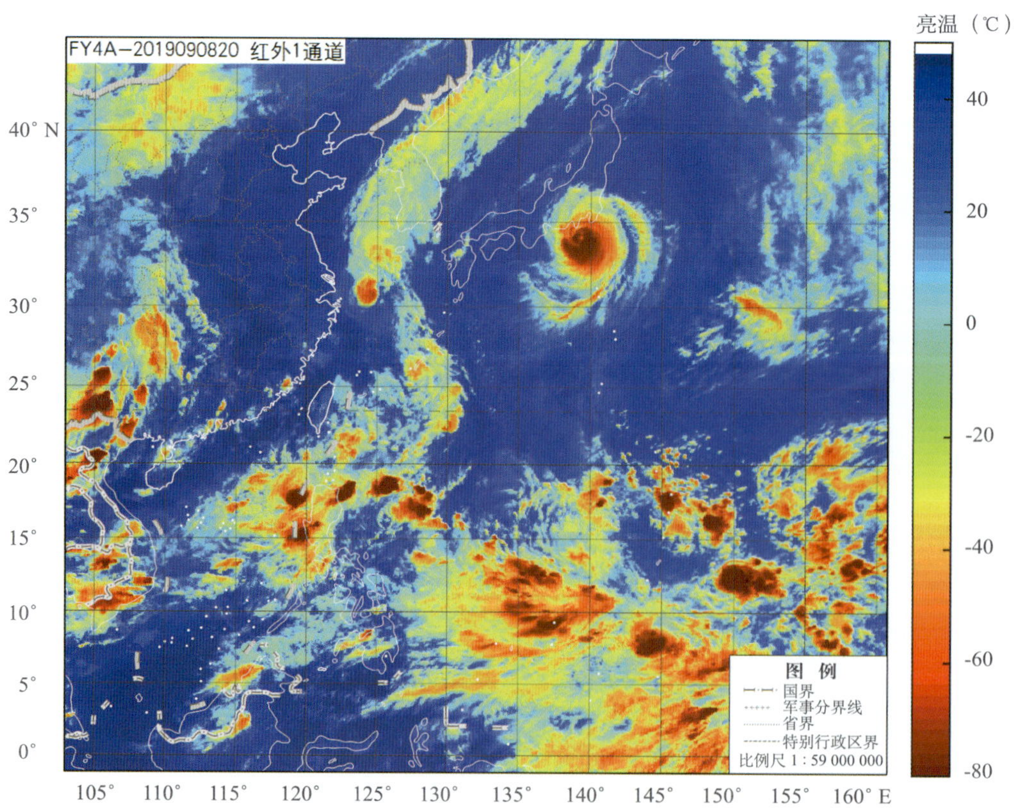

第 1915 号强台风“法茜”（Faxai）

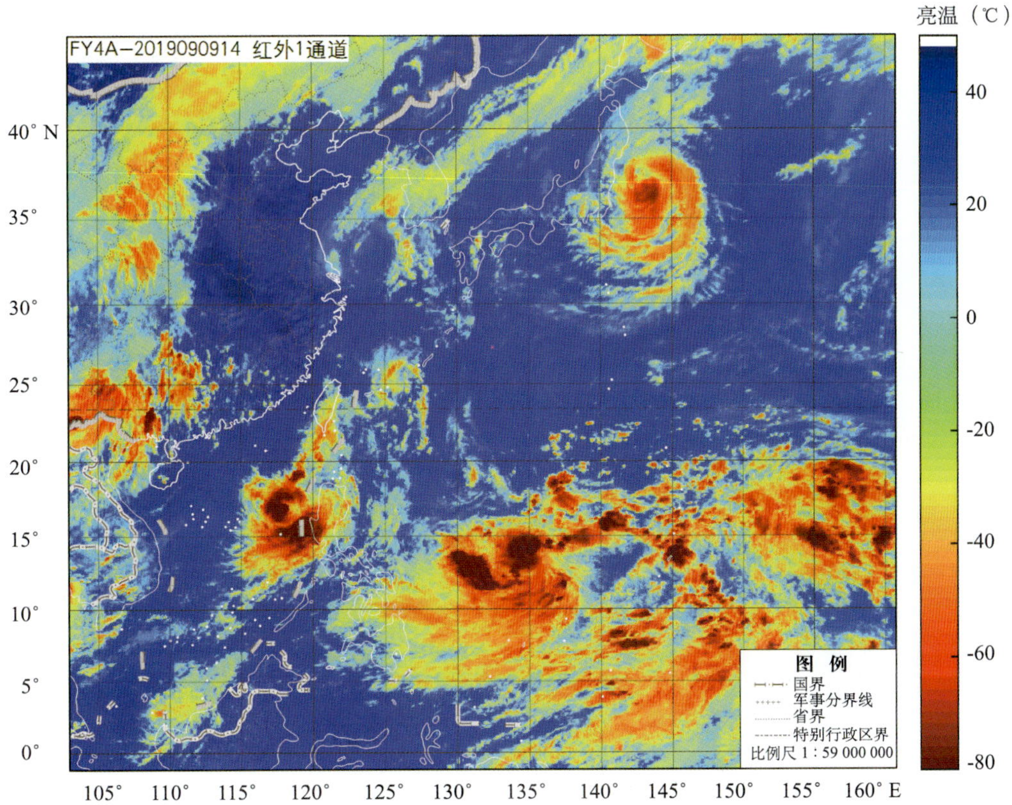

热带低压（TD1904）

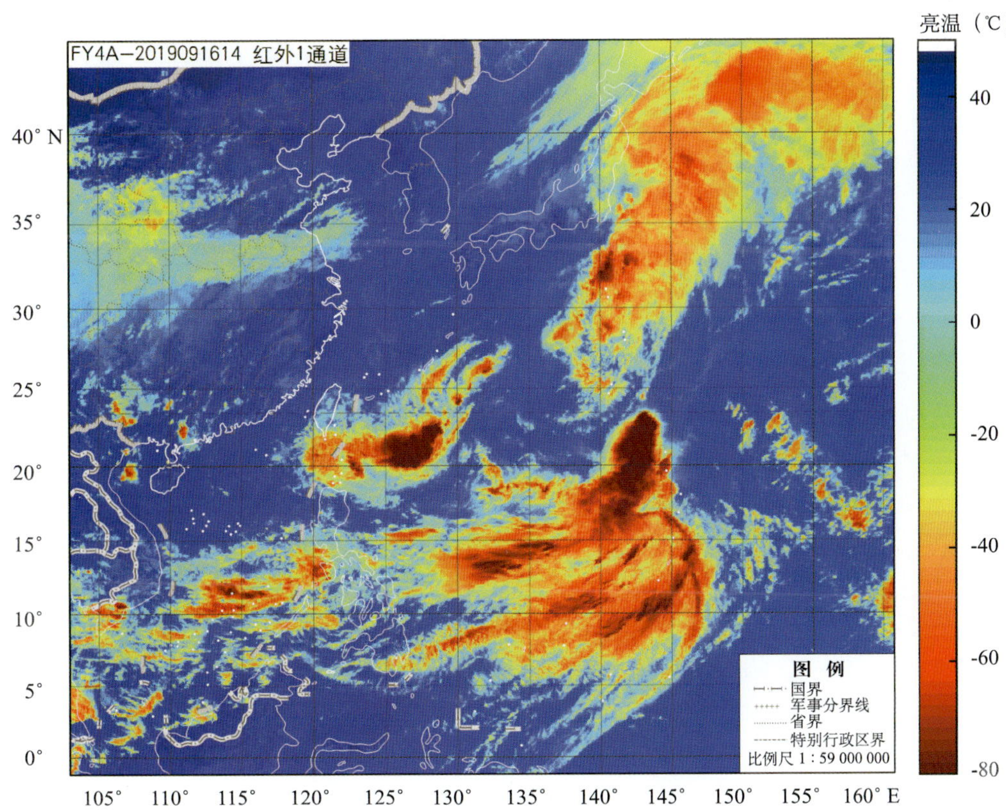

第 1916 号热带风暴“琵琶”（Peipah）

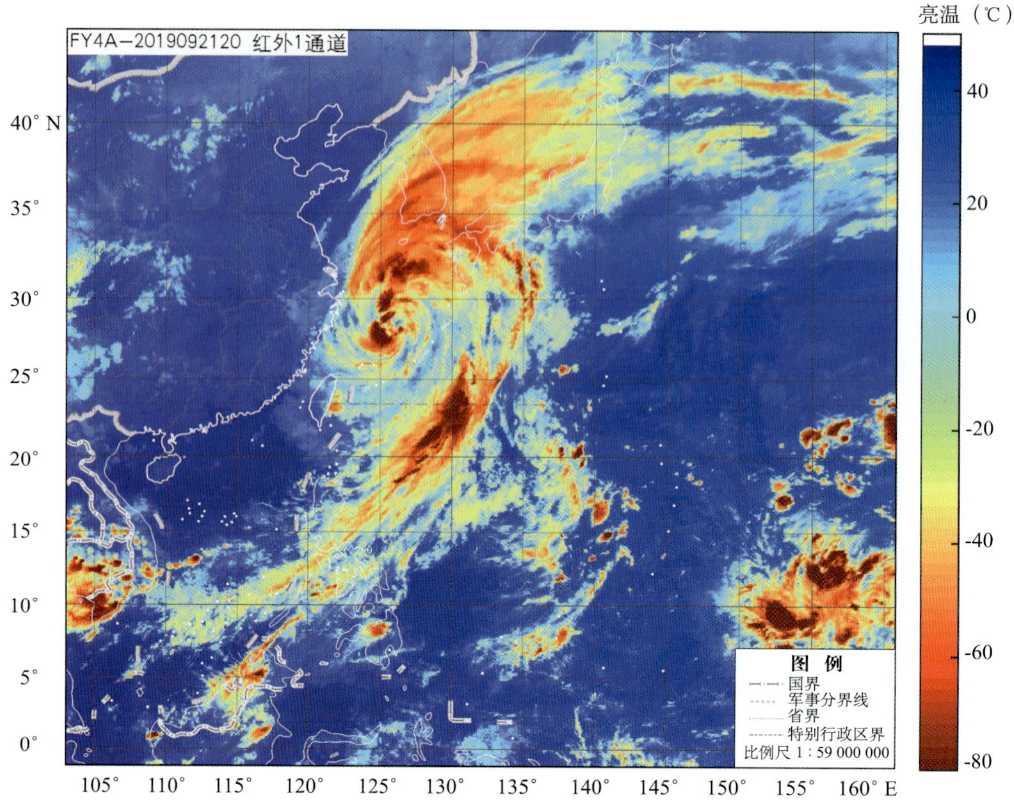

第 1917 号台风“塔巴”（Tapah）

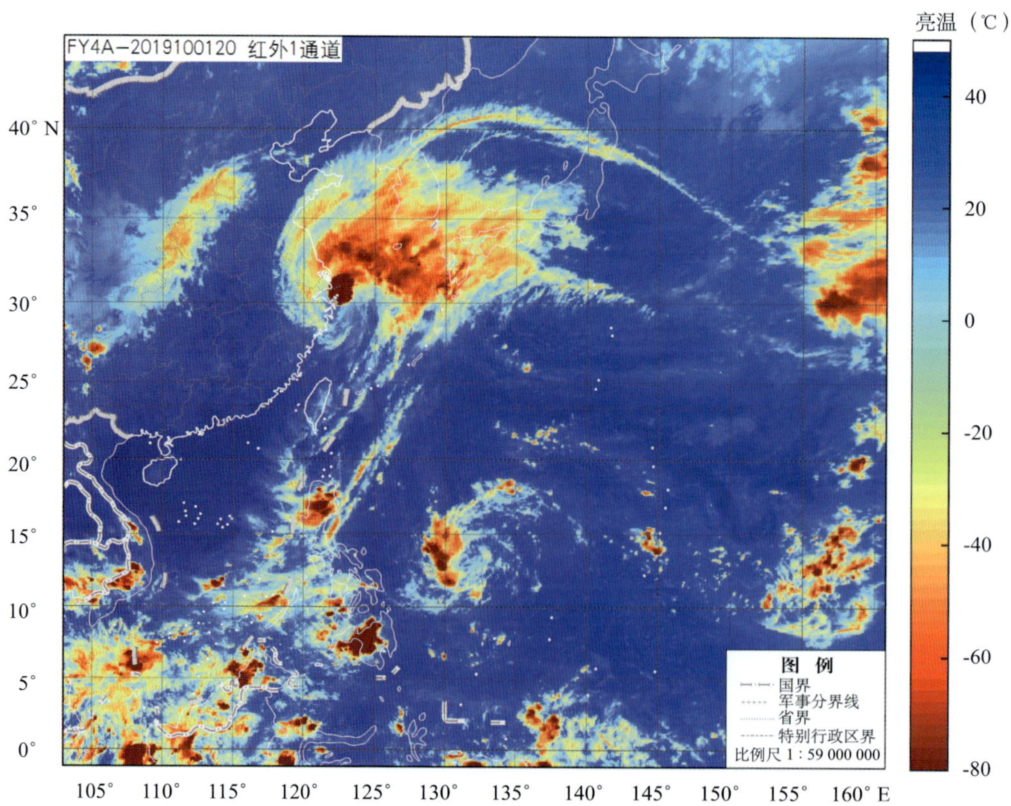

第 1918 号台风“米娜”（Mitag）

第 1919 号超强台风“海贝思”（Hagibis）

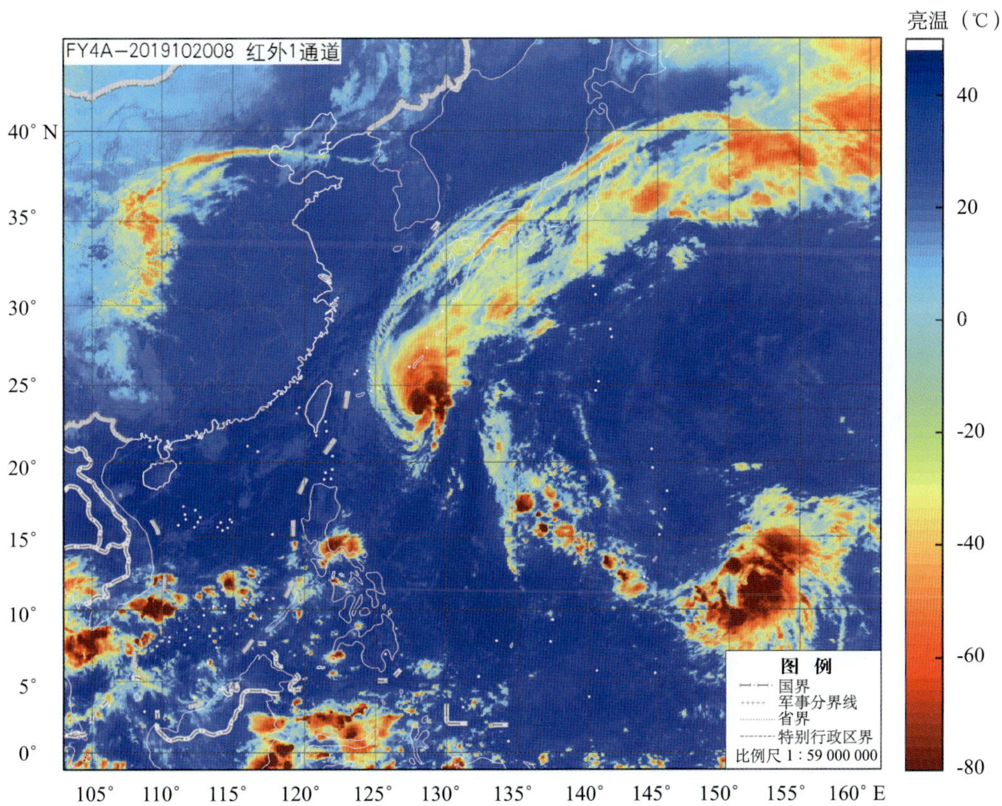

第 1920 号强台风“浣熊”（Neoguri）

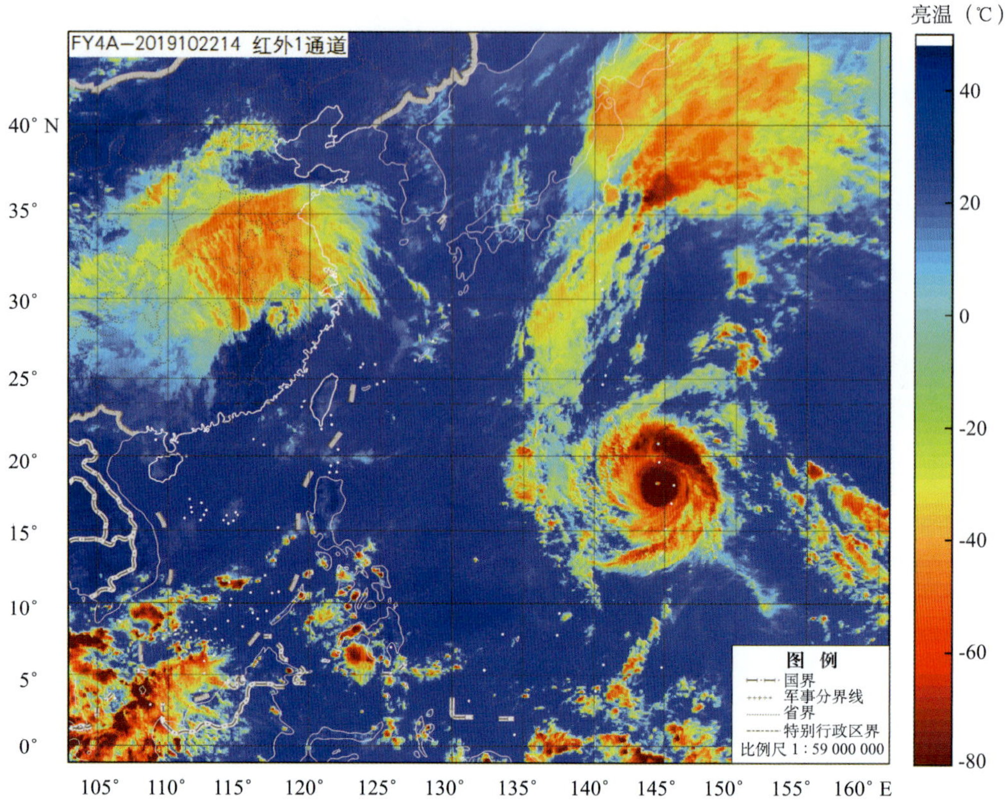

第 1921 号超强台风“博罗依”（Bualoi）

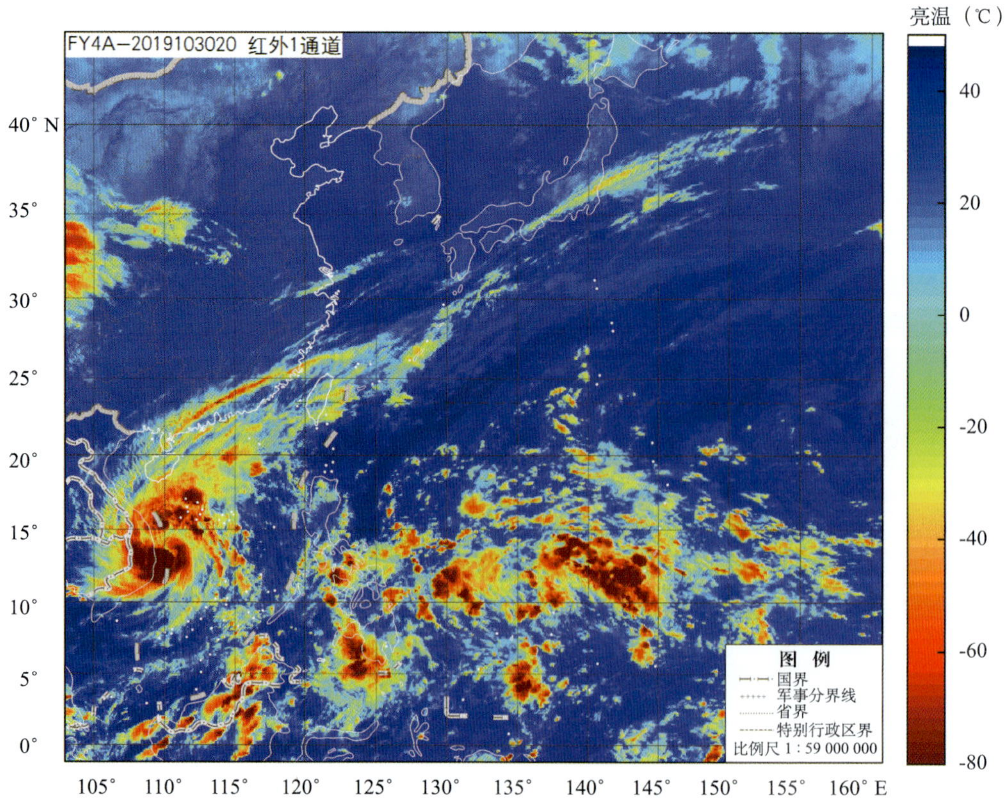

第 1922 号强热带风暴“麦德姆”（Matmo）

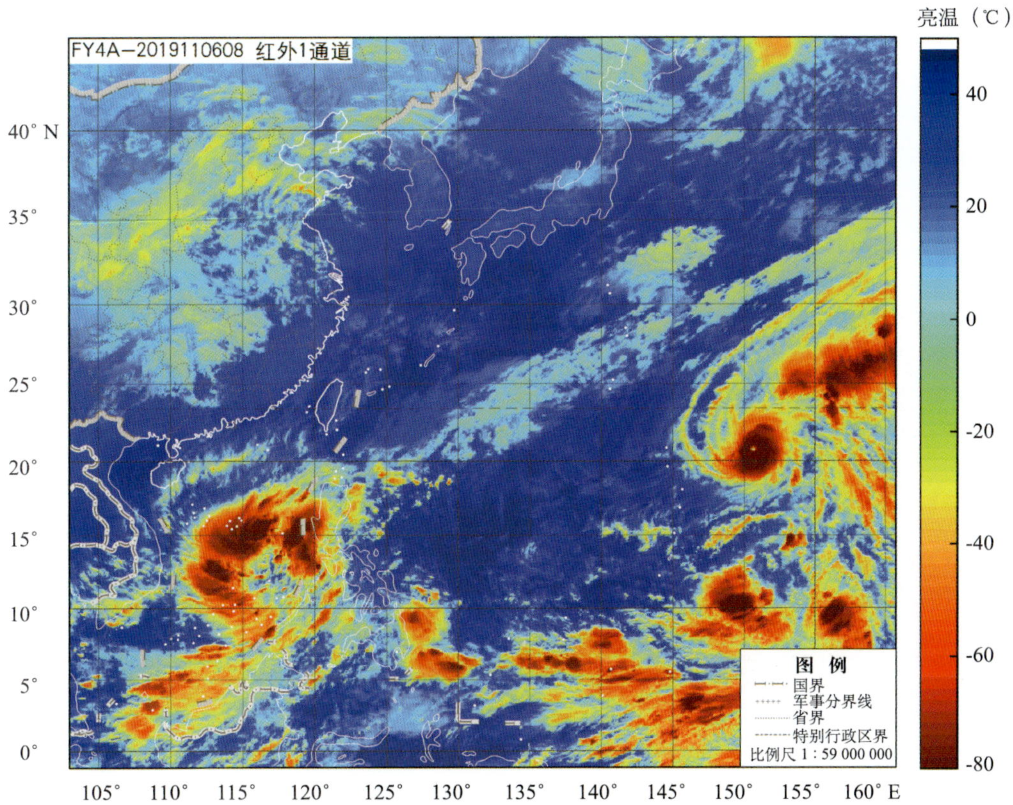

第 1923 号超强台风“夏浪”（Halong）

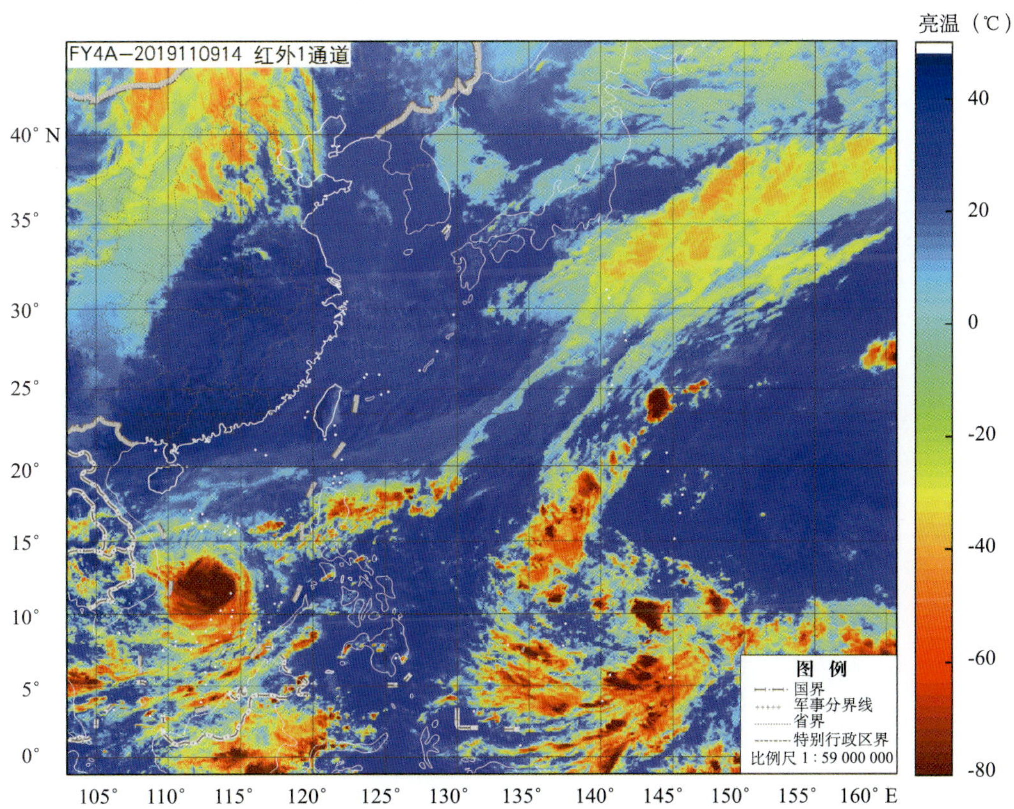

第 1924 号台风“娜基莉”（Nakri）

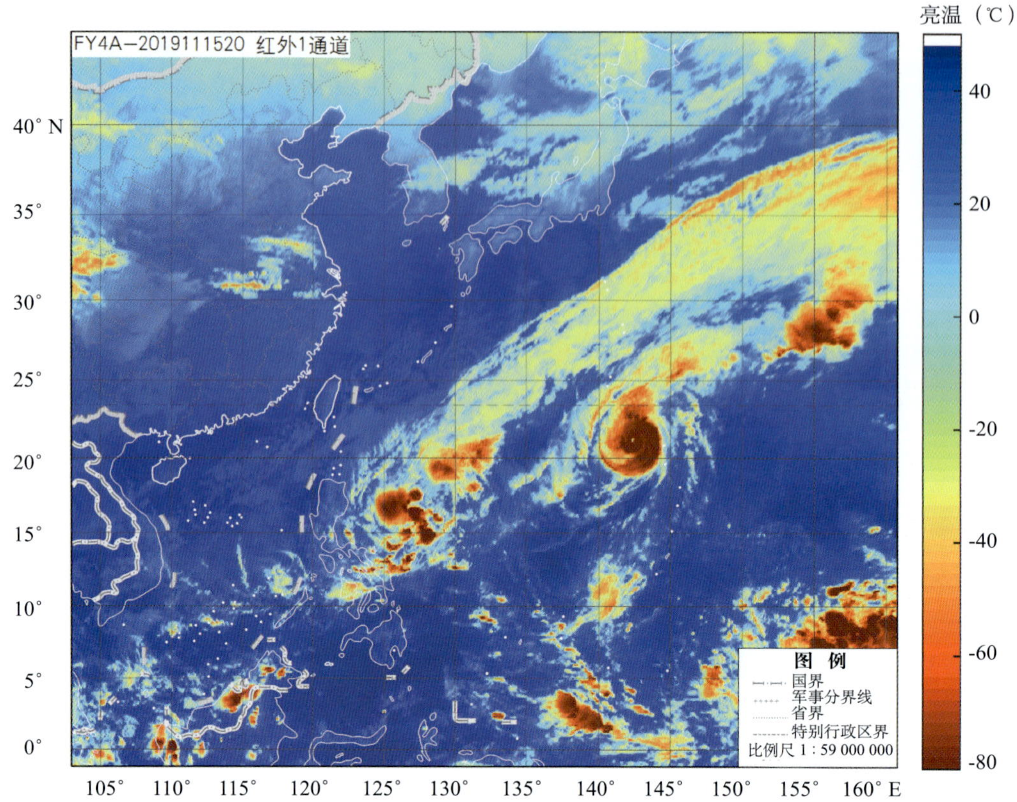

第 1925 号强台风“风神”（Fengshen）

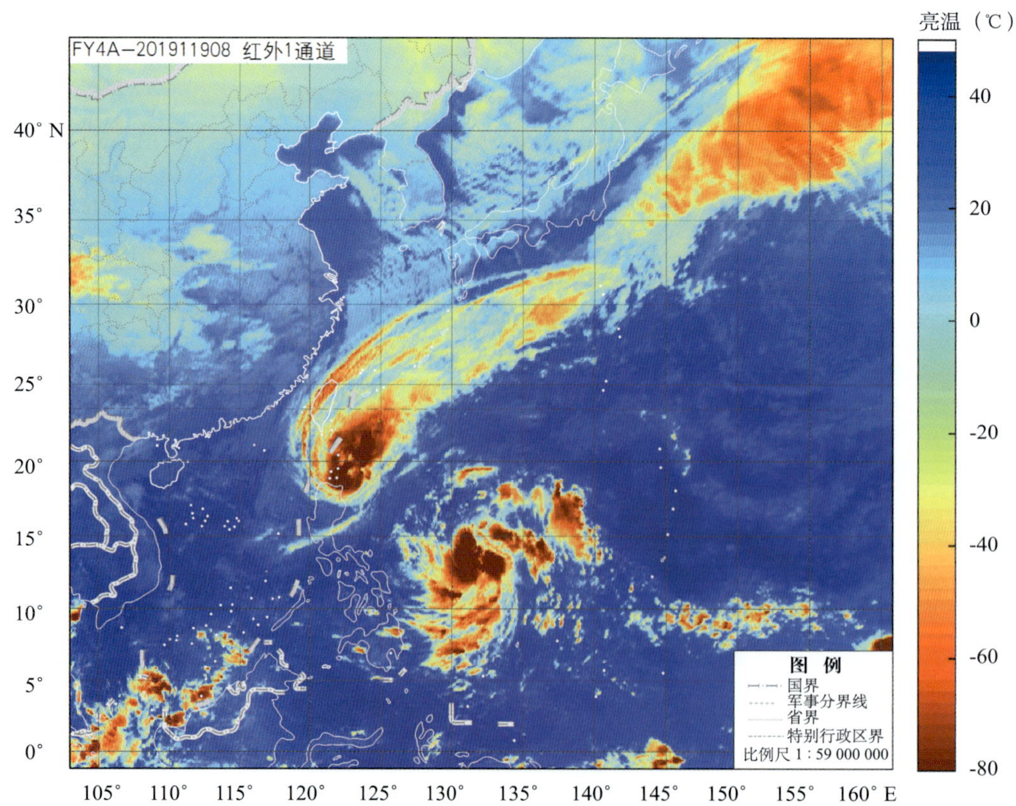

第 1926 号台风“海鸥”（Kalmaegi）

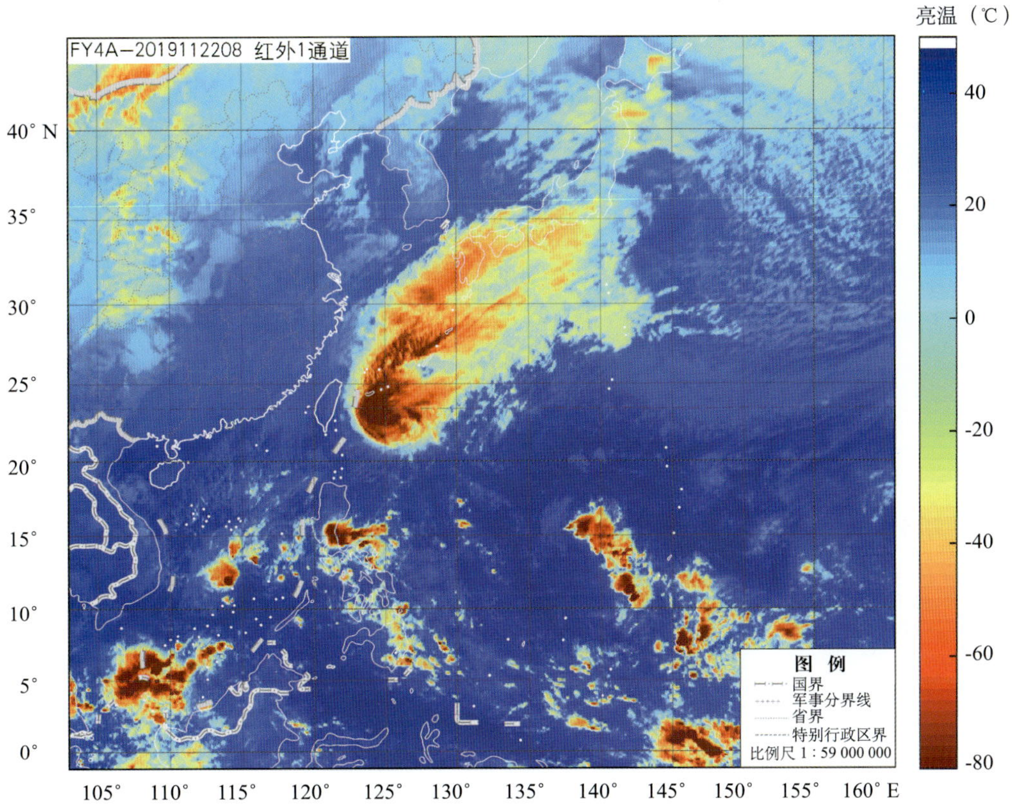

第 1927 号强热带风暴“凤凰”（Fung-wong）

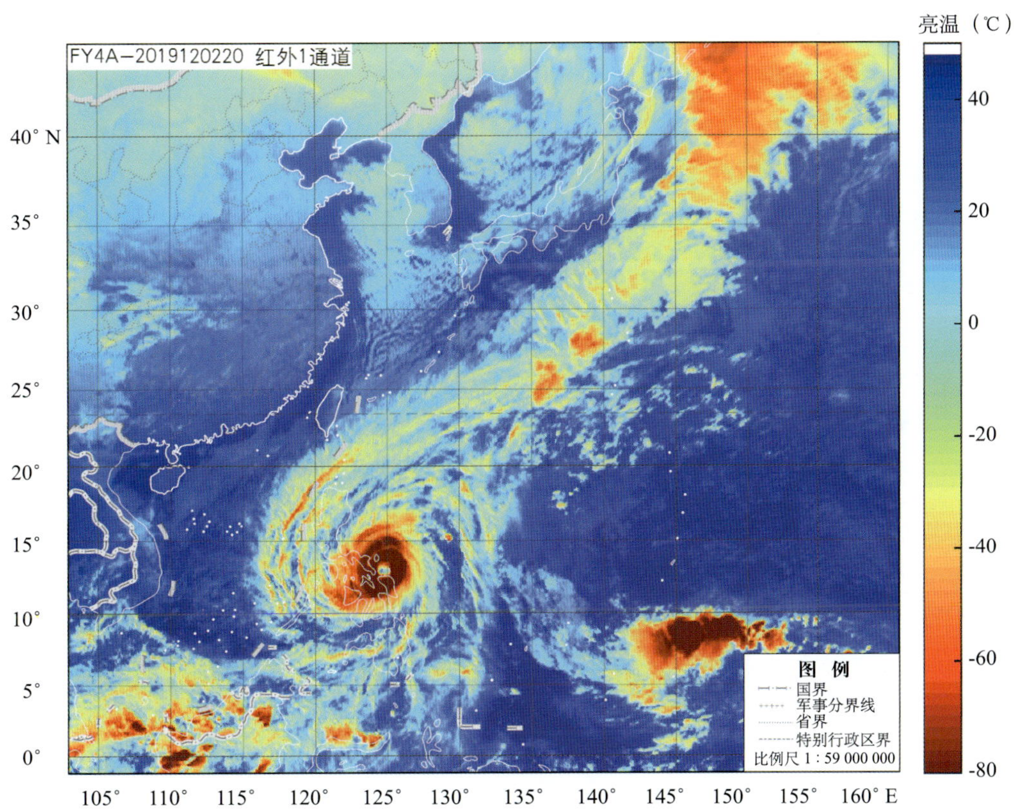

第 1928 号强台风“北冕”（Kammuri）

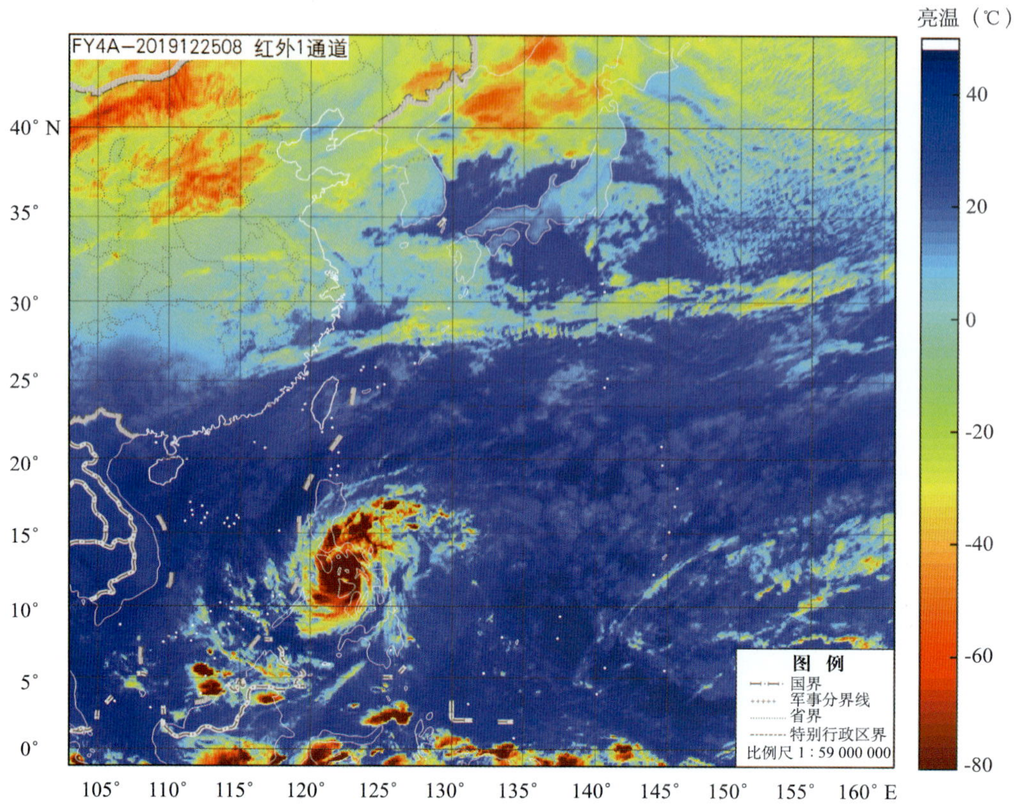

第 1929 号强台风“巴蓬”（Phanfone）